高等学校“十三五”规划教材

现代分离方法与技术

第三版

丁明玉　主编

化学工业出版社

·北京·

《现代分离方法与技术》（第三版）共11章内容，在简要介绍分离方法的基本概念和基本原理（分离过程的热力学和动力学、分子间的相互作用等）的基础上，对科学研究和生产实际中应用广泛的主要分离技术（液相萃取、固相萃取、色谱分离、膜分离、电化学分离等）进行了重点阐述。本书在编写过程中，力图兼顾基础理论与实际应用两方面，在对几种常用分离技术作比较充分完整论述的前提下，尽可能多地介绍了一些具有良好应用前景的新型分离技术及其应用，如快速索氏提取、滴对滴溶剂微萃取、悬滴式微萃取、QuEChERS法、磁分散固相萃取、亲和固相萃取、浊点萃取、超分子分离中的葫芦脲主客体配合物等。

《现代分离方法与技术》（第三版）可作为化学、药学、化学工程、生命科学、材料科学、农学、环境等学科高年级本科生和研究生学习分离科学课程的教材或主要参考书，也可供从事相关科研和生产的科技工作者参考之用。

图书在版编目（CIP）数据

现代分离方法与技术/丁明玉主编．—3版．—北京：化学工业出版社，2020.1（2024.1重印）
高等学校“十三五”规划教材
ISBN 978-7-122-35445-7

Ⅰ.①现… Ⅱ.①丁… Ⅲ.①分离-化工过程-高等学校-教材 Ⅳ.①TQ028

中国版本图书馆CIP数据核字（2019）第244338号

责任编辑：宋林青　　文字编辑：刘志茹
责任校对：刘　颖　　装帧设计：关　飞

出版发行：化学工业出版社（北京市东城区青年湖南街13号　邮政编码100011）
印　　刷：三河市航远印刷有限公司
装　　订：三河市宇新装订厂
787mm×1092mm　1/16　印张18¾　字数469千字　　2024年1月北京第3版第5次印刷

购书咨询：010-64518888　　售后服务：010-64518899
网　　址：http：//www.cip.com.cn
凡购买本书，如有缺损质量问题，本社销售中心负责调换。

定　　价：**48.00元**

前 言

本书自2006年出版第一版至今，由于广大同行读者的关注和厚爱，已被国内许多高校用作高年级本科生或研究生分离课的教材。2012年本书再版时，保持了第一版的章目和各章基本内容不变，对部分内容的阐述做了适当精简，腾出篇幅补充了一些新内容。时间又过去了7年，分离技术又有了一些新的发展，加之作者在教学过程中又有一些新的体会，故在第二版的基础上又对全书做了比较大的修改与补充，作为第三版奉献给广大读者。

首先，由于萃取分离技术的内容非常丰富，而且是应用最广泛的分离技术，所以第三版将萃取分离法（原第5章）拆分为液相萃取和固相萃取两章，并在内容上进行了重新梳理与优化。其次，其他各章新增的主要内容有：在第4章的分子间相互作用部分增加了π相互作用和亲和作用等内容；在第5章液相萃取中增加了快速索氏提取、滴对滴溶剂微萃取和悬滴式溶剂微萃取等内容；在第6章固相萃取中增加了QuEChERS法、磁分散固相萃取、亲和固相萃取、浊点萃取等内容；在第11章的超分子分离体系部分增加了葫芦脲主客体配合物。

第三版的修订工作全部由清华大学化学系丁明玉教授完成，在此感谢第一版和第二版参与编写的其他几位作者。

本书可作为化学、药学、生命科学、材料科学、农学、环境、化学工程等学科高年级本科生和研究生的教材，也可作为上述领域科技工作者的参考书。

此次改版虽力求质量能更上一层楼，但限于作者的水平，书中难免仍存不足与疏漏之处，衷心希望广大读者提出宝贵意见。

丁明玉

2019年9月于清华大学

第一版前言

分离科学是研究物质分离、富集和纯化的一门学科，与化学相关的学科领域都离不开分离技术，许多学科的发展在不同程度上也依赖于分离科学的进步。随着我国国民经济与科学技术的快速发展，分离技术也日新月异，在科学研究和工农业生产中扮演着越来越重要的角色。相应地，高校的化学专业也纷纷开设分离技术的必修课程，很多大学为了满足科研需要，还为相关专业的研究生开设了分离技术的选修课。尽管涉及分离技术的书籍不难找到，但大多是介绍单一分离技术的专著或是介绍少数几种分离技术的著作，或者是讨论化工分离过程的，而适合于兼作理工科各相关专业教材的、包括分离科学原理和多种主要分离技术的书则极少。很多大学开设分离课长期没有教材，清华大学化学系为本专业高年级本科生以及全校相关专业研究生开设分离课十几年，也一直没有教材。本书编著者丁明玉和陈德朴在清华大学化学系讲授分离技术课程多年，其他三位编著者也曾在清华大学化学系做过博士后研究，大家深感有必要编写一本分离技术的教材，但限于学术水平和时间，一直未敢贸然动笔。在化学工业出版社的多次鼓励下，终于鼓足勇气编写了这本书。

本书共 10 章。前 4 章为分离科学的概述和分离原理的简要介绍，主要包括分离过程中的热力学和动力学、分子间的相互作用与溶剂特性。第 5 章比较全面地介绍了多种萃取分离技术，除常规溶剂萃取外，还介绍了胶团萃取、双水相萃取、超临界流体萃取、固相（微）萃取、液相微萃取、微波辅助溶剂萃取、加速溶剂萃取、溶剂微胶囊萃取等新型萃取分离技术。第 6、7 两章介绍了色谱分离技术，书中没有展开讨论色谱分析技术中的各种分离模式，而是在第 6 章简要介绍了色谱分离的原理之后，在第 7 章专门介绍了目前在生物、医药和天然产物化学等领域应用非常广泛的制备色谱技术。第 8 章介绍了在分析样品前处理和工业上都有着广泛应用的膜分离技术。第 9 章介绍了电化学分离技术，虽然该分离技术的应用范围已经不很广泛，但在某些领域（如冶金）中仍然很有用。第 10 章简单介绍了分子蒸馏、分子印迹聚合物分离体系和超分子分离体系等三种新的分离技术以及泡沫吸附分离。

本书由清华大学化学系丁明玉副教授（编写第 1～5 章、第 10 章）、清华大学化学系陈德朴教授（参与第 1～5 章、第 10 章部分内容的编写）、天津大学药学院杨学东副教授（编写第 6、7 章）、青岛理工大学环境与市政工程学院马继平副教授（编写第 8 章）和北京化工大学理学院陈旭副教授（编写第 9 章）共同编写。天津大学药学院研究生郝英魁和丁小军参加了第 6、7 章的部分工作，特此致谢。

本书可作为化学、药学、化学工程、生命科学、材料科学等学科高年级本科生和研究生的教材，也可作为从事上述学科研究工作的科技人员的参考书。

仁者见仁，智者见智。由于编者的水平所限，书中难免存在不足和疏漏之处，衷心希望广大同仁多提宝贵意见。

编著者

2006 年 4 月

第二版前言

本书第一版自 2006 年 6 月出版已有近 6 年时间，至今已重印 5 次。令我们感到欣慰的是本书第一版得到了广大同行的关注和厚爱，全国许多高校将此书用作本科高年级学生或研究生分离课的教材。这也鼓舞了我们不断完善此书的决心和信心。此次再版保持第一版的章目和各章基本内容不变，对原有部分内容的阐述适当精简，以便腾出篇幅补充一些新内容。

此次再版增加的新内容有：场-流分类法、分散液-液微萃取、超声波辅助溶剂萃取、搅拌棒固相微萃取、整体柱固相微萃取、固相微萃取膜、分散固相萃取与基质固相分散萃取、限进介质固相萃取、多维色谱分离、二维液相色谱法、正渗透、渗透蒸馏、气态膜过程、等速电泳、等电聚焦电泳、凝胶电泳、薄膜电泳、双向电泳、非水毛细管电泳和微流控芯片分离技术。

此次再版由清华大学化学系丁明玉教授负责第 1～5 章和第 8～10 章的修订，由天津大学药学院杨学东副教授负责第 6 章和第 7 章的修订。

本书可作为化学、药学、化学工程、生命科学、材料科学等学科高年级本科生和研究生的教材，也可作为从事上述学科研究工作的科技人员的参考书。

此次再版虽力求精益求精，但限于编者的学识，书中难免仍存在不足和疏漏之处，衷心希望广大同仁多提宝贵意见。

丁明玉

2012 年 1 月于清华大学

目录

第1章 绪 论

从古代的铜铁冶炼到现代的基因工程技术，从居里夫人发现放射性元素镭到人类分离出SARS病毒（一种引起非典型肺炎的冠状病毒，曾在2003年春天肆虐全球），都需要从一个复杂的样品中将所感兴趣的物质分离出来。化学的每一个重要进展都离不开分离技术的贡献，几乎自然科学研究和工农业生产的所有领域都离不开化学。因此，可以说物质的分离是科学研究的关键步骤，分离科学是一门涉及多学科知识，反过来又推动其他学科发展的重要学科。分离技术是科技工作者，特别是从事与化学相关领域研究和生产的科技人员应该充分掌握和灵活运用的一种重要科学手段。

1.1 分离科学及其研究内容

分离是利用混合物中各组分在物理性质或化学性质上的差异，通过适当的装置或方法，使各组分分配至不同的空间区域或者在不同的时间依次分配至同一空间区域的过程。通俗地讲，就是将某种或某类物质从复杂的混合物中分离出来，使之与其他物质分开，以相对纯的形式存在。实际上，分离只是一个相对的概念，人们不可能将一种物质从混合物中百分之百地分离出来，例如电子工业中所使用的高纯硅，即使它的纯度达到了99.9999%，其中仍然含有0.0001%的其他物质。

分离的形式主要有两种：一种是组分离；另一种是单一分离。

组分离有时也称为族分离，它是将性质相近的一类组分从复杂混合物体系中分离出来。例如，中药中起某种药效作用的往往是某一类物质，从药材中将这类成分一起分离出来就有可能开发成先进的中药制剂。又如，石油炼制中的轻油和重油的分离也属于组分离。对于多数的单一分离，往往也是先采用比较简单快速的方法进行组分离，然后在同一组物质内进行单一分离。

单一分离是将某种化合物以纯物质的形式从混合物中分离出来。如工业上纯物质的制备、化学标准品的制备、药物对映异构体的分离等。单一分离又包括多组分相互分离、特定组分分离和部分分离等几种主要形式。

多组分相互分离是使混合物中所有组分都得到相互分离，全部成为纯组分。在实际分离中，往往要使用多种分离技术，经过反复多次的分离操作，才可能使一个混合物体系实现多组分相互分离。例如，对于一个复杂的天然产物提取物，可以先采用溶剂萃取的方法使某类物质实现组分离，然后再用制备液相色谱的方法使该组化合物相互分离。

特定组分分离是将某一种感兴趣的物质从混合物中分离出来，其余物质仍然混合在一起。从一个复杂的混合物体系中选择性地分离出某一种物质往往是难以做到的，可能需要采用多种分离方法分几步才能实现，也可能需要采用同一分离方法分多次才能达到要求的纯度。如首先将大部分或大量其他组分与特定组分分开，此时的目标组分中还含有多种特定组分之外的其他组分，还需采用后面将提到的各种分离纯化操作，才能最终得到相对纯的某种物质。

部分分离是指每种物质都存在于被分开的几个部分中，对每一个部分而言，是以某种物质为主，还含有少量其他组分。

与分离紧密相关的几个概念是富集、浓缩和纯化。

富集是指通过分离使目标化合物的浓度增加。如从大量基体物质中将欲测量的组分集中到一较小体积的溶液中，从而提高其检测灵敏度。富集与分离的目的不同，富集只是分离的目的之一。富集需要借助分离的手段，富集与分离往往是同时实现的。富集后的样品中目标组分相对共存组分的浓度大大提高。

浓缩是指将溶液中的一部分溶剂蒸发掉，使溶液中存在的所有溶质的浓度都同等程度提高的过程。浓缩过程也是一个分离过程，是溶剂与溶质的相互分离，不同溶质相互并不分离，它们在溶液中的相对含量（摩尔分数）不变。而富集则涉及目标溶质与其他溶质的部分分离。不过，富集往往伴随着浓缩，这是因为以富集为目的的分离最终都会设法使溶液体积减小。

纯化是通过分离操作使目标产物纯度提高的过程，是进一步从目标产物中除去杂质的分离操作。纯化操作可以是同一分离方法反复使用，如重结晶就是最常用的纯化无机化合物的方法；也可以是多种分离方法的合理组合，如天然产物标准品（或对照品）的制备，可以先采用溶剂萃取将含目标物质的部分从植物总提物中分离出来，然后采用其他溶剂萃取体系或制备液相色谱进行纯化。纯度是用来表示纯化产物主组分含量高低或所含杂质多少的一个概念。纯是相对的，不纯是绝对的。纯度越高，则纯化操作成本越高。物质的用途不同，对纯度的要求也不同。

根据目标组分在原始溶液中相对含量（摩尔分数）的不同，可以将富集、浓缩和纯化三个概念进行大致的区分。富集用于对摩尔分数小于 0.1 的组分的分离，特别是对痕量组分的分离，如海水中贵金属的富集，这时海水中的主要溶质是常见无机阴、阳离子，经过富集后，产物中贵金属的相对含量提高。浓缩用于对摩尔分数在 0.1～0.9 范围内的组分的分离，这时的目标组分是溶液中的主要组分之一，但它们在溶液中的浓度都处于很低的水平，如万分之一以下。纯化用于对摩尔分数大于 0.9 的组分的分离，这时，样品中的主要组分已经是目标物质，纯化只是为了使目标组分的摩尔分数进一步提高。

于是，可以对分离科学作如下表述：分离科学是研究从混合物中分离、富集或纯化某些组分以获得相对纯物质的规律及其应用的一门学科。

分离的目的主要有以下几方面。

① 分析样品前处理。对于组成复杂的样品，所选用的分析方法的选择性或灵敏度可能不够，很难直接进行分析。因此，在进行分析操作前，需要先消除对目标分析物质有干扰的共存物质，提高分析方法的可靠性和准确性；或者是对被测样品进行浓缩或富集，以适应分析方法的检测灵敏度。

② 确认目标物质的结构。只有先通过分离纯化，得到高纯度的目标物质，然后根据该物质的物理特性值或经过进一步的结构鉴定，才能最终确认该物质的种类及其化学结构。例如，有机合成中目标产物的鉴定，就需要先将目标产物与副产物和残留原料分离，才能通过核磁共振和质谱等方法进行目标产物的结构分析。

③ 获取单一纯物质或某类物质以作他用。如获得某物质的纯品，用作标准品或用作化学试剂等；又如，从原料中获得某类或某部分物质用作药物、食品。

④ 除掉有害或有毒物质。如矿山和一些工厂污水中含有高浓度的有害重金属，在排放到环境中之前，需要采用选择性吸附或沉淀分离等技术除去有害重金属元素。

分离技术具有以下几方面的特点。

① 分离对象物质种类繁多。几乎所有天然的和合成的化学物质都可以经过适当的分离技术从混合物样品中分离出来。

② 分离的目的各不相同。多数情况下是为了后续的分析和得到相对纯的物质以作他用。

③ 分离规模差别很大。从以结构鉴定为目的的微克级物质的分离制备到工业生产中吨级以上的大规模分离纯化。

④ 分离技术形形色色。根据样品的特性、待分离物质的物理和化学性质、后续用途的要求，仅常用的分离技术就有数十种之多。同一样品可以采用几种不同的分离技术，需要根据具体情况，综合考虑后选择最佳分离方法。

⑤ 应用领域极为广泛。几乎所有的学科、所有的工农业生产领域都离不开分离技术。分离技术的进步往往是推动其他学科发展的动力。

分离科学研究的主要内容有两方面。一方面是研究分离过程的共同规律，主要包括用热力学原理讨论分离体系的功、能量和热的转换关系，以及物质输运的方向和限度；用动力学原理研究各种分离过程的速度与效率；研究分离体系的化学平衡、相平衡和分配平衡。另一方面是研究基于不同分离原理的分离方法、分离设备及其应用。

理论上讲，人们对分离的原则性要求是：分离因子应尽可能高；所需分离剂或能量尽可能少；产品纯度尽可能高；设备尽可能便宜；操作尽可能简单；分离速度尽可能快。在实际分离操作中则需根据具体情况，选择最合适的方法。

1.2　分离科学的重要性

从以下几方面我们可以认识到分离科学的意义和重要性。

(1) 分离是认识物质世界的必经之路　人们从自然界发现或从实验室合成一种新的物质，都必须通过分离得到它的纯品，才有可能进一步研究该物质的物理和化学性质，认识它的作用，从而丰富人们对物质世界的认识。例如，元素周期表中每一种元素的发现，无论是在自然界中存在的，还是人造的，都必须先分离制备出它们的纯物质，然后进行结构鉴定、理化性质测试，才能最终为人们所承认，才能为人们进一步认识物质世界打下基础。

(2) 分离是各种分析技术的前提　随着科学的发展，人们研究的对象越来越复杂，研究的内容越来越细致和深入。有时需要进行分析的对象往往处于一个复杂的样品基体中，共存物质干扰目标物质的测定。有时还会因为目标物质在样品中的含量极微或分布不均匀，没有合适的标准参考物质，样品的物理、化学状态不适合于直接测定，样品本身有剧毒或具有强放射性等。因此，需要在分析之前采用适当的分离技术对样品进行前处理。

(3) 富集和浓缩延伸了分析方法的检出下限　尽管现代分析技术的检测灵敏度越来越高，但随着人们对微量或痕量物质的分析需求，还会经常遇到分析方法检测灵敏度达不到要求的情况，这时就需要对样品进行富集或浓缩。富集能使各种分析方法的检测下限降低几个数量级，即检测灵敏度提高几个数量级。

(4) 分离科学是其他学科发展的基础　无论是物理和化学的基础研究，还是环境、医学、药学、生物、材料、化工、食品和石油工业的应用研究，它们的每一个发展里程碑都离不开分离科学的贡献。有时，正是因为分离科学的发展才使得其他学科获得进步的机会。例如，没有现代色谱分离技术的发展，人们就难以从天然产物中分离出各种活性成分，用于药物、保健品和食品中。

(5) 分离科学大大提高了人类的生活品质　纯净水、色拉油、脱盐酱油、精盐、各种服用方便的药剂等都是经过各种精细的分离工艺才生产出来的。

1.3　分离过程的本质

先看看以下几个实例。

实例1：将食糖放入盛水的杯中，糖溶解后会形成均匀的糖水溶液，溶解后的糖在水中趋于均匀分布，这是一个混合过程。当要从水溶液中将糖取出时，则需要对体系做功，如加热蒸发溶剂（水），这是一个分离过程。在这个实例中，糖与水的混合过程是自发进行的，从水溶液中取出糖的分离过程则不能自发进行。这是因为糖分子与水分子的混合过程是一个熵增加的过程，而分离过程是一个熵减少的过程。

实例2：已烷与水的混合实验。将已烷与水放在一个烧杯中，它们不能自发混合形成均匀的溶液，当剧烈搅拌（做功）时，则相互分散，短时间内形成均匀的溶液，一旦放置（停止搅拌），则已烷和水又自发分离为互不相溶的两相。在这个实例中，可以看到混合过程不能自发进行，而（做功使之混合后的）分离过程可以自发完成。在这个实例中同样也存在熵效应使体系趋向混合，之所以不能自发混合，是因为体系中除浓度差（熵效应）外，还有水分子和已烷分子间的疏水相互作用势能、水和已烷的密度差（重力势能）以及水分子间的亲水相互作用势能，这些势能都是对抗混合的，它们的总势能要比驱使混合的熵效应大得多，所以，混合过程不能自发进行。

实例3：Fe^{3+}和Ti^{4+}的混合实验。如图1-1所示，箭头左边表示隔板两边分别是Fe^{3+}和Ti^{4+}的水溶液，溶液中盐酸的浓度均为6mol/L；箭头右边表示抽掉隔板后Fe^{3+}和Ti^{4+}自发混合均匀的情形。这是因为体系中除浓度（严格地讲为活度）差外不存在其他势场，浓度差对化学势的贡献属熵的贡献，熵增势能驱使Fe^{3+}和Ti^{4+}在整个体系范围内从有序向无序变化，最后在整个空间内浓度达到一致。如果将这个实验换成如图1-2所示的情形，隔板的一边是含Fe^{3+}和Ti^{4+}的6mol/L的盐酸水溶液，另一边是乙醚。当抽掉中间的隔板后，乙醚和水因互不相溶而形成两相，达到平衡后，Ti^{4+}留在下面的水相，而Fe^{3+}进入了上面的乙醚相中。这是一个非均相体系，因为在非均相体系中，除了浓度差外，还存在其他势能的作用。对于Ti^{4+}而言，主要存在两个作用方向相反的势能，一个是Ti^{4+}的亲水作用势能驱使Ti^{4+}留在水相，另一个是Ti^{4+}的浓度差产生的化学势（熵效应）驱使Ti^{4+}均匀分布在

图1-1　均相体系中Fe^{3+}和Ti^{4+}的混合实验

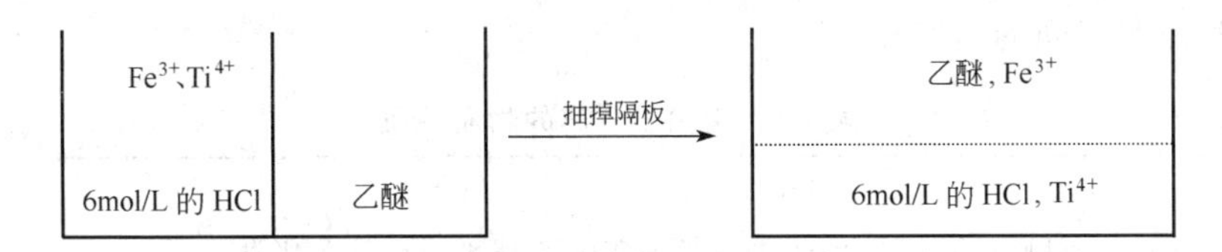

图 1-2 非均相体系中 Fe^{3+} 和 Ti^{4+} 的混合实验

整个空间。由于 Ti^{4+} 的亲水作用势能远大于浓度差化学势，所以，Ti^{4+} 最终留在了水相。而 Fe^{3+} 在盐酸水溶液中生成的 $[FeCl_4]^-$ 配阴离子可以与质子化的乙醚阳离子 $(C_2H_5)_2OH^+$ 生成离子缔合物 $[(C_2H_5)_2OH]^+[FeCl_4]^-$。对于 Fe^{3+}，同样也存在两个作用方向相反的势能，一个是 Fe^{3+} 的浓度差产生的化学势（熵效应）驱使 Fe^{3+} 均匀分布在整个空间，另一个是 Fe^{3+} 生成的离子缔合物 $[(C_2H_5)_2OH]^+[FeCl_4]^-$ 的亲溶剂（疏水）势能驱使 Fe^{3+} 进入乙醚相。由于亲溶剂势能远大于浓度差化学势，所以，最终 Fe^{3+} 进入了乙醚相。

综上所述，宏观上看到的分离过程有时是自发的过程，混合有时也不能自发进行。如何判断一个混合或分离过程是否能自发进行呢？这就要看整个过程的（吉布斯）自由能的变化。体系总的自由能 $G_{总}$ 为：

$$G_{总}=\text{势能项}+\text{熵项}=\mu_i+RT\ln\alpha_i \tag{1-1}$$

式中，势能项包括了多种可能的化学相互作用。均相体系中只存在浓度差，熵效应驱使体系自发混合，形成整体均匀的体系。而非均相体系中除浓度差外，还存在各种相互作用（势能），各组分趋向于分配在低势能相（自由能降低）。即如果混合或分离过程体系总自由能降低，则混合或分离可以自发进行。

1.4 分离方法的分类

分离的一般过程可以用图 1-3 粗略地表示出来。分离装置是基于不同分离原理和分离要求而设计的，从简单价廉的分液漏斗、离心机等到复杂昂贵的超临界流体萃取仪、全自动固相萃取仪等。待分离混合物在分离装置中，通过加入能量（如蒸馏分离中的加热）或分离剂（如沉淀分离中加入的沉淀剂），使从分离装置出来的物质是达到一定纯度的目标产物。

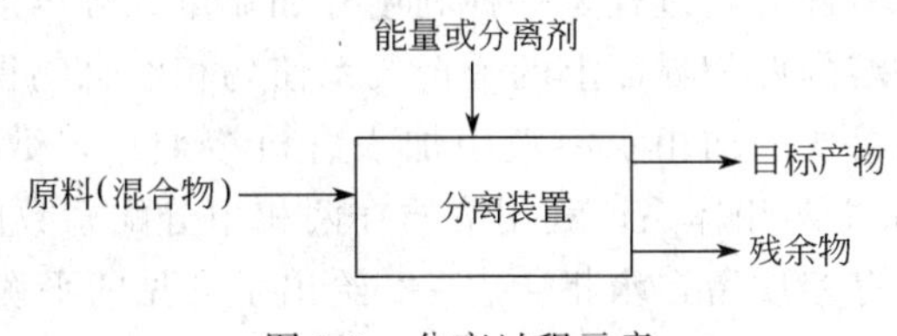

图 1-3 分离过程示意

不同物质之所以能相互分离，是基于各物质的物理、化学或生物学性质的差异，通常用于分离的物质性质列于表 1-1。在表 1-1 中列出的物理和化学性质中，有的属于混合物平衡状态的参数，如溶解度、分配系数、平衡常数等；有的属于目标组分自身所具有的性质，如密度、迁移率、电荷等。而生物学性质则源于生物大分子的立体构型、生物分子间的特异相互作用及复杂反应。这些性质差异与外场能量可以有多种组合形式，能量的作用方式也可以有变化，因此，衍生出来的分离方法也就多种多样。例如，利用物质沸点（挥发性）的差异设计的蒸馏分离，因为加热方式或条件的改变，就可以有常压（加热）蒸馏、减压（加热）

蒸馏、亚沸蒸馏等不同的蒸馏技术。

表 1-1 常用于分离的物质性质

物理性质	力学性质	密度、摩擦因素、表面张力、尺寸、质量
	热力学性质	熔点、沸点、临界点、蒸气压、溶解度、分配系数、吸附
	电磁性质	电导率、介电常数、迁移率、电荷、淌度、磁化率
	输送性质	扩散系数、分子飞行速度
化学性质	热力学性质	反应平衡常数、化学吸附平衡常数、离解常数、电离电势
	反应速率	反应速率常数
生物学性质		生物亲和力、生物吸附平衡、生物学反应速率常数

在一个分离体系中，通常必须设计不同的相，物质在不同相之间转移才能使不同物质在空间上分离开。多数分离过程选择两相体系。寻找适当的两相体系，使各种被分离组分在两相间的作用势能之差增大，从而使它们选择性地分配于不同的相中。在分离体系中引入两相还可以减少由于熵效应使分开的组分再混合，避免分离效率降低。

分离方法的种类很多，分类方法也很多，从不同的角度可将分离方法分成若干各有特色的类型。下面简单介绍按被分离物质的性质、分离过程的本质和控制溶质迁移的主要因素所进行的分类。

1.4.1 按被分离物质的性质分类

(1) 物理分离法 按被分离组分物理性质的差异，采用适当的物理手段进行分离。如离心分离、电磁分离。

(2) 化学分离法 按被分离组分化学性质的差异，通过适当的化学过程使其分离。如沉淀分离、溶剂萃取、色谱分离、选择性溶解。

(3) 物理化学分离法 按被分离组分物理化学性质的差异进行分离。如蒸馏、挥发、电泳、区带熔融、膜分离。

1.4.2 按分离过程的本质分类

(1) 平衡分离过程 平衡分离过程是一种利用外加能量或分离剂，使原混合物体系形成新的相界面，利用互不相溶的两相界面上的平衡关系使均相混合物得以分离的方法。如溶剂萃取，就是向含有待分离溶质的均相水溶液中加入有机溶剂（多数情况下还含有萃取剂），形成互不相溶的有机相-水相两相体系，利用溶质在两相中分配系数的差异，当达到平衡后，目标溶质进入有机相，共存溶质留在水相。表 1-2 给出了常见的平衡分离方法。

表 1-2 常见的平衡分离方法

第二相	第一相			
	气相	液相	固相	超临界流体相
气相	—	汽提、蒸发、蒸馏	升华、脱附	—
液相	吸收、蒸馏	液-液萃取	提取（浸取）、区带熔融	超临界流体吸收
固相	吸附、逆升华	结晶、吸附、固相萃取	—	超临界流体吸收
超临界流体相	—	超临界流体萃取	超临界流体萃取	—

(2) 速度差分离过程　速度差分离过程是一种利用外加能量，强化特殊梯度场（重力梯度、压力梯度、温度梯度、浓度梯度、电位梯度等），用于非均相混合物分离的方法。当样品是由固体和液体，或固体和气体，或液体和气体所构成的非均相混合物时，就可以利用力学的能量，如重力或压力进行分离。如在液-固混合样品中，如果固体颗粒足够大，在重力场中放置较短时间就可自然沉淀而分离；而当固体颗粒很小、颗粒密度也不高时，颗粒下沉速度就会很慢，这时就需要外加离心力场，甚至高速或超速离心力场，或者采用过滤材料等形成不同物质移动的速度差，从而实现分离。又如，将电解质溶液置于直流电场中，并以阳离子交换膜作为分离介质，在电位梯度的作用下，溶液中的带电离子就会定向移动，由于阳离子交换膜只允许阳离子通过，这样就可以从溶液中分离出阳离子。

能够产生速度差的场包括均匀空间和存在介质的非均匀空间。均匀空间是指整个空间性质均一，如真空、气相和液相。非均匀空间通常指多孔体，如多孔膜和多孔滤材。多孔体的孔径大的可到毫米级，小的可到分子尺寸。将各种速度差分离方法按能量与场的组合整理于表 1-3 中。

表 1-3　速度差分离方法

场＼能量种类			热能	化学能（浓度差）	机械能			电能
					压力梯度	重力	离心力	
均匀空间	真空		分子蒸馏	分离扩散		沉降	超速离心、旋风分离	质谱、电集尘
	气相		热扩散			沉降	旋液分离、离心	电泳、离子迁移
	液相					浮选	超速离心	磁力分离
非均匀空间	多孔滤材	气相			气体扩散、过滤集尘			
		液相			过滤	重力过滤	离心过滤	
	多孔膜	凝胶相	渗透汽化	透析	气体透过			电泳
		固相			反渗透			电渗析

(3) 反应分离过程　反应分离过程是一种利用外加能量或化学试剂，促进化学反应达到分离的方法。表 1-4 是按反应类型归纳的常见的反应分离方法。反应分离法既可以利用反应体，也可以不利用反应体。反应体又可分为再生型反应体、一次性反应体和生物体型反应体。再生型反应体在可逆反应或平衡交换反应中利用反应体进行分离反应，当其分离作用逐渐消失时，需要进行适当的再生反应，使其活化再生。一次性反应体在与被分离物质发生反应后，其化学结构也会发生不可逆的改变。如烟道气脱硫工艺中，欲除去的 SO_2 气体与作为反应体（吸附剂）的石灰水作用后形成石膏被分离掉。在利用生物体（微生物）作为反应体进行污水处理时，溶解在污水中的有机物质（BOD）被微生物分解为 CO_2 和水而分离。

表 1-4　常见的反应分离方法

反应体	反应体类型	反应类型	分离方法
有反应体	再生型	可逆反应或平衡交换反应	离子交换、螯合交换、反应萃取、反应吸收
	一次性	不可逆反应	反应吸收、反应结晶、中和沉淀、氧化、还原(化学解析)
	生物体型	生物反应	活性污泥
无反应体		电化学反应	湿式精炼

1.4.3 场-流分类法

吉丁斯（J. C. Giddings）认为两大类因素控制和影响着溶质的迁移和分离。一类是化学势（场），它控制溶质迁移的选择性和最终平衡态。在实际分离时，可根据需要使化学势出现在分离体系空间中不同的相界面或膜栅栏上，或者在体系的适当位置上施加外力。另一类是流，即随着外加场的方向，一相相对于另一相（或膜）的迁移。但寄生流（如电渗析中的电渗流）和混合流（如溶剂萃取中的摇匀）除外，因为它们只对加速迁移和加快平衡产生作用，而对分离的性质不产生影响。也就是说，所有分离都是沿着流的方向，在化学势模式的控制下进行的，不同的相、膜和外力为达到所需模式提供方便的介质。

在分离体系的轴方向上，用不同的相或施加不同大小的力，将产生相当多的组合使体系的化学势发生改变。但基本的模式或分类其实很少。第一类是改变分离速度和分离度，但不改变总的分离结构。例如，在溶剂萃取体系中，用一种溶剂代替另一种溶剂，则特定组分在相界面的化学势增量将改变，从而改变其平衡分配系数，但分离的方向不会发生改变。第二类是选择不同的形式，例如用电场来改变化学势，则在电场力作用下的分离模式将完全不同于萃取分离模式。如果是用重力场代替电场，尽管溶质迁移的顺序将完全不同于电场，但仍然是在力轴方向上按浓度带分布的溶质带这一基本模式。

体系的总化学势（μ^*）是外加化学势（μ^{ext}）与内部化学势（μ^{in}）的加和。μ^* 可以是连续的或非连续的，或二者的结合（混合）。连续场模式(用 c 表示）通常是由外加场或连续梯度作用于一个相所产生的模式。c 模式又可细分为两类，一类是连续且成线性变化的 c_1 模式，如电泳中电场的电势降；另一类是化学势连续但成非线性变化的 c_2 模式，如在等密度沉降中的溶液密度梯度。非连续场模式(用 d 表示）是假定在两个互不相溶相之间或膜和一种溶液之间由不连续的一步产生的模式。d 模式也可再细分为 d_1 和 d_2 两小类，d_1 模式是两相界面上存在化学势突跃或化学势栅栏的体系，如溶剂萃取和色谱就属 d_1 模式；d_2 模式是体系中有两个相界面的情况，例如在透析过程中，透析膜的两边都是溶液，存在两个液-固相界面，尽管达到平衡时透析膜两侧透析液的平衡浓度是相同的，但液-固相界面上的化学势很高，以至于生物大分子不会因布朗运动而穿过透析膜。混合场模式（用 cd 表示）溶质倾向于集中在一最小点，并围绕在中心点达到一个稳定态分布，如电沉积、电沉降等。上述分离过程中的五种化学势模式可以用图 1-4 表示。

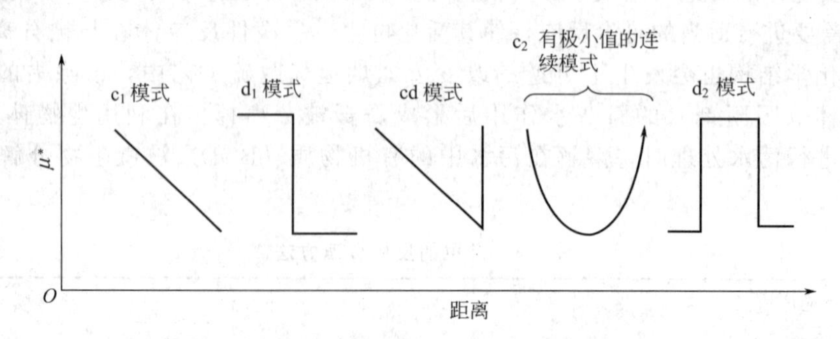

图 1-4 分离过程中的五种化学势模式

分离系统既可以使用流也可以不使用流来完成分离操作，因此分为流体系 F 和非流（静止）体系 S 两种。在流体系中，流的方向可以与场一致（平行），记作 F(=)，如过滤；流的方向也可以与场垂直，记作 F(+)，如色谱分离法。

如表1-5所示，三种常见场与三种流组合就将分离方法分成了9类。几乎所有的分离方法都可以归于其中的某一类中。在其他分类方法中，则很难将所有方法都归于相应的类别中。表1-6是常见分离方法按场-流分类法的归类。场-流分类法也有其局限性，相同分离方法中的各细分类别有可能处于不同场-流分类方法中。例如同属电场驱动的普通电泳应归类于非流连续场，即Sc类；而在毛细管电泳中，外加电场不仅使待分离组分移动，也使介质移动，属平行流连续场，即F(=)c类。

表1-5 场-流分类的9种可能分离领域

流	场		
	c	d	cd
S	Sc	Sd	Scd
F(=)	F(=)c	F(=)d	F(=)cd
F(+)	F(+)c	F(+)d	F(+)cd

表1-6 常见分离方法按场-流分类法的归类

流	场		
	c	d	cd
S	电泳、等电聚焦、速率-区带沉降、等密度沉降、等速电泳等	萃取、吸附、结晶、蒸馏、蒸发、离子交换等	电沉积、电沉降、电渗、平衡沉降等
F(=)	淘析、逆流电泳	渗析、沉淀、过滤、超滤、可逆电渗、加压电渗、取代熔融等	
F(+)		色谱、逆流分配、精馏、浮选分离等	场流分离、热重分离、电倾析

1.5 分离方法的评价

一种分离方法的好坏，理论上可以用方法的分离因子、回收率、富集倍数、准确性和重现性等进行评价，但在实际使用过程中，还需考虑更多的问题，如设备成本、有无环境污染、使用成本、对被分离物质是否有破坏等。

(1) 回收率 回收率是分离中最重要的一个评价指标，它反映的是被分离物在分离过程中损失量的多少，是分离方法准确性（可靠性）的表征，其计算公式如下：

$$R=\frac{Q}{Q_0}\times 100\% \tag{1-2}$$

式中，R为回收率；Q为实际回收量；Q_0为理论回收总量。

对回收率的要求要根据分离目的或经济价值来决定。通常情况下对回收率的要求是：1%以上的常量组分的回收率应大于99%，痕量组分的回收率应大于90%或95%。回收率也可以表示成回收因子，即$R=Q/Q_0$。

测定回收率的方法很多，通常采用标准加入法和标准样品法。标准加入法是在样品中准确加入已知量的目标分离物质的标准品，用待检验的分离方法分离该加标后的样品，计算出该分离方法对目标组分的回收率。如果样品本身含有目标分离物质，需同时测定其含量，并从加标样品的测定结果中扣除目标物质的原含量值。样品中原有目标物和后加入目标物往往在分离提取难度上是有明显差异的。标准样品法是用待检验的分离方法分离标准样品，计算出该分离方法对目标组分的回收率。所谓标准样品是指与待分离样品具有相似基体组成、待分离物质的含量已知（如不同实验室采用不同方法进行过准确测定）的样品。标准样品往往难以得到。

(2) 分离因子 分离因子表示两种物质被分离的程度，它与这两种物质的回收率密切相关，回收率相差越大，分离效果越好。假设 A 为目标分离组分，B 为共存组分，则 A 对 B 的分离因子 $S_{A,B}$ 定义为

$$S_{A,B}=\frac{R_A}{R_B}=\frac{Q_A/Q_B}{Q_{0,A}/Q_{0,B}} \tag{1-3}$$

从式(1-3) 可知，分离因子既与分离前样品中 A 与 B 的比例相关，也与分离后二者的比例相关。在定量分离中，目标组分的回收率接近 100%，即回收因子 $Q_A/Q_{0,A}$ 接近 1，这时分离因子等于 B 的回收因子的倒数。分离因子的数值越大，分离效果越好。

(3) 富集倍数 富集是通过分离将目标组分在样品中的摩尔分数提高的一个过程，反过来说就是基体组分摩尔分数减少的过程。在富集操作过程中分离出的目标组分比例越高或基体组分比例越低，则富集后的样品中目标组分的摩尔分数越大。因此，富集倍数定义为目标组分和基体组分的回收率之比，即

$$富集倍数=\frac{目标组分的回收率}{基体组分的回收率} \tag{1-4}$$

由于基体组分的回收率难以得到，实际工作中通常用富集后与富集前样品中目标组分的浓度之比来表示富集倍数。这种计算方法得到的富集倍数隐含着溶液样品的溶剂也是基体组分。因为富集操作往往伴随样品最终体积的减小。

富集的对象通常都是含量在百万分之几以下的微量和痕量组分，对富集倍数的大小视样品中组分的最初含量和后续分析方法中所用检测方法灵敏度的高低而定。高灵敏度和高选择性的测定方法有时不仅无需富集，相反还要将样品进行适当的稀释。高效和高选择性的分离技术可以达到数万倍甚至数十万倍的富集倍数。实际分析工作中，通常情况下富集倍数达到数十倍或数百倍即可。

对于溶液样品，如果将溶剂也看作基体组分，则浓缩仅仅是富集的一种形式而已。

1.6 分离技术展望

分离技术在其他科学技术的带动下以及在其他学科发展的需求刺激下，近年来获得了很大的进步，也为其他学科的发展提供了有力的支持。分离技术已经发展成为一门独立的新学科，其发展呈现出以下几个明显的特点。

(1) 色谱分离技术已成为最有效和应用最广泛的分离（分析）技术 随着色谱固定相制备技术的进步，色谱分离模式的不断增加和优化，固定相修饰技术的不断创新，使色谱技术几乎可以分离所有无机的和有机的、天然的和合成的化合物；色谱固定相高效的分离性能使许多原本难以实现分离的复杂样品得以分离；在几乎所有学科和工业应用领域，色谱技术都成为一类非常重要的分离手段。色谱分析方法是将分离技术在线化的典范，高效的色谱分离与各种灵敏的或高选择性的检测技术结合，使分析效率大大提高，使分析过程更易于自动

化；多维色谱的出现，使色谱的分离能力有了进一步的提高；色谱分离与其他分析技术的联用提高了色谱方法的灵敏度和定性分析能力，如气质联用和液质联用技术就是这种联用技术的成功实例；色谱仪器的小型化和微型化，使色谱技术与其他分析技术联用时具有更好的兼容性。基于各种液相色谱分离模式的制备液相色谱已经成为天然产物、生物医药产品制备与纯化的最有力的工具。

(2) 不同分离技术相互渗透形成新的分离方法　结合不同分离技术的优点发展起来的交叉分离技术在分离科学领域已显示出活力。例如，萃取色谱法（extraction chromatography）就是溶剂萃取技术与色谱技术相结合的产物。它将溶剂萃取中常用的液体有机萃取剂涂渍或键合到惰性固体载体上用作液相色谱的固定相，使固定相表面的萃取剂具有配位或螯合能力，流动相为水溶液，被测金属离子因与固定相中的萃取剂形成配合物或螯合物而由水相（流动相）转移到固定相，从而使被测金属离子得到分离。萃取色谱法已成功地用于阳离子的高效和高选择性分离。

(3) 其他学科对分离技术的促进　复杂基体中痕量组分的分析、天然产物研究（特别是中药现代化研究）的热潮，加上分子水平的生物学、医学研究，使得分离技术迅速发展。

(4) 分离富集技术的自动化　以往的分离富集操作多以人工操作为主，如溶剂萃取中有机溶剂的加入、振荡、分相等操作基本上都是手工进行的。而随着电子、计算机、精密制造技术的发展，现在全自动的溶剂萃取仪和固相萃取仪等众多分离自动化仪器已经广泛使用。

(5) 在线分离技术大有可为　以往分析之前的样品前处理基本上都是离线操作后再用合适的方法分析。近年来样品前处理的在线自动处理的趋势很明显。例如，将微滤、超滤、渗析等膜分离技术用于离子色谱分析样品的在线前处理。分离富集操作的在线化、自动化不仅快速，节省了时间和人力，而且可以提高分析结果的重现性。

(6) 微分离技术迅速崛起　为了与后续分析仪器有效地结合或者为了适应微量样品的分离，近年来微分离技术发展迅速。例如，固相微萃取器的萃取固定相部分可以是仅仅不到 1cm 长的一段高分子涂层纤维毛细管，而且可以与多种色谱分析技术在线联用。又如，在微芯片的微通道中原位合成整体固定相，用于微量生物样品的分离以及在线液相色谱-质谱分析。

复习思考题

1. 列举一个给你日常生活带来很大方便，而且是得益于分离科学的事例。分析解决这个分离问题时可以采用哪几种分离方法，这些分离方法分别依据被分离物质的哪些性质。

2. 本章讲到的分离技术的三种分类方法各有什么特点？

3. 根据你自己的理解，用自己的语言阐述分离与分析两个概念的区别与联系。

4. 阐述浓缩、富集和纯化三个概念的差异与联系。

5. 解释为什么甲醇和水可以自发混合均匀，而四氯化碳和水的混合溶液在充分搅拌后会自发分离。决定不同物质是趋向混合，还是趋向分离，用什么热力学量判断？如何判断？

6. 回收因子、分离因子和富集倍数有什么区别和联系？

7. 列举一个日常生活中你认为尚未很好解决的分离问题，如果这个分离问题得以解决，人们的生活质量将会明显改善。

参考书目

[1] [日本] 大矢晴彦著. 分离的科学与技术. 张瑾译. 北京：中国轻工业出版社，1999.
[2] 耿信笃著. 现代分离科学理论导引. 北京：高等教育出版社，2001.

第 2 章　分离过程中的热力学

热力学是研究各种物理和化学现象的有力工具，同时也是研究分离过程中各种物理和化学变化的最重要的理论工具。面对一个分离问题时，人们总希望找到一种最佳的分离方法，使分离对象物质与共存物质的分离因子尽可能高，完成分离任务所耗费的能量或分离剂尽可能少，分离操作尽可能简单快速。这就需要运用热力学这一理论工具对分离方法进行评价和优化。在分离过程中主要用热力学理论讨论和解决以下三方面的问题：第一，研究分离过程中的能量、热量与功的守恒和转换问题。例如在工业分离中，可通过热力学中功能关系的研究降低分离过程的能耗，从而降低生产成本。第二，通过研究分离过程中物质的平衡与分布问题，结合分子间的相互作用与分子结构关系的研究，选择和建立高效分离体系，使分离过程朝着有利于分离的方向进行。第三，通过熵、自由能、化学势的变化来判断分离过程进行的方向和限度。

分离过程中涉及的热力学问题很多，有的很复杂。本书只就分离过程中一般的和主要的热力学问题做简要介绍。

2.1　化学平衡

在物理化学中，将所研究的对象（物质和空间）称作系统（或体系），而将系统以外有关的物质和空间称作环境。根据环境与系统之间能量和物质的交换情况，可将系统分为封闭系统、敞开系统（开放系统）和孤立系统（隔离系统）。封闭系统是只有能量得失，没有物质交换的系统；敞开系统是既有能量得失，又有物质交换的系统；孤立系统是既无能量得失，又无物质交换的系统。

平衡状态的类型通常包括热平衡、力平衡、相平衡和化学平衡四种。热平衡是指系统内各部分以及环境的温度相同，没有由于温度不等而引起的能量传递；力平衡是指系统内各部分以及环境的各种力达到平衡，没有由于力的不平衡而引起的坐标变化；相平衡是指相变化达到平衡，系统中每一相的组成与物质数量不随时间而变；化学平衡是指化学反应达到平衡，没有由于化学反应而产生的系统组成随时间的变化。

严格地讲，一个系统若要处于平衡状态，应同时满足热平衡、力平衡、相平衡和化学平衡四个条件。不过，在处理实际问题时，经常会做各种各样的近似。

之所以要研究分离过程中的平衡状态，是因为以下几方面原因：第一，平衡状态比较简单。实际的分离过程相当复杂，不易正确地加以研究，故常用简单平衡体系模拟实际分离过程。第二，孤立体系都有自发趋向平衡的趋势。但不同体系建立平衡的速度可能相差较大（化学动力学问题）。第三，分离过程都需要对物质进行输运。物质的输运是在化学势梯度驱动下组分移向平衡位置的一种形式。第四，大多数分离过程的输运速度比较快，是在非常接近于平衡的状态下完成的，因此，可以近似地看成是在平衡状态下完成的。

化学平衡也称分子平衡，是在分子水平上研究物质的运动规律。但它不是研究单个分子的运动，而是研究大量分子运动的统计规律，研究在平衡条件下组分分子在溶液中的空间分布状况。在研究化学平衡时要考虑体系熵值的变化。

我们知道，体系自发变化的方向是使体系自由能降低的方向，即 $dG \leqslant 0$；$dG=0$ 即达到化学平衡。体系自由能的变化 dG 中包括体系的熵值和化学势等。熵是描述体系中分子的无规则程度，反映分子扩散至不同区域、分布在不同能态以及占据不同相的倾向的物理量。每个分子不可能处于相同状态，所以要用分子的统计分布来描述。化学势除与温度、压力有关外，还与液态物质的活度、气态物质的逸度及其分布有关。因此，研究化学平衡仍然比较复杂。虽然研究分子的统计分布需要借助统计热力学才能详细描述，但只要描述的是在平衡状态下的浓度模式，则用经典热力学的方法就可以了。

2.1.1 封闭体系中的化学平衡

(1) 热力学定律 设体系由状态 1 变化到状态 2 时从环境吸热 Q，对环境做功 W_T（包括体积功和非体积功）。根据热力学第一定律：以热和功的形式传递的能量，必定等于体系热力学能的变化（能量的转换在数量上守恒），则体系的能量变化 ΔU 为

$$\Delta U = U_2 - U_1 = Q - W_T \tag{2-1}$$

为便于讨论，规定体系吸热时 $Q>0$，放热时 $Q<0$；环境对体系做功为正，体系对环境做功为负。

若体系发生微小变化，则

$$dU = \delta Q - \delta W_T \tag{2-2}$$

若体系只做体积功（W），则

$$\Delta U = Q - W = Q - \Delta(pV) \tag{2-3}$$

若体系变化为等压过程，则

$$\Delta U = Q - p(V_2 - V_1) \tag{2-4}$$

因此，体系从环境吸收的热量 Q_p 为

$$Q_p = (U_2 + pV_2) - (U_1 + pV_1) = \Delta(U + pV) = \Delta H \tag{2-5}$$

式中，H 定义为焓：

$$H \equiv U + pV$$

熵（S）表示组分扩散到空间不同位置、分配于不同的相或处于不同能级的倾向。熵的定义是可逆过程中体系从环境吸收的热与温度的比值。即

$$dS = \left(\frac{\delta Q}{T}\right)_{\text{可逆}} \tag{2-6}$$

对于一般过程，有

$$dS \geqslant \frac{\delta Q}{T} \quad \text{或} \quad T dS \geqslant \delta Q \tag{2-7}$$

这就是热力学第二定律的数学表达式。对于绝热体系或隔离体系，有

$$dS \geqslant 0 \quad \text{或} \quad \Delta S \geqslant 0 \tag{2-8}$$

即绝热（或隔离）体系发生一切变化，体系的熵都不减。

由热力学第一定律和第二定律，即式(2-2) 和式(2-7) 可以得到

$$dU \leqslant T dS - \delta W_T = T dS - p dV - \delta W_f \tag{2-9}$$

这是热力学第一定律和第二定律的一个综合公式。式中，W_f 为非体积功。当体系不存在非体积功时，则

$$dU \leqslant T dS - p dV \tag{2-10}$$

(2) 分离熵与混合熵 在化学反应中，熵在能量转换中起次要作用；而在分离过程中，熵常常起关键作用。混合熵（ΔS_{mix}）是指将 i 种纯组分混合，若各组分间无相互作用，则混合前后体系的熵变称为混合熵变（简称混合熵）；分离熵（ΔS_{sep}）则是混合的逆过程的熵变。两种过程的始态与终态对应相反，即

$$\Delta S_{sep} = -\Delta S_{mix} \tag{2-11}$$

对于绝热体系中混合后形成均相的理想体系，若 $\Delta S_{mix} > 0$，则混合过程为自发过程；若 $\Delta S_{mix} < 0$，则混合过程为非自发过程。我们可以通过统计热力学方法推导混合熵的计算公式。设体系有 i 种独立组分，每种组分由 N_i 个分子组成，体系总共有 N 个分子。

$$\sum_i N_i = N \tag{2-12}$$

$$\frac{N_i}{\sum_i N_i} = \frac{N_i}{N} = x_i \tag{2-13}$$

$$\frac{N}{N_A} = n \tag{2-14}$$

$$\frac{N_i}{N_A} = n_i \tag{2-15}$$

上述各式中，x_i 为混合后第 i 种组分的摩尔分数；N_A 为阿伏伽德罗（Avogadro）常数，等于 $6.022 \times 10^{23} mol^{-1}$；$n$ 为总物质的量（mol）；n_i 为第 i 种组分的物质的量(mol)。

根据统计原理，混合后体系中各种分子的平均分布概率 ω 为

$$\omega = \frac{N!}{\prod N_i!} \tag{2-16}$$

根据玻耳兹曼（Boltzmann）分布，有

$$\Delta S_{mix} = k \ln\omega = k \ln \frac{N!}{\prod N_i!} = k(\ln N! - \sum \ln N_i!) \tag{2-17}$$

式中，玻耳兹曼常数 $k = 1.38 \times 10^{-23} J/K$。

当 N 值较大（$N \rightarrow +\infty$）时，可用 Stirling 公式展开，得

$$\ln N! \approx N(\ln N - 1) \tag{2-18}$$

近似处理后，得

$$\begin{aligned}\Delta S_{mix} &= k(\ln N! - \sum \ln N_i!) = k[N(\ln N - 1) - \sum N_i(\ln N_i - 1)] \\ &= k(N \ln N - N - \sum N_i \ln N_i + \sum N_i)\end{aligned} \tag{2-19}$$

因为

$$N = \sum N_i$$

所以

$$\Delta S_{mix} = k(\sum N_i \ln N - \sum N_i \ln N_i) = k \sum N_i(\ln N - \ln N_i) = k \sum N_i \ln \frac{N}{N_i} \tag{2-20}$$

因为 $x_i = N_i/N$，$k = R/N_A$ [摩尔气体常数 $R = 8.31 J/(mol \cdot K)$]，而且由 $n_i = N_i/N_A$ 可得 $N_i = n_i N_A$，所以

$$\Delta S_{mix} = k \sum N_i \ln \frac{N}{N_i} = \frac{R}{N_A} \sum n_i N_A \ln \frac{1}{x_i} = -R \sum n_i \ln x_i \tag{2-21}$$

设组分 i 由纯净态变为混合态的熵变为 ΔS_i，则

$$\Delta S_i = -R n_i \ln x_i \tag{2-22}$$

体系的混合熵为

$$\Delta S_{mix} = \sum \Delta S_i \tag{2-23}$$

摩尔混合熵（$\Delta \widetilde{S}_{mix}$）是指每摩尔混合物中全部组分的混合熵之和，是每摩尔混合物由各自的纯净态变化至混合态时的熵变。即

$$\Delta \widetilde{S}_{mix} = \frac{\Delta S_{mix}}{n} = -R \sum \frac{n_i}{n} \ln x_i = -R \sum x_i \ln x_i \tag{2-24}$$

【例 2-1】 已知空气的大致组成（摩尔分数）为 N_2 0.78，O_2 0.21，Ar 0.01。求其摩尔混合熵和摩尔分离熵。

解： $\Delta \widetilde{S}_{mix} = -R \sum x_i \ln x_i$

$= -R(0.78 \times \ln 0.78 + 0.21 \times \ln 0.21 + 0.01 \times \ln 0.01) = 0.568R$

$= 0.568 \times 8.31 \text{J/(mol·K)} = 4.72 \text{J/(mol·K)}$

$$\Delta \widetilde{S}_{sep} = -\Delta \widetilde{S}_{mix} = -4.72 \text{J/(mol·K)}$$

一般情况下，只要向体系提供的能量大于混合熵，就可以实现分离。体系获得的能量通常包括以下几种：①力学能，如机械能、流体动能；②热能、电能、光能；③化学能，如浓度差、化学结合能、分子间相互作用势能。在分离过程中起重要作用的是化学能，特别是分子间各种相互作用势能，如范德华力、氢键作用势能。将上述能量作用于混合物各组分有差异的性质，就可以实现混合物的分离。

(3) 分开理想气体或溶液需做的最小功　对于理想气体或理想溶液，分子间的相互作用可以忽略。温度相等时，组分在混合状态和分开状态的内能相等，即 $dU=0$，从热力学第一定律和第二定律的综合公式可得

$$\delta W_f \leqslant T dS - p dV \tag{2-25}$$

当不做体积功时，$p dV=0$，所以分离所做功为

$$\delta W_f \leqslant T dS \quad 或 \quad W_{sep} \leqslant T \Delta S_{sep} \tag{2-26}$$

因为 ΔS_{sep} 为负值，所以 W_{sep} 也为负值，即要使混合理想气体分开，需要对体系做功。分离 1mol 理想混合物需对体系所做的功称为摩尔分离功（$\widetilde{W}_{sep}$）。

$$\widetilde{W}_{sep} = \frac{W_{sep}}{n} \tag{2-27}$$

由式(2-26)可得分离理想气体或理想溶液需做的最小功(W_{min})和摩尔最小功($\widetilde{W}_{min}$)分别为

$$W_{min} = T \Delta S_{mix} \tag{2-28}$$

$$\widetilde{W}_{min} = T \Delta \widetilde{S}_{mix} = -RT \sum x_i \ln x_i \tag{2-29}$$

(4) 分离过程的自由能　在封闭体系中，由热力学第一定律和第二定律综合公式可得体系所做非体积功 δW_f 为

$$\delta W_f \leqslant -dU - p dV + T dS \tag{2-30}$$

在等温等压条件下为

$$\delta W_f \leqslant -d(U + pV - TS) = -d(H - TS) \tag{2-31}$$

定义（吉布斯）自由能 $G \equiv H - TS$，则

$$\delta W_f \leqslant -dG \tag{2-32}$$

式(2-32) 表明，封闭体系中所能做的最大非体积功等于体系自由能的减少量。自由能在分离化学中是一个非常重要的物理量，对于自发的分离过程，不存在非体积功，即

$$dG \leqslant 0 \quad 或 \quad \Delta G \leqslant 0 \tag{2-33}$$

式(2-33) 表明，在等温等压且不做非体积功的条件下，自发过程总是朝着自由能减小的方向进行。任何体系不可能自动发生 $\Delta G > 0$ 的变化。

2.1.2 敞开体系的化学平衡

分离中涉及的体系绝大多数是敞开体系，如分离往往涉及两个相或多个相，相与相之间有物质交换，对于所研究的某一个相而言，它就是一个敞开体系。又如色谱柱或固相萃取柱的某一小段，如一个理论塔板，在塔板之间有物质交换，所以每一个塔板都是一个敞开体系。因为敞开体系允许物质在相界面上交换，所以，不能简单地用描述封闭体系的热力学公式来描述敞开体系的性质。

若在等温等压下，只有 dn_i(mol) 的组分 i 通过界面进入了体系，且其他组分不进入或不离开该体系 ($dn_j=0$)，这时体系的吉布斯自由能变 dG 与该体系中 i 组分物质的量的变化成正比：

$$dG = \left(\frac{\partial G}{\partial n_i}\right)_{T,p,n_j} dn_i \tag{2-34}$$

如果其他因素不变，dG 的大小取决于 $\partial G/\partial n_i$ 变化速率的大小。式 (2-34) 对于研究敞开体系的化学平衡非常重要。定义体系中 i 物质的化学势 μ_i 为

$$\mu_i = \left(\frac{\partial G}{\partial n_i}\right)_{T,p,n_j} \tag{2-35}$$

μ_i 的物理意义是在等温等压条件下，其他组分不变时引入 1mol 组分 i 所引起的体系吉布斯自由能的变化。化学势的单位是 J/mol。

式(2-35) 中的下角标 (T, p, n_j) 表示化学势的定义是在等温、等压和其他物质不变的情况下，每摩尔物质 i 的自由能。

将式(2-35) 代入式(2-34) 中，即得

$$dG = \mu_i dn_i \tag{2-36}$$

同样地，如进入体系中的组分是 j，则有 $dG = \mu_j dn_j$。对于一个指定的开放体系，若加入任意数目的不同组分，在等温等压条件下，因为这些组分的加入所引起的体系吉布斯自由能的变化为

$$dG = \sum_i \mu_i dn_i \tag{2-37}$$

如果是在非等温等压条件下，则在该吉布斯自由能变中必须加入表示这种变化的增量。将 T、p 和 n 一起考虑，则吉布斯自由能变为

$$dG = -SdT + Vdp + \sum_i \mu_i dn_i \tag{2-38}$$

式中，求和号 Σ 表示进入或离开体系的所有组分对 dG 的贡献。组分 i 进入体系时，dn_i 取正号；组分 i 离开体系时，dn_i 取负号。

下面通过溶剂萃取体系说明化学势的应用。假定 A 和 B 是互不相溶的两种有机溶剂，则它们可以组成一个两相体系，组分 i 可以在两相间进行分配。单独考虑两相中的某一相时，是一个开放体系；如果将 A 和 B 两相作为一个整体考虑，就是一个封闭体系了。当萃取达到平衡时，体系的吉布斯自由能变 $dG=0$，即

$$dG=dG_B+dG_A=(\mu_{i,B}-\mu_{i,A})dn_i=0 \tag{2-39}$$

式(2-39)表示在等温等压条件下，在互相连接的两相间的平衡条件为组分在两相间的化学势相等（$\mu_{i,A}=\mu_{i,B}$）。这一结论也适用于其他分离体系，如涉及液-固吸附的液相色谱，涉及气-固和气-液吸附的气相色谱。

在某给定相中，溶质 i 的化学势 μ_i 值的大小取决于两个因素：一个是溶质对相的亲和势能，这是由溶质分子与相物质分子间相互作用力的大小决定的；另一个是溶质 i 在该相的稀释程度，这将影响稀释过程熵的变化。在分离过程中，假设溶质浓度很小，则在进行理论处理时可将溶液视为理想溶液，所以，溶质的活度系数近似于1。对于理想溶液，溶质的化学势 μ_i 与溶质浓度 c_i 之间的关系为

$$\mu_i=\mu_i^{\ominus}+RT\ln c_i \tag{2-40}$$

式中，$\mu_i^{\ominus}$ 表示溶质 i 的标准化学势，即假设溶液为理想溶液，且溶质 i 浓度的数值为1时的化学势。所以，当溶质从一相迁移到另一相时，它的数值会发生变化。式(2-40)中，$RT\ln c_i$ 项表示了与溶质富集或稀释相关的熵值对化学势的贡献。因为富集与稀释是分离过程中必然存在的两个基本现象，所以，$RT\ln c_i$ 项显然为所有的分离平衡奠定了基础。

如果将 $\mu_{i,A}=\mu_{i,B}$ 代入式(2-40)，并对组分 i 在两相中的浓度 $c_{i,A}$ 和 $c_{i,B}$ 求解，则在平衡时有

$$\left(\frac{c_{i,B}}{c_{i,A}}\right)_{eq}=\exp\left[\frac{-(\mu_{i,B}^{\ominus}-\mu_{i,A}^{\ominus})}{RT}\right]=\exp\left(\frac{-\Delta\mu_i}{RT}\right) \tag{2-41}$$

因为达到平衡时，组分 i 在两相间的浓度的比值 $c_{i,B}/c_{i,A}$ 就是分配平衡常数 K，即

$$K=\exp\left(\frac{-\Delta\mu_i^{\ominus}}{RT}\right) \tag{2-42}$$

因为平衡时组分在两相的化学势必定相等，所以，如果组分在B相的标准化学势 $\mu_{i,B}^{\ominus}$ 较低，则必须以较高的 $RT\ln c_{i,A}$ 值，即高的浓度来补偿，才能满足 $\mu_{i,A}=\mu_{i,B}$ 的条件。从式(2-42)可知，如果 $\Delta\mu_i^{\ominus}$ 是负值，则 $K>1$。也就是说，如果B相标准化学势 $\mu_{i,B}^{\ominus}$ 比A相标准化学势 $\mu_{i,A}^{\ominus}$ 低，要使体系维持平衡，组分在B相的浓度 $c_{i,B}$ 必须比在A相的浓度 $c_{i,A}$ 大，即组分必须从A相部分迁移至B相。所有的分离平衡都涉及上述的以浓度变化来补偿两相间标准化学势的差异，最终达到在两相中的化学势相等。对于不同的组分而言，因为它们的 $\Delta\mu^{\ominus}$ 不同，为了补偿两相间标准化学势差异所发生的浓度变化也不同。这就是不同溶质在两相间分配比不同的实质。

2.1.3 有外场存在时的化学平衡

在分离操作过程中，往往可以根据物质性质的微小差异使它们达到相互分离，比如利用液相色谱、毛细管电泳等方法甚至可以使手性异构体相互分离。但是，在很多情况下，对于一些简便的分离技术，物质性质的微小差异不足以使它们相互分离，需要外加场的作用来使物质的性质差异扩大。分离中常用外场及对应的分离技术列于表2-1。最常见的外场是电场和离心场。广义而言，利用浓度梯度和温度梯度所进行的分离虽然只在系统内部起作用，但它们是由外部条件决定的，也可以看成是在外场作用下的分离。

外场的作用有两方面：一方面是提供外力帮助待分离组分进行输运；另一方面是利用外场对不同组分作用力的不同，造成或扩大待分离组分之间的化学势之差，起到促进分离的作用。一般而言，外场给予物质分子以某种随位置变化的势能，这种势能可以转化成吉布斯自

表 2-1　分离中常用外场及对应的分离技术

外　场	分离技术举例	外　场	分离技术举例
电(磁)场	电泳分离、磁力分离、质谱	浓度梯度(化学势场)	透析
重力场	沉降分离、重力过滤	压力梯度	反渗透、过滤
离心场	离心分离、离心过滤	温度梯度(热能)	分子蒸馏

由能 G 的附加成分。因为 G 是一种特殊的能量形式，在物理化学中有一种严格的方法证明 ΔG 等于体系所做的可逆功，反过来讲，该可逆功又等于在外场作用下的一个简单的迁移过程中势能的增加。如果将外场给予体系中组分 i 的势能记作 μ_i^{ext}，它的势能就变成了化学势的附加贡献，为了区别，将体系内部产生的化学势（由物质本身性质所决定的化学势）记作 μ_i^{int}，则式（2-38）就可以写成

$$dG=-SdT+Vdp+\sum_i(\mu_i^{\text{int}}+\mu_i^{\text{ext}})dn_i \tag{2-43}$$

如果体系是在等温等压条件下，则上式变为

$$dG=\sum_i(\mu_i^{\text{int}}+\mu_i^{\text{ext}})dn_i \tag{2-44}$$

假设有 dn_i mol 的组分 i 从 A 相迁移至 B 相，并达到平衡，则有

$$dG=0=(\mu_{i,\text{B}}^{\text{int}}-\mu_{i,\text{A}}^{\text{int}}+\mu_{i,\text{B}}^{\text{ext}}-\mu_{i,\text{A}}^{\text{ext}})dn_i=(\Delta\mu_i^{\text{int}}+\Delta\mu_i^{\text{ext}})dn_i \tag{2-45}$$

由式(2-40) 可知

$$\Delta\mu_i^{\text{int}}=\Delta\mu_i^{\ominus}+RT\ln\frac{c_{i,\text{B}}}{c_{i,\text{A}}} \tag{2-46}$$

由式(2-45) 和式(2-46) 得

$$-(\Delta\mu_i^{\text{ext}}+\Delta\mu_i^{\ominus})=RT\ln\frac{c_{i,\text{B}}}{c_{i,\text{A}}}=RT\ln K \tag{2-47}$$

即

$$K=\exp\left(\frac{-\Delta\mu_i^{\text{ext}}-\Delta\mu_i^{\ominus}}{RT}\right) \tag{2-48}$$

式(2-48) 只适用于理想混合物，它表示在相转移过程中组分的分子间相互作用力项 $\mu_i^{\ominus}$ 和外加势能项 μ_i^{ext} 的关系。单从数学意义上讲，$\Delta\mu_i^{\ominus}$ 和 $\Delta\mu_i^{\text{ext}}$ 是等同的，其中任意一项都有可能为零。例如，只有一相存在时，$\Delta\mu_i^{\ominus}$ 为零；不存在外加场时，$\Delta\mu_i^{\text{ext}}$ 为零。但从物理意义上讲，$\Delta\mu_i^{\ominus}$ 和 $\Delta\mu_i^{\text{ext}}$ 则不尽相同，如图 1-4 所示的 c_2 和 d_2 模式。$\Delta\mu_i^{\ominus}$ 在相界面上是以突变的方式变化的，而 $\Delta\mu_i^{\text{ext}}$ 在空间上的变化是连续的。利用 $\Delta\mu_i^{\ominus}$ 和 $\Delta\mu_i^{\text{ext}}$ 的这种差异，通过外加各种场对多相体系进行分离，从而建立不同的分离类型。

2.2　分配平衡

分离过程大多在两个互不相溶的相中进行，两相界面的物理化学过程是影响分离的主要因素。两相的组成可以完全由被分离物质本身所组成，如蒸馏。不过，实际用于分析和制备的多数分离体系都是加入起载体作用的其他物质作为相，即两相是由非试样组分组成的，试样组分在两相间分配。如溶剂萃取中有机溶剂相和水相、固相萃取中的固体填料和淋洗液。在分离过程中涉及的分配平衡比较多，分离就是利用被分离各组分在两相间分配能力的不同

而实现的。借助分配平衡体系进行的分离操作多数用于分析或制备目的。工业生产中利用分配平衡体系的比较少，这是因为相对于分离目标物质而言，相物质的体积要大得多，难以实现大规模生产。在分析或制备规模的分离中，物质的浓度不是很大，被分离物质在两相中的分配系数在一定浓度范围内是不随样品浓度改变的常数，这也正好满足分析的要求。在分配平衡体系中，相的组成可以在很宽的范围内变化，这种相组成的变化必然引起不同物质在两相间分配系数大小的变化，分配平衡分离体系正是利用相组成的变化来扩大不同物质在两相间分配系数的差异，从而实现分离的。分配平衡体系可用于性质差异很小的物质的分离。分配平衡体系效率很高，分离速度也很快。

2.2.1　分配等温线

对于一个给定的体系及溶质，在一定温度下，分配平衡可以用溶质在 A 相的浓度 c_A 对该溶质在 B 相的浓度 c_B 来作图，所得到的图就是分配等温线。

溶质在两相间的分配过程涉及的相互作用比较复杂，但当两个相确定后，在一定温度下，溶质在两相间的分配系数基本上是一个常数。在分离中最常见的是气-固吸附分配、液-固吸附分配、气-液分配和液-液分配。尽管人们还难以彻底弄清分配过程的机理，但从大量实验结果可以总结出一些经验规律或定律。

在气-固吸附分配体系中，最简单的是朗格缪尔（Langmuir）吸附等温线，它被认为是气-固吸附体系中可以从理论上推导出来的一个吸附模型。朗格缪尔吸附模型假定溶质在均匀的吸附剂表面按单分子层吸附。溶质吸附量 q 与溶质气体分压 p 的关系可以用朗格缪尔吸附方程表示：

$$q=\frac{q_{max}K_A p}{1+K_A p} \tag{2-49}$$

式中，q_{max} 为溶质在固相表面以单分子层覆盖的最大容量；K_A 为溶质的吸附平衡常数。用 q 对 p 作图，即得如图 2-1 所示的朗格缪尔型吸附等温线。它的特征是明显地表示出了吸附剂表面上的饱和吸附。在分压很低时，朗格缪尔吸附方程为一个线性方程：

$$q=K_A q_{max} p \tag{2-50}$$

即溶质吸附量与其分压成正比。在分离中，上述简化的线性方程相当重要。它不仅在数学上容易处理，而且也是复杂的吸附等温线在溶质浓度很低时的极限表达式。很多液-固吸附分配体系也采用朗格缪尔模型处理，就是因为遵循式(2-50)，如液相色谱定量分析的基础也是该式。

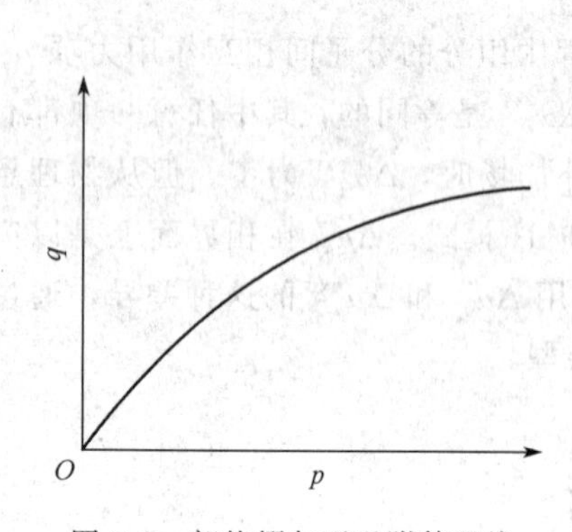

图 2-1　朗格缪尔型吸附等温线

液-固吸附比气-固吸附要复杂得多。这是因为液-固分配体系中溶剂也会与吸附剂表面发生相互作用。如果忽略溶剂与吸附剂的相互作用，就可以用类似气-固分配体系的公式来处理。如果用朗格缪尔吸附方程处理液-固分配，则只需将式(2-49) 中的气体分压 p 改为溶质在液相中的浓度 c，即

$$q=\frac{q_{max}K_A c}{1+K_A c} \tag{2-51}$$

在液-固吸附体系中，通常将式(2-51) 写成

$$q=\frac{ac}{1+bc} \tag{2-52}$$

式中，常数 a 和 b 不一定分别等于式(2-51) 中的 $q_{\max}K_A$ 和 K_A。a 和 b 的值可以通过实验数据求得，即以 c/q 对 c 作图，所得直线的斜率为 b/a，截距为 $1/a$。因为实际情况是溶剂在吸附剂表面有吸附，所以，采用式(2-52) 处理液-固吸附体系存在偏差。在低浓度下，实验数据往往与式(2-53) 的弗仑得利希（Freundlich）经验公式符合得更好。

$$q=Kc^{1/n} \tag{2-53}$$

式中，$n>1$。不过，在很稀的溶液中，弗仑得利希公式也与实际情况有较大出入。

气-液分配平衡是气体在溶液中的溶解平衡。基于经验的亨利（Henry）定律认为：在中等压力下，气体在溶液中的溶解度（气体浓度 c）与溶液上方气相中该溶质气体的分压 p_i 成正比。即

$$c_i=Kp_i \tag{2-54}$$

在液-液分配平衡中，溶质在两互不相溶的溶剂间的分配遵循能斯特（Nernst）分配定律。即在一定温度条件下，溶质 i 在两相（A 和 B）间达到分配平衡后，它在两相中的浓度之比为一常数。即

$$K_i=\frac{c_{i,B}}{c_{i,A}} \tag{2-55}$$

式中，K_i 称为（平衡）分配系数。以溶质在 B 相中的浓度对其在 A 相中的浓度所作的图就是液-液分配等温线。液-液分配等温线在低浓度范围内为直线，直线的斜率即为分配系数，也就是说，这时的分配系数为常数；在高浓度区域，分配等温线会发生偏离，这是因为组分浓度增大，分子间的相互作用使溶液性质偏离理想状态，即此时溶质的有效浓度（活度）发生了变化。如果用活度 a 代替浓度 c，则有

$$K_i=\frac{c_{i,B}}{c_{i,A}}=\frac{a_{i,B}}{a_{i,A}}\times\frac{\gamma_{i,A}}{\gamma_{i,B}}=K_i^{\ominus}\times\frac{\gamma_{i,A}}{\gamma_{i,B}} \tag{2-56}$$

式中，$K_i^{\ominus}$ 称为热力学分配系数，它在整个浓度范围内为常数。

2.2.2 分配定律

设在等温等压条件下有 dn_i 分子的 i 组分由Ⅰ相转入Ⅱ相，体系总自由能变化为

$$dG=\mu_i^{\mathrm{I}}dn_i^{\mathrm{I}}+\mu_i^{\mathrm{II}}dn_i^{\mathrm{II}}$$

因为Ⅰ相所失等于Ⅱ相所得，即

$$-dn_i^{\mathrm{I}}=dn_i^{\mathrm{II}}$$

所以

$$dG=(\mu_i^{\mathrm{II}}-\mu_i^{\mathrm{I}})dn_i^{\mathrm{II}}$$

如果 i 组分是自发地由Ⅰ相转移至Ⅱ相，则 $dG<0$，即

$$dG=(\mu_i^{\mathrm{II}}-\mu_i^{\mathrm{I}})dn_i^{\mathrm{II}}<0$$

因为 $dn_i^{\mathrm{II}}>0$，所以

$$\mu_i^{\mathrm{II}}<\mu_i^{\mathrm{I}}$$

这说明物质是从化学势高的相转移到化学势低的相。当最终达到分配平衡时，$dG=0$，于是有

$$\mu_i^{\mathrm{II}}=\mu_i^{\mathrm{I}}$$

组分 i 在任意一相中的化学势可以写成

$$\mu_i=\mu_i^{\ominus}+RT\ln a_i \tag{2-57}$$

式中，$\mu_i^{\ominus}$ 为组分 i 在标准状态下的化学势，$\mu_i^{\ominus}$ 由 T、p、体系组成以及所受外场决定。在分离化学中，就是要设法调整各组分的 $\mu_i^{\ominus}$ 值，使它们的差值扩大以达到完全分离。调整 $\mu_i^{\ominus}$ 的方法：选择合适的溶剂、沉淀剂、配位试剂、氧化还原剂、重力场、电磁场、离心场等。$RT\ln a_i$ 项为体系熵性质项，在分离中起重要作用。

总体而言，分离体系中物质自发输运的方向是从化学势高的相（区域）转移到化学势低的相。就某单一作用力而言，是从化学作用弱的相转移至化学作用强的相；从分子间作用力弱的相转移至分子间作用力强的相；从外力场弱的相转移至外力场强的相；从浓度高的相转移至浓度低的相；从分离状态变成混合状态；从有序状态变成无序状态。

2.3 相平衡

相平衡在分离中有着重要的理论和实际意义。物质的状态（聚集态）包括气态、液态、固态和超临界态，相平衡是从热力学的角度研究物质从一种相（聚集态）转变为另一相的规律。物质从一种聚集态转变成另一种聚集态的过程称作相变。引起相变的条件主要是温度、压力、溶剂和化学反应。相图和相律是研究相平衡的两种重要方法。相图是以图形研究多相体系状态随浓度、温度和压力等条件的变化，比较直观，但不够精确。相律研究的是平衡体系中的相数、独立组分数与描述该平衡体系变量数目之间的关系。相律只能对体系进行定性描述，只讨论“数目”，而不涉及“数值”。吉布斯推导出来的相律公式为

$$F=C-P+2 \tag{2-58}$$

式中，C 为体系中的独立组分数；P 为相的个数；F 为自由度，即能够维持系统相数不变的情况下可以独立改变的变量（如温度、压力等）。只要 C 和 P 给定，则可根据相律判断出彼此独立的变量数目。

常见的相平衡分离方法有溶解、蒸馏、结晶、凝结等。相平衡分离适合体系中仅含有少数几种组分的简单混合物的分离。

2.3.1 单组分体系的相平衡

2.3.1.1 单组分体系的相图

由式(2-58) 可知，单组分体系的组分数 $C=1$，所以 $F=3-P$。当相的个数 $P=1$ 时，自由度 $F=2$，即单相体系为一个双变量体系，温度和压力是两个独立的变量，在一定范围内可以同时任意选择。当 $P=2$ 时，$F=1$，即单组分两相平衡体系只有一个独立变量，不能任意选定一个温度，同时又任意选定一个压力，而仍旧保持两相平衡。当 $P=3$，即三相共存时，$F=0$，为无变量体系，温度和压力都是确定的值，不能作任何选择。因此，对于单组分体系而言，单相为一个区域，两相共存为一条线，三相共存为一个点，单组分体系最多只可能三相共存。

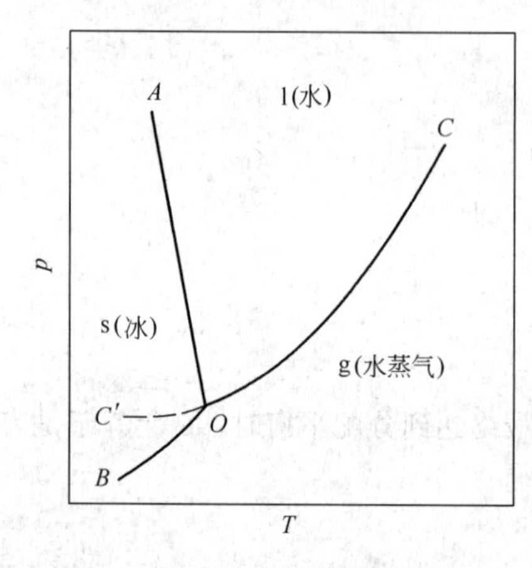

图 2-2 纯水的相图

图 2-2 是纯水的相图。OA 线是根据不同压力下水和冰平衡共存的温度数据画出来的，表示水和冰的平衡状态，OA 线被称作冰的熔点曲线。OB 线是根

据不同温度下冰的饱和蒸气压数据画出来的，表示冰和水蒸气的平衡状态，*OB* 线被称作冰的饱和蒸气压曲线或升华曲线。*OC* 线是根据不同温度下水的饱和蒸气压数据画出来的，表示水和水蒸气的平衡状态，称作水的饱和蒸气压曲线或蒸发曲线。

曲线 *OA*、*OB* 和 *OC* 将相平面分成气相、液相和固相三个不同的单相区域。每个单相区表示一个双变量体系，在单相区的范围内，同时改变温度和压力不会出现新的相。不过，图中有一条 *OC*′线，这条线是 *OC* 线的延伸，通常情况下，*OC* 线到达 *O* 点（0.01℃）后，应有冰出现，但常常可以使水冷却到 0.01℃以下而仍无冰产生，这就是水的过冷现象。根据不同温度下过冷水的饱和蒸气压数据即可画出曲线 *OC*′，这条曲线称作过冷水的饱和蒸气压曲线。*OC*′线和 *OC* 线实际上就是一条曲线。*OC*′线落在冰的单相区，说明在这条线上的相应温度和压力下，冰是可以稳定存在的。事实上，过冷水与其饱和蒸气的平衡不是稳定平衡，仅可在一定时间内存在，称为亚稳平衡。过冷水可以自发地转变成冰。

O 点为水、水蒸气和冰的三相共存点，是无变量体系，体系的温度（273.16K）和压力（0.61kPa）均不能改变。

气液平衡线 *OC* 延伸至 *C* 点（647.3K，2.21×10^4kPa）即终止，如果再增加压力和温度，就进入一个既非气态也非液态的区域，被称作超临界流体区，*C* 点称为临界点，该点对应的温度和压力分别称为临界温度（T_c）和临界压力（p_c）。基于超临界流体的特殊性质发展起来的超临界流体萃取、超临界流体结晶等分离技术在天然产物化学和生物医药等领域发挥着越来越重要的作用。

2.3.1.2　单组分体系的气-液相平衡

液态纯物质的上方空间总会充满该物质的气态分子，该物质的分子在两相间达到动态平衡后，系统的状态（温度、压力、两相中的分子数）不再随时间而变，这种状态称为相平衡状态。相平衡状态下的蒸气称为饱和蒸气，相平衡状态下的液体称为饱和液体。相平衡状态下的蒸气压力称为饱和蒸气压，在一定温度下，不同物质的饱和蒸气压一般不同，它与物质的分子结构及分子间作用力有关。不同组分具有不同的饱和蒸气压是蒸馏、升华和气相色谱分离的基础。

物质的饱和蒸气压并不是常数，而是随温度的升高而增大的。物质的饱和蒸气压与温度的关系可以用式(2-59）的克拉佩龙（Clapeyron）方程描述。

$$\frac{\mathrm{d}p}{\mathrm{d}T}=\frac{\widetilde{S}_{\mathrm{g}}-\widetilde{S}_{\mathrm{l}}}{\widetilde{V}_{\mathrm{g}}-\widetilde{V}_{\mathrm{l}}}=\frac{\Delta\widetilde{H}_{\mathrm{e}}}{T\Delta\widetilde{V}} \tag{2-59}$$

式中，$\widetilde{S}_{\mathrm{g}}$、$\widetilde{S}_{\mathrm{l}}$ 分别为气相和液相的摩尔熵；$\widetilde{V}_{\mathrm{g}}$、$\widetilde{V}_{\mathrm{l}}$ 分别为该物质在气相和液相的摩尔体积；$\Delta\widetilde{V}$ 为该物质气相与液相的摩尔体积差；$\Delta\widetilde{H}_{\mathrm{e}}$ 为该物质的蒸发潜能。

因为气相的摩尔体积远远大于液相的摩尔体积，如果将气体视为理想气体，则有

$$\Delta\widetilde{V}\approx\widetilde{V}_{\mathrm{g}}=\frac{RT}{p} \tag{2-60}$$

将式(2-60）代入式(2-59）整理后即得式(2-61）的克拉佩龙-克劳修斯方程：

$$\frac{\mathrm{d}\ln p}{\mathrm{d}T}=\frac{\Delta\widetilde{H}_{\mathrm{e}}}{RT^2} \tag{2-61}$$

对式(2-61）积分，得到

$$\ln p=-\frac{\Delta\widetilde{H}_{\mathrm{e}}}{RT}+C \tag{2-62}$$

式中，C 为积分常数。由式(2-62) 可以从一个温度下的饱和蒸气压求出另一个温度下的饱和蒸气压。

2.3.2 双组分体系的相平衡

2.3.2.1 双组分体系的相图

对于双组分体系，$C=2$，根据相律 $F=4-P$。因为体系至少有一个相，所以自由度 F 最多为 3，即体系的状态可以由三个独立的变量决定，通常这三个变量为温度、压力和组成。所以，要完整地描述双组分体系的相平衡关系，要用以这三个变量为坐标的立体相图。

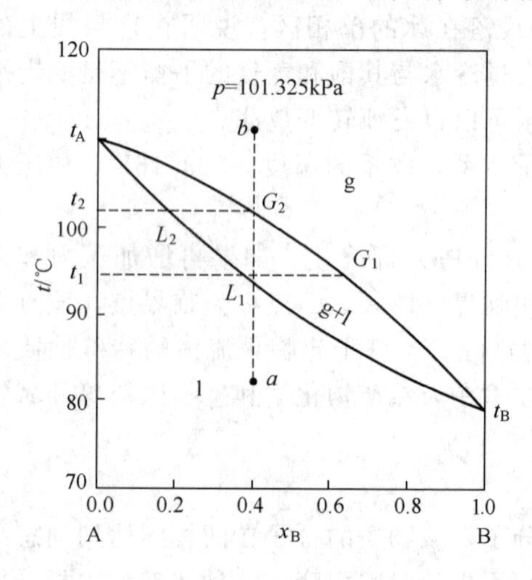

图 2-3 理想液态混合物甲苯（A）-苯（B）双组分体系的相图

由于双组分体系通常保持一个变量为常量，如保持压力不变，当两相处于平衡状态时，相图就是一个温度和组成的关系图，只需取某个组分在一个相中的摩尔分数和温度作为独立变量即可。对于理想的双组分液态混合物，根据这两种液态纯物质在不同温度下的饱和蒸气压数据，即可计算并画出双组分体系的温度-组成图。图 2-3 是甲苯(A)-苯(B)双组分体系在 101.325kPa 压力下的相图。

已知在 101.325kPa 压力下，纯甲苯和纯苯的沸点分别为 110.6℃和 80.11℃，即图 2-3 中的 t_A 和 t_B 两点。甲苯和苯的液态混合物的沸腾温度应介于两纯组分之间，根据 110.6℃和 80.11℃之间两纯液体蒸气压的数据，就可计算出不同温度下达到气-液平衡后的两相组成。图 2-3 中连接 t_A 和 t_B 的两条线中，上方的那条线是连接对应于不同温度下的气相组成点得到的，称为气相线；下方的那条线则是连接对应于不同温度下的液相组成点得到的，称为液相线。液相线下方为液相区，气相线上方为气相区，气相线和液相线包围的区域为气液共存区。

当将处于状态 a 的液态混合物恒压升温至液相线上的 L_1 点时，液相就会开始产生气泡沸腾，对应的温度 t_1 称为该液相的泡点。液相线反映了液相组成与泡点的关系，所以也称泡点线。若将处于状态 b 的气态混合物恒压降温至气相线上的 G_2 点时，气相就会开始凝结出露珠似的液滴，对应的温度 t_2 称为该气相的露点。气相线反映了气相组成与露点的关系，所以也称露点线。状态 a 的液相加热到其泡点 t_1 产生的气泡的状态点为 G_1 点，状态 b 的气相冷却至其露点 t_2 析出的液滴的状态点为 L_2 点。

2.3.2.2 双组分体系的气-液相平衡

假设 A 和 B 两个组分都是可挥发的理想液态物质，在密闭容器中，A 和 B 的混合溶液与它们的蒸气相达到平衡时，它们在液相中的摩尔分数分别为 x_A 和 x_B，在气相中的摩尔分数分别为 y_A 和 y_B。因为 A 和 B 分子的饱和蒸气压不一定相同，所以，x_A 和 x_B、y_A 和 y_B 均不一定相等。

根据拉乌尔（Raoult）定律，在一定温度下，某组分的蒸气分压 p_i 等于该纯组分的饱和蒸气压 $p_i^{\ominus}$ 与其在液相的摩尔分数的乘积，即

$$p_i=p_i^{\ominus}x_i \tag{2-63}$$

根据道尔顿（Dalton）分压定律，溶液上方（气相）的总蒸气压 p 等于各组分的分压之

和，对于由 A 和 B 物质组成的双组分体系，即有

$$p=p_A+p_B \tag{2-64}$$

将式(2-63) 代入式(2-64) 并整理，即可得到式(2-65) 的泡点方程：

$$x_A=\frac{p-p_B^{\ominus}}{p_A^{\ominus}-p_B^{\ominus}} \tag{2-65}$$

因为纯组分的饱和蒸气压仅为温度 T 的单值函数，所以，泡点方程表示了双组分气-液平衡体系的 p-T-x 关系。

当固定 p、T、x 中的一个参量为常量时，即可得到表示另两个参量之间关系的二维图像。例如，当选定温度 T 为常量时，组分 A 和 B 的饱和蒸气压均为常量，即可得到 p-x 关系图。

道尔顿分压定律的另一种表示形式是气相中组分 i 的分压等于该组分在气相中的摩尔分数与气相总压的乘积，即

$$p_i=py_i \tag{2-66}$$

由式(2-63) 的拉乌尔定律和式(2-66) 的道尔顿分压定律即可得式(2-67) 的相平衡方程：

$$y_i=\frac{p_i^{\ominus}}{p}x_i=k_ix_i \tag{2-67}$$

式中，k_i 称为相平衡常数，k_i 与 T 和 p 有关。当温度一定，k_i 为常数，所以，相平衡方程反映了某物质在气相和液相中的摩尔分数的关系，常称作 y-x 关系。相平衡方程只适用于低压下的理想溶液体系。

由式(2-65) 的泡点方程和式(2-67) 的相平衡方程即可得到式(2-68) 的露点方程。露点方程反映了一定温度下压力与组成的关系，即 p-x 关系。

$$y_A=\frac{p_A^{\ominus}(p-p_B^{\ominus})}{p(p_A^{\ominus}-p_B^{\ominus})} \tag{2-68}$$

【例 2-2】 已知苯-甲苯蒸馏塔的温度为 82℃，气相中苯的摩尔分数为 0.95，从手册上查得 82℃时苯和甲苯的饱和蒸气压分别为 1.095kgf/cm²[1] 和 0.43kgf/cm²，求此时塔的压力 p 及液相中苯的摩尔分数。

解： 设苯为组分 A，甲苯为组分 B。即已知 $y_A=0.95$，$p_A^{\ominus}=1.095\text{kgf/cm}^2$，$p_B^{\ominus}=0.43\text{kgf/cm}^2$，求 p（气相总压）及 x_A。

根据露点方程 $y_A=\frac{p_A^{\ominus}(p-p_B^{\ominus})}{p(p_A^{\ominus}-p_B^{\ominus})}$ 有

$$0.95=\frac{1.095(p-0.43)}{p(1.095-0.43)}$$

计算得

$$p=1.016(\text{kgf/cm}^2)$$

由相平衡方程 $y_A=\frac{p_A^{\ominus}}{p}x_A$ 得

$$x_A=\frac{p}{p_A^{\ominus}}y_A=\frac{1.016}{1.095}\times0.95=0.88$$

---

[1] kgf/cm² 为压力单位，1kgf/cm² = 98.0665kPa，后同。

复习思考题

1. 从你熟悉的分离体系中各列举一个可以看作封闭体系、敞开体系和孤立体系的实例，并分析不同体系的主要差异。

2. 将等摩尔的两种气体物质放入室温（25℃）下的一个瓶中，使其自动混合，求体系的摩尔混合熵变。若要将这两种物质分离，所需做的摩尔最小功为多少？

3. 气体分子吸附在固体吸附剂表面时，其吸附等温线可以由朗格缪尔吸附方程得到。试分析吸附物质的吸附平衡常数 K 与该气体物质在气相的分压 p 需满足什么条件才能使朗格缪尔吸附等温线近似为直线。

参考书目

[1] 天津大学物理化学教研室编．王正烈，周亚平修订．物理化学：上册. 第 4 版．北京：高等教育出版社，2001.
[2] 耿信笃著．现代分离科学理论导引．北京：高等教育出版社，2001.

第3章　分离过程中的动力学

一个体系达到平衡之前，体系内存在各种梯度，有外场作用下的梯度，如压力梯度、浓度梯度、电位梯度和温度梯度，也有体系内部的分子间相互作用引起的化学势梯度。在分离过程中，溶质分子在外场或内部化学势作用下向趋于平衡的方向定向迁移，在空间上重新分配。与此同时，溶质分子的随机运动又会使溶质从高浓度区域向四周低浓度区域扩散，使分离开的溶质又趋向重新混合。定向迁移与非定向扩散，即分离与混合，是两种相伴而生的趋势。虽然利用扩散原理也可以进行分离，如等温扩散法就可以用来制备高纯的挥发性酸，不过，一般来说分离是设法强化定向迁移和减小非定向扩散。分离过程动力学的研究内容就是物质在输运过程中的运动规律，即分离体系中组分迁移和扩散的基本性质和规律。

3.1　分子迁移——费克第一扩散定律

所有溶质的迁移都是朝着趋向平衡的方向进行的，平衡控制着组分的迁移方向。但仅用平衡的观点无法准确回答组分的迁移速度和迁移性质等问题，而迁移速度与整个分离速度是密切相关的。

物质的输运过程，即传质过程，是指在适当的介质中，在化学势梯度的驱动下物质分子发生相对位移的过程。而物质的扩散运动也是在梯度（浓度梯度）驱动下，物质分子自发输运的过程。扩散速度的差异可使某些组分达到分离，但也会使组分的谱带展宽。由此可见，无论是定向迁移还是非定向扩散，涉及的都是物质分子的迁移，因此分子迁移的表征是研究分离过程动力学的基础。目前，人们还只能通过物质的机械运动和分子统计学间的相互关系来了解迁移过程的规律。

机械运动是指宏观物体的运动，其运动规律可以用牛顿定律描述；分子迁移是指分子的运动，研究其运动规律不是研究单个分子的运动轨迹，而是研究大量分子在统计学上的运动规律。这两种运动的共同点在于它们对力的响应以及数学表达式相似。

$$\text{机械运动推动力} = -\frac{\mathrm{d}p}{\mathrm{d}x} \tag{3-1}$$

$$\text{分子运动推动力} = -\frac{\mathrm{d}\mu}{\mathrm{d}x} \tag{3-2}$$

式中，p 为势能；μ 为化学势，且 p 和 μ 具有相同的量纲；x 为在迁移路径坐标上的位置。式(3-1) 和式(3-2) 表明机械运动与分子迁移之间的确存在某种对应关系，但二者也存在重要的差别。这种差别表现在 μ 比 p 包含更多的内容，如可以将 p 以外的场作用所转变的化学势 μ^{ext} 包含在 μ 中。如式(2-40) 所示，μ 还可以包括 $RT\ln c$，即溶质浓集与稀释对熵的影响。对宏观物体而言，$RT\ln c$ 项与 p 相比可以忽略不计；但对分子迁移而言，它意味着分离过程中溶质分子的迁移和扩散以及在分离路径上分子的统计分布。严格地讲，式(3-2)仅应用在恒温条件下。熵对$-d\mu/dx$的贡献并不严格局限于机械意义上力的概念，它还包含分子的布朗运动，即永不停歇的、杂乱无章的分子碰撞。从数学意义上讲，它是恒定的而且是可以计算的。

宏观物体的机械运动规律可以用牛顿定律来描述。根据牛顿运动定律，力F与加速度的关系为

$$F=F_1+F_2=m\frac{d^2x}{dt^2} \tag{3-3}$$

这个微分方程可以进行积分并可表示物体在不同时间的瞬间位置。式中，m为物体的质量；d^2x/dt^2为加速度；F_1为机械推动力，其大小由物体的位置决定，见式(3-4)；F_2为摩擦力，其大小与摩擦系数f成比例，在运动速度较低时，与dx/dt成正比，其方向与物体运动方向相反，故以负号表示，见式(3-5)。

$$F_1=-\frac{dp}{dx} \tag{3-4}$$

$$F_2=-f\frac{dx}{dt} \tag{3-5}$$

将式(3-4)和式(3-5)代入式(3-3)即得宏观物体基本运动方程：

$$m\frac{d^2x}{dt^2}=-\frac{dp}{dx}-f\frac{dx}{dt} \tag{3-6}$$

分子运动除了受使宏观物体运动的所有力的约束外，每一个分子还与邻近分子发生激烈的碰撞作用。分子运动的推动力为化学势梯度，化学势是1mol溶质的能量表征，它所描述的是与阿伏伽德罗常数N_A相同数目的分子的迁移方程。分子迁移的阻力是分子碰撞的摩擦阻力。如果将描述宏观物体运动的方程用来描述分子运动，则得到分子运动方程为

$$M\frac{d^2\overline{x}}{dt^2}=-\frac{d\mu}{dx}-\widetilde{f}\frac{d\overline{x}}{dt} \tag{3-7}$$

式(3-7)以1mol物质计。式中，M为物质的摩尔质量；$\overline{x}$表示整个1mol分子运动的位移平均值；$\widetilde{f}$表示每摩尔运动着的分子的阻力常数，即摩尔摩擦系数，它是所有分子的摩擦系数f的加和，即$\widetilde{f}=N_Af$。

所有分离过程都在不同程度上对物质（溶质）进行输运，分离所需时间与输运时间有关，因而也与摩擦系数有关。Stokes定律描述了分子运动摩擦系数与其他因素的关系，即

$$\widetilde{f}=6\pi N_A r\eta \tag{3-8}$$

式中，$\widetilde{f}$为摩尔摩擦系数；N_A为阿伏伽德罗常数；r为球形溶质分子的半径；η为介质黏度。

与宏观物体的机械运动相比，分子运动的摩擦阻力（分子碰撞）要大得多。例如，在300K时，使1mol普通溶质以0.1mm/s的速度通过溶剂运动时，要克服2.5×10^8N的阻力。这是因为杂乱的分子碰撞阻碍了群体分子在外力作用下的迁移。也就是说，溶质分子在溶液中的运动加速度几乎为零（几乎是立即达到稳态）。如溶液中大数目的离子在电场作用下定向迁移时，在极短的时间内（10^{-12}s水平），离子加速达到一定程度，之后离子的迁移处于稳定状态并且再无加速度产生。10^{-12}s水平的时间对于多数迁移过程的持续时间而言是可以忽略不计的。因此，处理分子运动时可以认为其平均加速度为零，即

$$M\frac{\mathrm{d}^2\overline{x}}{\mathrm{d}t^2}=0$$

由分子运动方程可得

$$M\frac{\mathrm{d}^2\overline{x}}{\mathrm{d}t^2}=-\frac{\mathrm{d}\mu}{\mathrm{d}x}-\widetilde{f}\frac{\mathrm{d}\overline{x}}{\mathrm{d}t}=0$$

于是可以得到分子运动的平均速度为

$$\overline{U}=\frac{\mathrm{d}\overline{x}}{\mathrm{d}t}=-\frac{1}{\widetilde{f}}\times\frac{\mathrm{d}\mu}{\mathrm{d}x} \tag{3-9}$$

因为分子或离子的运动速度难以测定，所以人们提出一个易于测定的物理量——流密度（J）来反映分子在流体中的运动速度。流密度是指单位时间内通过单位面积的物质的量（mol）。

当分子运动的平均速度 $\overline{U}$ 的单位为 cm/s，溶质的浓度 c 的单位取 $\mathrm{mol/cm^3}$ 时，有下列关系式：

$$J=\overline{U}c \tag{3-10}$$

J 的单位为 $\mathrm{mol/(s \cdot cm^2)}$。

将式(3-9) 代入式(3-10) 中得

$$J=-\frac{c}{\widetilde{f}}\times\frac{\mathrm{d}\mu}{\mathrm{d}x} \tag{3-11}$$

在低浓度下（假定 $\alpha=c$），化学势 μ 可以写成

$$\mu=\mu^{\mathrm{ext}}+\mu^{\ominus}+RT\ln c$$

式中，μ^{ext} 为外场作用于分子的化学势；$\mu^{\ominus}$ 为体系的标准化学势；c 为溶质浓度，假定其在扩散方向上不随时间变化，于是有

$$J=-\frac{c}{\widetilde{f}}\times\frac{\mathrm{d}\mu}{\mathrm{d}x}=-\frac{c}{\widetilde{f}}\times\frac{\mathrm{d}(\mu^{\mathrm{ext}}+\mu^{\ominus}+RT\ln c)}{\mathrm{d}x}=-\frac{c}{\widetilde{f}}\left(\frac{\mathrm{d}\mu^{\mathrm{ext}}}{\mathrm{d}x}+\frac{\mathrm{d}\mu^{\ominus}}{\mathrm{d}x}+\frac{RT}{c}\times\frac{\mathrm{d}c}{\mathrm{d}x}\right)$$

$$=-\frac{c}{\widetilde{f}}\left(\frac{\mathrm{d}\mu^{\mathrm{ext}}}{\mathrm{d}x}+\frac{\mathrm{d}\mu^{\ominus}}{\mathrm{d}x}\right)-\frac{RT}{\widetilde{f}}\times\frac{\mathrm{d}c}{\mathrm{d}x}$$

如果定义

$$Y=-\frac{1}{\widetilde{f}}\left(\frac{\mathrm{d}\mu^{\mathrm{ext}}}{\mathrm{d}x}+\frac{\mathrm{d}\mu^{\ominus}}{\mathrm{d}x}\right)$$

Y 是外场和内部物理化学作用的总化学势产生的迁移速度。将 Y 代入前面的公式，得

$$J=Yc-\frac{RT}{\widetilde{f}}\times\frac{\mathrm{d}c}{\mathrm{d}x} \tag{3-12}$$

当外场和内部作用势能梯度为零（$Y=0$）时，就只存在扩散运动了，此时有

$$J=-\frac{RT}{\widetilde{f}}\times\frac{\mathrm{d}c}{\mathrm{d}x}$$

定义扩散系数 D 为

$$D=\frac{RT}{\widetilde{f}} \tag{3-13}$$

式(3-13) 即为普朗克-爱因斯坦（Planck-Einstein）方程，于是有

$$J=-\frac{RT}{\widetilde{f}}\times\frac{\mathrm{d}c}{\mathrm{d}x}=-D\ \frac{\mathrm{d}c}{\mathrm{d}x} \tag{3-14}$$

式(3-14)即为费克（Fick）第一扩散定律，是早在1855年就已发表的描述分子扩散的基本方程。费克第一扩散定律的通式可以写成

$$J(x)=-A\ \frac{\mathrm{d}y}{\mathrm{d}x} \tag{3-15}$$

式中，$J(x)$ 表示沿 x 轴方向的流；A 为比例系数；$\mathrm{d}y/\mathrm{d}x$ 指在 x 轴方向上的梯度。当 y 为浓度 c 时，$\mathrm{d}c/\mathrm{d}x$ 为 x 轴方向上的浓度梯度，$J(x)$ 就是沿 x 轴方向的质量流（扩散）；当 y 为温度 T 时，$\mathrm{d}T/\mathrm{d}x$ 为 x 轴方向上的温度梯度，$J(x)$ 就是沿 x 轴方向的热流。

费克第一扩散定律的物理意义：扩散系数一定时，单位时间扩散通过单位截面积的物质的量（mol）与浓度梯度成正比，负号表示扩散方向与浓度梯度方向相反。

3.2 流体的迁移与扩散

在多数情况下，溶质是在流体（液体、气体、超临界流体）中迁移或扩散的。如果流体本身不流动的话，溶质在流体中就会因为浓度梯度而迁移（或扩散）或者因为其他场的作用定向迁移。在分离技术中，流体本身也迁移的情况常常碰到（如色谱分离），而且流体多数情况下是沿管路流动的。

流体的流动性能与其黏度密切相关。流体的黏度是流体的一部分阻止另一部分移动的阻力，当流体处于流动状态时，在相同外界条件下，黏度就决定了流体流动的速度。图3-1是流体流动的特性示意图。一种流体以非均匀线速度 v 在 x 轴方向上流动。当将流体分成若干薄层时，每一层的迁移速度是不同的。对于相距 $\mathrm{d}y$ 的两个层而言，上层的移动要比下层快，由于黏度的作用，上层流体的流速会因下层流体的流速慢而趋于缓慢，同时下层流体会因上层流体的流速较快而趋于加快流动。为了使这两层流体保持各自不变的流速，就需要施加一个力 F，单位面积上所感受到的这种力称为剪切应力 F_s，其大小与 y 轴方向上的流体流速梯度 $\mathrm{d}v/\mathrm{d}y$ 成正比。所以

$$F_s=\frac{F}{A}=\eta\lim_{\Delta y\to 0}\left(\frac{\Delta v}{\Delta y}\right)=\eta\ \frac{\mathrm{d}v}{\mathrm{d}y} \tag{3-16}$$

式中，A 为流层面积，cm^2；η 为流体的黏度系数，为单位面积上能使相距1cm的另一平行流层上产生1cm/s流速差的剪切应力，g/(cm·s)。

当流体在管道（如毛细管）中流动时，管中央的流体流速最快，而离管壁越近的地方受到的阻力越大，因此流速越慢。假设流体流过如图3-2所示的半径为 r、长度为 L 的毛细管，当阻力出现时，在距毛细管中心为 r' 处由黏度引起的阻力 F_s 为

$$F_s=-\eta A\ \frac{\mathrm{d}v}{\mathrm{d}r'}=-\eta\cdot 2\pi r'L\ \frac{\mathrm{d}v}{\mathrm{d}r'} \tag{3-17}$$

式中，A 为一圆筒形流层的面积；负号表示其速度梯度为负值。

流的迁移驱动力 F 可由管入口处压力 p_1 和出口处压力 p_2 求得，即

$$F=\pi r'^2(p_1-p_2) \tag{3-18}$$

如果流是稳定的，则由黏度所产生的阻力 F_s 应该等于流的驱动力 F。所以，由式(3-17)和式(3-18)可得

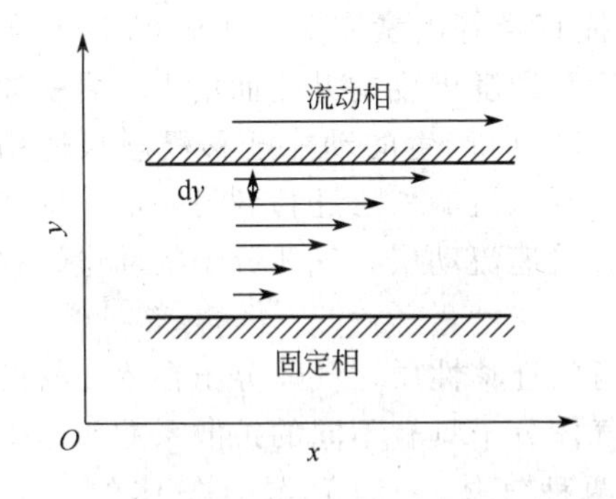

图 3-1　由剪切作用产生的流体速度梯度

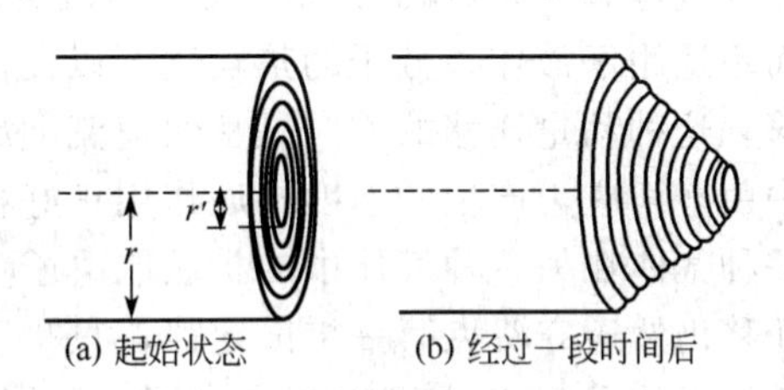

图 3-2　毛细管中流体迁移状态

$$\mathrm{d}v=-\frac{(p_1-p_2)r'}{2L\eta}\mathrm{d}r' \tag{3-19}$$

对上式积分得流的速度为距离 r' 的函数：

$$v=-\frac{(p_1-p_2)r'^2}{4\eta L}+B \tag{3-20}$$

因为在 $r'=r$ 处，$v=0$，所以积分常数 B 为

$$B=\frac{(p_1-p_2)r^2}{4\eta L} \tag{3-21}$$

将式(3-21) 代入式(3-20) 得

$$v=\frac{(p_1-p_2)(r^2-r'^2)}{4\eta L} \tag{3-22}$$

所以，作为 r' 函数的流速的层状图呈抛物线形。

在时间 t 内，流过半径为 r' 和 $r'+\mathrm{d}r'$ 两表面间横截面上的体积为

$$\mathrm{d}V=2\pi vtr'\mathrm{d}r' \tag{3-23}$$

对式(3-23) 在 $0\sim r$ 之间积分，即得在时间 t 内流过该管横截面上的体积为

$$V=\int_0^r 2\pi vtr'\mathrm{d}r' \tag{3-24}$$

将式(3-22) 中的 v 代入式(3-24) 中，即得

$$V=\frac{\pi t(p_1-p_2)}{2\eta L}\int_0^r(r^2-r'^2)r'\mathrm{d}r'=\frac{\pi r^4 t(p_1-p_2)}{8\eta L} \tag{3-25}$$

式(3-25) 称为泊肃叶（Poiseuille）公式。推导该公式时，已经假设体积 V 与压力无关，即将 p_1-p_2 看成常数进行式(3-25) 的积分。因此，泊肃叶公式并不适用于气体，因为气体体积受压力的影响是不能忽略的。如果要将泊肃叶公式用于气体，必须对气体的可压缩性进行校正。

黏度系数受温度的影响较大，而且气体和液体的黏度系数受温度影响的程度相差很大。实验表明液体的黏度系数与温度的关系可以近似用式(3-26) 表示。

$$\eta=A\mathrm{e}^{E/RT} \tag{3-26}$$

式中，A 为常数；E 为流的活化能，即流速取决于流物质分子通过能垒的特性。由式(3-26) 可以看出，液体的黏度系数 η 随温度的升高而降低。而对于气体而言则正好相反，式(3-27) 是气体黏度系数与温度的关系。

$$\eta=A'T^{1/2} \tag{3-27}$$

式中，A'为常数，与气体分子的质量和分子碰撞直径等因素有关。由式(3-27) 可以看出，黏度系数与温度的平方根成正比，即气体的黏度系数随温度的升高而增大。之所以温度对气体和液体黏度系数的影响相反，是因为由分子碰撞而产生的动能迁移概念只适用于气体，而不适用于液体。分子的热运动可以促使物质分子从流的一层迁移到另一层，即产生动量迁移，这种动量迁移的方向是从快速流动层迁移到慢速流动层，气体分子的动量迁移与液体流中由剪切应力产生的速度梯度作用正好相反。

一种气体在另一种气体中的扩散取决于分子本身的迁移性质，气体分子在浓度梯度作用下的迁移仍然遵守费克第一扩散定律，只是不同的气体分子具有不同的扩散系数而已。

低压下的混合气体可以近似看作理想气体，两种气体 A 和 B 混合气体的扩散系数 D_{mix}为

$$D_{mix}=x_A D_A+x_B D_B \tag{3-28}$$

式中，x_A 和 x_B 分别为组分 A 和 B 的摩尔分数；D_A 和 D_B 分别为 A 和 B 分子的扩散系数。对于刚性的球形分子而言，D_A 和 D_B 为 $0.599v\lambda$，v 为分子运动的平均速度，λ 为分子的麦克斯韦（Maxwell）平均自由程。于是，式(3-28) 可以写成

$$D_{mix}=0.599(x_A v_A \lambda_A+x_B v_B \lambda_B) \tag{3-29}$$

在毛细管中进行的分离很多，如毛细管电泳、毛细管液相色谱等。如果流体是在毛细管进出口端压力差 Δp 的驱动下流动的，在忽略重力和其他外力的条件下，毛细管中流体的流速就会从零增大，同时由于流体黏度产生的黏滞力会阻止流速的增大，达到平衡后流速会维持在一个定值，这时的驱动力可以由式(3-16) 表示。最终流过毛细管的流体的总流量 Q 可由式(3-25) 的转化式(3-30) 计算得到

$$Q=\frac{\pi r^4 \Delta p}{8\eta L} \tag{3-30}$$

由式(3-30) 可知，毛细管中流体的流量与毛细管半径的四次方成正比。对于一个给定的压力梯度，流体的流量随毛细管半径的增大而显著增加，显然，毛细管内径越大，越有利于流体的流动。不难理解，对于单位流体体积而言，内径小的毛细管中有比较大的表面积，该表面趋向于阻止流体的流动。该结论可以推广到任意形状的孔空间，即以压力驱动的流体都要被小孔阻止。

3.3 带的迁移——费克第二扩散定律

费克第一扩散定律是假设溶质浓度 c 在扩散方向上不随时间变化。但实际上溶质浓度 c 在扩散方向上是随时间变化的。为简单起见，先只考虑一维扩散的情形。

如图 3-3 所示，在流方向上取一小体积元，即厚度为 dx 的截面。根据质量守恒定律，单位时间内在 x 处因扩散而进入到小体积元 dx 的物质流减去在 $x+dx$ 处扩散出来的物质流，等于单位时间内体积元 dx 中积累的物质量。

$$(J_x-J_{x+dx})S=\frac{dm}{dt} \tag{3-31}$$

为简便起见，假设流方向上的截面积为一个单位，即 $S=1$，并将式(3-31) 右边分子、分母同时乘 dx 后，得到

$$J_x-J_{x+dx}=\frac{dm}{dx}\times\frac{dx}{dt}=dc\times\frac{dx}{dt}=\frac{dc}{dt}\times dx \tag{3-32}$$

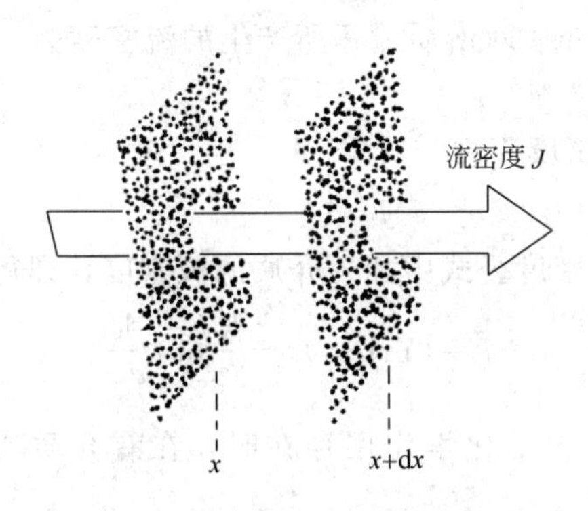

图 3-3　溶质流过截面为单位面积的体积元

将 $J_{x+\mathrm{d}x}$ 在 dx 附近按 Taylor 级数展开，并略去高次项，得

$$J_{x+\mathrm{d}x} \approx J_x + \frac{\mathrm{d}J}{\mathrm{d}x} \times \mathrm{d}x \tag{3-33}$$

将式(3-33) 代入式(3-32) 得

$$\frac{\mathrm{d}c}{\mathrm{d}t} = -\frac{\mathrm{d}J}{\mathrm{d}x} \tag{3-34}$$

式(3-34) 就是著名的连续性方程。该方程的推导是基于物料平衡原理，所以它是一个普遍适用的公式，可以用于任何形式的以流密度 J 表示的方程式。

将式(3-12) 代入式(3-34) 即得

$$\frac{\mathrm{d}c}{\mathrm{d}t} = -Y\frac{\mathrm{d}c}{\mathrm{d}x} + \frac{\mathrm{d}}{\mathrm{d}x}\left(\frac{RT}{\widetilde{f}} \times \frac{\mathrm{d}c}{\mathrm{d}x}\right) \tag{3-35}$$

式(3-35) 就是组分浓度在流方向上随时间变化情况下的输运方程，该方程也可以写成

$$\frac{\mathrm{d}c}{\mathrm{d}t} = -Y\frac{\mathrm{d}c}{\mathrm{d}x} + D\frac{\mathrm{d}^2 c}{\mathrm{d}x^2} \tag{3-36}$$

当既无外场梯度，也无内部化学势梯度时，$Y=0$，即只存在扩散作用，则有

$$\frac{\mathrm{d}c}{\mathrm{d}t} = D\frac{\mathrm{d}^2 c}{\mathrm{d}x^2} \tag{3-37}$$

式(3-37) 就是一维扩散情况下的费克第二扩散定律。同理可推导出多维扩散情况下的费克第二扩散定律，如二维扩散和三维扩散情况下的费克第二扩散定律分别为式(3-38) 和式(3-39)：

$$\frac{\mathrm{d}c}{\mathrm{d}t} = D\left(\frac{\partial^2 c}{\partial x^2} + \frac{\partial^2 c}{\partial y^2}\right) \tag{3-38}$$

$$\frac{\mathrm{d}c}{\mathrm{d}t} = D\left(\frac{\partial^2 c}{\partial x^2} + \frac{\partial^2 c}{\partial y^2} + \frac{\partial^2 c}{\partial z^2}\right) \tag{3-39}$$

3.4　有流存在下的溶质输运

在前面的讨论中，只考虑了溶质本身的迁移，即假设介质（气体或溶剂）是不流动的。然而，在很多分离体系（如色谱）中，载带溶质的介质也处于流动状态。所谓有流就是指溶质迁移过程中介质也在流动（迁移）。

设介质的流速为 v'，则介质对溶质输运所产生的流密度为

$$J=v'c \tag{3-40}$$

在有流存在时的溶质流密度应为

$$J=\overline{U}c+v'c$$

在式(3-12) 无流时的流密度公式中加入介质的流密度，即得有流时的流密度公式：

$$J=(Y+v')c-\frac{RT}{\widetilde{f}}\times\frac{\mathrm{d}c}{\mathrm{d}x} \tag{3-41}$$

式(3-41) 为考虑外场和内部化学作用存在时，在有介质流动情况下一维输运的一般方程。

由式(3-36) 无流时考虑溶质浓度随时间变化的情况下的输运方程和式(3-41)，可得有流时一维扩散情况下的输运方程：

$$\frac{\mathrm{d}c}{\mathrm{d}t}=-(Y+v')\frac{\mathrm{d}c}{\mathrm{d}x}+D\frac{\mathrm{d}^2c}{\mathrm{d}x^2} \tag{3-42}$$

复习思考题

1. 简单讨论分子运动与宏观物体机械运动的差别和共同点。

2. 在无流和有流情况下，溶质分子的迁移分别用什么公式描述？对公式的物理意义作简单的阐述。

3. 费克扩散定律描述的是什么样的特殊条件下溶质分子的迁移？

参考书目

耿信笃著. 现代分离科学理论导引. 北京：高等教育出版社，2001.

第 4 章 分子间相互作用与溶剂特性

对于一个由物质 A 和 B 组成的混合物，如果要将它们分离开，通常首先会分析 A 和 B 分子的化学结构是否有差别，只要分子的化学结构有差异，它们的物理和化学性质就会有比较明显的差异，可根据与分离性质有关的差异来选择合适的分离方法。如果 A 和 B 的分子结构没有明显差异，就需要通过分子间的相互作用、化学反应或外场作用等途径使物质 A 和 B 的性质产生差异或扩大差异，即调整体系中 A 和 B 的化学势 μ_A 和 μ_B，从而实现分离。分子间的相互作用与分子的结构以及分子所处的化学环境密切相关，研究分子间的相互作用有助于人们选择和控制最佳的分离条件。

4.1 分子间相互作用

分子间的相互作用是联系物质结构与性质的桥梁。在分离中所涉及的分子间相互作用的范围很广泛，基本的相互作用包括带相反电荷的离子间的静电相互作用、离子与偶极分子间的相互作用、范德华力、氢键和电荷转移相互作用等。分子间的相互作用有时是多种作用力共同作用的结果，如超分子体系的形成、生物亲和作用，分子迹印识别等。

分子间相互作用是介于物理相互作用与化学相互作用之间的一种作用力。物理相互作用比较弱，作用能通常在 0～15kJ/mol，没有方向性和饱和性；化学相互作用（此处主要指共价化学键）比较强，作用能通常在 200～400kJ/mol，具有方向性和饱和性。而分子间的相互作用通常在数十 kJ/mol，如氢键强度为 8～40kJ/mol，电荷转移相互作用能为5～40kJ/mol。

分子间相互作用的大小通常用势能或分子间力表征。当两个分子 i 和 j 相距无限远时，它们之间的相互作用可忽略不计。这时由分子 i 和 j 组成的体系的总能量等于它们各自的能量之和，即

$$U(\infty)=U_i+U_j \tag{4-1}$$

当对体系做功使两个分子相互接近到某一距离 r 时，由该双分子组成的体系的总能量 U_T 中，增加了分子间的相互作用势能 $U(r)$。$U(r)$ 与分子 i 和 j 的结构及两分子对称中心间的距离 r 有关。在大多数情况下，分子间相互作用势能与分子间距离的函数关系可以用式(4-2) 经典的林纳德-琼斯（Lennard-Jones）方程表示。

$$U(r)=\frac{A}{r^{12}}-\frac{B}{r^6} \tag{4-2}$$

式中，A 和 B 为常数。式(4-2) 右边第一项为排斥能，第二项为吸引能，习惯上规定排斥力为正值，吸引力为负值。如图 4-1 所示，两分子由远接近时，开始只有吸引力，分子

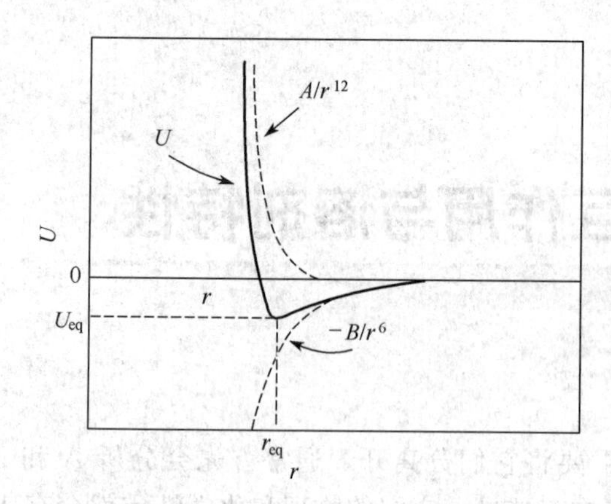

图 4-1　分子间相互作用势能与分子间距离的函数关系

间的相互作用势能逐渐下降，距离越小，势能降低越快。当两分子接近到一定程度时，排斥力开始出现，总的作用势能为吸引力和排斥力的加和。所以总的势能函数曲线（实线）上出现一个最低点，即平衡点。平衡点能量为 U_{eq}，平衡距离为 r_{eq}。

双分子体系的总能量 U_T 为

$$U_T = U_i + U_j + U(r) \tag{4-3}$$

分子间的相互作用势能 $U(r)$ 为

$$U(r) = U_T - (U_i + U_j) = U_T - U(\infty) \tag{4-4}$$

这种双分子体系的相互作用势能也称作“双体相互作用势能函数”。分子间的相互作用势能 $U(r)$ 在数值上等于将两个分子从无限远处推进至相距 r 处时所需做的功，即

$$U(r) = \int_{\infty}^{r} F(r)\mathrm{d}r \tag{4-5}$$

相距 r 处两分子的相互作用力 $F(r)$ 为

$$F(r) = -\frac{\partial U(r)}{\partial r} \tag{4-6}$$

4.1.1　静电相互作用

假设两个离子（或带电分子）所带电量分别为 q_i 和 q_j，与所有带电粒子之间的静电相互作用一样，这两个离子间的静电力（F）也遵循库仑定律：

$$F = \frac{q_i q_j}{4\pi\varepsilon_0 r^2} \tag{4-7}$$

式中，F 的单位为牛顿（N）；q_i 和 q_j 的单位为库仑（C）；r 的单位为 m；ε_0 是真空中的介电常数，$\varepsilon_0 = 8.85419\times10^{-12}\,\mathrm{C^2/(J\cdot m)}$。由于静电相互作用力的大小与两个带电粒子之间距离的平方成反比，而其他一些分子间的相互作用力与距离的更高次方（如六次方）成反比，所以静电作用力属长程力。

对于带电分子而言，q_i 和 q_j 是单位电荷 e 的积分，则两个分子间的静电相互作用势能 U_{ij} 为

$$U_{ij} = \frac{z_i z_j e^2}{4\pi\varepsilon_0 r^2} \tag{4-8}$$

式中，z_i 和 z_j 分别为 i 分子和 j 分子所带电荷，$e = 1.60218\times10^{-19}\,\mathrm{C}$。

对于非真空的其他介质而言，式(4-8) 中的 ε_0 应换成绝对介电常数 ε。$\varepsilon = \varepsilon_0\varepsilon_r$，$\varepsilon_r$ 为相对于真空的介电常数。

在分离中，涉及静电相互作用的场合很多，如在蛋白质分子中盐桥的形成、在离子对液相色谱中离子对的形成、在溶剂萃取中被萃取离子与带相反电荷萃取剂之间的离子缔合物的形成、在离子交换分离中离子交换剂与被交换离子间的离子交换反应都是基于离子（或分子）间的静电作用力。

4.1.2 范德华相互作用

中性分子有极性与非极性之分，即使在稀薄的气相，这些分子之间也存在弱相互作用，即范德华相互作用。范德华相互作用包括永久偶极相互作用、诱导偶极相互作用和色散相互作用。不同类型分子间三种相互作用的大小不同。

4.1.2.1 永久偶极相互作用

永久偶极（或称固有偶极）是指分子中因电荷分布不均匀而出现的正电荷中心与负电荷中心相分离的现象。如极性分子中就存在永久偶极。由于正负电荷中心之间的静电作用，具有永久偶极的分子之间会趋于定向排列，因此，这种作用力也称定向力。当两个偶极子的偶极矩方向正好相同时，偶极相互作用最小；而当两个偶极子的偶极矩方向反平行时，偶极相互作用最强。具有永久偶极矩 μ_i 和 μ_j 的分子 i 和 j，其相互作用的平均作用势能 $\overline{U}_{ij}$ 为

$$\overline{U}_{ij}=-\frac{2}{3kT(4\pi\varepsilon_0)^2}\times\frac{\mu_i^2\mu_j^2}{r^6} \tag{4-9}$$

式中，k 为玻耳兹曼常数；$\overline{U}_{ij}$ 的单位为 J，当 $T=300\text{K}$ 时，式(4-9) 中的常数部分为 $5.64\times10^{39}\text{J}\cdot\text{m}^2/\text{C}^4$。对于一种纯的极性物质（$i=j$），由式(4-9) 可知，$\overline{U}_{ij}$ 与偶极矩的四次方成正比，所以偶极矩的一个很小的增加就会使来源于定向力的相互作用势能有很大的增加。例如，对季铵盐分子而言，$\mu_i=\mu_j=33.35\times10^{-30}\text{C}\cdot\text{m}$，当 $r=1\text{nm}$、$T=300\text{K}$ 时，偶极平均作用势能为 9.7kJ/mol，而最大偶极相互作用势能（偶极反向平行）为 50kJ/mol。

4.1.2.2 诱导偶极相互作用

非极性分子没有固有偶极，但当受到电场作用时，分子中的电荷分布发生变化，正负电荷中心分离，从而产生诱导偶极。例如，具有永久偶极的极性分子会对邻近的非极性分子产生诱导，使其具有诱导偶极。具有永久偶极的极性分子在其他同种或异种极性分子的作用下也会产生诱导偶极，不过相比之下，这种诱导偶极矩要比永久偶极矩小得多。同样，带电粒子（如离子）也可诱导非极性分子。诱导偶极矩 μ'的大小与外电场强度 E 成正比，即

$$\mu'=\alpha E \tag{4-10}$$

式中，α 为被诱导分子的极化率。极化率越大，说明该分子越容易被诱导。

当一个非极性（或弱极性）分子 i 处于邻近极性分子 j 的电场中时，如果只考虑极性分子 j 对非极性（或弱极性）分子 i 的诱导作用的话，所产生的平均诱导能为

$$\overline{U}_{ij}=-\frac{\alpha_i\mu_j^2}{(4\pi\varepsilon_0)^2r^6} \tag{4-11}$$

例如，四氯化碳、环己烷、甲苯、正庚烷等的固有偶极矩很小，但它们的极化率较高（α 值分别为 $105\text{C}\cdot\text{m}^3$、$109\text{C}\cdot\text{m}^3$、$123\text{C}\cdot\text{m}^3$ 和 $136\text{C}\cdot\text{m}^3$），容易被诱导，因而在极性溶剂中均有较高的极化能。

如果同时考虑被诱导极化后的非极性（或弱极性）分子 i 反过来也会对极性分子 j 产生诱导的话，则平均诱导能为

$$\overline{U}_{ij}=-\frac{1}{(4\pi\varepsilon_0)^2r^6}(\alpha_i\mu_j^2+\alpha_j\mu_i^2) \tag{4-12}$$

4.1.2.3 色散相互作用

两个无永久偶极矩的电中性分子在近距离内产生相互吸引的现象称为色散相互作用。如己烷分子无固有偶极，但在常温常压下，己烷分子之间的吸引力使己烷呈液态，这就是己烷

分子之间的色散相互作用所致。在许多有机物中，色散作用是构成总吸引能的主要部分。又如惰性气体也可能以液态形式存在，色散力是它们的分子间唯一可能存在的吸引力。色散力也是许多溶剂极性不同的主要原因，即使是极性化合物的分子间，也存在色散力。总之，色散力普遍存在于任何两个相邻的原子和分子之间，非极性分子之间的相互作用力主要是色散力。上述现象意味着具有球形对称电荷分布特征的原子或分子之间存在相互作用，这一现象用经典的电动力学无法解释，只能用量子力学来解释。

任何原子或中性分子都可以看成是带负电的电子云围绕一个带正电的中心在运动。假定两个分子 i 和 j 处于不停的、随机的运动状态，这些分子中的外层电子也在不停地运动。当这两个分子恰好处于相邻位置时，由于分子 i 上的电子随机运动，可能在某一瞬间 t，电子在核周围的位置不对称，使分子中产生瞬时偶极矩。这种现象也称作弥散作用或电荷波动作用。在分子 i 中产生的瞬时偶极矩将会对相邻分子 j 产生诱导，使 j 产生一个相应的偶极。于是，分子 i 和 j 都具有了瞬时偶极矩，它们因瞬时偶极间的静电作用而相互吸引。

色散力是产生范德华力的最重要的原因，因为它是唯一一种为所有类型分子所共有的吸引力。要精确计算色散相互作用势能的大小，必须知道所有激发态的波函数，但这几乎是不可能的。两分子间色散相互作用势能的近似计算公式为

$$(U_{ij})_{CD}=-\frac{3}{2}\times\frac{\alpha_i\alpha_j}{(4\pi\varepsilon_0)^2r^6}\times\frac{I_iI_j}{I_i+I_j} \tag{4-13}$$

式中，I_i 和 I_j 分别为分子 i 和 j 的第一电离势；α_i 和 α_j 分别为 i 和 j 的极化率。各种分子之间的电离能相差不大（880～1100kJ/mol），所以色散力主要取决于分子的极化率，即化学键的性质。例如，由于 π 电子的极化率较高，所以具有共轭 π 电子结构的分子（如共轭烯烃和芳香烃）之间具有较强的色散力。在式(4-13）中，分子的极化率是一个非矢量(无方向的量)，所以，色散力没有饱和性。

通常情况下，温度的变化会引起分子运动的变化，即分子取向会发生变化，不过，因为分子取向的变化对色散相互作用势能无影响，所以从式(4-13）可以看出，色散相互作用势能与温度无关，而与分子间距离 r 的六次方成反比。当分子间的距离增大时，吸引力急剧下降，从而解释了为什么蒸发或汽化非极性物质要比离子型化合物容易得多。

在大分子中存在一种特殊形式的色散作用，瞬时偶极的距离很远，以至于实际上相互作用发生在个别电荷之间，它们是通过改变位置而不是通过瞬时偶极矩而产生相互作用的。

在许多分离方法中，色散力起着重要作用，它不仅对分离过程中分子的作用力方向起重要作用，而且是从分子水平解释很多分离规律的基础。

在上述三种范德华相互作用中，色散相互作用通常是主要的。在极性分子间，三种范德华相互作用同时存在；在非极性分子间则只有色散相互作用；含不饱和键或易极化键的分子在有电场（存在极性分子、离子等）时，分子间主要是诱导偶极作用。从下面的例子中可以看出三种范德华相互作用的相对大小。例如，40℃的液态 2-丁酮的内聚能计算值由 8%的定向作用能、14%的诱导作用能和 78%的色散作用能组成。液态 HCl 分子的 $\alpha=3\times10^{-24}\mathrm{C\cdot m^3}$，$I=20\times10^{-19}\mathrm{J}$，如果两个 HCl 分子间距离 $r=3\times10^{-8}\mathrm{cm}$，即使它们正好头尾相对，HCl 分子间定向作用能只有－5.3kJ/mol；而 $\alpha=3\times10^{-24}\mathrm{C\cdot m^3}$，$I=20\times10^{-19}\mathrm{J}$，$r=3\times10^{-8}$ cm 的两个分子之间的色散相互作用能为－11.3kJ/mol。不过，分子间距离较远时，色散相互作用会急剧下降。另外，分子间的范德华相互作用还会随压力的增加而增加，因为压力增加时分子间的距离会更近，这就可以从分子水平解释为什么物质的沸点会随压力增加而增大。

4.1.3 氢键

氢键是指氢原子在分子中与电负性较大的原子 X 形成共价键时，还可以吸引另一个电负性较大的原子 Y，与之形成较弱的化学结合。如具有—OH 或—NH_2 基团的分子（醇类、胺类等），很容易发生缔合作用，就是因为它们的分子间容易形成氢键。

当与氢原子形成共价键的原子 X 电负性较大时，X 原子强烈吸引氢原子的核外电子云，使氢核几乎成为裸露状态。氢核（即质子）半径相当小（0.03nm），且无内层电子，该氢核如果与邻近分子中电负性大的 Y 原子接近，还能与 Y 产生较强的静电相互作用，从而形成氢键，即形成 X^-—H^+…Y^- 结构的稳定化合物。当一个质子被两个体积要大得多的阴离子包围后，就不可能再与其他电负性大的原子接近了，因此，氢的配位数等于 2，即氢键具有饱和性。Y 原子接近 H 原子是从与 X 原子相对的方向接近的，即氢键具有方向性。

氢键的本质是静电相互作用，因此只有电负性很强的原子才会与氢原子形成氢键，主要是 O、F 和 N 原子。氢键中与 H 相连的两个原子（X 和 Y）可以不同，也可以相同。氢键的强弱与 X 和 Y 原子的电负性有关，电负性越大，形成的氢键越强；氢键的强弱也与 X 和 Y 原子的原子半径有关，半径越小，越易接近氢核，形成的氢键越强。例如，F 原子的电负性最大，原子半径又小，所以，F—H…F 中的氢键是最强的氢键。

氢键的一个特征是能减小它所连接的两个强电负性原子间的键长，如被氢键连接起来的两个氧原子间的距离是 0.27nm，而正常 O—O 键键长是 0.35nm。

氢键的键能可以通过测定物质的升华焓、汽化焓、混合焓以及缔合度的温度系数等来计算。O、F 和 N 原子形成的氢键键能为 16～33kJ/mol。对氢键键能的影响因素目前还只能作一些定性解释。一般而言，提供质子的分子的酸性越强或接受质子的分子的碱性越强，则形成的氢键的强度越大，而且越有利于氢键的分子呈线型结构。

质子给予体的酸度顺序为：强酸＞$CHCl_3$＞酚类＞醇类＞硫酚类。

质子接受体的碱度顺序为：胺类＞中性氢氧化物＞腈类＞不饱和碳氢化合物＞硫化物。

在分离中利用溶质与分离体系组分形成氢键的实例并不少见。例如，在反相高效液相色谱（RP-HPLC）中，溶质分子因为疏水分配作用而保留在固定相中，溶质分子的极性基团与极性的流动相（如甲醇水溶液）中的水或甲醇分子之间的氢键往往在溶质分子的洗脱过程中起重要作用。又如，氢键在蛋白质分子结构中有非常重要的作用。蛋白质的二维结构都是依赖于氨基酸残基之间的氢键作用构建的。蛋白质的三维结构虽说主要是由疏水相互作用力（胱氨酸之间的双硫键）决定的，但氢键以及盐桥的作用也不可或缺。在用含巯基乙醇的浓盐酸胍或脲溶液从大肠杆菌包涵体中提取目标蛋白质时，因为蛋白质分子间的氢键被提取溶液破坏，其二维结构不复存在，仅以一维结构（氨基酸序列）存在，即所谓的蛋白质失活，当除去提取溶液后，蛋白质之间的氢键恢复，又可以重构其二维结构，此即蛋白质的复性。在用疏水相互作用色谱进行蛋白复性和同时纯化时，就要创造有利于蛋白质分子间氢键形成的环境。

4.1.4 电荷转移相互作用

也称电子给予体-电子接受体相互作用。电子给予体和接受体既可以是无机离子，也可以是有机分子，甚至生物大分子。不饱和烃与金属离子之间往往容易形成电荷转移相互作用。根据路易斯（Lewis）酸碱理论，酸是具有较强电子接受能力的化合物，碱是具有较强电子给予能力的化合物。也就是说电荷转移反应也属于路易斯酸碱反应。如果用下面的反应式表示一般的电子给予体和电子接受体之间的反应：

$$B+A \rightleftharpoons \underset{(a)}{(B\cdots A)} \rightleftharpoons \underset{(b)}{B^{+}\cdots A^{-}}$$

(a) 表示B和A由一般分子间力连接，B和A之间未发生电荷转移作用；(b) 表示电荷从B转移至A形成近于离子键状态的配合物——电荷转移配合物。

电荷转移配合物形成的基本条件是电子给予体分子中要有一个能量较高的已占分子轨道，因而具有相对较低的电离势；电子接受体分子中要有能量足够低的空轨道，因而具有相对高的电子亲和能。

软硬酸碱理论是判断电子给予体和电子接受体之间电荷转移程度的定性标准。所谓“软”是指路易斯酸碱之间的电荷转移不是很明显，形成的是以共价键为主的化学键；而“硬”则是指电荷转移很显著，形成的是以离子键为主的化学键。更容易形成离子键的酸碱被认为是硬酸和硬碱，而更容易形成共价键的酸碱则称作软酸和软碱。通常硬酸更易与硬碱结合，软酸更易与软碱结合。

软硬酸碱的基本特征可归纳于表 4-1 中。Ag^{+}和Hg^{2+}是软酸，烯烃、芳香化合物和烷基硫化物等是软碱，因此，像Ag^{+}-烯烃、Ag^{+}-芳香化合物、Hg^{2+}-烷基硫化物是相当稳定的电荷转移配合物。

表 4-1　软硬酸碱的基本特征

酸碱类型	基本特征	举例
硬酸	体积小，正氧化态高，没有可被激发到高能态的外层电子	H^{+}，Li^{+}
软酸	体积大，正氧化态低或零氧化态，有一个或多个易被激发到高能态的外层电子	Ag^{+}，Hg^{2+}
硬碱	极化率低，电负性高，不易被还原，具有高能态空轨道	F^{-}，Cl^{-}
软碱	极化率高，电负性低，易被氧化，具有低能态空轨道	烯烃、芳香化合物

芳香烃、烯烃上取代基的性质对芳香烃和烯烃的电子接受或给予能力的影响很大。吸电子基团往往使不饱和烃成为电子接受体，如1,3,5-三硝基苯、四氰基乙烯就是电子接受体化合物，这是因为硝基和氰基是吸电子基团，由于苯环和烯键的电子被吸电子基团吸引后，这些不饱和键的电子云密度下降，变得容易接受外来电子了。常见的吸电子基团有：$—N(CH_3)_3^{+}$，$—NO_2$，$—CF_3$，=O，—COOH，—CHO，—CN，—X，—COR，$—SO_3H$等。

推电子基团往往使不饱和烃成为电子给予体，如1,3,5-三甲基苯和苯胺就是电子给予体化合物，这是因为甲基和氨基是推电子基团，由于苯环离域，在推电子基团的作用下电子云密度增大，使它变得容易给电子。常见的推电子基团有：$—CH_3$，$—NH_2$，—OH，$—NHCOCH_3$，$—C_6H_5$，$—OCH_3$等。

电子给予体和接受体的种类很多，如电子接受体中还有空轨道接受体［如Pt(Ⅳ)、Ag^{+}、Cu^{+}、BX_3、SbX_5］、σ-接受体（如I_2、Br_2）、π-接受体（如SO_2、Br_2）、大分子接受体（如C_{60}、C_{70}）。电子给予体中还有n-给予体（如胺、酰胺、酮、酯、醇、醚、亚砜）、σ-给予体（如卤代烷烃）。

电荷转移配合物在石油化工领域用来分离不饱和烃（烯烃、炔烃）。如亚铜盐、银盐、铂盐可以与烯烃和炔烃形成稳定的电荷转移配合物，用于烯烃和炔烃的分离或回收，CuCl已用于乙炔、乙烯、丁二烯、苯乙烯等的工业分离。

不饱和化合物与过渡金属离子之间的电荷转移反应形成的化学键包括一个σ成分和一个

π 成分的键。例如，银离子和乙烯形成电荷转移配合物时，乙烯的 π 轨道与 Ag^+ 的 5s 轨道重叠，形成一个 σ 成分的键，乙烯的反键 π 轨道与 Ag^+ 的 d 轨道重叠，即 Ag^+ 的 d 轨道向乙烯反键 π 空轨道给电子，形成一个 π 成分的键。

电荷转移配合物的稳定性可以用所形成的配合物的离解压来表征。如亚铜盐与乙烯电荷转移配合物的形成涉及气-固平衡，其电荷转移反应为

$$C_2H_4(g)+CuCl(s) \rightleftharpoons CuCl \cdot C_2H_4(s)$$

该反应的平衡常数 K_p 为

$$K_p=\frac{p_{CuCl \cdot C_2H_4}}{p_{C_2H_4}\, p_{CuCl}} \qquad (4\text{-}14)$$

因为在给定温度下，固体组分在气相中的分压为常量（等于其蒸气压），且很小，所以气体组分乙烯的分压为常量，即 $p_{C_2H_4}=$常量。

在上述实例中，配位反应达到平衡时气体组分乙烯的分压称作该电荷转移配合物 $CuCl \cdot C_2H_4$ 的离解压。当乙烯的实际分压大于其电荷转移配合物的离解压时，形成稳定的配合物；而当乙烯的实际分压小于配合物的离解压时，电荷转移配合物会自动分解，直至气体组分的分压达到该电荷转移配合物的离解压。离解压反映了配合物的稳定性，在相同温度下，离解压越低，配合物越稳定。

4.1.5 π 相互作用

π 相互作用是一类有 π 电子参与的分子间非键弱相互作用，它主要包括 π-π、离子-π、CH-π、σ-π 和二硫键-π 等相互作用。随着对 π 相互作用机理研究与认识的加深，将极大地促进分子间非键相互作用的基础化学研究，同时也将促进其在超分子化学、材料科学和生命科学等领域的应用。可以说，新型非共价相互作用将加深我们对物质世界的认识，推动化学及相关领域的发展。尽管目前对 π 相互作用的本质还没有统一的认识，但 π 相互作用在超分子体系构建、分子自组装材料制备、蛋白质折叠、DNA 双螺旋碱基对堆叠、液晶分子相行为、晶体包装、分子识别与传感、物质分离等诸多学科领域都有了很多重要的研究发现和实际应用。在此，仅对 π-π、离子-π 和 CH-π 三种相互作用做一简要介绍。

4.1.5.1 π-π 相互作用

π-π 相互作用通常指发生在具有共轭结构的有机分子内或分子间的一种弱相互作用，也称 π-π 堆积（堆叠）作用，通常存在于相对富电子和相对缺电子的两个分子之间，是使芳香有机化合物呈现特殊空间堆积排布的主要驱动力，是一种与氢键同样重要的非共价键相互作用。

最常见的 π-π 堆积作用就是苯环之间的堆积作用，苯分子可以形成二聚体，其驱动力就来自于分子间 π-π 相互作用，其二聚体有多种可能的构型，主要的两种构型如图 4-2 所示，即两个苯分子面对面或面对边，这也是 π-π 相互作用最常见的两种作用方式。面对面堆积是芳香分子间以分子平面近乎平行地排布发生作用，既可以为完全面对面堆积，也可以部分面对面堆积。通常情况下很少出现完全面和面相对的芳香体系的堆积，因为这样会产生强烈的排斥作用，更常见的是错位面对面堆积作用，即两个芳香体系的中心是前后错开一定距离的。面对边堆积是一个分子的芳环上富电子的 π 电子云与另一个分子芳环上轻微缺电子的氢原子之间形成的弱相互作用，两个芳香体系互相垂直。有研究认为面对边体系比面对面体系更稳定。苯环间的 π-π 堆积作用的能量大小约为 1～50kJ/mol，多数在 10kJ/mol 以内。两个完全平行平面之间的垂直距离一般在 0.35nm 左右，两分子平面中心间距离为 0.33～0.40nm，中

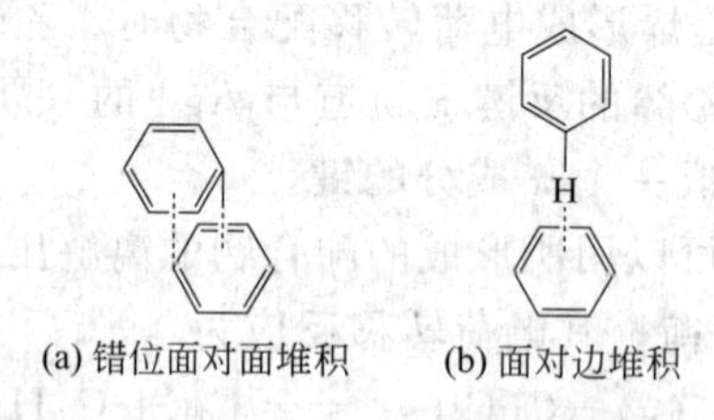

图 4-2 苯环间的 π-π 相互作用方式

心之间的横向侧移距离约为 0.13nm。对于不完全平行的两个平面，其二面角通常小于 20°，两分子间距离用一个分子平面中心到另一个分子平面的垂直距离表示。

亨特（Hunter）等[1]提出的静电模型认为 π-π 堆积作用起源于芳香体系之间不同符号电子云之间的吸引。他们将参与 π-π 作用的分子抽象为三个带电荷的单元，居中部分带正电，相当于原子核；而包裹核的上下两部分则带负电，相当于核外的电子，其电量总和等于居中部分的正电量。因为这个夹心模型类似于“三明治”，故又称“三明治”模型。这就解释了完全的面对面堆积是不稳定的，而边对面堆积则比较稳定。亨特等的静电模型对某些体系的解释与实验结果并不一致。近年，随着量子计算水平的发展，通过实验和分子模拟的方法，广泛研究了最具代表性的苯二聚体分子间的 π-π 作用，量化了亨特模型机理。研究表明除了静电作用外，色散相互作用、交换互斥作用以及电子相关能等对 π-π 相互作用也有很大影响，其贡献的大小还与具体的 π-π 作用形式有关。

蛋白质中约 60％的芳香族氨基酸参与了 π-π 相互作用，并且超过 80％的 π-π 相互作用对蛋白质稳定性有影响。研究表明，π-π 相互作用在蛋白质-蛋白质、蛋白质-配体、蛋白质-脂类、蛋白质-核酸、蛋白质功能、蛋白质折叠及蛋白质结构稳定中具有重要作用。

π-π 相互作用在分离领域的应用比比皆是，例如，近年广泛研究和应用的碳纳米管、富勒烯、石墨烯类新材料在色谱固定相、固相萃取填料等分离科学领域也受到高度关注，这类材料中的大 π 电子共轭体系通过 π-π 相互作用对芳香类有机化合物具有更强的吸附保留作用，可以用于环境水样中多环芳烃的富集分离[2,3]。另外，将芳香有机化合物修饰在载体材料表面，用作色谱固定相和固相萃取吸附剂的应用也非常多。

4.1.5.2 离子-π 相互作用

离子-π 相互作用是存在于离子和共轭 π 电子体系（如芳香化合物）之间的一种非键相互作用。离子主要是阳离子，阴离子-π 相互作用的报道很少，因为通常情况下阴离子和 π 体系都是富电子体。离子-π 相互作用本质上也是静电相互作用。

阳离子-π 相互作用是存在于阳离子和芳香性体系之间的一种非键相互作用。首先在实验上证实了阳离子-π 相互作用在气相中是一种显著的相互作用，后来当这种相互作用在液态和固态环境中也得到证实后，才逐渐引起人们的重视。

阳离子-π 相互作用广泛存在于化学和生物体系中，在分子识别、蛋白质和核酸的结构与功能等许多方面起着十分重要的作用。研究阳离子-π 相互作用不仅可以促进分子间非键相互作用理论的研究，而且有助于发现分子间的新作用位点，设计新的配体和药物分子，甚至可以通过阳离子-π 相互作用来设计具有特殊结构和功能的多肽及蛋白质。正因如此，近年阳离子-π 相互作用体系的研究成了化学和生物学的一个研究热点[4]。

阳离子-π 相互作用按阳离子类型可以分为三类：第一类是无机阳离子-π 体系，如碱金属、碱土金属及部分过渡金属阳离子等；第二类是有机阳离子-π 体系，如烷基胺、乙酰胆碱等有机碱；第三类是分子中带部分正电荷的原子-π 体系，如 N-H 键中的氢原子。π 体系主要是有机分子和生物大分子中的芳香环或芳香基团，如苯系物、芳香性氨基酸残基、核酸碱基等。阳离子-π 相互作用最弱的是第三类，约为几 kcal/mol。一个阳离子有时可以同时与两个甚至多个 π 体系发生相互作用，例如，苯-四甲基胺-苯、苯-四甲基胺-吡咯等 π-阳离子-π 夹心型复合物。又如，季铵离子对钾离子通道的堵塞主要是通过一个季铵阳离子与四个酪氨酸分子之间的阳离子-π 相互作用完成的。

在现代结构生物学中，阳离子-π 相互作用是一种重要的非键相互作用，例如，作为神经递质的乙酰胆碱（Ach）和乙酰胆碱酯酶（AchE）就是通过阳离子-π 相互作用结合的；尼古丁与大脑中的乙酰胆碱受体通过阳离子-π 相互作用结合使人产生烟瘾；在组成蛋白质的氨基酸中，带正电荷的氨基酸（Lys、Arg）可以和芳香族氨基酸（Phe、Tyr、Trp）形成阳离子-π 相互作用。理论和实验研究都表明，阳离子-π 相互作用对蛋白质结构稳定性及功能、蛋白质-核酸作用、受体-配体识别、药物-靶标结合等方面有重要作用。例如当阳离子形式的氨基酸残基侧链与芳香性氨基酸残基侧链靠近时，其构象大多趋向于有利于阳离子-π 相互作用的结构。同样可以预期其在生物大分子的分离分析领域具有良好前景。

阴离子-π 相互作用是 21 世纪初才提出的新型非键弱相互作用，由于缺乏实验证据，在超分子化学领域一直存在争议。1993 年在实验中首次得到证实后就受到了广泛关注，特别是在超分子和分子识别领域。当芳香 π 体系带正电（相对缺电子）时，正电荷通常可以增强阴离子在特定方向上与 π 体系之间的相互作用，这种阴离子与 π 体系之间的静电吸引作用称为阴离子-π 相互作用。阴离子-π 相互作用的一个典型应用就是将其引入聚集诱导荧光猝灭效应（ACQ）的分子中，利用这种独特的非键相互作用来调控分子的固态发光，实现荧光分子从 ACQ 向聚集诱导发光（AIE）性质的转变。唐本忠课题组[5]首次提出了利用阴离子-π 相互作用来构建新型离子型 AIE 分子。研究结果显示在设计合成的四种含苯基数目相同的荧光分子中，含有正电荷（缺电子 π 体系）的荧光分子均表现为 AIE 特性，而不含正电荷的荧光分子则表现为 ACQ 的性质。进一步的研究表明含有正电荷的荧光分子中具有非常强的阴离子-π 相互作用。在液态时，阴离子和 π 正离子可以自由运动；固态时，阴离子-π 相互作用可以有效阻碍分子间形成 π-π 相互作用，结合对阴离子与苯环的氢形成的氢键作用限制苯环的运动，从而实现分子固态时的强发光，为离子型 AIE 分子的设计与合成提供了一种新的策略。利用该方法得到的离子型 AIE 分子具有免洗涤、快速靶向细胞溶酶体的特性和功能，为细胞内示踪和监控造影剂提供了新的选择。

4.1.5.3 CH-π 相互作用

CH-π 相互作用是 CH 基团与 π 电子体系之间的一种非键弱相互作用，也称作软酸和软碱之间的一种弱氢键。含 CH 基团的分子（基团）很多，例如甲基、异丙基、长链烷基或芳香环上的 CH 基等。π 电子体系通常是具有足够电负性的碳原子，如不饱和键（孤立的或共轭的）、环丙烷、芳环、氨基酸中的芳香基、核酸碱基、四羟醇酮、卟啉等。图 4-3 是 CH-π 相互作用的一个示例。

与硬酸和硬碱之间形成的氢键不同，CH-π 相互作用的贡献主要来自离域能（$\pi \rightarrow \delta^*$ 的电荷迁移）和弥散能，而静电作用并不重要。CH-π 相互作用在极性和非极性介质中都可能扮演很重要的角色，它几乎不受介质水的影响，这对于研究生物环境中的分子间相互作用尤其重要。虽然单个的 CH-π 相互作用能很小（约 1kcal/mol），但大量 CH 基团可以同时与 π 体系发生相互作用，所以总的焓变可能会很大，特别是在高分子化合物的相互作用中。

1952 年，凯尼恩（Kenyon）首先发现 CH-π 相互作用。1977 年，儿玉（Kodama）等[6]最

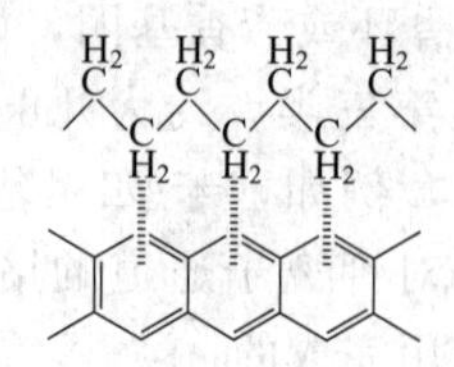

图 4-3 CH-π 相互作用的示例

先将这种相互作用称为 CH-π 相互作用，并用此来解释在一端含有大的脂肪族烃基与另一端含有芳香族基团的体系之间有较近接触的构象优先选择性结构（如图 4-4 所示）。在几乎每一种此类分子的研究中，发现烃基喜欢指向芳香基团。很多支持这种相互作用力存在的实验结果陆续报道出来[7]。同时在大量的有机分子晶体和蛋白质晶体中都观察到了 CH-π 相互作用。研究表明，90％的晶体中含有 π-CH 相互作用，其对晶体稳定性有非常重要的作用。CH-π 相互作用对构象优先选择、晶体堆积、主客体配位作用、分子自组装过程等非常重要，对 DNA、蛋白质、氨基酸等许多生物物质的结构和性质也起着重要作用[8]。

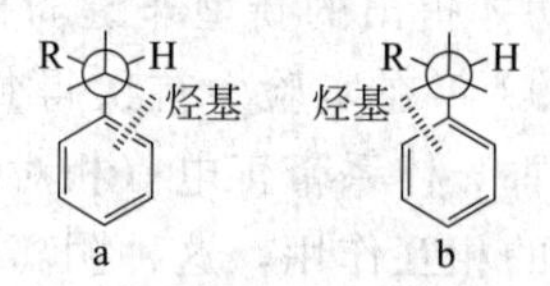

图 4-4 脂肪族烃基与芳香族基团的作用

4.1.6 亲和作用

生物分子间存在很多特异性的相互作用，如抗原-抗体、酶-底物、植物凝集素-糖链、激素-细胞受体等物质对之间都能够专一而可逆地结合。像这样两种生物分子间的专一性相互作用称作生物亲和作用。亲和分离的目标物质通常为蛋白质等生物大分子，与之具有亲和作用的物质称作配基（配体）。在亲和分离中，使用含有亲和配基的分离介质，具有生物亲和作用的一对生物分子均可作为彼此的配基。

亲和配基不一定都是生物物质，有机小分子和金属离子也是常用的亲和配基，只不过它们的亲和选择性远不如生物大分子配基。

生物大分子亲和配基是自然界中存在的具有生物特异性相互作用的物质，具有很高的亲和选择性。常见的生物大分子配基有细菌蛋白、抗原、抗体、凝集素、多糖、多肽、胰蛋白酶、核苷酸、肝素等。细菌蛋白类配基是一种由细菌体内分离出来的蛋白，包括蛋白 A 和蛋白 G，分别来源于金黄色葡萄球菌和 G 群链球菌。蛋白 A 亲和色谱是抗体分离的平台技术，具有高度特异性，但成本高、洗脱条件苛刻、蛋白配基易脱落。通过重组菌构建对金黄色葡萄球菌蛋白 A 亲和配基的分子进行改造，可以制备具有洗脱条件温和、耐高浓度碱的重组蛋白 A 亲和填料。因为抗原和抗体之间能发生免疫反应，所以它们之间的亲和作用常称作免疫亲和作用，免疫亲和分离技术就是使用以抗原或抗体作配基的亲和介质的方法。免疫亲和配基能够高效地识别目标蛋白，不但可用于分离纯化多克隆抗体中微量的抗原，还可以用于微量物质的检测。研究表明抗体与抗原之间的亲和选择性和结合力优于一般生物亲和配基，这是因为抗体与抗原分子间高度互补的空间结构与各种静电力、范德华力、疏水作用力共同作用的结果。凝集素是从植物、无脊椎动物和高等动物中提纯的结合糖蛋白，分子中含有一个或多个可与糖链（糖单元）特异性可逆结合的结构，可用于分离、富集和纯化含糖单元的生物大分子，如糖基化分泌蛋白和膜蛋白、多糖、糖酯、糖蛋白，在蛋白质组学的结构分析中具有重要意义。多糖类配基包括琼脂糖、葡聚糖、纤维素及壳聚糖等生物大分子，它们具有亲水多孔的结构，比表面积大，物理化学稳定性高，含有羟基及氨基等多种活性官能团，易于进行酰基化、磺化、羟甲基化、羧甲基化等化学反应，生物特性较好，并且来源广泛、价格低廉、可循环利用等优点，是一类理想的亲和配基。因为生物亲和配基高度专一的选择性，因此分离和纯化效率很高，不过这种配基的分离介质（亲和材料）的制备困难，成本也很高。

小分子亲和配基相对于生物大分子亲和配基，稳定性好、价格低廉、具有广泛且较高的实用价值。常用（有机）小分子亲和配基有染料类、氨基酸类等。染料配基与酶蛋白之间存在特异性亲和作用，是一种理想的亲和配基。常用的染料配基大多为三嗪染料，其氯化的三嗪活性官能团在碱性条件下可以与含羟基的物质发生亲和取代反应，将其固定在载体上可以用来分离蛋白。氨基酸分子含有氨基和羟基，是组成蛋白质的基本单位。常用氨基酸类配基有组氨酸、精氨酸、色氨酸、赖氨酸、天冬氨酸、丝氨酸，可用于内毒素去除与球蛋白的纯化。

金属离子（原子）与特定类型生物大分子之间也存在选择性的相互作用。金属亲和配基最早于 1975 年用于亲和色谱分离中。它利用金属离子与暴露在目标蛋白表面的氨基酸残基（如组氨酸的咪唑基、半胱氨酸的巯基和色氨酸的吲哚基）之间的特异性结合来选择性分离目标蛋白质。金属-蛋白作用的选择性主要取决于目标蛋白分子中的配位基团与金属离子的配位相互作用的强弱，配位能力越强则选择性越好。不同金属离子与蛋白质的结合能力也与其所带电荷、离子半径和电子层结构有关，半径越小，与蛋白形成的配合物越稳定。固定金属离子的载体既可以是无机材料，也可是有机材料。常见的无机载体为硅胶，有机载体有交联葡聚糖、琼脂糖、大孔纤维素、聚多巴胺等。不同载体材料的理化性质会影响与组氨酸的结合效率。用间隔臂分子将金属离子锚在载体表面可以减少空间位阻，并且有利于选择性地结合蛋白，常用的间隔臂包括齿状螯合剂亚氨基二乙酸、*N*-羟乙基乙二胺三乙酸等。金属亲和配基具有价格低廉、稳定好、可再生，在蛋白质分离纯化中已得到广泛应用，但洗脱过程中会伴随金属离子的流失，影响目标蛋白的纯度及安全性。可以通过优化洗脱液或者增加后续除金属离子的环节加以解决。

利用亲和作用的分离技术很多，例如各种分离模式的亲和色谱、亲和电泳、亲和萃取、亲和固相萃取、亲和膜分离等，将在后续相关章节中再做介绍。

4.1.7　分子间相互作用总能量

一个分子 i 与周围分子 j 之间的相互作用的总能量除了包括前面提到的静电相互作用势能、固有偶极定向作用势能、诱导偶极定向作用势能、色散相互作用势能、电荷转移相互作用势能和氢键能外，还可能包括后面将要提到的疏溶剂（疏水）相互作用能等。分子内部的基团之间也会存在相互作用，它们也要贡献到总能量中。对于实际分离中遇到的含有多功能基团的有机大分子，其分子间相互作用总能量变得相当复杂，而且几乎不可能准确计算或测定这种能量的大小。在多数分离体系中，对分离起显著作用的因素主要是分子大小和极化率（影响色散力）、分子极性（影响定向力）和电子给予或接受能力（影响电荷转移相互作用）。通常情况下，只要两种物质的分子在上述三种性质中有一种性质存在显著差异，就可以选择合适的方法直接分离它们。分离实验条件的优化过程就是设法扩大被分离物质分子之间上述性质的差异的过程。现代先进的分离技术，如色谱，具有极高的分离能力，哪怕两种物质的分子只有极微小的某种性质差异（如手性异构体），也能采用色谱法分离。

分子间的强相互作用（化学键）在分离中也经常用到，如通过形成离子对使原来不能很好分离的离子性成分通过液相色谱法完全分离；使金属离子与配位试剂形成稳定的疏水性配合物后从水相萃取到有机相。

4.2 物质的溶解与溶剂极性

多数样品是在溶液状态下进行分离的。在使用溶剂的分离方法中，溶剂不仅提供分离所需的介质，而且往往参与分离过程。

4.2.1 物质的溶解过程

从物质的溶解过程可以了解溶质和溶剂之间的相互作用。物质的溶解过程大致分为三个基本步骤：首先，溶质分子 A 克服自身分子间的相互作用势能（$H_{A\text{-}A}$）而单离成独立的分子，$H_{A\text{-}A}$越大，溶解越困难。同时，溶剂分子 B 之间的相互作用断开，并生成“空隙”以容纳溶质分子。$H_{B\text{-}B}$越大，溶解越困难。最后，溶质分子与溶剂分子之间形成新的化学作用，此过程释放能量 $H_{A\text{-}B}$。溶解过程的能量变化为

$$\Delta H_{A\text{-}B}=H_{A\text{-}A}+H_{B\text{-}B}-2H_{A\text{-}B} \tag{4-15}$$

如果从能量变化的角度来看溶解过程的难易程度，可以归纳如下：若 $\Delta H_{A\text{-}B}>0$，则物质难溶于该溶剂中；若 $\Delta H_{A\text{-}B}<0$，则易溶；若 $\Delta H_{A\text{-}B}\approx 0$ 时，溶解过程可能比较慢，但可溶解。

溶质 A 和溶剂 B 分子间的相互作用势能（ΔH_{A-B}）的大小在很多情况下与 A 和 B 的极性有关。正是因为这个原因，所以通常认为溶质易溶于与之极性相近的溶剂，即所谓的“相似相溶（或相似易溶）”规律。表 4-2 列出了物质的溶解度预测与溶质和溶剂极性的关系。而表 4-3 的溶解度数据则更加证实了非极性物质（甲烷、乙烷）在非极性溶剂（四氯化碳）中的溶解度比在极性溶剂（丙酮）中大，极性物质（一氯甲烷、二甲醚）在极性溶剂中的溶解度比在非极性溶剂中大。但同时也能看出，甲烷和二甲醚在四氯化碳和丙酮中的溶解度相差很小，这与相似相溶规律似乎不太符合。

相似相溶规律是用来解释溶解现象的有力工具，它是从溶质分子与溶剂分子化学结构的类似程度或极性的接近程度作出的判断，这在很多情况下是正确的。但相似相溶规律有其局限性，所以，也有用相似相溶规律解释不通的溶解现象。如十八羧酸与乙酸的互溶性不如十八羧酸与胺（或吡啶）的互溶性好，这是因为酸性物质易溶于碱性物质。又如聚乙二醇和乙二醇化学结构很类似，但聚乙二醇难溶于乙二醇中。另外，还有一些其他的物质特性可以帮助人们解释溶解过程，如电子给予体易溶于电子接受体，质子接受体易溶于质子给予体。表 4-4 中列出了己烷在三种溶剂中的溶解性和分子间相互作用势能。如果用相似相溶规律就难以解释己烷易溶于丙酮而难溶于戊烷。如果运用分子间相互作用势能（溶解过程的总能量变化）就能对一些相似相溶规律无法解释的溶解过程作出合理的定性解释。

溶质溶解到溶剂中，由于溶质分子和溶剂分子之间的相互作用，每一个被溶解的溶质分子（或离子）被一层或松或紧地受束缚的溶剂分子所包围，这一现象被称为溶剂化作用，水为溶剂时也称为水合作用。

表 4-2　溶解度预测与极性的关系

溶质 A	溶剂 B	相互作用			溶解度预测
		A⋯A	B⋯B	A⋯B	
非极性	非极性	弱	弱	弱	可能易溶
非极性	极性	弱	强	弱	可能难溶
极性	非极性	强	弱	弱	可能难溶
极性	极性	强	强	强	可能易溶

表 4-3　几种溶质在四氯化碳和丙酮中的溶解度

溶质	溶质极性	25℃的溶解度/(mol/L)	
		在四氯化碳中	在丙酮中
甲烷	非极性	0.029	0.025
乙烷	非极性	0.22	0.13
一氯甲烷	极性	1.7	2.8
二甲醚	极性	1.9	2.2

表 4-4　分子间相互作用势能与物质的溶解性

A	B	$H_{A\text{-}A}$	$H_{B\text{-}B}$	$H_{A\text{-}B}$	$\Delta H_{A\text{-}B}$	互溶性
己烷	水	小	大(氢键)	小	+	难溶
己烷	戊烷	小	小	小	约为 0	可溶
己烷	丙酮	小	小	大(氢键)	—	易溶

4.2.2　溶剂的极性

溶剂“极性”的定义至今未统一，表征和比较溶剂极性大小的参数很多，主要有偶极矩、介电常数、水-辛醇体系中的分配系数、溶解度参数和罗氏极性参数。下面简单介绍溶解度参数和罗氏极性参数。

4.2.2.1　溶解度参数

溶解度参数（δ）是目前使用较多的溶剂极性标度之一，可用来解释许多非电解质在有机溶剂中的溶解度以及分离问题。其数学定义式为

$$\delta_i=\sqrt{\frac{(\widetilde{U}_i)_{内}}{\widetilde{V}_i}} \tag{4-16}$$

式中，$\widetilde{V}_i$ 为组分 i 的摩尔体积；$(\widetilde{U}_i)_{内}$ 为组分 i 的摩尔内聚能，表示 1mol 溶剂分子间相互作用的总能量，可从手册上查到，也可通过式(4-17) 的公式计算获得。在低于正常沸点时，溶剂的摩尔内聚能与它的摩尔蒸发潜能的关系可以近似地用下式表示：

$$(\widetilde{U}_i)_{内}=\Delta\widetilde{H}_{蒸}-RT \tag{4-17}$$

按照希尔德布兰德（Hildebrand）规则，溶剂的蒸发潜能 $\Delta\widetilde{H}_{蒸}$ 可从 1atm[1] 下该溶剂的沸点

[1] 1atm=101.325kPa，后同。

（T_{b_i}）估算出来：

$$\Delta\widetilde{H}_{蒸}(298K)=2950+23.7T_{b_i}+0.02T_{b_i}^2 \tag{4-18}$$

因此，可从溶剂的沸点 T_b 估算其溶解度参数 δ。

溶解度参数具有以下特点：

① 与溶剂极性参数 p'是相互关联的，它反映了溶剂极性的大小。

② 两种溶剂的 δ 相同时，互溶性最好；δ 相差越大，互溶性越差。

③ δ 可用于溶剂萃取、色谱以及许多分离方法中溶质或溶剂极性大小的估算、分离过程中溶剂的选择。

④ δ 包括了色散力、偶极力、质子接受性或给予性的贡献。

4.2.2.2　罗氏极性参数

罗氏极性参数也称罗氏溶剂极性标度（p'），它选择乙醇、二氧六环和硝基甲烷三种模型化合物，分别代表典型的不同相互作用类型。乙醇（ethanol）代表质子给予体化合物；二氧六环（dioxane）代表质子接受体化合物；硝基甲烷（nitromethane）代表强偶极作用化合物。然后测定三种模型化合物在各种溶剂中的溶解性（通过测定一定温度下混合物的蒸气压来换算）。对于一种溶剂，可得到三种模型化合物在该溶剂中的相对溶解能 H_e、H_d 和 H_n，它们的和即为此种溶剂的总极性 p'，即

$$p'=H_e+H_d+H_n \tag{4-19}$$

三种模型化合物的相对溶解能在总极性中所占的比例代表不同类型分子间相互作用在该溶剂总作用中所占的比例，表明它们各自贡献的大小，称为选择性参数，即

$x_e=\dfrac{H_e}{p'}$　溶剂的质子接受强度分量

$x_d=\dfrac{H_d}{p'}$　溶剂的质子给予强度分量

$x_n=\dfrac{H_n}{p'}$　溶剂的偶极相互作用强度分量

当两种溶剂的 p'值相同时，表明这两种溶剂极性相同，但若在它们的 p'值中 x_e 不同，则 x_e 大的溶剂接受质子的强度在总极性 p'中所占的比例大，该溶剂对质子给予体有较好的选择性溶解。即一个溶剂的上述三个分量的大小代表了该溶剂对三种不同类型化合物的溶剂选择性的大小。

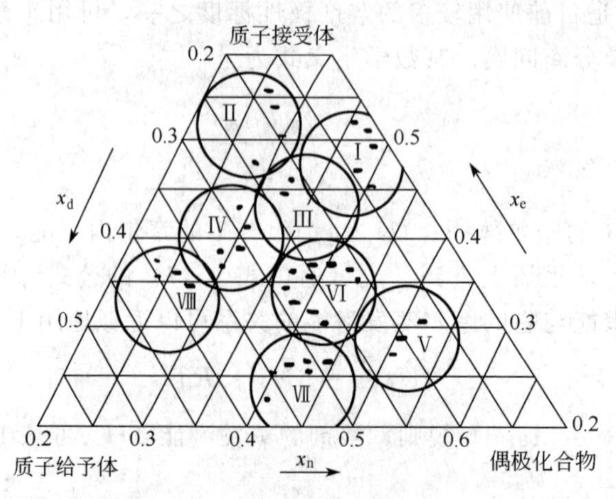

图 4-5　溶剂选择性三角形

Rohr 等测定了 69 种溶剂的 p'值，结果表明：p'值越大的溶剂极性也越大，这说明 p'值确实反映了溶剂极性的大小。当分别以 x_e、x_d 和 x_n 为三条边作一个等边三角形时，每种溶剂在三角形中的位置正好与其 x_e、x_d 和 x_n 值对应。结果发现上述 69 种溶剂按结构的相似性集中分布于 8 个不同的区域。这就是著名的溶剂选择性三角形（如图 4-5 所示）。各区域（组）的代表性溶剂列于表 4-5 中。

表 4-5　溶剂选择性三角形中的溶剂分组

组别	代表性溶剂	组别	代表性溶剂
Ⅰ	脂肪醚、叔胺、四甲基胍、六甲基磷酰胺	Ⅴ	二氯甲烷、二氯乙烷
Ⅱ	脂肪醇	Ⅵ	磷酸三甲苯酯、脂肪酮和酯、聚醚、二氧六环、乙腈
Ⅲ	吡啶衍生物、四氢呋喃、乙二醇醚、亚砜、酰胺(除甲酰胺外)	Ⅶ	硝基化合物、芳香醚、芳烃、卤代芳烃
Ⅳ	乙二醇、苯甲醇、甲酰胺、醋酸	Ⅷ	氟代烷醇、间甲基苯酚、氯仿、水

溶剂选择性三角形提示人们：尽管溶剂种类很多，但可以归纳为有限的几个选择性组。在同一选择性组中的各种溶剂，都具有非常接近的 3 个选择性参数（x_e、x_d 和 x_n 值），因此在分离过程中都有类似的选择性，若要通过选择溶剂改善分离，就要选择不同组的溶剂。

在分离过程中以罗氏极性参数为依据的溶剂选择的一般方法如下：首先，根据相似相溶规律，选择与溶质极性尽可能相等的溶剂，以使溶质在溶剂中的溶解度达到最大；其次，在保持溶剂极性不变的前提下，更换溶剂种类，调整溶剂的选择性，使分离选择性达到最佳。

一般而言，单一溶剂的极性往往很难正好与溶质极性相符，即使找到极性正好与目标溶质一致的溶剂，如果要优化溶剂的选择性，很难在溶剂总极性不变的前提下找到具有良好选择性的溶剂。因此，常常采用混合溶剂体系，因为混合溶剂可以获得任意极性的溶剂体系。

混合溶剂的极性与单一纯溶剂的极性的关系为

$$p' = \phi_1 p'_1 + \phi_2 p'_2 + \cdots = \sum_i \phi_i p'_i \tag{4-20}$$

式中，p'_i 为纯溶剂 i 的极性参数；ϕ_i 为纯溶剂 i 的体积分数。

混合溶剂的选择步骤如下：

① 选择一种非极性溶剂（p'接近 0）和一种极性溶剂，将二者按不同比例混合得到一系列不同极性的混合溶剂，其极性 p'可按式(4-20) 计算得到。

② 研究目标溶质在上述一系列不同极性混合溶剂中的溶解度，从其最大溶解度所对应的混合溶剂的 p'值可知溶质的近似 p'值。

③ 从溶剂选择性三角形中的不同组中挑选新的极性溶剂替换①中的极性溶剂，并通过此极性溶剂的比例维持混合溶剂的最佳 p'值不变。最终必定能找到一种溶解性和选择性都合适的溶剂。

对于一个未知样品的分离，可按上述步骤选择一个合适的混合溶剂体系。

① 先任意选取两种溶剂，一种非极性溶剂和一种极性溶剂。如非极性的已烷（$p_{A'}=0$）和极性的氯仿（$p_{B'}=4.1$）。按不同比例配制一系列已烷-氯仿混合溶剂，它们的罗氏极性参数 p'可以计算出来，见表 4-6。

表 4-6　己烷-氯仿混合溶剂的罗氏极性参数

己烷∶氯仿(体积比)	1∶9	…	1∶1	…	9∶1
罗氏极性参数 p'	3.69	…	2.05	…	0.41

② 研究溶质在不同 p' 值的混合溶剂中的溶解度，用罗氏极性参数 p' 对溶质溶解度 S 作图，假设结果表明最大溶解度 S_{max} 值所对应的混合溶剂的比例是己烷∶氯仿=7∶3（体积比），此时，对应最大溶解度的混合溶剂的总的极性参数为

$$p'_{max}=0.7\times0+0.3\times4.1=1.23$$

由此可知溶质的 p' 值也在 1.23 附近。

③ 调整选择性。保持 $p'=1.23$，更换极性溶剂的种类。因为同一选择性组的溶剂具有相同的选择性，所以应从溶剂选择性三角形中的不同组中挑选极性溶剂。如从第Ⅰ组中选乙醚（$p_{B'}=2.8$）。要保持 p' 为 1.23，由式(4-20) 可计算出乙醚的体积分数 $\phi_B=0.44$。由此可知，己烷-乙醚（56∶44）与己烷-氯仿（70∶30）的极性相同但选择性不同。依此类推，直至找到溶解性和选择性都最佳的混合溶剂。

4.3 疏水相互作用

溶质溶于溶剂之中，除了溶质分子之间、溶剂分子之间存在相互作用之外，溶剂分子与溶质分子之间也存在相互作用。水是最常用的溶剂，绝大多数的化学反应是在水溶液中进行的，绝大多数的分离过程也与水溶液有关。因此，在分离科学中，研究溶质分子与作为溶剂的水分子之间的相互作用就显得尤其重要。

极性溶质（如蔗糖）易溶解于水中，人们称这种物质具有亲水性，溶质分子与溶剂水分子之间的相互作用称作亲水相互作用。而非极性溶质（如烃类）很难溶解（均匀分散）在水中，在水中具有相互聚集的倾向，非极性物质的这种性质称作疏水性或疏水效应。早期的文献中多以非极性溶质分子间的范德华力来解释疏水作用，即当非极性分子相互接近到一定距离时，相互之间因范德华力而产生吸引。但是，甲烷分子无论在水溶液中，还是在其他溶剂中，甚至在真空中，它们之间的范德华力几乎相同，因此，疏水相互作用不能完全用范德华力得到合理解释。在理解疏水作用时，往往容易受到两个粒子之间的力是由粒子本身的性质所决定的这一基本思维模式的束缚，就像考虑库仑力来自粒子本身所带的电荷一样。然而，非极性分子表现出的疏水效应与非极性分子本身关系不大，而主要取决于溶剂（水）的性质。实验结果表明，疏水相互作用与范德华力的距离接近，但疏水作用的强度比范德华力要大 1～2 个数量级，相互作用的距离可以延伸至 10nm。

疏水效应是一种物理现象，其过程相当复杂，它主要源自熵效应，而这种熵效应又与水具有形成氢键的强烈趋势有关。虽然曾经提出过许多理论或模型来解释疏水作用，但都不完善，在分子水平上还难以合理解释。为了很好地理解疏水相互作用，不妨先看看水的内部结构。如图 4-6 所示，笼统地讲，液态水是由松散的动态的氢键网络组成的。更细致地观察，主要由规则点阵的受束缚有序区和水分子通过氢键相连而成的不规则排列区所组成，结构中贯穿有单体水分子，并有不规则空穴、点阵空位和笼点缀其间；也有链、小型聚合物以及键合的、自由的和截留的水分子。各种有机溶剂也应具有同样复杂的内部结构。

当水中存在非极性分子时，水的氢键网络会发生重排。为了保持氢键的数目，水分子会在非极性溶质表面有序地形成笼状排列，如形成图 4-7 所示的多面体（十二面体）水笼。这些多面体可以缔合，构成一种球形点阵。十二面体水笼的内部空间的直径大约 50nm，非极性分子位于水笼之中。这一过程称作疏水水合作用。因为溶质表面水分子的有序化，所以这种形成溶质水合物的过程会导致熵减少，不过实验证明同时会产生较大的负生成焓（水化

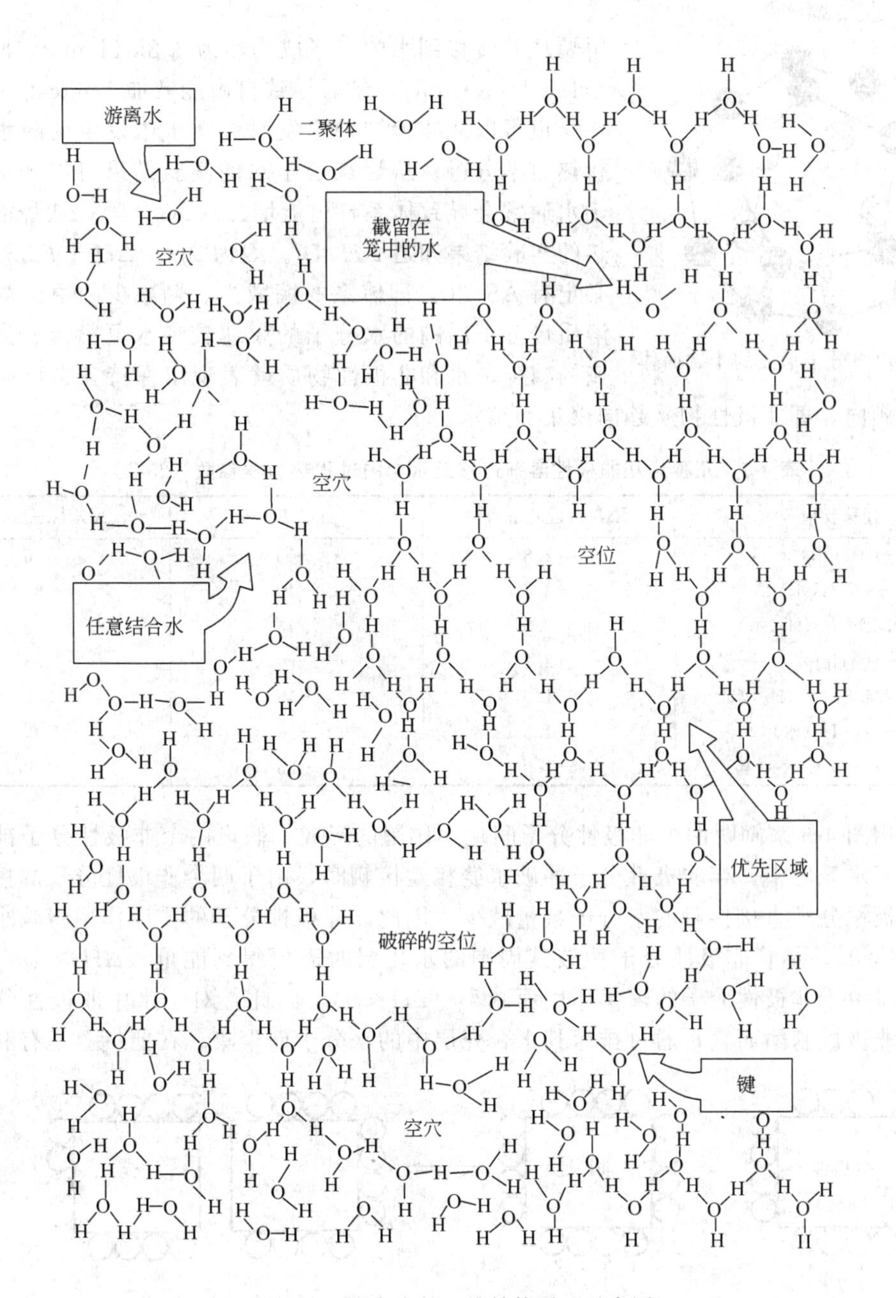

图 4-6 液态水的三维结构平面示意图

焓），水化焓约为 15kcal/mol❶，这一水化焓的主要贡献是由溶质表面水分子排列成规则的笼形而有利于形成更多的氢键带来的，与非极性分子的类型和大小无关。

考兹曼（W. Kauzmann）首先对非极性溶质与水作用过程的热力学进行了研究，表 4-7 列出了几种烃从非极性溶剂迁移至水中的过程热力学参数。由表中数据可知，因为烃从非极性溶剂中迁移至水中这一过程的焓变（ΔH）小于零，所以烃溶于水比溶于非极性溶剂在能量上更有利，但是，烃从非极性溶剂向水中迁移会伴随一个更负的熵变，从而导致过程的总自由能是增加的。因此，上述迁移过程在能量上是不利的，即烃通常是难溶于水的。例如，

❶ kcal 是能量单位，1kcal＝4.1868kJ，后同。

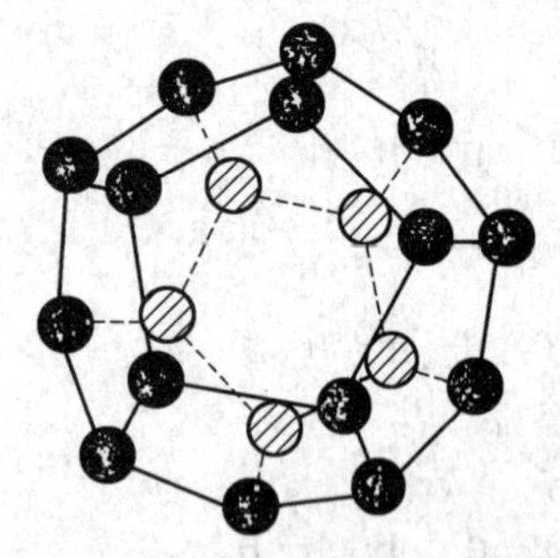

图 4-7 由水分子形成的十二面体

甲烷从苯转移到水中，释放的热为 2.8kcal/mol，而熵变为 −18cal/(K·mol)，最后导致自由能增加 2.6kcal/mol。

也可以从实验结果出发对烃在水中发生的疏水效应进行热力学分析。从烃难溶于水的实验结果可以知道，烃溶于水通常会导致体系自由能增加（$\Delta G>0$）；从烃溶于水放热的实验结果知道 $\Delta H<0$。因为 $\Delta G=\Delta H-T\Delta S$，所以，必定有 $\Delta S<0$，即体系的熵减少。熵减少的原因被认为是溶质烃分子周围的水分子的束缚较纯水更紧密。为了避免熵的减少，水和非极性物质就表现出保持各自原有的自缔合状态的倾向，即非极性物质趋向聚集而疏水。

表 4-7 几种烃从非极性溶剂迁移至水中的过程热力学参数（25℃）

迁移反应	ΔH/(kcal/mol)	ΔS/[cal/(K·mol)]	ΔG/(kcal/mol)
CH_4(苯)⟶CH_4(水)	−2.8	−18	2.6
CH_4(乙醚)⟶CH_4(水)	−2.4	−19	−3.3
CH_4(四氯化碳)⟶CH_4(水)	−2.5	−18	2.9
C_2H_6(苯)⟶C_2H_6(水)	−2.2	−20	3.8
C_2H_6(四氯化碳)⟶C_2H_6(水)	−1.7	−18	3.7
液态 C_3H_8 ⟶C_3H_8(水)	−1.8	−23	5.05
液态 n-C_4H_{10}⟶n-C_4H_{10}(水)	−1.0	−23	5.85

可以用图 4-8 来阐明两个非极性分子间疏水作用的形成。假设两个非极性分子被水分子包围，处于水笼之中，当非极性分子冲破水笼相互接触时，由于两个非极性分子的接触，使得能与非极性分子直接接触的水分子数量减少，因此，非极性分子的排序作用将减小，熵则增加（$\Delta S>0$）。尽管非极性分子冲破其周围的水化层时需要得到能量（$\Delta H>0$），但体系的自由能将由于非极性分子的聚集作用而减小（$\Delta G<0$），因此，对于水中非极性分子或大分子中的非极性基团而言，通过排斥其水合壳层中的水分子而聚集，在能量上是有利的。

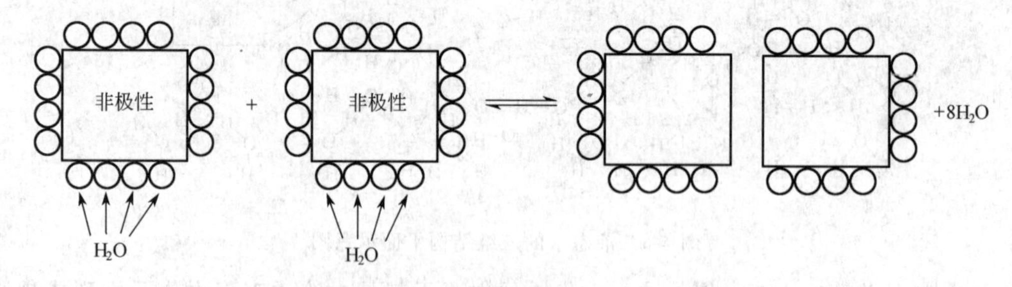

图 4-8 非极性分子间疏水作用的形成示意图

在蛋白质水溶液中，疏水作用的结果是当肽键折叠时在水溶液中的酶的疏水残基倾向于离开水环境而转移到蛋白质的内表面，而亲水残基会留在蛋白质的外表面以利于与水接触。

以上对疏水作用的解释基于疏水作用由熵驱动，即水分子在溶质表面的有序排列的假设，因此，也被称作水有序模型。水有序模型已成功用于解释在室温附近溶质在水溶液中的溶解度，但却不能解释在较高温度时溶质在水溶液中的溶解度，因为此时这个过程是焓驱动的。

疏水相互作用在分离科学中的一个典型实例就是反相高效液相色谱法，在作流动相的水

（或与水互溶的极性溶剂）中，非极性（或弱极性）样品因疏水（或疏溶剂）作用而倾向于分配到弱极性的固定相表面（如修饰了 18 烷烃的硅胶颗粒表面）。

在非水溶剂（如乙醇、甘油）中也曾观察到溶质的聚集，所以，更一般地讲，应该将溶质在溶剂中产生的聚集现象称作疏溶剂作用。

复习思考题

1. 分析溶剂萃取分离过程中可能涉及的分子间相互作用的种类。
2. 在蒸馏分离、离子交换分离和沉淀分离过程中，涉及的最主要的分子间相互作用是什么？
3. 列举一个主要依据分子间电荷转移相互作用的差异进行分离的实例。
4. 举例说明范德华力在分离过程中的作用。
5. 分别列举两个用相似相溶规律可以解释和难以解释的溶解现象。
6. 根据自己的理解阐述疏水相互作用的机理。
7. 说明溶剂选择性三角形的作用和选择溶剂的一般步骤。
8. 查阅文献，根据其中某篇研究论文谈谈你对亲和相互作用的理解。
9. 查找一篇利用 π-π 相互作用进行物质分离或富集的研究论文，并做简要评述。

参考文献

[1] Hunter C. A.，Sanders J. K. M.，J. Am. Chem. Soc.，1990，112：5525.

[2] Qiang Han，Tursunjan Aydan，Liu Yang，et al.，Anal. Chim. Acta，2018，1009：48～55.

[3] Qiang Han，Qionglin Lianga，Xiaoqiong Zhanga，et al.，J. Chromatogr. A，2016，1447：39～46.

[4] 程家高，罗小民，闫秀花等，阳离子-π 作用的研究进展，中国科学 B 辑：化学，2008，38（4）：269～277.

[5] Jianguo Wang，Xinggui Gu，Pengfei Zhang，et. al.，A New Strategy for Structural Design of Aggregation-Induced Emission Luminogens.，J. Am. Chem. Soc.，2017，139，16974.

[6] Kodama，Y.，Nishihata，K.，Nishio，M.，et al，Tetrahedron Lett.，1977，2105.

[7] Iitaka，Y.，Kodama，Y.，Nishihata，K.，et al.，J. Chem. Soc.，Chem. Commun，1974，389.

[8] Takahashi，H.，Tsuboyama，S.，Umezawa，Y. et al.，Tetrahedron，2000，56：6185.

参考书目

[1] 徐筱杰编著. 超分子建筑——从分子到材料. 北京：科学技术文献出版社，2000.

[2] 王连生，支正良，高松亭编. 分子结构与色谱保留. 北京：化学工业出版社，1994.

[3] [联邦德国] C. 耐卡特编著. 有机化学中的溶剂效应. 唐培堃等译. 北京：化学工业出版社，1987.

第5章　液相萃取

广义的萃取分离法是将样品相中的目标化合物选择性地转移到另一相中或选择性地保留在原来的相中（转移非目标化合物），从而使目标化合物与原来的复杂基体相互分离的方法。萃取分离法根据所用萃取相为液体、固体和超临界流体，可大体上分为液相萃取、固相萃取和超临界流体萃取。液相萃取的样品也为液相时，称液-液萃取；样品为固体时称固-液萃取，即通常所说的提取或浸取。用溶液选择性吸收气相样品中的物质通常称吸收。液-液萃取的萃取相为有机溶剂时就是狭义的溶剂萃取，后来发展起来的胶团萃取、双水相萃取、离子液体萃取也属于广义的溶剂萃取范畴。超临界流体具有与液体类似的性质，因此将超临界流体萃取也放在本章介绍。

5.1　溶剂萃取

溶剂萃取是利用不同物质在互不相溶的两相（水相和有机相）间的分配系数的差异，使水相样品中目标物质与基体物质相互分离的方法。溶剂萃取既可用于有机物的分离，也可用于无机物的分离。多数有机物可以直接进行溶剂萃取，而对于水溶液中的无机离子的萃取，通常要在有机溶剂中加入能与被分离离子形成疏水性化合物的试剂（萃取剂）。通常情况下萃取是指将水相中的目标溶质转移到有机相中的过程，但并不排除有的情况下是样品溶解在有机溶剂中，以水相萃取有机相中的亲水性目标溶质或共存杂质。

溶剂萃取最先在有机化学中用来分离有机化合物，是基于有机化合物在有机溶剂中的溶解度通常要显著大于在水相中的溶解度的原理。到19世纪，人们开始尝试用溶剂萃取法分离和纯化无机物。如用二乙醚从沥青铀矿中提取和纯化硝酸铀酰，用乙醚从水溶液中萃取硫氰酸盐等。19世纪后期建立的液-液分配定量关系等理论为20世纪溶剂萃取的飞速发展奠定了基础。20世纪40年代以后，溶剂萃取走向成熟，并迎来了鼎盛时期，建立起了完善的理论体系，发展出了丰富的萃取模式，并被广泛应用于科学研究和工农业生产的各个领域。

溶剂萃取至今仍然是实验室和工厂中相当常用的分离技术，其优势主要表现在仪器设备简单、操作方便、分离选择性比较高和应用范围广等方面。不过，随着科学技术发展，溶剂萃取的某些缺陷也逐渐被人们认识。例如，大量使用有机溶剂，特别是一些有毒有机溶剂，不仅有害操作人员的健康，而且会造成严重的环境污染；溶剂萃取的分离效率不如很多现代分离技术高，如比高效液相色谱的分离效率低2～3个数量级；虽然固液萃取可以实现自动化，并且已有商品化的全自动快速溶剂提取仪，但自动化液-液萃取仪的开发还面临困难。目前绝大多数化学实验室仍然以手工萃取操作为主，不仅比较麻烦和费时，而且手工操作的重现性较低。

本节所讨论的溶剂萃取体系仅限于由水和与水互不相溶的有机溶剂所组成的体系，重点讨论不同萃取模式对无机物（如金属离子）的萃取。因为溶剂萃取用于有机物的萃取相对比较简单，通常情况下仅仅是基于有机物在两相的溶解度差异的物理萃取，萃取体系和萃取条件的选择相对容易。

5.1.1　萃取平衡

在萃取过程中，当被萃取物在单位时间内从水相进入有机相的量与从有机相进入水相的量相等时，则在该条件下萃取体系处于动态平衡。如果萃取条件发生变化，则原来的萃取平衡被打破，达到新的动态平衡。

(1) 分配平衡常数　能斯特在 1891 年提出的溶剂萃取分配定律是：在一定温度下，当某一溶质在互不相溶的两种溶剂中达到分配平衡时，该溶质在两相中的浓度之比为一常数。如果溶质 A 在水相和有机相中的平衡浓度分别为 $[A]_{aq}$和 $[A]_{org}$，则

$$K_D=\frac{[A]_{org}}{[A]_{aq}} \tag{5-1}$$

式中，K_D 为（萃取）分配平衡常数，或简称分配系数。实验发现，K_D 只是一个近似的常数。K_D 为常数的条件是体系温度一定、溶质 A 在溶液中的浓度极低和溶质 A 在两相中的分子形态相同。表 5-1 是碘在水相和四氯化碳（CCl_4）相之间的分配平衡常数实验结果。从表中数据可以看出：在较低浓度范围内，K_D 基本为一常数，而当溶质浓度较高时，K_D 明显偏离常数，这是因为溶质浓度较高时，溶质间的相互作用使得溶质的活度明显小于其平衡浓度。

表 5-1　碘在水相和四氯化碳相之间的分配（25℃）

$[I_2]_{aq}$/(mol/L)	$[I_2]_{CCl_4}$/(mol/L)	K_D	$[I_2]_{aq}$/(mol/L)	$[I_2]_{CCl_4}$/(mol/L)	K_D
0.1148×10^{-2}	10.09×10^{-2}	87.89	0.0500×10^{-2}	4.26×10^{-2}	85.20
0.0762×10^{-2}	6.52×10^{-2}	85.54	0.0320×10^{-2}	2.72×10^{-2}	85.00

可以根据热力学理论推导出热力学分配平衡常数 $K^{\ominus}$。在恒温恒压条件下，当溶质在两相间达到分配平衡时，其在两相中的化学势必定相等（$\mu_{org}=\mu_{aq}$），而溶质在两相中的化学势与其在两相中的活度有关，即

$$\mu_{org}=\mu_{org}^{\ominus}+RT\ln a_{org} \tag{5-2}$$

$$\mu_{aq}=\mu_{aq}^{\ominus}+RT\ln a_{aq} \tag{5-3}$$

式中，$\mu_{org}^{\ominus}$和 $\mu_{aq}^{\ominus}$分别表示相应的标准化学势。因为平衡时

$$\mu_{org}^{\ominus}+RT\ln a_{org}=\mu_{aq}^{\ominus}+RT\ln a_{aq}$$

即

$$\ln\frac{a_{org}}{a_{aq}}=\frac{\mu_{aq}^{\ominus}-\mu_{org}^{\ominus}}{RT}$$

于是有

$$K^{\ominus}=\exp\left(\frac{\mu_{aq}^{\ominus}-\mu_{org}^{\ominus}}{RT}\right) \tag{5-4}$$

从式(5-4) 可知，$K^{\ominus}$只是温度的函数，在一定温度下，$K^{\ominus}$为常数，而与溶质的浓度无关。如果引入活度系数，则可得到热力学分配常数 $K^{\ominus}$和（浓度）分配常数 K_D 的关系式为

$$K^{\ominus}=\frac{a_{org}}{a_{aq}}=\frac{[A]_{org}\gamma_{org}}{[A]_{aq}\gamma_{aq}}=K_D\times\frac{\gamma_{org}}{\gamma_{aq}} \tag{5-5}$$

当溶质在两相间的浓度很低，溶质的活度系数接近1时，热力学分配常数 $K^{\ominus}$ 与浓度分配常数 K_D 才相等。分配定律只适用于接近理想溶液的体系，即被萃取溶质与溶剂不发生化学作用，溶质仅仅通过物理分配的方式存在于两相中。在无机溶质的萃取过程中，通常需要加入萃取剂，使溶质形成疏水性配合物等易于进入有机相的形式，这时，溶质在水相和在有机相中的存在状态不同，分配定律不再适用，需要用分配比来表征溶质在两相的分配状况。

（2）分配比 当溶质在某一相或两相中发生离解、缔合、配位或离子聚集现象时，溶质在同一相中就可能存在多种形态，但其在某相中的总浓度是可以测定的。如 OsO_4 在 CCl_4/H_2O 两相体系中分配时，OsO_4 在水中会发生两步水解，使水相中存在 OsO_4、$HOsO_5^-$ 和 OsO_5^{2-} 三种形态；同时，OsO_4 在 CCl_4 中会发生聚合，部分形成四聚体，即有机相中存在 OsO_4 和 $(OsO_4)_4$ 两种形态。因为同一物质的每种形态在两相中的分配系数通常不相同，所以通常用分配比来表示某溶质在两相间的分配状况，即分配比表示某种物质在有机相中各形态的总浓度与其在水相中各形态的总浓度的比值 D。

$$D=\frac{\text{有机相中各形态的总浓度 } c_{\text{org}}^{\text{A}}}{\text{水相中各形态的总浓度 } c_{\text{aq}}^{\text{A}}}=\frac{\sum_i [\text{A}_i]_{\text{org}}}{\sum_i [\text{A}_i]_{\text{aq}}} \tag{5-6}$$

分配比表示萃取体系达到平衡后，不管被萃取溶质以何种形态存在，溶质在两相中的实际分配情况。分配比 D 不一定是常数，它随实验条件（如pH值、萃取剂种类、溶剂种类和盐析剂等）而变化，通常由实验直接测定。在评价萃取方法时，分配比是一个比分配系数更有实用价值的参数。D 值越大，则被萃取溶质在有机相中的浓度越大。对于很多简单的萃取体系，溶质在两相中均只有一种形态，如果溶质在两相中的浓度都很低，则分配比与分配系数相等。

（3）萃取率 在萃取分离实验中，通常用萃取率（E）表示在一定条件下被萃取溶质进入有机相的量，即

$$E=\frac{\text{溶质在有机相中的量}}{\text{溶质在两相中的总量}}\times 100\%$$

对于一次萃取操作，萃取率为

$$E=\frac{c_{\text{org}}V_{\text{org}}}{c_{\text{org}}V_{\text{org}}+c_{\text{aq}}V_{\text{aq}}}\times 100\% \tag{5-7}$$

式中，V_{aq} 和 V_{org} 分别表示水相和有机相的体积，通常将有机相与水相的体积之比 $V_{\text{org}}/V_{\text{aq}}$ 称为相比 R。由式(5-7) 可以推导出萃取率与分配比的关系：

$$E=\frac{D}{D+V_{\text{aq}}/V_{\text{org}}}\times 100\%=\frac{D}{D+\frac{1}{R}}\times 100\% \tag{5-8}$$

可见，萃取率的高低取决于分配比和相比的大小，根据实验测得的 D 值，可以计算出萃取率。D 值和相比 R 值越大，则萃取率越高。表5-2列出了不同相比时，分配比对萃取率的影响。对于分配比 D 较小的物质，可通过增加相比（即增加有机相的体积）来提高萃取率。不过，增大有机溶剂的体积会使有机相中的溶质浓度降低，不利于后续分离和测定。所以，通常采用多次萃取或连续萃取来提高总萃取率。对于分配比 D 较大的物质，即使采用等体积萃取一次也可达到很高的萃取率，如 $D=50$ 时，等体积单次萃取率为98%。

当相比为1（等体积萃取）时，萃取率与分配比的关系为

$$E=\frac{D}{D+1}\times 100\% \tag{5-9}$$

表 5-2 不同相比和分配比条件下的萃取率 单位：%

分配比	相比			
	0.5	1	2	3
0.1	4.8	9.1	16.7	23.1
0.5	20.0	33.3	50.0	60.0
1	33.3	50.0	66.7	75.0
2	50.0	66.7	80.0	85.7
10	83.3	90.9	95.2	96.8
20	90.9	95.2	97.6	98.4
50	96.2	98.0	99.0	99.3

可见，等体积萃取时的萃取率仅取决于分配比 D。对于分配比不是很高的萃取体系，通常要进行多次萃取。可推导出经 n 次萃取后，水相中残留溶质的平衡浓度 c_n 为

$$c_n = c_0\left(\frac{V_{aq}/V_{org}}{V_{aq}/V_{org}+D}\right)^n \tag{5-10}$$

当相比为 1 时，有

$$c_n = c_0\,\frac{1}{(1+D)^n} \tag{5-11}$$

式中，c_0 为水相中溶质的初始浓度，即溶质的总浓度。

【例 5-1】 已知碘在四氯化碳和水相中的分配比为 85，有 10mL 水溶液中含碘 1mg，用 9mL 四氯化碳 1 次萃取和每次 3mL 四氯化碳连续萃取 3 次，求两种情况下的萃取率和水溶液中残留的碘的量。

解： ① 当用 9mL 四氯化碳 1 次萃取时，由式(5-8) 得此时的萃取率 E_1 为

$$E_1=\frac{D}{D+\dfrac{V_{aq}}{V_{org}}}\times 100\%=\frac{85}{85+\dfrac{10}{9}}\times 100\%=98.7\%$$

此时水溶液中残留的碘量 m_1 为

$$m_1=1\text{mg}\times(1-0.987)=0.013\text{mg}$$

② 每次用 3mL 四氯化碳连续萃取 3 次后，由式(5-10) 得此时水溶液中残留的碘量 m_2 为

$$m_2=1\text{mg}\times\left(\frac{10/3}{10/3+85}\right)^3=0.0001\text{mg}$$

此时的萃取率 E_2 为

$$E_2=\frac{(1-0.0001)\text{mg}}{1\text{mg}}\times 100\%=99.99\%$$

(4) 分离因子 当水相中同时存在两种以上的溶质时，如果它们在给定的两相中的分配比不相同，经过萃取操作之后，它们在两相中的相对含量就会发生改变。如果 A 和 B 两种溶质在两相中的分配比分别为 D_A 和 D_B，当 D_A 越大、D_B 越小时，则进入有机相的溶质 A 就越多，留在水相中的溶质 B 就越多；当 D_A 和 D_B 值相差达到一定程度时，A 和 B 就能完全分离。通常用分离因子（或分离系数）β 表示两种溶质相互分离的程度。显然，分离因子由 D_A 和 D_B 值的相对大小决定。在溶剂萃取中，习惯上定义分配比大的溶质 A 相对于分

配比小的溶质 B 的分离因子 $\beta_{A,B}$ 为

$$\beta_{A,B}=\frac{D_A}{D_B}=\frac{c_{org}^{A}/c_{aq}^{A}}{c_{org}^{B}/c_{aq}^{B}} \tag{5-12}$$

对于单一形态溶质，因为 $D=K_D$，于是有

$$\beta_{A,B}=\frac{K_D^A}{K_D^B} \tag{5-13}$$

分离因子 $\beta_{A,B}$ 越大，A 和 B 两种溶质就越容易分离；反之，当两种溶质的分配比相近时，分离因子接近 1，两种溶质就无法分离。

(5) 萃取过程热力学 在萃取过程中发生各种各样的萃取化学反应，从热力学的角度研究萃取反应，可以从一个温度（T_1）下的萃取平衡常数（K_1）求算另一个温度（T_2）下的萃取平衡常数（K_2）。下面两个热力学基本公式是大家所熟知的：

$$-RT\ln K=\Delta G^{\ominus} \tag{5-14}$$

$$\Delta G^{\ominus}=\Delta H^{\ominus}-T\Delta S^{\ominus} \tag{5-15}$$

式中，R 为摩尔气体常数；T 为热力学温度；$\Delta G^{\ominus}$、$\Delta H^{\ominus}$ 和 $\Delta S^{\ominus}$ 分别为反应前后的标准自由能变、焓变和熵变。

根据吉布斯-亥姆霍兹（Gibbs-Helmhotz）公式

$$\left[\frac{\partial\left(\frac{\Delta G^{\ominus}}{T}\right)}{\partial T}\right]_p=-\frac{\Delta H^{\ominus}}{T^2} \tag{5-16}$$

当 $\Delta H^{\ominus}\approx\Delta H$ 时，将式(5-14) 代入式(5-16) 则可得到

$$\frac{\partial\ln K}{\partial T}=\frac{\Delta H}{RT^2} \tag{5-17}$$

或

$$\lg K_2-\lg K_1=\frac{\Delta H}{2.303R}\left(\frac{T_2-T_1}{T_1T_2}\right) \tag{5-18}$$

5.1.2 主要萃取体系

通常的萃取过程包括三个基本步骤：第一步，水相中的被萃取溶质与加入的萃取剂生成可萃取化合物（也称萃合物，通常是配合物）；第二步，在两相界面萃合物因疏水分配作用进入有机相；第三步，萃合物在有机相中发生化学反应（聚合、离解、与其他组分反应等）。溶质最终在两相间达到动态分配平衡。

加入萃取剂的目的是使那些亲水性溶质通过与萃取剂反应生成各种类型的疏水性化合物后而易于进入有机相。特别是在金属离子的溶剂萃取中，萃取剂的种类相当丰富。对萃取剂有以下基本要求：

(1) 具有至少一个萃取功能基团 萃取剂通过功能基团与被萃取溶质生成萃合物，如与被萃取金属离子形成螯合物。

(2) 具有足够的疏水性 通常是含有相当长度碳氢链或芳香环的配体，其疏水性使萃取剂难溶于水相而易溶于有机相，以保证被萃取物质在两相间的分配比足够大。

(3) 良好的选择性 萃取剂应该尽可能只与被萃取溶质形成稳定的萃合物，而与共存杂质不发生反应或反应性能差，以获得高的分离因子和良好的萃取选择性。

(4) 有较高的萃取容量 即单位体积的萃取剂应该尽可能萃取更多的目标溶质。萃合物中萃取剂分子数与溶质分子数之比越小，萃取容量越大；萃取剂在有机相中所能达到的最大

物质的量浓度值越高，萃取容量越大。因此，选择分子量不是很大、与金属离子的配位数较低的配体试剂作萃取剂，将有利于提高萃取容量。

(5) 良好的物理性质　与水的密度差大、黏度和表面张力小将有利于分层；沸点高、蒸气压低和闪点高将有利于操作的安全性。

另外，还要求萃取剂化学稳定性好、无毒性、萃取速度快、不产生乳化或形成第三相、廉价易得等。

尽管萃取剂的种类很多，但能基本满足上述要求的萃取剂却为数不多。大多数萃取剂为易溶于有机相的液体，但也有少数萃取剂是难溶于普通有机相的固体（如8-羟基喹啉），这时，就需要用另一种有机溶剂来溶解萃取剂。即使萃取剂为液体，有时为了减少萃取剂的用量或为了调节萃取剂的密度和黏度，往往会加入一种惰性溶剂作为稀释剂。稀释剂的密度与水的密度要有较大差异，以利于分层，但也不能相差太大，否则会造成混合不均匀。稀释剂的密度一般应介于正戊烷（密度为0.63g/cm³）和四氯化碳（密度为1.59g/cm³）之间。实验室常用的稀释剂有6～12个碳的正构烷烃、氯仿、四氯化碳、苯、甲苯和二甲苯。对于使用胺类萃取剂的体系，芳香烃常用作稀释剂。工业上常用煤油作稀释剂，但市售煤油含不饱和烃，化学稳定性差，易起加成反应，使用前通常要进行加氢或用硫酸预处理。

溶剂萃取几乎可以用于所有物质的分离。单就无机物的溶剂萃取而言，几乎包括元素周期表中的所有元素，适合于不同元素的萃取剂也很多，加之水相物质组成的复杂多样，所以，萃取体系种类繁多。为了更好地研究和应用各种萃取体系，必须对萃取体系进行科学的分类。根据萃取机理或萃取过程中生成的萃合物的性质，将萃取体系分为简单分子萃取体系、中性配合萃取体系、螯合萃取体系、离子缔合萃取体系、协同萃取体系和高温萃取体系等六类。

5.1.2.1　中性配合萃取体系

中性配合萃取体系是指被萃取物与萃取剂形成中性配合物后被萃取到有机相的体系。在中性配合萃取体系中，被萃取物在水相中以中性分子形式存在，萃取剂也是含有适当配位基团的中性分子。最典型的实例是磷酸三丁酯（TBP)-煤油体系从硝酸水溶液中萃取硝酸铀酰。金属铀离子在水溶液中虽然可以UO_2^{2+}、$UO_2NO_3^+$、$UO_2(NO_3)_2$和$UO_2(NO_3)_3^-$等几种形式存在，但被萃取的只是中性的$UO_2(NO_3)_2$，萃取剂TBP是中性分子，生成的萃合物$UO_2(NO_3)_2 \cdot 2TBP$也是中性分子。

(1) 中性萃取剂

① 中性含磷萃取剂。是最常用的中性萃取剂，还可细分为磷酸酯$(RO)_3PO$（又称磷酸三烃基酯），如磷酸三丁酯；膦酸酯$R(RO)_2PO$（又称烃基膦酸二烃基酯）；次膦酸酯$R_2(RO)PO$（又称二烃基膦酸烃基酯）；膦氧化物R_3PO（又称三烃基氧化膦）；焦磷酸酯$R_4P_2O_7$及其衍生物；磷化氢（PH_3）的有机衍生物$(RO)_3P$，如三苯氧基膦就是一个对Cu^+具有良好选择性的中性含磷萃取剂。

② 中性含氧萃取剂。包括酮类、酯类、醇类、醚类等。这类萃取剂中，有一部分在酸性条件下可以生成锌盐，但在弱酸性和中性条件下是中性配位萃取剂。中性含氧萃取剂发展较早，价格也比较便宜，但它们的挥发性较强、易燃易爆，所以逐渐被性能更加优越的中性含磷和胺类萃取剂所代替。不过，像甲基异丁基酮（MIBK）、仲辛醇等优良的中性含氧萃取剂仍为常用萃取剂。

③ 中性含硫萃取剂。主要是亚砜和硫醚两类，是铂族金属的优良萃取剂。以从石油中提取的混合烃为原料，先制成硫醚，然后再氧化得到亚砜，因此也称为石油亚砜。石油亚砜

萃取能力强、辐射稳定性好，在萃取 $UO_2(NO_3)_2$ 时，在某些方面还优于 TBP。

④ 中性含氮萃取剂。吡啶是常用的此类萃取剂。

(2) 中性配合萃取体系的应用

主要用于萃取强酸和金属离子。

① 萃取强酸。非极性有机溶剂可以萃取近乎中性的弱酸，其萃取实质是中性分子的直接萃取。强酸的萃取则是完全解离的电解质的萃取，非极性有机溶剂不能萃取强酸。而极性有机溶剂如醇、醚、酮和酯类可以萃取强酸。由于在强酸的萃取中，有机相中溶剂化的氢离子与溶剂分子或水分子之间形成氢键，所以，与对盐的萃取又有所区别。中性萃取剂（E）对强酸（HA）的萃取过程可能是

$$nH^+ + nA^- + mE(org) \rightleftharpoons (HA)_n E_m(org)$$

或者是

$$nH^+ + nA^- + zH_2O + mE(org) \rightleftharpoons (HA)_n(H_2O)_z E_m(org)$$

如醚萃取硝酸的反应被认为是

$$H^+ + NO_3^- + E \rightleftharpoons HNO_3 \cdot E$$

或者是

$$H^+ + NO_3^- + H_2O + E \rightleftharpoons HNO_3 \cdot H_2O \cdot E$$

极性含氧溶剂对各种酸的萃取规律是：相对较弱的强酸容易与中性萃取剂形成缔合分子，故易于萃取，如硝酸和三氯乙酸就比盐酸和高氯酸易被萃取；被萃取酸分子体积越大越易被萃取，如 HCl、HBr、HI 和 $HClO_4$ 的萃取效果依次增强；水合能力越强的酸越难被萃取，如磷酸和硫酸的水合能力较其他常见无机酸强，故难被萃取。用 TBP 萃取硝酸，在硝酸浓度较低时生成 1∶1 中性萃合物 $HNO_3 \cdot TBP$，当硝酸浓度较高时，1mol TBP 可以萃取大于 1mol 的硝酸。

② 萃取金属离子。中性萃取剂从金属离子的硝酸水溶液中萃取金属离子时，通常以 $M(NO_3)_n$ 型中性配合物的形式萃取；从盐酸（或氢溴酸、氢碘酸、硫氰酸）水溶液中萃取金属离子时，通常是以 H_nMX_{m+n} 型配合金属酸的形式萃取；从高氯酸水溶液中萃取金属离子时，通常是以离子对的形式萃取；中性萃取剂从硫酸水溶液中萃取金属离子的效果很差。TBP 从硝酸水溶液中萃取铀酰离子的机理就是以中性配合物形式萃取的，其反应式如下：

$$UO_2^{2+} + 2NO_3^- + 2TBP \rightleftharpoons UO_2(NO_3)_2 \cdot 2TBP$$

萃合物的结构为

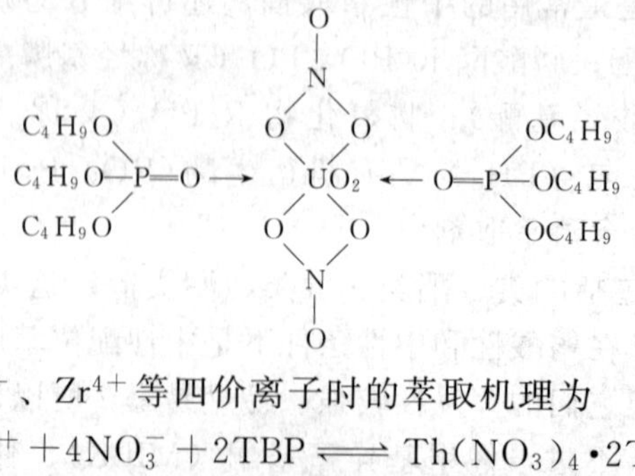

```
                              O
                              |
                              N
                             / \
  C4H9O                     O   O            OC4H9
        \                    \ /            /
  C4H9O—P═O  →               UO2     ←   O═P—OC4H9
        /                    / \            \
  C4H9O                     O   O            OC4H9
                             \ /
                              N
                              |
                              O
```

TBP 萃取 Th^{4+}、Pu^{4+}、Zr^{4+} 等四价离子时的萃取机理为

$$Th^{4+} + 4NO_3^- + 2TBP \rightleftharpoons Th(NO_3)_4 \cdot 2TBP$$

TBP 萃取稀土 RE^{3+} 等三价离子时的萃取机理为

$$RE^{3+} + 3NO_3^- + 3TBP \rightleftharpoons RE(NO_3)_3 \cdot 3TBP$$

TBP 也能有效地从盐酸水溶液中萃取五价及六价的锕系元素以及ⅣB 和ⅤB 族的金属离

子，其萃取效果可与从硝酸溶液中萃取相比，甚至更好。

中性萃取剂，特别是 TBP，在核化学工业中占有特别重要的地位，用于分离铀和钚，也用于从矿石浸出液中提取铀。

5.1.2.2　阳离子交换萃取体系

阳离子交换萃取体系使用的萃取剂通常是既溶于水又溶于有机溶剂的有机酸，它以一定的分配系数存在于两相中。被萃取溶质通常是金属阳离子，它与有机酸生成配合物，如：

$$M^{n+}(aq)+nHA(org) \rightleftharpoons MA_n(org)+nH^+(aq)$$

有机酸萃取金属离子的过程可以看作是水相中的阳离子与有机酸 HA 中的 H^+ 的交换反应，所以称作阳离子交换萃取，有机酸萃取剂也被称为液体阳离子交换萃取剂。有机酸萃取剂容易通过分子间氢键在有机相中发生二聚反应。

阳离子交换萃取剂主要有以下三类：

(1) 酸性含磷萃取剂　包括二烷基磷酸、烷基膦酸单烷基酯、二烷基膦酸等一元酸；一烷基磷酸酯、一烷基膦酸等二元酸；二烷基焦磷酸等双磷酸。一元酸含磷萃取剂是很重要的萃取剂，如二(2-乙基己基）磷酸（简称 P204)、2-乙基己基膦酸单 2-乙基己基酯（简称 P507）已得到广泛使用。

(2) 螯合萃取剂　包括 β-二酮类（如乙酰丙酮)、8-羟基喹啉类、肟类、羟胺衍生物、双硫腙类、酚类、二硫代甲酸类、双磷氧类。

在萃取中常用的 β-二酮类萃取剂是噻吩甲酰三氟丙酮（TTA）和 1-苯基-3-甲基-4-苯甲酰基吡唑啉酮（PMBP)。TTA 和 PMBP 在常温下都是固体。β-二酮类有酮式和烯醇式两种异构体。在萃取金属离子时，是通过烯醇式结构进行的。PMBP 价廉，是镧系、锕系和碱土金属的优良萃取剂。TTA 虽价格较贵，但在放射化学分离中有重要应用。在 8-羟基喹啉类螯合萃取剂中，最重要的是十二烯基-8-羟基喹啉（kelex-100)，它是铜的优良萃取剂，不仅选择性好、容量大，反萃取操作也比较容易。

(3) 有机羧酸和磺酸萃取剂　羧酸是一类弱酸性萃取剂，在煤油、苯和氯仿中常成为二聚体。羧酸及其盐在水中的溶解度较大，作萃取剂的羧酸必须具有足够长的碳链以减小其水溶性，工业上常使用 7～9 个碳的脂肪羧酸作萃取剂，带支链结构的羧酸具有较好的物理性能。磺酸则是一种强酸性萃取剂，因分子中存在磺酸基，所以具有较大吸湿性和水溶性。为了改善其疏水性能，往往在磺酸分子中引入长链的烷基苯或萘。十二烷基苯磺酸钠是磺酸萃取剂的典型代表之一。磺酸萃取剂可以从酸性（$pH<1$）溶液中萃取金属阳离子，不过，选择性较差，且容易产生乳化。

萃取剂二烷基磷酸以二聚体参与配位，例如，其萃取稀土元素（RE）的反应及萃合物的结构如下：

$$RE^{3+}+3(HA)_2 \rightleftharpoons RE(HA_2)_3+3H^+$$

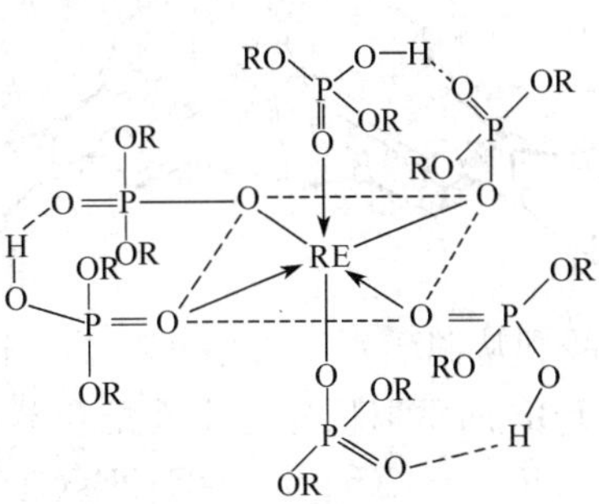

5.1.2.3 离子缔合萃取体系

离子缔合萃取体系是指阴离子和阳离子在水相中相互缔合后进入有机相的体系。在多数情况下，是被萃取金属离子以配阴离子的形式存在于水溶液中，加入阳离子萃取剂后，形成离子缔合物。相反的情况也有，即被萃取金属离子以配阳离子的形式存在于水溶液中，加入阴离子萃取剂后，形成离子缔合物。离子缔合萃取平衡比较复杂，定量处理比较困难。

(1) 胺类萃取体系 胺类萃取体系是以有机胺类作离子缔合萃取剂的体系。叔胺的油溶性较好，带 8 个碳原子以上碳链的叔胺在水中的溶解度小于 5μg/g，所以叔胺常用作萃取剂。如果采用伯胺或仲胺作萃取剂，则需带较大的支链烃基。

胺类萃取剂可以用来萃取金属离子和无机酸。因为胺具有碱性，在萃取无机酸时，胺类与无机酸形成铵盐进入有机相，如叔胺萃取无机强酸 HX：

$$R_3N(org)+H^++X^-\rightleftharpoons R_3NH^+X^-(org)$$

由于有机相中的聚合作用，铵盐萃合物中的胺和无机酸的比例不一定是 1∶1。如果在萃取体系中加入碱，则可以破坏有机相中所形成的铵盐，使胺游离出来，无机酸被反萃取到水相中。

$$R_3NHX(org)+OH^-\rightleftharpoons R_3N+H_2O+X^-$$

由于叔胺对酸的萃取能力较强，萃取后的酸也容易从有机相中反萃取出来，所以，叔胺常用来萃取无机酸。

胺类萃取剂在萃取金属离子时，金属离子通常以配阴离子形式在酸性条件下与胺生成离子缔合物。例如，硫酸介质中铀离子的萃取反应为

$$2R_3N(org)+2H^++UO_2(SO_4)_2^{2-}\rightleftharpoons(R_3NH)_2UO_2(SO_4)_2(org)$$

(2) 冠（穴）醚萃取体系 冠醚对碱金属和碱土金属具有良好的萃取性能。金属阳离子与冠醚（穴醚）中的杂原子（O、N、S、P 等）通过静电相互作用形成配合物后进入有机相。配合物的稳定性与冠醚（穴醚）的空穴直径，冠醚（穴醚）环上的杂原子种类、数目和空间排列，环上的取代基，金属离子的体积和电荷，溶剂性质等有关。穴醚因具有两个以上环，为三维结构，其球形空穴对金属离子的配合能力比单环冠醚要大得多。冠醚（穴醚）的亲水杂原子向内侧，外侧是疏水—CH_2—CH_2—基，因而萃合物在有机相中的溶解性增加。

冠醚与阳离子配位后，阳离子原来的配对阴离子仍伴随在外，维持电中性。如 RbNCS 与 18-冠-6 结合后的离子对化合物的结构如下：

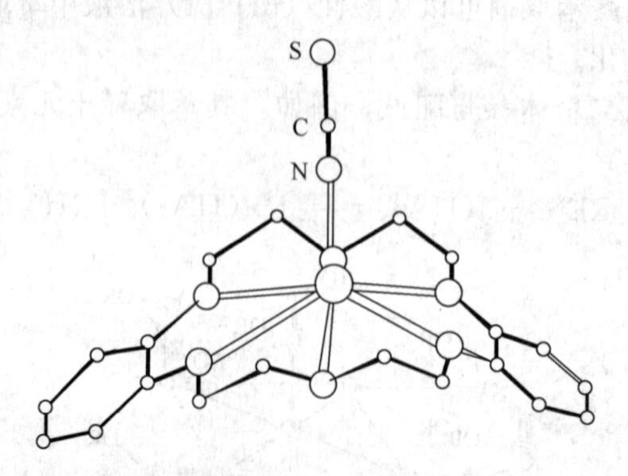

冠醚（用 C 表示）萃取硝酸和从硝酸水溶液中萃取 U(Ⅵ)、Pu(Ⅳ) 等离子的机理与萃取碱金属离子不同，而类似于 TBP 的萃取反应（中性配合萃取），形成溶剂化物。

$$H^++NO_3^-+C(org)\rightleftharpoons C\cdot HNO_3(org)$$

$$UO_2^{2+}+2NO_3^-+C(org) \rightleftharpoons C\cdot UO_2(NO_3)_2(org)$$

$$M(NO_3)_4+2C(org) \rightleftharpoons 2C\cdot M(NO_3)_4(org)$$

(3) 金属以配阴离子萃取 通常以鎓盐萃取机理解释这类体系。即含氧的萃取剂在一定条件下与进入有机相的水合氢离子结合而形成鎓盐阳离子，而被萃取的金属离子与适当的阴离子结合形成配阴离子，然后，萃取剂鎓盐阳离子与被萃取金属的配阴离子形成离子对（鎓盐）进入有机相。如乙醚萃取6mol/L盐酸水溶液中的Fe^{3+}即为鎓盐萃取机理。

首先，在水相中Fe^{3+}与阴离子（Cl^-）结合形成配阴离子$[FeCl_4]^-$，同时，含氧萃取剂乙醚与进入有机相的水合H^+结合形成鎓盐阳离子$(C_2H_5)_2OH^+$，然后，金属配阴离子与萃取剂鎓盐阳离子缔合生成鎓盐：

$$(C_2H_5)_2OH^+(org)+[FeCl_4]^- \rightleftharpoons (C_2H_5)_2OH^+[FeCl_4]^-$$

(4) 金属以阳离子形式被萃取 一部分水合体积较大的阳离子可直接与大的萃取剂阴离子缔合后进入有机相。如四苯基硼酸根、高氯酸根就可以直接从水相中萃取大体积的金属阳离子。这时的萃取剂阴离子在水相中，所使用的萃取溶剂通常是介电常数较高的溶剂，如硝基苯（$\varepsilon=34.8$）和硝基甲苯（$\varepsilon=35.9$）。

另外，有些阳离子是以金属配阳离子形式被萃取的。金属阳离子先与大分子螯合配位体形成配阳离子，配阳离子再与水相中的大阴离子（如ClO_3^-、ClO_4^-、SCN^-）缔合后进入有机相。如Fe^{3+}先与联吡啶形成配阳离子，再与ClO_4^-缔合后进入有机相。反过来，也可以用有机配阳离子萃取水相中的大阴离子、有机酸根和一些金属配阴离子。

5.1.2.4 协同萃取体系

当使用两种或两种以上萃取剂同时萃取某一物质时，若其分配比显著大于相同浓度下各单一萃取剂的分配比之和，则称这一萃取体系具有协同萃取效应。

假设两种萃取剂单独使用时的萃取分配比为D_1和D_2，$D_1+D_2=D_{加和}$，则有协同效应时的萃取分配比$D_{协同}>D_{加和}$；无协同效应时，$D_{协同}\approx D_{加和}$；当$D_{协同}<D_{加和}$时，称之为反协同效应。常用协同萃取系数R表示协同萃取效应的大小。

$$R=\frac{D_{协同}}{D_{加和}}$$

$R>1$时有协同萃取效应，R值越大，协同萃取效应越大。作为一个实例，表5-3列出了P204分别与几种中性含磷萃取剂混合使用，在硫酸介质中萃取铀酰离子时的协同萃取系数。

表5-3 P204与中性含磷萃取剂萃取铀酰离子的协同萃取系数

萃取剂	TBP	BDBP	TOPO
单独使用含磷萃取剂时的分配比D_B	0.0002	0.002	0.06
单独使用P204时的分配比D_{P204}	135	135	135
使用混合萃取剂时的分配比$D_{协同}$	470	3500	3500
协同萃取系数R	3.5	25.9	25.9

注：水相含硫酸，pH=1，$[UO_2^{2+}]=4\times10^{-3}$mol/L，各萃取剂浓度均为0.1mol/L。TBP为磷酸三丁酯；BDBP为二丁基膦酸丁酯；TOPO为三辛基氧膦。

协同萃取的机理比较复杂，通常认为协同萃取反应是被萃取金属离子生成了含有两种以上配位体的更为稳定的萃合物，或者所生成的萃合物疏水性更强，更易溶于有机相中，从而提高了萃取分配比。具体描述协同萃取机理的理论主要有取代机理和溶剂化机理。

取代机理认为：如果形成的萃合物中含有自由萃取剂HOx，则加入中性萃取剂如

TOPO 后，TOPO 取代 HOx 生成更稳定的萃合物。如：

$$UO_2^{2+} + 3HOx(org) \rightleftharpoons UO_2(Ox)_2HOx(org) + 2H^+$$

$$UO_2(Ox)_2HOx(org) + TOPO(org) \rightleftharpoons UO_2(Ox)_2TOPO(org) + HOx(org)$$

有时，加入强配位体后，也可以部分取代配位数已饱和的单一配体萃合物，形成更稳定或疏水性更强的萃合物。如：

$$Pu(TTA)_4(org) + HNO_3 + TOPO(org) \rightleftharpoons Pu(TTA)_3 \cdot NO_3 \cdot TOPO(org) + HTTA$$

溶剂化机理认为：如果金属的配位数没有饱和，只有一部分被萃取剂 A 配位，剩下的配位部分被水分子占据，当加入中性萃取剂 S 后，S 取代水分子，形成 A 和 S 的协同萃取体系，生成更稳定的萃合物。如：

$$Y(TTA)_3 \cdot 2H_2O(org) + 2TBP(org) \rightleftharpoons Y(TTA)_3 \cdot 2TBP(org) + 2H_2O$$

至于反协同萃取效应，可以用萃取剂之间的相互作用来解释。如 P204-TBP 体系在萃取稀土时，如果稀土元素的原子序数大于 64，则可能会发生如下反应：

$$RE^{3+} + 3(HA)_2 \rightleftharpoons RE(HA_2)_3 + 3H^+$$

$$(HA)_2 + B \rightleftharpoons (HA)_2 \cdot B$$

即由于第二种萃取剂 B 的加入，导致第一种萃取剂 HA 的浓度降低，使萃合物稳定性降低，出现反协同效应。

表 5-4 列出了几种协同萃取体系。

表 5-4 几种协同萃取体系

协同萃取体系类型	实例
阳离子交换与中性配合协同	P204-TBP 从硫酸介质中萃取 UO_2^{2+}
阳离子交换与胺类协同	TTA-TOA 从 HCl-LiCl 介质中萃取 Th^{4+}
中性配合与胺类协同	TOPO-TOA 从硝酸介质中萃取 Am^{3+}
阳离子交换与阳离子交换协同	TTA-HAA 从硝酸介质中萃取 RE^{3+}
中性配合与中性配合协同	TBP-$(C_6H_5)_2SO$ 从硝酸介质中萃取 UO_2^{2+}
阳离子交换/中性配合/胺类协同	P204-TBP-R_3N 从硝酸介质中萃取 UO_2^{2+}

5.1.2.5 简单分子萃取体系

简单分子萃取体系是指本身为中性分子的被萃取物在水相和有机相中都是以简单的分子形式存在，仅仅通过物理分配作用从水相转移到有机相。这类体系通常不需外加萃取剂，溶剂本身就是萃取剂。简单分子萃取体系在工业生产中应用最广泛。

简单分子萃取体系除了广泛用于水溶性有机物的萃取外，在无机物萃取中也有一些应用。例如萃取单质和难电离无机物。单质的萃取实例有：氦气分子在水相和 CH_3NO_2 之间的分配；卤素（如 I_2）在水和四氯化碳之间的分配；单质 Hg 在水和己烷之间的分配等。难电离无机物的萃取实例有：卤化物（如 HgX_2）在水相和氯仿相之间的分配；某些金属硫氰化物 $M^{n+}(SCN)_n$ 在水相和醚之间的分配；某些氧化物（如 OsO_4）在水相和四氯化碳之间的分配等。

在简单分子萃取过程中，虽然被萃取物以简单分子形式从水相进入有机相，但在水相和有机相中仍然有可能发生聚合、缔合、配合和离解等反应。例如，用四氯化碳从水相中萃取 OsO_4 时，OsO_4 进入有机相后可能会发生聚合生成四聚体。在水相中 OsO_4 也可能发生水解。因为萃取过程只涉及 OsO_4 在两相间的物理分配，所以，仍然是简单的分子萃取体系。

5.1.2.6　高温液-液萃取体系

通常的液-液萃取都是在室温下操作的，特殊情况下为了防止水相的凝固或有机相的挥发，也仅仅在室温附近适当升温或降温。而高温液-液萃取是在数百摄氏度高温下操作的，这时的两相已经不是通常的水相和有机相了。高温液-液萃取法主要在核原料工业中有过研究，由于其操作上存在的困难以及实用面窄等原因，实际应用很少。下面简要介绍三种主要的高温液-液萃取体系。

(1) 熔融盐萃取　该方法以熔融状态的盐作为萃取剂。如用熔融 $MgCl_2$ 从熔融的铀-铋合金中萃取裂变产物元素。在熔融 $MgCl_2$ 盐中加入一定量 KCl 和 NaCl 降低 $MgCl_2$ 的熔点。裂变产物中的第 1、2、3 族元素和稀土元素等被氯化进入盐相，而作为萃取剂的 $MgCl_2$ 中的 Mg 则被还原而进入铀-铋合金相。

(2) 熔融金属萃取　如用熔融的金属镁与经过辐照的熔融金属铀相接触，由铀辐照所生成的钚就会从熔融铀中溶到熔融镁中，达到铀-钚分离的目的，然后将镁蒸发就可得到金属钚。

(3) 高温有机溶剂萃取　例如用 TBP 的多联苯溶液在 150℃的高温下，从 $Ni(NO_3)_2$-KNO_3 的低熔混合物（熔点 130℃）中萃取 Er、Nd、Am、Cm、Np 等镧系和锕系元素的硝酸盐。该萃取体系与常温下从 HNO_3 溶液中萃取这些元素相比，萃取分配比提高 2～3 个数量级。

5.1.3　影响溶剂萃取的因素

影响溶剂萃取的因素很多，对于不同萃取体系，起主要作用的影响因素不同，同一影响因素对不同萃取体系的影响也不一样，这里仅就一般情况下，影响溶剂萃取的主要因素作一简要介绍。

(1) 萃取剂浓度的影响　从萃取反应平衡常数与分配比的关系，可以看出分配比与萃取剂浓度之间的关系非常密切。以简单的离子缔合萃取体系为例，假设被萃取金属离子为 M^+，萃取剂为 A^-，则萃取反应为

$$M^+ + A^- \rightleftharpoons MA(org)$$

萃取反应平衡常数 K 为

$$K = \frac{[MA]}{[M^+][A^-]}$$

分配比 D 为

$$D = K[A^-] \tag{5-19}$$

显然，有机相中未参与形成萃合物的游离萃取剂浓度 $[A^-]$ 增加，则分配比线性上升。实际萃取中不一定能得到这样的直线，因为体系中还有影响萃取剂活度的因素，被萃取物可能还会先形成配离子后再与萃取剂作用，而且萃取剂浓度高到一定程度后，其活度会明显下降，这些因素都会影响到分配比与萃取剂浓度之间的函数关系。

(2) 酸度的影响　酸度对萃取体系的影响很大，不同萃取体系中酸度的影响差异也很大。

在中性配合萃取体系中，酸度直接影响与金属形成中性盐的阴离子的浓度。从萃取平衡关系式不难看出，此阴离子的浓度对萃取分配系数的影响很大。

在阳离子交换萃取体系中，H^+ 直接和金属离子竞争萃取剂：

$$nHA(org) + M^{n+} \rightleftharpoons MA_n(org) + nH^+$$

可推导出分配平衡常数 K 与分配比 D 之间的关系为

$$\lg D=\lg K+n\lg[\mathrm{HA}](\mathrm{org})+n\mathrm{pH} \tag{5-20}$$

若以 $\lg D$ 对 pH 作图，可得到一条斜率为 n 的直线。pH 每增加 1，对于一价金属离子的萃取（$n=1$），则分配系数增加 10 倍，二价金属离子增加 100 倍，三价金属离子增加 1000 倍。由此可见，酸度对阳离子交换萃取体系的影响非常之大。

在离子缔合萃取体系中，酸度对胺类萃取剂体系的影响尤为明显。从萃取反应式来看，因为 H^+ 作为反应物参与萃取反应，所以 H^+ 浓度越高，分配比越大。但是，也受其他因素的制约。由于胺盐萃取剂对酸的萃取能力较强，酸浓度上升将导致酸的萃取量增加，消耗的萃取剂也增加，从而对目标金属离子的萃取不利。此外，酸度增加会抑制酸的解离，对离子缔合物的形成不利。由于酸度对离子缔合萃取体系存在方向相反的两种影响，所以在 $\lg D$-pH 曲线上往往会出现最高点，即最佳酸度值，也就是说，酸度过高或过低都对萃取不利。

（3）金属离子浓度的影响 在分配比 D 与萃取反应平衡常数 K 的关系式中，不包括金属离子浓度项，在金属离子浓度较低的情况下，其浓度对萃取几乎无影响。但当金属离子浓度很高时，萃取到有机相的金属离子的量也很多，消耗的萃取剂很多，在初始萃取剂浓度不变的情况下，会导致有机相中游离萃取剂浓度明显降低，从而降低分配比。表 5-5 是用 19% TBP-煤油作有机相，萃取 6mol/L 硝酸介质中的铀酰离子时，铀离子浓度对分配比的影响。

表 5-5 TBP 萃取硝酸铀酰时铀离子浓度对分配比的影响

铀离子浓度/(g/L)	1.0	3.0	5.0	10.0	25	50	100	200
分配比	60	33.4	33.2	32.3	30.0	21.0	7.43	1.37
萃取率/%	98.4	97.1	97.1	97.0	96.7	95.4	88.0	57.8

（4）盐析剂的影响 在萃取过程中，往水相中加入另一种无机盐使目标萃取物（通常是金属离子）的分配系数（或分配比）提高的作用称为盐析作用，所加入的无机盐称为盐析剂。盐析剂的作用机理可以归纳为以下两点：首先，盐析剂往往含有与被萃取金属离子相同的配对阴离子，加入盐析剂将产生同离子效应，使金属离子更多地形成中性分子而被萃取，从而提高分配系数。其次，加入盐析剂后，因为盐析剂的水合作用，消耗了一部分自由水分子，使水的活度降低。水的活度降低同时使被萃取金属离子的水合作用减弱，活度增强，从而使分配系数提高。因此，盐析剂对萃取率影响的大小与其本身的水合作用大小相关，价态较高、离子半径较小的金属盐有较强的盐析作用。一般金属离子的盐析效应顺序为：$Al^{3+}>Fe^{3+}>Mg^{2+}>Ca^{2+}>Li^{+}>Na^{+}>NH_4^{+}>K^{+}$。

（5）温度的影响 分配比 D 与萃取反应平衡常数 K 是成正比函数关系的，而平衡常数 K 与温度的关系又可以用式(5-17) 的热力学公式表示，即

$$\frac{\partial \ln K}{\partial T}=\frac{\Delta H}{RT^2}$$

因此，如果萃取反应是放热反应，则 ΔH 为负值，随着温度的上升，K 下降，萃取分配比也降低；如果萃取反应是吸热反应，则随着温度的升高，分配比也提高。

（6）萃取剂和稀释剂的影响 萃取剂的结构和性质直接影响其与金属离子的配位。萃取剂分子从结构上可以分为活性基团部分和其他部分。活性基团与被萃取金属离子发生配合、螯合等作用，其他部分影响配合和螯合的强弱，起辅助和调节作用。

稀释剂是加入有机相中起溶解萃取剂、减小有机相黏度、抑制乳化等作用的惰性溶剂。理论上讲，稀释剂对萃取剂的萃取性能无实质的影响，但实际上并非无影响，有时还会产生

显著的影响。对于大多数萃取剂，其萃取能力随稀释剂介电常数的升高而下降。这可能是稀释剂影响萃取剂的聚合或稀释剂可能与萃取剂形成了氢键。例如，对于 TBP 萃取铀的体系，用介电常数较小的烷烃和芳烃作稀释剂时，分配系数较大；而用介电常数较大的醇和氯仿作稀释剂时，分配系数较小。这可能是作稀释剂的醇和氯仿与萃取剂之间形成了氢键，这种氢键的形成使得稀释剂和被萃取物竞争萃取剂，导致分配系数降低。以上规律存在于很多体系中，但对于冠醚萃取体系，情况正好相反，即随着稀释剂介电常数的增加，分配系数也增加，这可能与冠醚萃合物在介电常数较小的非极性溶剂中的溶解度太小有关。

(7) 第三相的影响　在某些萃取体系中会出现第三相，即两层有机相和一层水相。第三相的形成影响分相和损失被萃取物，必须避免。在胺类和中性磷酸酯类萃取剂体系中，有可能出现第三相。生成第三相的原因很复杂，可能的原因有：

① 萃取剂在有机相中的溶解度太小。如萃取中常用的胺类萃取剂的相对分子质量在 250～600，它们在烷烃中溶解度较小，而在芳烃中溶解度较大，所以，为了避免形成第三相，在胺类作萃取剂的体系中通常采用芳烃作稀释剂。如果用煤油等烷烃作稀释剂，则需加入辛醇、TBP、MIBK 等物质作助溶剂。这些助溶剂的含氧基团可以与胺分子结合，破坏胺的聚合，从而增加烷烃在煤油中的溶解度，避免第三相的生成。

② 萃合物在有机相中的溶解度太小。如采用 TBP-煤油从硝酸溶液中萃取钍时，萃合物 $Th(NO_3)_4 \cdot 2TBP$ 在煤油中的溶解度较小，当钍的浓度较高而且相比又不大时，就会出现萃合物不能全部溶解到有机相中，导致第三相的出现。第三相中的钍浓度比有机相中的钍浓度要高得多。如果适当增加有机溶剂用量（即增加相比），则可消除第三相。

③ 另一种萃合物的形成。如在 TBP 萃取铀时，若硝酸浓度过高，则会生成 $H[UO_2(NO_3)_3] \cdot 2TBP$，出现第三相。此时，第三相的形成与铀的浓度关系不大，而是取决于硝酸的浓度。

除了上述三种形成第三相的原因外，界面污物也会促使第三相的形成。提高萃取温度，可以增加不同相之间的互溶性，有助于消除第三相。

5.1.4　连续萃取

连续萃取是将含有被分离物质的水相与有机相多次接触以提高萃取效率的萃取操作方式。它适合于分配比较小的溶质的萃取。连续萃取装置的基本构成包括萃取器、烧瓶和冷凝器。萃取器是样品溶液和有机溶剂混合并进行萃取的部分；烧瓶既作萃取液接收器，也是萃取剂蒸发器；冷凝器的作用是将萃取剂蒸气冷凝后，回滴到萃取器中，进行下一级萃取。有机溶剂的密度比水重和比水轻两种情况下所用的连续萃取装置不同。

图 5-1 是有机溶剂比水轻时的两种连续萃取装置。图 5-1(a) 是赫柏林（Heberling）等设计的连续萃取器。萃取容器的底部是样品溶液，烧瓶中的有机溶剂经加热蒸馏后形成循环，经冷凝器冷凝，收集于细长的玻璃漏斗管，由重力所形成的压力使溶剂通过细空玻璃板分散成细滴流进样品中，萃取容器上层溶剂积累到一定高度就溢入烧瓶中。图 5-1(b) 是施玛尔（Schmall）式连续萃取器。此萃取器适合有机溶剂不易蒸馏循环的场合。先将样品水溶液加入锥形瓶中，使水位低于导出管的出口。搅拌开始后（锥形瓶中放入磁子），将盛有机溶剂的分液漏斗放在分液柱上，缓慢地将溶剂加入锥形瓶中，萃入样品的有机相经导出管收集于另一锥形瓶中。

图 5-2 是有机溶剂比水重时的连续萃取装置。图 5-2(a) 是玻筒式连续萃取器，它与赫柏林式连续萃取器类似，只是将赫柏林式连续萃取器中的细长漏斗管改成了玻璃柱管，将其装在萃取器中。较重的有机溶剂冷凝后，流经样品水相层，沉至底部，从底部经玻璃柱管与萃取器

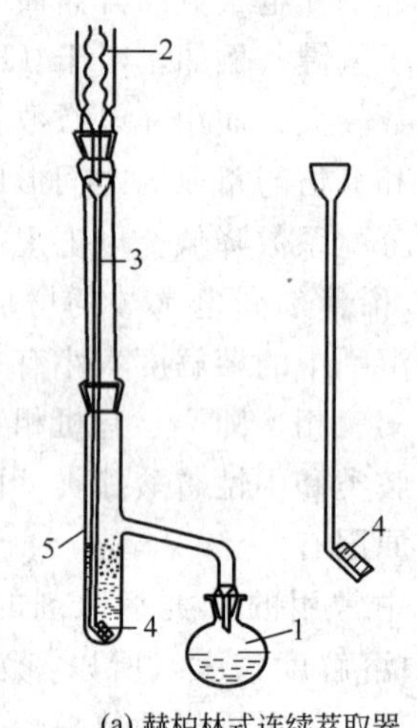

(a) 赫柏林式连续萃取器

1—烧瓶；2—冷凝器；3—玻璃漏斗管；4—玻璃板；5—萃取容器

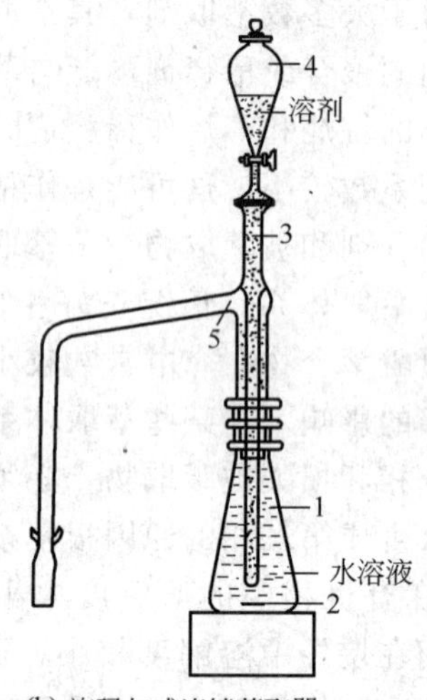

(b) 施玛尔式连续萃取器

1—锥形瓶；2—磁子；3—分液柱；4—分液漏斗；5—导出管

图 5-1　有机溶剂比水轻时的连续萃取装置

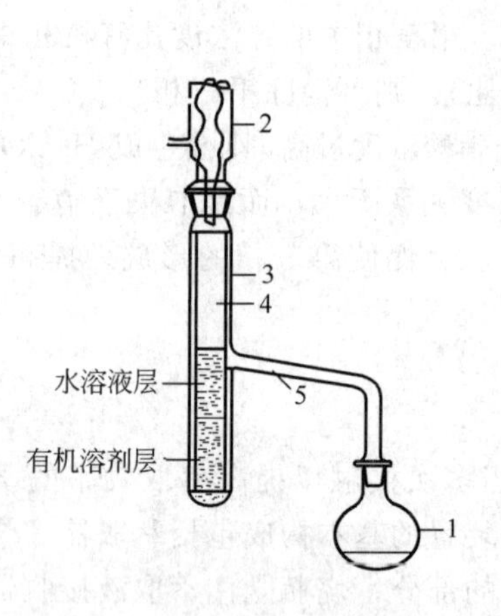

(a) 玻筒式连续萃取器

1—烧瓶；2—冷凝器；3—萃取器；4—玻璃柱管；5—导出管

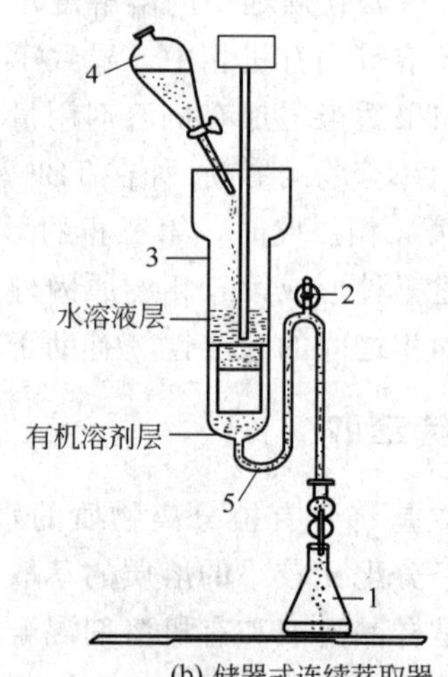

(b) 储器式连续萃取器

1—锥形瓶；2—阀；3—萃取器；4—分液漏斗；5—导出管

图 5-2　有机溶剂比水重时的连续萃取装置

的夹层溢入烧瓶中。图 5-2(b) 是适合有机溶剂不易蒸馏情况下的储器式连续萃取器。有机溶剂从萃取器上部边搅拌边加入，沉至萃取容器下部的有机溶剂经阀放入锥形瓶中。

5.1.5 溶剂微萃取[1,2]

溶剂微萃取（solvent microextraction，SME）也称液相微萃取（liquid phase microextraction，LPME），是 1996 年才发展起来的新的溶剂萃取技术[3]。它结合了液-液萃取和固相微萃取的优点，只需极少量的有机溶剂，装置简单，操作方便，成本低。LPME 技术适合萃取在水溶液中溶解度小、含有酸性或碱性官能团的痕量目标物。LPME 技术还可以方便地与后续分析仪器连接，实现在线样品前处理。

5.1.5.1 方法原理与特点

常规溶剂萃取如果是用于分析样品前处理，则需要将样品中目标组分全部转移至萃取相，方能用于定量分析。LPME萃取是一种只适合样品前处理的技术，但它并不需要将目标组分全部转移到萃取相。当目标组分在两相中达到分配平衡时，萃取至有机溶剂中的目标组分的量 n 由式(5-21) 决定。

$$n=\frac{kV_{\mathrm{org}}c_0V_{\mathrm{w}}}{kV_{\mathrm{org}}+V_{\mathrm{w}}} \tag{5-21}$$

式中，c_0为目标组分初始浓度；k 为目标组分在两相间的分配系数；V_{org}和V_{w}分别为有机微液相和样品水相的体积。显然，当两相体积确定后，目标组分进入萃取相的量 n 与样品的初始浓度c_0呈线性关系，这就是LPME定量分析的理论依据。

LPME对目标物的绝对萃取量不如传统溶剂萃取，但其萃取相可完全进样至后续分析仪器中，进入检测仪器的目标组分的绝对量并不会比常规溶剂萃取少，这是LPME检测灵敏度与传统溶剂萃取相当甚至更高的主要原因。LPME手动进样只需一根普通的微量进样针，操作较常规溶剂萃取更便捷。例如LPME后续气相色谱分析时，可采用微量进样针直接进样，克服了固相微萃取（SPME）解吸速度慢、涂层降解、记忆效应大的缺点。与不使用溶剂的SPME相比，LPME的主要缺点是在进行色谱分析时有溶剂峰，有时会掩盖目标组分的色谱峰。

LPME已广泛应用于环境等样品中痕量有机污染物、医药样品中药物成分分析的样品前处理。此外，通过在有机溶剂中加入适当的螯合剂或配位试剂，LPME也可应用于无机金属离子的富集检测。LPME技术，尤其是LPME三相萃取体系在生物样品中药物、蛋白质、氨基酸等极性化合物的分离富集中也具有良好的应用前景。此外，LPME装置简单、操作方便，如与便携式的GC、UV或GC-MS配套，适合现场快速检测的样品前处理。

5.1.5.2 多孔中空纤维溶剂微萃取

最初是将一滴有机溶剂直接悬挂于色谱进样针尖，将其浸入样品溶液或悬于样品顶部空间，分析物从样品中萃取到有机液滴中，将有机液滴直接进入色谱系统中，就能完成液相微萃取和色谱进样操作。由于悬挂在色谱进样针尖的有机溶剂液滴在搅拌样品时容易脱落，现在采用将多孔中空纤维管固定在色谱进样针头上，用于保护和容纳有机萃取剂。同时，纤维的多孔性增加了溶剂与样品接触的表面积，从而提高了萃取效率。中空纤维形似中空管，其纵向剖面如图5-3所示。中空纤维壁上的孔中可以预先浸渍作为萃取剂的有机溶剂，纤维腔内吸入接收液，中空纤维将样品水相和接收液隔开，纤维浸到样品水相中就可以进行萃取。中空纤维内外壁对接收液和水有阻隔作用，可以防止它们相互浸入。被萃取目标物分子经纤维孔中萃取剂萃取后，进入接收液，目标物在接收液和萃取剂中将达到动态分配平衡。

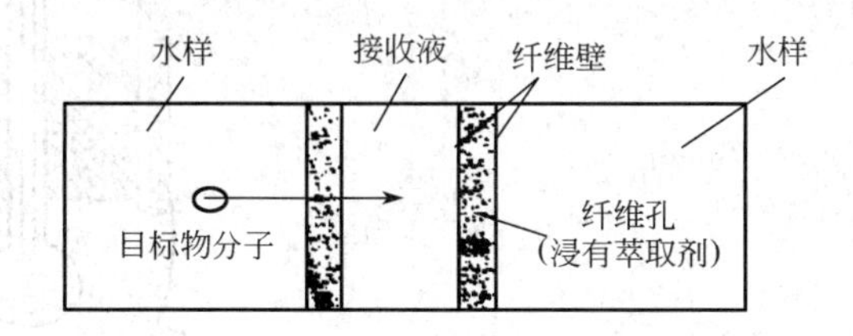

图5-3 中空纤维纵向剖面

LPME有两相和三相两种萃取模式。在两相LPME中，中空纤维孔内浸入的作为萃取剂的有机溶剂与纤维腔内吸入的作为接收液的有机溶剂相同，目标物被萃取到纤维腔内，在接收液和样品水相之间达到分配平衡。在三相 LPME 中，中空纤维孔内浸入的是有机萃取剂，而纤维腔内吸入的是接收液水溶液。有机萃取剂成了样品水溶液和接收液水溶液的隔断。目标物先被有机萃取剂从样品水溶液中萃取，然后进入接收液水溶液。

LPME 的操作过程相当简单。先将中空纤维壁上的纤维孔中浸渍有机萃取剂，再用色谱进样针或医用注射器将接收液注入纤维腔中，将纤维浸入样品水溶液中进行萃取，萃取时间通常在 30～50min。萃取过程中可以用搅拌磁子对样品进行搅拌，以加快目标物进入接收液的速度。图 5-4 是两种典型的三相 LPME 的萃取装置。图 5-4(a) 的接收液在中空纤维管中循环流动，以加快纤维壁中萃取剂与接收液之间的传质速度；图 5-4(b) 纤维管中的接收液在萃取结束后可以吸入注射器中，换上色谱进样针头，即可直接注入色谱系统进行后续分析。

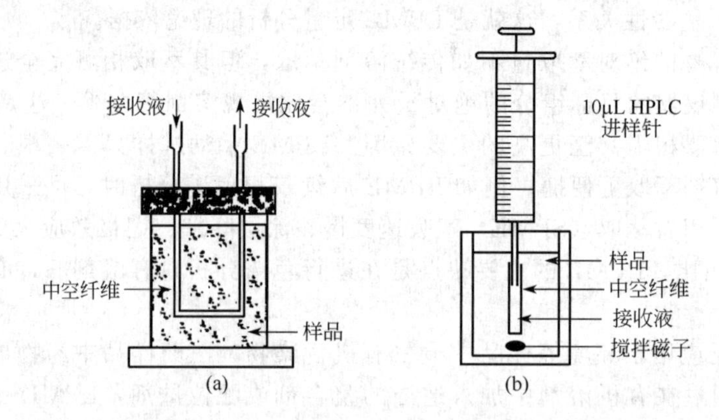

图 5-4 动态（a）和静态（b）三相 LPME 萃取装置

图 5-5 为一种简易动态三相微萃取装置，它与图 5-4(b) 很类似，只是接收液存于注射器内，浸渍了萃取剂的中空纤维管套在注射器上，纤维管内为作萃取剂的有机溶剂。利用注射泵推动注射器反复更新中空纤维内的有机相，可提高富集倍数。该方法已用于萃取水样中的芳胺。

对于挥发性比较大的目标物，可以采用所谓的顶空液相微萃取方法，即中空纤维不必浸入样品溶液中，而是置于密闭的样品瓶中的溶液上方，挥发性化合物在液上空间的传质非常快，而且挥发性化合物从水相到液上空间再到有机萃取剂中的传质速度比从水相直接进入有机溶剂的传质速度快得多。所以，对于挥发性化合物，采用顶空液相微萃取更有效。

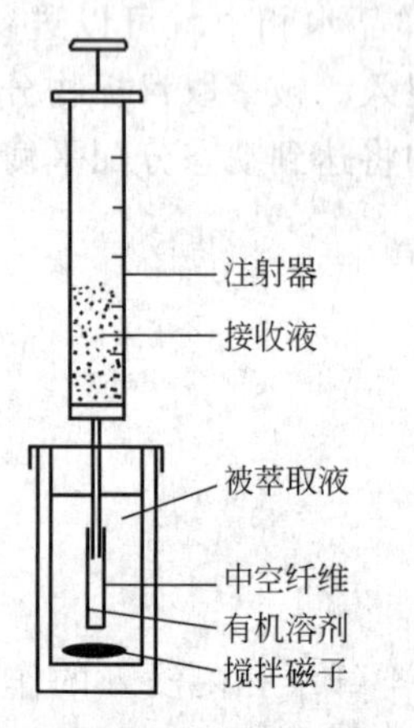

图 5-5 简易动态三相微萃取装置

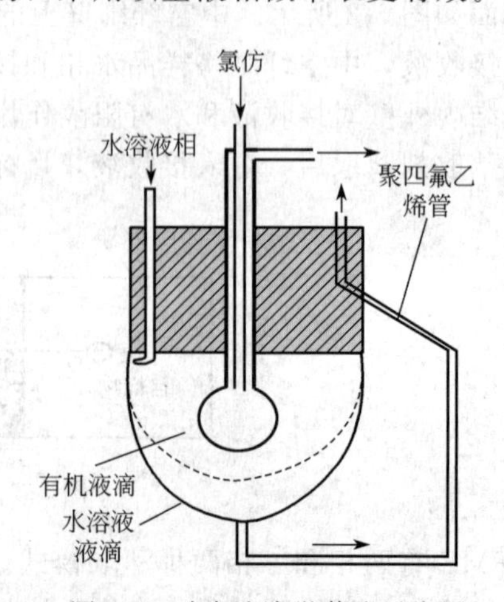

图 5-6 动态液滴微萃取示意图

5.1.5.3　液滴微萃取

液滴微萃取的萃取相为有机溶剂液滴，根据液滴操控方式的不同又可以分为动态液滴微萃取、滴对滴溶剂微萃取和悬滴式溶剂微萃取。

达斯古普塔（Dasgupta）等[4,5]发展了一种动态液滴微萃取技术，用于微量样品的富集。图 5-6 为动态液滴微萃取示意图，样品为水中的十二烷基硫酸钠，与亚甲基蓝形成离子对，用氯仿液滴（约 1.3μL）收集。氯仿从毛细管中下端流出形成一个微液滴，样品从另一根毛细管中流下来，在微液滴表面形成一层样品液膜，当液膜足够厚时就会接触到下面的废液毛细管，样品中的目标组分不断萃取至氯仿液滴，同时样品也在不断更新，形成动态萃取模式。若样品为多个成分，可利用该富集技术，将富集后的样品液滴引入色谱系统进行分离检测。

滴对滴溶剂微萃取（drop-to-drop solvent microextraction，DDSM）的两相体积都只有微升级滴液大小，不过萃取溶剂体积要比样品水相的体积小得多。例如，图 5-7 是一种 DDSM 的实验装置，在尖底样品瓶中加入数微升至数十微升的样品溶液，然后通过微型进样器针头将 1μL 左右的一滴溶剂挂在针尖并浸入到样品溶液中，边磁力搅拌边萃取。所用溶剂的密度通常比水大，溶剂微液滴较大时也可脱离针尖浸于样品溶液之中，萃取结束后将微量取样器针尖插入溶剂液滴中，取适量萃取相做后续分析。该方法萃取平衡快、适合珍贵样品溶液的前处理。

悬滴式微萃取（directly suspended droplet microextraction，DSDM）的萃取溶剂微液滴悬于样品水溶液液面之下，如图 5-8 所示，将数毫升样品水溶液置于样品瓶中，定量吸取微升级的萃取溶剂直接滴于样品溶液上，溶剂微液滴体积可以比 DDSM 技术大一些。萃取溶剂的密度和液滴大小要合适，保证溶剂液滴既能浸于样品液面之下，又不至沉于样品瓶底部。萃取一定时间后，将微量取样器针尖插入溶剂液滴内部定量吸取含目标组分的萃取相进行后续分析。

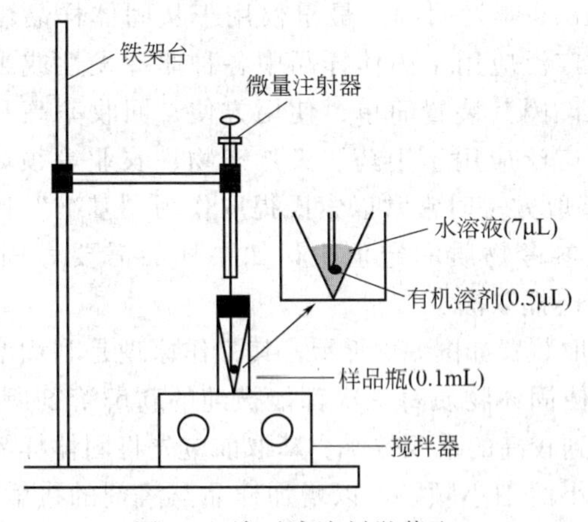

图 5-7　滴对滴溶剂微萃取

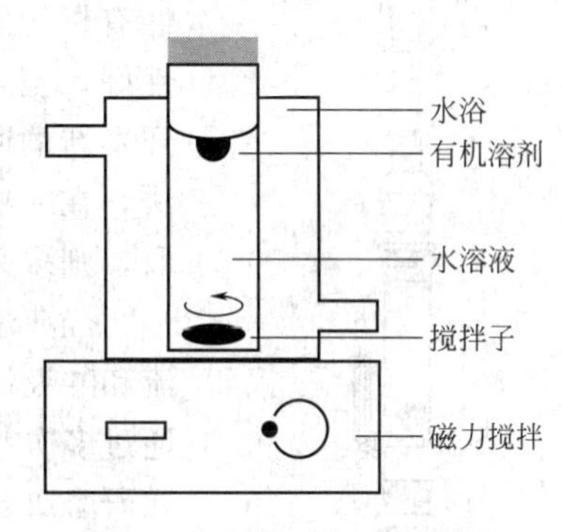

图 5-8　悬滴式溶剂微萃取

5.1.5.4　分散液-液微萃取

分散液-液微萃取（dispersive liquid-liquid microextraction，DLLME）是最近几年才发展起来的一种新型液相微萃取技术[6~8]。萃取相是由少量（如数十微升）萃取溶剂与数倍量的分散剂混合而成，用注射器将萃取相注入数毫升样品溶液中，萃取相即以细小液滴形式分散于样品溶液中，相当于多个液滴微萃取。离心分离使萃取相聚集后，吸取萃取相进行气相色谱、液相色谱等后续分析。DLLME 不仅可以实现高倍富集，而且具有传质速度快的特点，可在数秒内达到萃取平衡。该技术主要用于水样中各种有机污染物，特别是农残的富集。采用 DLLME 分离富集水样中拟除虫菊酯类农药残留的一个实例是：取 5.0mL 经 0.45μm 微孔滤膜真空过滤后的水样于 10mL 具塞尖底离心试管中，加入 10μL 萃取溶剂氯苯和 1.0mL 分散剂丙酮，轻轻振荡 1min，即形成一个水/丙酮/氯苯的乳浊液体系。氯苯均匀地分散在水相中，室温放置 2min，以 5000r/min 离心 5min，分散在水相中的萃取溶剂氯苯沉积到试管底部，用微量进样器吸取 1μL 萃取溶剂直接进样做气相色谱分析。

5.2 固-液萃取

固-液萃取是用溶剂从固体（或半固体）样品中将目标物质萃取出来的技术，通常称提取或浸取。萃取相可以是水（水提）、无机强酸水溶液（酸提）、碱性水溶液（碱提）、有机溶剂及其水溶液（溶剂提取）。所有固-液萃取方法都包括目标物质在溶剂中的溶解和在溶剂中的扩散两个基本过程。溶解过程是溶剂分子和目标溶质分子相互作用并结合的过程，最终溶质分子被溶剂分子所包围。通常，溶解是吸热过程，因此提高萃取温度有利于提高萃取效率。扩散过程主要由分子扩散和对流扩散组成，在固体表面与溶剂接触处为分子扩散，在远离固体表面的溶剂中为对流扩散。扩散速度随温度、两相接触面积、两相间溶质浓度差和扩散时间的增加而提高，随溶剂黏度、溶质分子量和溶质扩散距离的增加而降低。为加快提取速度，可以施加各种外场和能量，如微波辅助、超声波辅助、加热、加压等。外场或外加能量还能使样品基体的结构变得更加松散，有利于提高溶质的溶解与扩散速度。

5.2.1 索氏提取

索氏提取是一种古老而经典的固-液萃取技术，是 Franz von Soxhlet 在 1879 年发明的，最早仅用于从固体样品中提取脂质成分，后来广泛应用于固体样品中各种非挥发性或半挥发性有机物的萃取。因其装置简单、使用方便、回收率高和稳定性好，至今仍然广泛应用于中药、天然产物、农业等领域。在开发新的固-液萃取方法时常常以索氏提取作为“基准”比对方法，在一些标准参考物质的定值中，如果样品需要做固-液提取，则多采用索氏提取法。

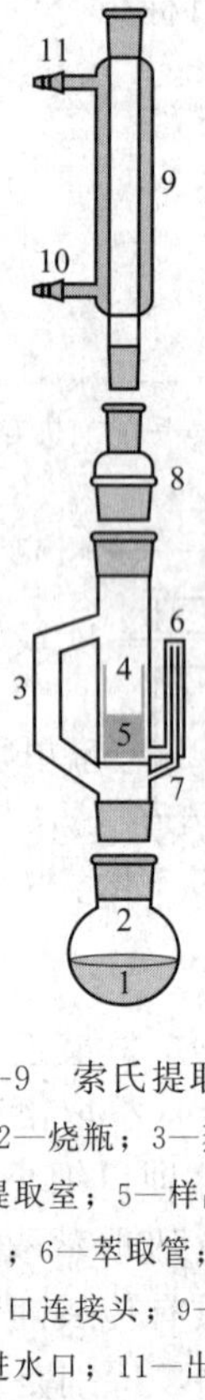

图 5-9　索氏提取器

1—沸石；2—烧瓶；3—蒸气支管；4—样品提取室；5—样品（置于滤纸套内）；6—萃取管；7—虹吸管；8—磨口连接头；9—冷凝管；10—进水口；11—出水口

经典索氏提取装置如图 5-9 所示，其工作原理是利用溶剂回流和虹吸作用，使固体物质每一次都能被纯的新鲜溶剂所萃取，通过多次萃取达到较高的萃取效率。萃取前应先将固体样品干燥并研磨成合适大小的细小颗粒，以增加样品与溶剂的接触面积。萃取时先将固体样品放入叠好的滤纸套 5 内，放置于提取室 4 中。在烧瓶 2 中加入适量萃取溶剂及几粒沸石后，与萃取管 6 密封连接。用磨口连接头 8 将萃取管与冷凝管 9 连接起来。当加热烧瓶 2 使溶剂沸腾后，溶剂蒸气通过导气管 3 上升，经冷凝管冷凝后滴入提取室的样品上。当液面超过虹吸管 7 最高处时，即发生虹吸现象，溶液回流至烧瓶中。利用溶剂回流和虹吸作用，实现溶剂的反复循环，使提取出的目标成分不断富集到烧瓶内。索氏提取比较费时，通常需提取数小时，甚至 10～20h。

针对普通索氏提取法溶剂消耗大、萃取时间长的问题，近年开发出了快速索氏提取技术，该技术通过提高萃取温度来加快提取速度并降低溶剂消耗，而且还集成了后续浓缩和溶剂回收功能，目前已有成熟的商品化仪器，其工作流程如图5-10所示，整个提取过程大致可分解为四个步骤：第一步是浸提，将盛有样品的滤纸筒浸入提取溶剂中，加热沸腾约1h，使目标成分快速浸提出来；第二步是淋洗，将样品滤纸筒从溶剂中提升至溶剂液面之上，与普通索氏提取一样继续提取操作，通过溶剂蒸气冷凝后淋洗样品约1h；第三步是溶剂回收，进一步提升样品滤纸筒，并接通冷凝管与右侧溶剂回收支路，加热蒸馏，使提取溶剂体积浓缩至1～2mL，溶剂冷凝后由右侧支路回收再利用；第四步是冷却，溶剂杯脱离加热盘停止加热，使浓缩后的提取液冷却下来。

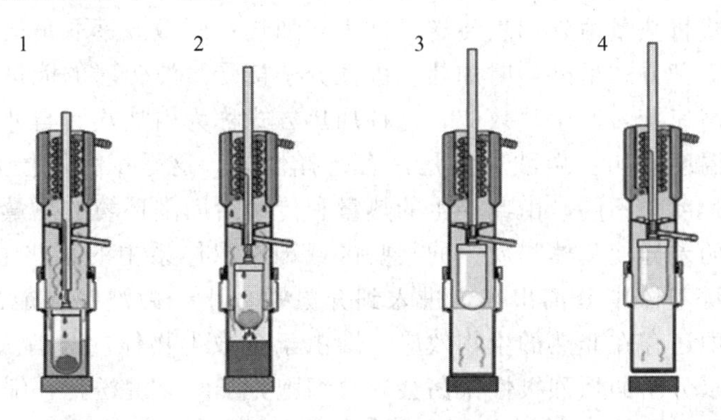

图5-10　快速索氏提取器工作流程图

1—浸提；2—淋洗；3—溶剂回收；4—冷却

快速索氏提取虽然装置比普通索氏提取价格要贵不少，但仍然是普通实验室用得起的常规设备。但它比普通索氏提取速度要快好几倍（一般只需2～4h），溶剂消耗量降低约80%，样品萃取后还可自动浓缩，且可回收溶剂。

5.2.2　超声波及微波辅助溶剂萃取

超声波辅助溶剂萃取通常简称超声萃取，是一种从固体样品中提取化学物质的简便而快速的方法[9]。超声波提高萃取效率的主要原因是利用了超声波的空化效应，即溶液中的微小气泡在超声场作用下被激活，表现为泡核的形成、振荡、生长、收缩乃至崩溃等一系列动力学过程，以及这一过程所引发的物理和化学效应。气泡在几微秒之内突然崩溃，可形成高达5000K以上的局部热点，压力可达数十乃至上百兆帕，随着高压的释放，在液体中形成强大的冲击波（均相体系）或高速射流（非均相体系），其速度可达100m/s。另外，超声波的热作用和机械作用也能促进超声波强化萃取。超声波在介质质点传播过程中，其能量不断被介质质点吸收变成热能，导致介质质点温度升高，加速有效成分的溶解。超声波的机械作用主要是超声波在介质中传播时，在其传播的波阵面上将引起介质质点的交替压缩和伸长，使介质质点运动，从而获得巨大的加速度和动能，促进溶剂进入样品内部，加强传质过程，使目标成分迅速提取出来。

超声萃取可以使用专门设计的超声波发生装置，也可以使用实验室用于玻璃器皿清洗和溶液脱气的普通超声波装置。超声萃取已广泛用于植物、果实等样品的提取。超声萃取还可与微波萃取或超临界流体萃取相结合，利用所产生的协同萃取效应进一步提高萃取效率。

微波辅助溶剂萃取（microwave assisted solvent extraction，MASE）也称微波辅助萃取

或微波萃取，是一种从固体样品中萃取目标组分的新技术[10]。目前在土壤、食品、中草药等样品前处理中得到了广泛应用。

微波是指波长在1mm～1m范围（300～300000MHz）的电磁波。为防止民用微波对通讯广播和军用雷达等的干扰，国际上规定民用微波的四个使用波段L（890～940MHz）、S（2400～2500MHz）、C（5725～5875MHz）和K（22000～22250MHz）。目前915MHz和2450MHz两个频率已广泛用于微波加热。微波在介质中传输时，介质中的物质吸收微波的能量而被加热。微波辅助萃取就是利用微波加热来加速溶剂对固体样品中目标物的萃取。Gedye等[11]最早将微波技术用于有机化合物的萃取。他们将样品置于家用微波炉中，只用几分钟就解决了传统加热萃取需要几个小时甚至十几个小时的问题。传统的加热萃取是以热传导、热辐射等方式将热量由外向里传送，称为外加热；而微波萃取是通过被辐射物质偶极子旋转和离子传导两种方式里外同时加热。极性分子接受微波辐射的能量后，通过分子偶极以每秒数十亿次的高速旋转产生热效应，这种加热方式称为内加热。与外加热相比，内加热速度快、受热体系温度均匀。微波加热是具有选择性的，这是因为不同物质的介电常数不同，吸收微波能的程度也不同，由此产生的热量和传递给周围环境的热量也不同。在微波场中，吸收微波能力的差异使基体物质中的某些区域和萃取体系中的某些组分被选择性加热，从而使被萃取物质从基体中分离出来，进入到介电常数小、微波吸收能力较低的萃取溶剂中。微波萃取过程中还存在非热的生物效应，即由于多数生物体内含有大量的极性水分子，在微波场作用下，水分子的强烈极性振荡会导致细胞分子间氢键松弛，细胞膜结构破裂，加速了溶剂分子向基体内部渗透和被萃取物质的溶剂化过程，从而使萃取更加快速和完全。

微波萃取装置与家用微波炉的原理和构造基本相同。被萃取样品置于专用的聚四氟乙烯萃取罐中，再将萃取罐置于微波炉腔内的转盘上，转盘上可以同时放置多个萃取罐。一般要求装置带有控温、控压、定时和功率选择等附件。微波萃取装置根据萃取罐的类型分为密闭型和开罐型两种。

密闭型微波萃取装置的基本结构如图5-11所示。萃取罐（b）是密闭的，可实现控温控压萃取。其优点是目标成分不易损失，压力可控。当压力增大时，溶剂的沸点也相应提高，有利于目标物从基体中萃取出来。

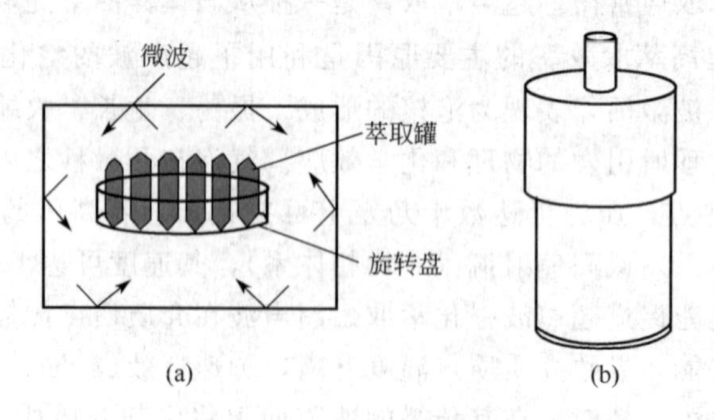

图5-11 密闭型微波萃取装置的基本结构

图5-12是开罐型微波萃取装置的基本结构，通过一根波导管将微波聚焦于萃取体系上，萃取罐是开放式的，与大气连通，只能实现温度控制。该方式沿袭了索氏萃取的优点，其不足之处是同时处理的样品数较少。

微波辅助萃取还可以与固相萃取（SPE）样品前处理技术以及HPLC或GC-MS等分析体系在线连接起来[12]。

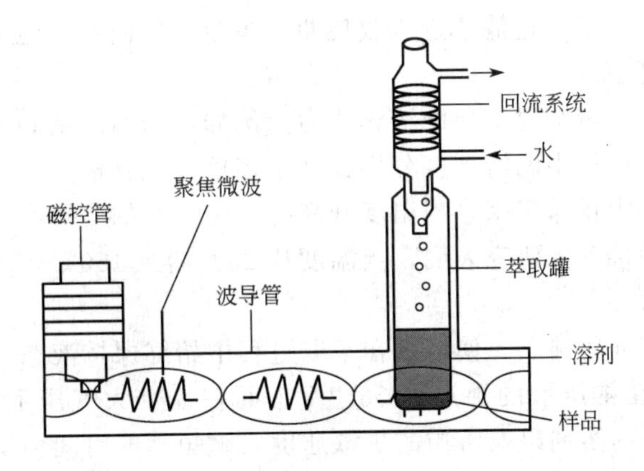

图 5-12　开罐型微波萃取装置的基本结构

影响微波辅助萃取的主要工艺条件是萃取溶剂种类、萃取功率、萃取时间、样品基体性质。萃取溶剂的极性越大，越易于吸收微波能，加热效果越好。溶剂对被萃取物的溶解性越好，越有利于被萃取物进入溶剂中。另外，溶剂还应对后续分析干扰小。用于微波萃取的溶剂既可以是有机溶剂（如甲醇、丙酮、乙腈、乙酸、正己烷、苯）及其混合物，也可以是无机酸（如盐酸、硝酸）。萃取温度越高越有利于萃取，但不能高于溶剂的沸点。因为水是极性分子，易于吸收微波能，样品中含水是样品内部迅速被加热的主要原因，所以，干燥的样品通常需先加水湿润后再萃取。如果样品基体中含有强的微波吸收物质，也有利于微波萃取。

5.2.3　加速溶剂萃取

加速溶剂萃取（accelerated solvent extraction，ASE）是一种新的连续自动溶剂萃取技术[13]。通常在较高温度（50～200℃）和较高压力（10～20MPa）条件下用溶剂萃取固体或半固体样品。与索氏萃取、微波辅助萃取、超临界流体萃取等固体样品萃取技术相比，ASE 使用的有机溶剂少，萃取 10g 样品仅需 15mL 溶剂；萃取速度快，完成一个萃取操作全过程只需 15min；基体影响小，相同萃取条件可以用于不同基体的样品；萃取效率高；萃取选择性好；自动化程度高。图 5-13 是加速溶剂萃取仪的基本构成。首先将样品装入萃取池，放到圆盘式传送装置上，以下操作将完全自动进行。传送装置将萃取池送入加热炉腔，泵将溶剂输送到萃取池，萃取池在加热炉中被加热和加压（5～8min），在设定的温度和压力下静

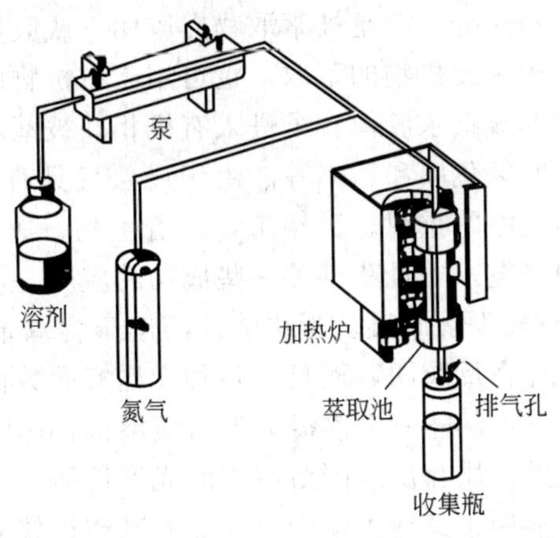

图 5-13　加速溶剂萃取仪的基本构成

态萃取数分钟，萃取液自动经过滤膜进入收集瓶。少量多次向萃取池中加入清洗溶剂，然后用氮气吹洗萃取池和管道。

提高温度能显著增加溶剂对溶质的溶解能力。例如，当温度从 50℃升至 150℃，蒽和烃类（如正十二烷）在氯甲烷中的溶解度分别提高十多倍和数百倍。在低温低压下，溶剂易从样品基质"水封微孔"中排斥出来，当温度升高时，由于水的溶解度增加，有利于溶剂利用这些微孔增加与溶质的接触。研究表明，当温度从 25℃增至 150℃，溶剂的扩散系数可提高 2～10 倍。

增加压力可提高溶剂的沸点，使溶剂在萃取过程中始终保持液态（即使萃取温度高于溶剂沸点）。例如，丙酮在常压下的沸点为 56.3℃，而在 5 个大气压下，其沸点高于 100℃。此外，增加压力还可提高溶剂以及溶质的扩散速度，缩短萃取时间。

ASE 的溶剂选择基本原则与其他固液萃取技术一样，因而可直接参照普通索氏提取方法来选择。在实际应用中，往往使用混合溶剂实现多种目标化合物或多类化合物的同时萃取。例如，正己烷/二氯甲烷/丙酮混合溶剂被称作"万能溶剂"，根据目标组分的性质调整这 3 种溶剂的比例，就可以满足萃取所需的极性和渗透力（与混合溶剂的黏度以及表面张力等相关）。

ASE 仪器已比较成熟，一般采用顺序萃取模式，可以全自动连续处理 20 多个样品，自动完成样品间清洗，完全可无人值守。ASE 萃取效率和样品通量都远远优于其他萃取方法，随着市场需求增加和 ASE 商品化仪器价格的降低，其应用越来越广泛，例如，可以用于土壤、污泥、沉积物、粉尘、动植物组织、蔬菜和水果等样品中的多氯联苯、多环芳烃、有机磷杀虫剂、有机氯杀虫剂、农药、苯氧基除草剂、三嗪除草剂、柴油、总石油烃、二噁英、呋喃、爆炸物等有毒有害物质的萃取。近年来 ASE 技术也逐渐为一些国内标准方法采纳。

5.3　胶团萃取

胶团是双亲（既亲水又亲油）物质在水或有机溶剂中自发形成的聚集体。表面活性剂是一类典型的双亲物质，在水或有机溶剂中达到一定浓度就会形成胶团（或称胶束）。双亲物质的这种胶团化过程的自由能主要来源于双亲分子之间的偶极子-偶极子相互作用，此外，平动能和转动能的丢失以及氢键或金属配位键的形成等也都参与胶团化过程。

胶团萃取（micellar extraction）[14]是被萃取物以胶团（或胶体）形式从水相萃取到有机相的溶剂萃取方法。它既可用于无机物的萃取，也可用于有机物的萃取。在无机物的萃取方面，如金属或其无机盐可以形成疏水胶体粒子进入有机相。被萃取物主要限于金、银、硫酸钡等，溶剂主要限于氯仿、四氯化碳和乙醚等。由于成熟且具有实用价值的萃取体系很少，因此胶团萃取一直没有受到足够的重视。近年来，随着生物、医药等领域研究的快速发展，胶团萃取技术引起了人们的兴趣，并且获得了一些成功的应用。

路易莎（Luisi）等[15]首先发现胰凝乳蛋白酶能溶解于含双亲物质的有机溶剂中，超速离心实验数据表明有机相中存在反胶团，而且，各种光谱实验数据表明酶在这一溶解过程中没有发生变性。此后，Luisi 等[16]进一步考察了蛋白质溶液的 pH、蛋白质和双亲物质浓度对蛋白质萃取率的影响以及蛋白质在反胶团溶液中的光谱性质。目前，胶团萃取除广泛用于蛋白质的分离纯化外，也逐渐用于其他生物物质（如氨基酸、核酸、抗生素等）的分离。

生物物质对分离体系的要求比较严格。生物物质在分离过程中容易破坏，很多常用的分离方法（如蒸馏）难以采用；生物样品一般黏度较大，过滤和超滤等也困难；生物物质的亲水性（或憎油性），使其难溶于一般有机溶剂，不适合通常的溶剂萃取体系；生物物质直接与有机溶剂接触会引起变性，应尽可能避免直接接触；在色谱分离中，往往也因固定相对生物物质的不可逆吸附造成生物物质变性失活。因此，对生物物质萃取所用溶剂的要求是能溶解蛋白质并能与水分相，又不破坏蛋白质的生物功能。胶团萃取正好满足了生物物质分离的上述要求。蛋白质等生物活性物质通过胶团增溶于有机溶剂中而不影响其活性是该技术的突出特点，而且不必使用有毒有机溶剂，胶团溶液可以反复使用，引入亲和配体还可提高生物物质的萃取率和分离选择性。不过，胶团萃取技术也有其尚不成熟的一面，某些理论和方法基本都局限于反胶团体系，而且，有实用价值的体系也很有限。

5.3.1 胶团的形成

胶团可以分为正向微胶团和反向微胶团。当向水溶液中加入表面活性剂达到一定浓度时，会形成胶团。在这种胶团中，表面活性剂的极性头（亲水基）朝外（向水），而非极性尾朝内，这种胶团称为正向微胶团［如图 5-14(a) 所示］，或简称正胶团。与此相反，当向非极性溶剂中加入表面活性剂达到一定浓度时，会形成憎水非极性尾朝外（向溶剂）而极性头朝内的胶团，这种胶团称为反向微胶团［如图 5-14(b) 所示］，或简称反胶团（reversed micelle）。胶团大小通常在纳米级。

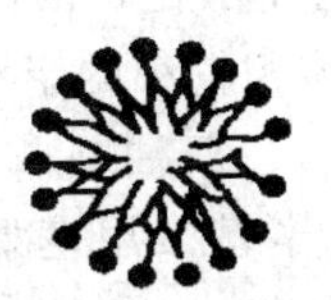

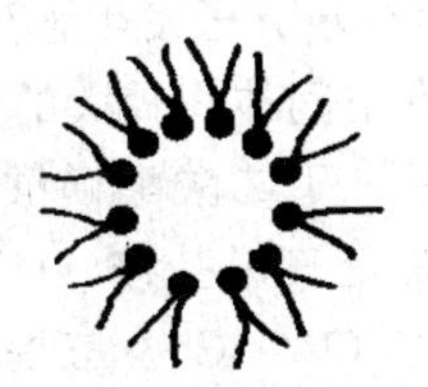

(a) 正向微胶团　　(b) 反向微胶团

图 5-14　正向微胶团与反向微胶团

表面活性剂分子；●亲水头；～疏水尾

表面活性剂在溶液中开始形成胶团时的浓度称为临界胶束浓度（critical micelle concentration，CMC）。当溶液中表面活性剂浓度低于 CMC 时，它主要以单体形式，即分子或离子形式存在。表面活性剂形成胶团后，溶液的许多物理化学性质，如表面张力、摩尔电导率、渗透压、密度、增溶性能等，在一个很窄的浓度范围内呈现不连续变化。

一个胶团所包含的表面活性剂分子数称为胶团的聚集数，并非溶液中所有胶团的聚集数都一样，它存在一个分布。胶团的聚集数与表面活性剂的结构和性质有关，但它不是表面活性剂的本征性质，它与溶液中的共存物质，如电解质或极性有机物等有关，也与温度等外界条件有关。胶团一般情况下为对称的球形，随着表面活性剂浓度的增加或电解质的加入，胶团聚集数会增大，球形胶团可能会转变成不对称的棒状和层状，也可能会形成囊泡或双层胶团。

尽管整个胶团是热力学稳定的，但胶团和单体之间存在热力学平衡。就单个胶团而言，它不是一个静态的聚集体，而是一个具有一定寿命的动态聚集体。一方面胶团中的单个表面活性剂分子与溶液中的单体不断地进行交换，另一方面整个胶团始终处于形成和瓦解的动态平衡中。因此，胶团溶液有两个弛豫时间 τ_1 和 τ_2，分别表示单个表面活性剂分子在胶团中的寿命和整个胶团的寿命。τ_1 通常在 $10^{-8} \sim 10^{-6}$s，而 τ_2 通常在 $10^{-3} \sim 1$s，两者相差 3 个数量级以上。因此，胶团并非是持久的、具有清晰几何形状的整体，而是统计性质上的动态聚集体。

形成正胶团的表面活性物质主要有水溶性高分子化合物和双亲嵌段共聚物。水溶性高分子化合物有天然水溶性高分子（如淀粉类、海藻类、植物胶、动物胶、生物胶等）、合成水溶性高分子（如聚乙烯醇、聚丙烯酰胺、聚乙二醇、环氧树脂、酚醛树脂等）和半合成水溶性高分子（即由天然水溶性高分子改性而成的，如改性纤维素和改性淀粉）。水溶性高分子在水中能溶解或溶胀而形成溶液或分散液，其亲水性来自分子中的亲水基团，如羧基、羟基、氨基、酰氨基、醚基等。这些亲水基团不仅使高分子具有亲水性，还带给高分子很多其他有用的性能，如螯合性、分散性、絮凝性、成膜性、增稠性等。双亲嵌段共聚物是由亲水的高分子链段和亲油的高分子链段组成的高分子表面活性剂。它们既有一般表面活性剂的特性，也具有高分子的特性，可以在水相和有机相中形成丰富的相结构。例如，由亲水性高分子聚氧乙烯（PEO）和亲油性高分子聚氧丙烯（PPO）组成的双亲嵌段共聚物 PEO-PPO-PEO 在水中形成聚合物正胶团。

形成反胶团的双亲物质多为典型的表面活性剂。表面活性剂的非极性部分是直链或支链的碳氢或碳氟链，它们与水的亲和力很弱，而与油的亲和力较强，称为憎水基或亲油基。表面活性剂的极性部分可以是正离子（阳离子表面活性剂）、负离子（阴离子表面活性剂）、极性的非离子基团（非离子表面活性剂）或同时含有正负离子（两性表面活性剂），它们通过离子-偶极或偶极-偶极作用与水分子发生强烈相互作用而水化，因此也称为亲水基。构成反胶团的表面活性剂最好具有空间体积较大的亲油基和体积较小的亲水基。常用的阴离子表面活性剂有顺-二-(2-乙基己基）丁二酸酯磺酸钠（AOT）、双油基磷酸（DOLPA）等；阳离子表面活性剂有溴化十六烷基三甲基铵（CTAB）、二辛基二甲基氯化铵（DODMAC）、氯化三-(十八烷基）甲基铵（TOMAC）、三烷基甲基氯化铵（TAMAC）等铵盐；非离子表面活性剂应用较少，主要有脂肪醇聚氧乙烯醚（Brij 30）、聚氧乙烯失水山梨醇三油酸酯（Tween 85）等；两性表面活性剂有卵磷脂等。AOT 是研究得较早和应用得较好的反胶团表面活性剂，其结构如下：

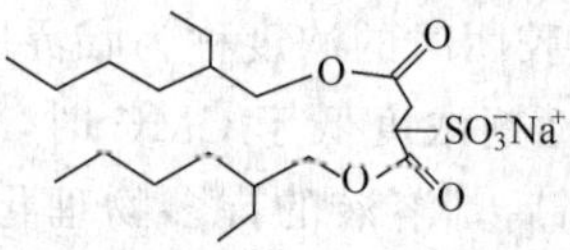

反胶团是表面活性剂分子在非极性有机溶剂中自发形成的纳米级分子聚集体。反胶团体系通常由表面活性剂（＜10%）、助溶剂、水（0～10%）和有机溶剂（80%～90%）构成。反胶团的外壳是由表面活性剂分子的碳氢链向外、亲水基向里构成的。在反胶团内部，双亲分子极性头相互聚集形成了一个“极性核”，它包括了表面活性剂的极性头组成的内表面、平衡离子和水。此极性核又称“水池”（water pool），“水池”可以增溶水、蛋白质等极性分子。增溶了大量水的反胶团也称为微乳液。于是，极性的生物分子就可以“包裹”于反胶团内部，随反胶团一起溶于有机溶剂而不直接接触有机溶剂。图 5-15 是 AOT 反胶团的微观结构示意图。

常用于形成反胶团的有机溶剂主要有正辛烷、异辛烷、环己烷、苯和甲苯等。溶剂的极性越大，越容易与表面活性剂的极性基团结合，使水与表面活性剂极性基团结合的概率相对减小，从而使反胶团对水的增溶能力减小。而且，在极性较大的溶剂中，胶团的聚集数也会减少，也不利于胶团对水的增溶。AOT-异辛烷体系所形成的反胶团比较稳定，应用最

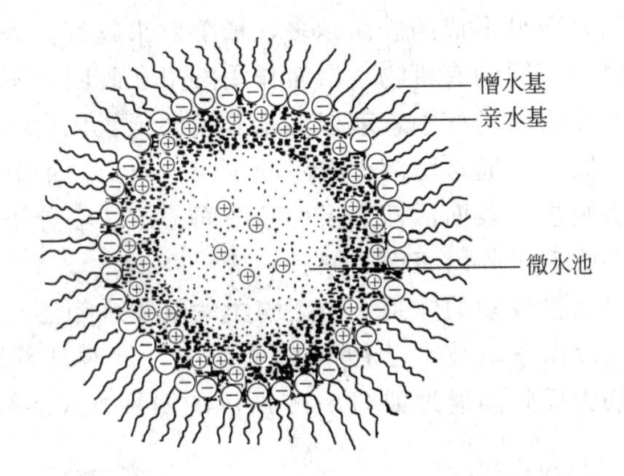

图 5-15　AOT 反胶团的微观结构示意

⊕表示正电荷离子；⊖表示负电荷头部

广泛。

最简单的反胶团体系是由一种表面活性剂形成的单一反胶团体系。除 AOT 等少数几种表面活性剂可以直接形成稳定的反胶团外，其余表面活性剂必须通过加入助溶剂来改善反胶团的溶解能力。脂肪醇（如丁醇、戊醇、己醇、辛醇、异丙醇等）是最常用的助溶剂。助溶剂的作用机理尚无定论，一种观点认为是助溶剂分子插入到表面活性剂分子中间，降低了亲水基之间的静电排斥力，从而形成更有序的胶团结构。

两种或两种以上的表面活性剂构成的反胶团体系称为混合反胶团体系，由于两种表面活性剂的协同作用，使混合反胶团体系在萃取率和选择性方面得到改善。如单一的 AOT 和 DOLPA 反胶团体系对 α-胰凝乳蛋白酶的萃取率分别为 50% 和 70%，而 AOT-DOLPA 混合反胶团体系对 α-胰凝乳蛋白酶的萃取率为 90%。通常情况下，混合反胶团的粒径比单一反胶团大，萃取容量也相应增大。

当在反胶团中导入与目标蛋白质有特异亲和作用的助溶剂（助表面活性剂）时，可形成亲和反胶团体系。亲和助表面活性剂的一头为极性的亲和配基，可选择性地结合目标蛋白质，其另一头为疏水基，有利于蛋白质-配基复合物进入反胶团。配基可以是底物的类似物或产物抑制剂，相互作用必须是可逆的，以利在反萃取时产物和亲和配基的解离。蛋白质与配基的相互作用促进了目标蛋白质的萃取，通过在有机相中加入亲和试剂可显著提高反胶团对蛋白质的选择性。亲和作用强的专一性配基体系有抗体-抗原、激素-受体、酶-底物（类似物、抑制剂）等，此类配基往往是复杂的大分子，难以获得，而且配基-蛋白质复合物的解离通常需要比较剧烈的条件，容易导致蛋白质失活。亲和作用比较弱的基团性配基一般为简单的小分子，如金属离子、三嗪染料、氨基酸等，这类配基价廉易得，具有一定的亲和力和选择性，配基-蛋白质复合物的解离通常比较容易，因此被广泛采用。例如，将作为亲和配基的烷基硼酸加入 AOT-异辛烷反胶团体系中，所形成的亲和反胶团体系对 α-胰凝乳蛋白酶的萃取率大大提高，而且拓宽了萃取蛋白质的 pH 和盐浓度范围。由于少量亲和配基的加入就可以使蛋白质的萃取率和选择性大大提高，操作条件（如 pH、离子强度）的范围也更宽。

5.3.2 胶团萃取机理

正胶团萃取主要基于正胶团对目标有机物的增溶作用。增溶作用与溶液中胶团的形成有密切关系，在表面活性剂浓度达到 CMC 之前并无明显增溶作用，只有超过 CMC，有胶团形成后才有明显增溶作用，而且形成的胶团越多，增溶效果越好。表面活性剂增溶体系是热力学稳定的均相体系。对于不同的有机物，增溶作用发生在胶团的不同部位。例如，饱和脂肪烃、环烷烃等通常增溶在胶团内核中，就像溶于非极性碳氢化合物液体中一样；较长碳链的极性分子（如长链醇、胺等）通常增溶于胶团的定向表面活性剂分子之间，非极性碳氢链插入胶团内部，而极性头则进入表面活性剂极性基团间；极性小分子（如苯二甲酸二甲酯以及一些染料）增溶时主要吸着于胶团表面区域。

反胶团萃取体系是研究得较多的体系，与正胶团萃取体系相比，在生物物质的分离纯化中更有实用价值。尽管反胶团萃取技术已有30多年历史，但对其萃取分离蛋白质等物质的机理仍不很清楚，通常认为反胶团通过如图5-16所示的四种方式溶解蛋白质。

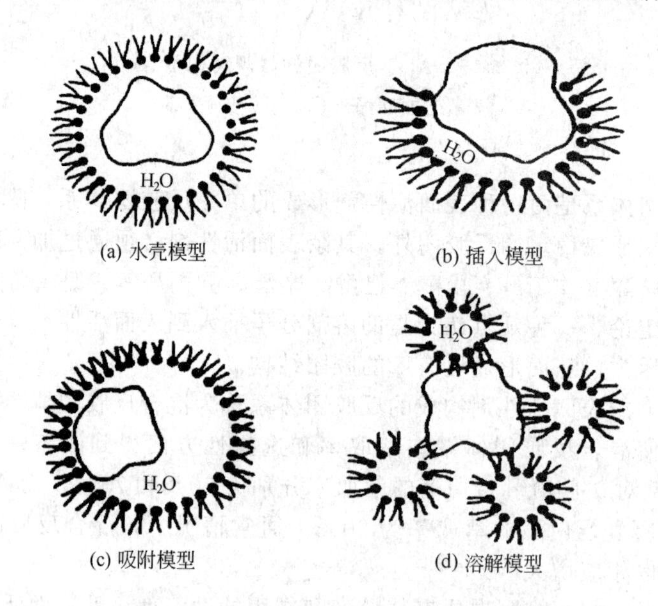

图5-16　蛋白质在反胶团中的溶解方式

水壳模型认为蛋白质亲水基团会倾向于被胶团包裹，居于“水池”中心，水壳层则保护了蛋白质，使其生物活性不会改变。插入模型认为在反胶团形成后，蛋白质亲水基部分会穿过胶团壁插入到反胶团中，它的一部分可能没有被胶团包裹住而露在外面。吸附模型认为蛋白质分子进入或被包裹到胶团中后，由于蛋白质亲水基团的亲水性，它会吸附在胶团内部由表面活性剂亲水头组成的亲水壁上，使其稳定地处于胶团中。以上三种溶解方式的共同点就是都认为蛋白质与胶团之间的静电相互作用是蛋白质进入胶团的主要驱动力。溶解模型认为反胶团朝外的亲脂基团会直接与蛋白质的疏水部分相互作用，一个蛋白质分子可能被多个胶团包围，类似于溶质在溶剂中的溶解过程。在溶解模型中，蛋白质溶于胶团的驱动力被认为是蛋白质分子与胶团之间的疏水相互作用。在某些情况下，可能是蛋白质与带相反电荷的表面活性剂形成离子对复合物，该复合物的疏水性促使蛋白质进入反胶团。在某些情况下，也可能是蛋白质与离子型表面活性剂的反离子发生离子交换作用，随单体表面活性剂进入反胶团。其他生物大分子在反胶团中的溶解也类似于蛋白质。尽管人们对蛋白质如何穿过反胶团壁进入“水池”中的机理尚不完全清楚，但上述机理都有实验结果的支持，特别是多数情况下蛋白质表面的电荷与反胶团内表面的电荷之间的静电相互作用对蛋白质的溶解起关键作用。因此，影响蛋白质与反胶团内表面静电相互作用的一些因素，如水溶液的pH、离子强度等对蛋白质的溶解过程影响很大。调节这些参数可改变胶团对不同蛋白质的选择性溶解，这就使得反胶团萃取具有可控的选择性。

水壳模型是比较公认的蛋白质溶解机理。反胶团中水含量（ω_0）对蛋白质的溶解过程起重要作用。通常用非极性溶剂中水的浓度与表面活性剂浓度的比值表示 ω_0 的大小，即反胶团“水池”中的水因受到双亲分子极性头基的束缚而与正常水（自由水）不同，如黏度增大、介电常数减小、氢键形成的空间网络结构被破坏等。特别是当 ω_0 相当低（如$\omega_0<10$）时，其冰点通常低于 0℃。

5.3.3 影响反胶团萃取的主要因素

影响胶团萃取的主要因素是表面活性剂的种类与浓度、有机溶剂种类、溶液 pH、溶液离子强度和萃取温度等。上述影响因素对正胶团体系和反胶团体系的影响往往不同，这里仅讨论影响反胶团萃取的几个主要因素。

(1) 表面活性剂的种类与浓度　AOT 是最常用的反胶团表面活性剂之一，因为它所形成的微胶团的含水率高（ω_0 为 50～60），比季铵盐类阳离子表面活性剂高一个数量级以上。ω_0 太小，形成的微胶团也小，蛋白质等大分子无法进入胶团内，蛋白质的溶解度也就降低。AOT 形成反胶团时，不需要加入助表面活性剂，而卵磷脂等还需加入一定量助表面活性剂（如 C_4～C_{12}脂肪醇）。

为了避免在强酸性和强碱性条件下操作，通常情况下，AOT 反胶团体系适合萃取分子量较小、等电点较高的蛋白质，如 α-胰凝乳蛋白酶（pI=8.9，M=25kDa）、溶菌酶（pI=11，M=14.3kDa）、细胞色素 c（pI=10.6，M=12.3kDa）、角质酶（pI=7，M=22kDa）等；而阳离子型（表面活性剂）反胶团体系适合萃取分子量较大、等电点较低的蛋白质，如牛血清白蛋白（pI=4.7，M=67kDa）、α-淀粉酶（pI=5.2，M=50kDa）、乙醇脱氢酶（pI=5.4，M=141kDa）等。如果蛋白质的溶解机理不是以静电相互作用为主导，而是以疏水相互作用主导时，上述规律会发生变化。实际的分离操作中，往往会通过调节 pH 和离子强度来达到分离，难以避免采用过高或过低的 pH 以及较高的离子强度，因此，不依赖控制 pH 和离子强度的非离子表面活性剂反胶团体系受到了人们的重视，如采用 Tween 85-异丙醇-正己烷非离子反胶团体系萃取细胞色素 c 的萃取率达 80%以上。

表面活性剂的浓度对胶团萃取行为的影响比较复杂。通常情况下，即使超过了 CMC，但在表面活性剂浓度仍较低的范围内，随着表面活性剂浓度的增加，对蛋白质的萃取率会增加。有人认为表面活性剂的浓度对反胶团的大小（或聚集数）和结构的影响很小，而仅使反胶团的数量增加，从而提高蛋白质的萃取率。也有人认为表面活性剂浓度的增加会增加有机相中反胶团的数目和大小，从而增加反胶团的萃取容量和相分配系数，最终增加蛋白质的萃取率。但是，表面活性剂的浓度超过一定限度后会导致胶团之间的相互作用发生变化，从而出现渗滤和胶团界面受损，致使蛋白质萃取率下降。

(2) 溶液 pH　蛋白质为两性分子，各种蛋白质有确定的等电点（pI）。溶液 pH 决定蛋白质分子表面可离解基团的离子化状态。当 pH<pI 时，蛋白质分子带正电；当 pH>pI 时，蛋白质分子带负电。阳离子型反胶团内表面带正电，阴离子型反胶团内表面带负电。当蛋白质所带电荷与反胶团内表面所带电荷相反时，蛋白质分子与反胶团之间存在静电吸引力，蛋白质容易进入反胶团的“水池”中。因此，当使用阳离子型反胶团时，应控制溶液 pH 大于蛋白质的 pI；当使用阴离子型反胶团时，应控制溶液 pH 小于蛋白质的 pI。例如，用 AOT-异辛烷反胶团体系时，三种低分子量（12～14kDa）的蛋白质细胞色素 c、溶菌酶和核糖核酸酶在较低 pH 时，几乎能完全溶解于反胶团相。不过，pH 过低时，蛋白质会变质，溶解度也随之降低。图 5-17 是在较低盐浓度（0.1mol/L NaCl）时，溶液 pH 对几种蛋白质溶解度的影响。显然，对于多种蛋白质混合物的分离，只要它们的 p*I* 有差异，就可以通过控制溶液 pH 使它们达到分离。

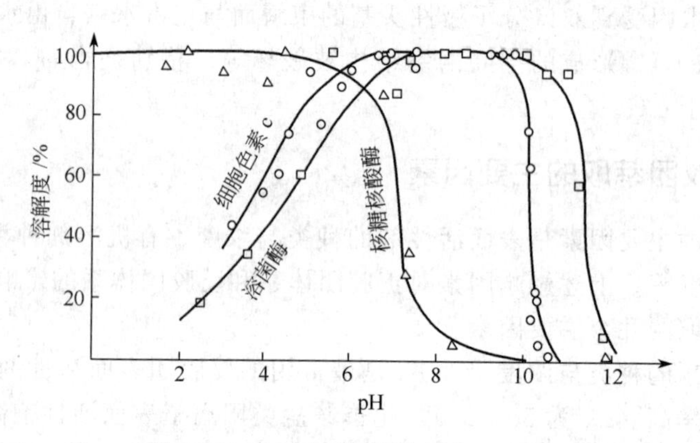

图 5-17 pH 对蛋白质溶解度的影响

(3) 离子强度 水相盐浓度（离子强度）决定了带电荷的反胶团的内表面以及带电荷的蛋白质分子表面被静电屏蔽的程度。离子强度主要从两个方面影响反胶团萃取：一方面减小了带电蛋白质分子与反胶团内表面电荷之间的静电相互作用，从而降低了蛋白质在反胶团中的溶解度；另一方面，减小了表面活性剂极性基团间的静电排斥作用，导致反胶团变小，对水和生物分子的增溶作用减小。因此，低的离子强度有利于蛋白质的萃取，高的离子强度有利于蛋白质的反萃取。图 5-18 是电解质 KCl 浓度对三种蛋白质溶解度的影响。在低电解质浓度的溶液中，离子强度的影响很小，蛋白质完全溶解。离子强度增加到一定程度后，蛋白质溶解度急剧下降。达到某个离子强度时，蛋白质完全不能溶解，而且对于不同的蛋白质，这个不能溶解的离子强度值不同，因此，可以通过控制溶液中电解质的浓度来分离不同蛋白质。

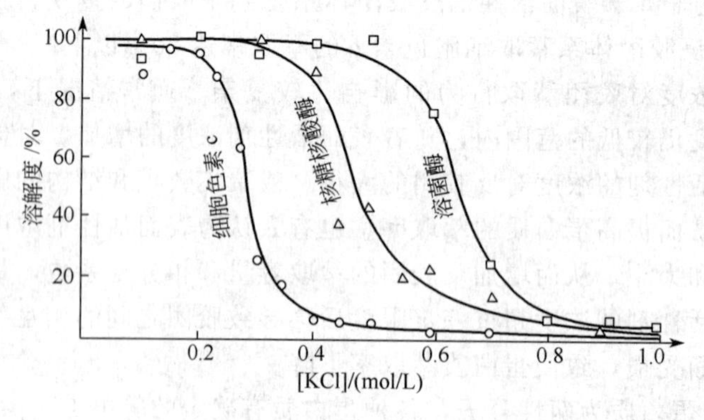

图 5-18 离子强度对蛋白质溶解度的影响

5.3.4 反胶团萃取在生物样品分离中的应用

正胶团萃取主要用于环境水样中低浓度有机污染物的分离，由于正胶团萃取目前的应用实例尚不多，这里仅介绍反胶团萃取在生物样品分离领域的应用。

反胶团萃取在生物活性物质的分离方面具有一定优越性，主要分离对象有蛋白质、抗生素、氨基酸和核酸等。蛋白质的选择性分离是反胶团萃取的主要应用领域，可以用于选择性分离蛋白质混合物、从发酵液中回收酶、从细胞中分离酶、从固体样品中提取蛋白质等。

反胶团萃取方法主要有相转移法（液-液萃取法）、注入法和溶解法（液-固萃取法）三种。后两种方法主要应用于与反胶团体系中酶催化反应相关的领域，而且对于疏水性强的酶多采用溶解法。分离蛋白质多采用相转移法。相转移法是将含被萃取物质的水相和含表面活性剂的有机溶剂相接触，在缓慢搅拌下，部分目标物质通过与反胶团的作用而萃入有机相。此过程较慢，最终得到的含目标物质的有机相是稳定的。注入法是向含表面活性剂的有机相中注入含被萃取物质的水溶液。此过程较快，操作也很简单。溶解法是针对水难溶萃取物的方法，将含水的反胶团有机溶液与被萃取物固体粉末一起搅拌，所得到的反胶团溶液是稳定的。

图5-19是反胶团萃取法分离核糖核酸酶、细胞色素c和溶菌酶三种蛋白质的过程示意图。采用AOT-异辛烷体系，主要利用三种蛋白质的p*I*差异，通过调节体系的离子强度和pH来控制各种蛋白质的溶解度，使之分离。首先，在pH＝9、KCl 0.1mol/L时，核糖核酸酶不溶于胶团，而留在水相；第二步，对进入有机相反胶团中的细胞色素c和溶菌酶用pH＝9，0.5mol/L的KCl水溶液反萃取，这时只有细胞色素c进入水相，即第二步仅仅增大了水相的离子强度，就使细胞色素c在胶团相的溶解度大大降低而进入水相；第三步，对仍留在有机相中的溶菌酶再用pH＝11.5、2.0mol/L的KCl水溶液反萃取，溶菌酶不再溶于胶团相，而进入水相。

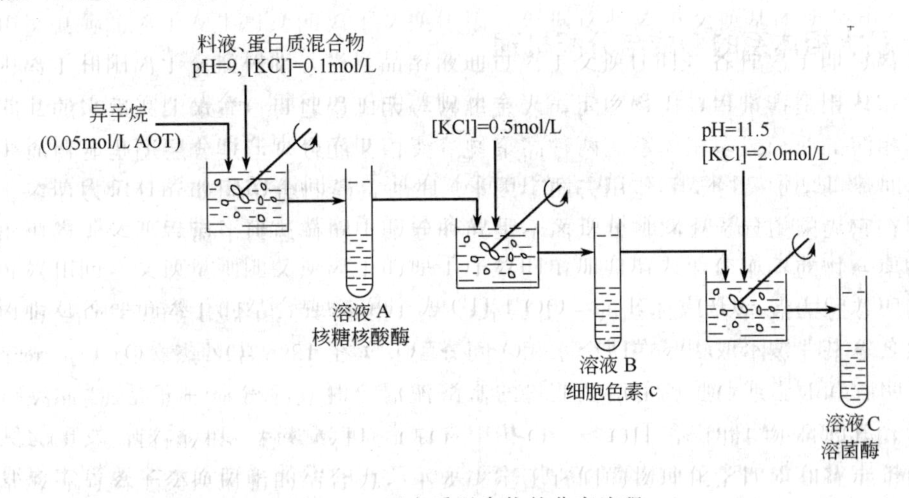

图5-19 蛋白质混合物的分离流程

氨基酸可以通过静电相互作用或疏水相互作用增溶于反胶团中。具有不同结构的氨基酸处于反胶团的不同部位，亲水性氨基酸主要存在于反胶团内部的“水池”中，而疏水性氨基酸则主要存在于反胶团界面。例如，采用三辛基甲基氯化铵（TOMAC)-己醇-正庚烷反胶团体系可以分离天冬氨酸（p*I*＝3.0）、苯丙氨酸（p*I*＝5.76）和色氨酸（p*I*＝5.88），等电点非常相近的苯丙氨酸和色氨酸也得到了完全分离。

近年来，反胶团萃取体系也用于抗生素的分离，而且对糖肽类抗生素的分离具有一定优越性。例如，用AOT-异辛烷反胶团体系分离了红霉素、土霉素、青霉素及防线酮，而且还在较温和的条件下直接从发酵液中分离了土霉素，并未发现土霉素的效价损失。

核酸在有机相中比较难溶，利用反胶团溶液可以使核酸进入有机相，在这种相转移过程中，核酸的构象不发生变化。Goto等[17]研究了pH 6～8的不同反胶团体系（AOT、CTAB、TOMAC等）对300kDa脱氧核糖核酸（DNA）的萃取过程，发现阳离子型反胶团溶液可以与表面带负电荷的DNA发生静电相互作用，形成离子型复合物，而且，含两条烷基长链的表面活性剂形成的反胶团溶液对DNA的萃取率很高，接近100%。

反胶团萃取技术还可以与超临界流体萃取等技术结合起来应用。因为表面活性剂在超临界流体中也能形成反胶团，并增强超临界流体萃取极性物质的能力。如全氟聚酯羧酸铵（PEPE）在超临界CO_2中形成反胶团，该体系可用于萃取牛血清白蛋白（BSA），BSA在该体系中的行为与在水相中非常相似。通过改变流体的密度，可以控制胶团的形状和大小，实现选择性分离。这种体系可以用于物料的干洗、染料分离、催化剂再生，也可以用于印刷电路板、聚合物、泡沫胶、多孔陶瓷、光学仪器中的极性吸附物的清除。

5.4 双水相萃取[18～20]

液-液萃取是化学工业和分析化学中最常用的分离技术，在生物、医药、食品等领域的分离、制备和样品前处理中也有广泛的应用。然而，通常的有机溶剂萃取法在上述领域，特别是在生物样品的处理过程中受到限制。这是因为蛋白质、核酸、各种细胞器和细胞在有机溶剂中易失活变性，而且大部分蛋白质分子有很强的亲水性，难溶于有机溶剂中。双水相萃取主要是针对生物活性物质的提取和分离发展起来的一种新型的液-液萃取分离技术。

5.4.1 双水相体系的形成与分配机理

双水相体系是指某些有机物之间，或有机物与无机盐之间，在水中以适当的浓度溶解后形成互不相溶的两相或多相体系。两种高聚物溶液相互混合时，是分层还是混合成一相，决定于混合时熵的增加和分子间作用力两个因素。两种高聚物分子间如果有斥力存在，即某种分子希望在它周围的分子是同种分子而不是异种分子，则在达到平衡后可能分成两相，这种现象称为聚合物的不相容性。

人们所熟悉的液-液萃取体系的一相是水，另一相是与水互不相溶的有机溶剂。双水相萃取，顾名思义，被萃取物是在两个水相之间分配。早在1896年贝杰林克（Beijerinck）就发现，将明胶和琼脂或明胶和可溶性淀粉的水溶液混合时，即得到一个混浊的溶液，随之，混浊溶液分成两相，上相中含明胶多，下相中含琼脂（或淀粉）多。后来，发现的例子越来越多。如将质量分数为2.2%的葡聚糖水溶液与0.72%的甲基纤维素水溶液等体积混合并放置后，就会得到两个黏稠的液层。上层含0.39%葡聚糖、0.65%甲基纤维素和98.96%水；下层则含1.58%葡聚糖、0.15%甲基纤维素和98.27%水。虽说两相的主要成分都是水，但上相富含甲基纤维素，下相富含葡聚糖。与一般的水-有机溶剂体系相比，双水相体系中两相的性质（密度、折射率等）差别很小。由于两相折射率差异很小，有时甚至难以发现两相的相界面。双水相体系的两相间的界面张力也很小，只有$10^{-6}\sim10^{-4}$N/m，比通常的溶剂萃取体系小两个数量级以上。所以双水相体系的液面与容器壁形成的接触角几乎为直角。

在双水相体系中，之所以一种聚合物富集于某一相，而另一种聚合物富集于另一相，是两种聚合物的不相容性所致。聚合物的不相容性主要源于聚合物分子的空间位阻作用，相互无法渗透，不能形成单一水相，故具有强烈的相分离倾向。无论是天然的还是人工合成的亲水性高分子聚合物，当它们与第二种聚合物混合时，聚合物浓度在某一定值之下时，只形成均一的单相体系，如果聚合物浓度超过该定值，就有可能产生相分离。聚合物的不相容性是一个普遍现象，其溶剂也不一定都是水，也可以是有机溶剂。聚合物也不一定都是分别富集于两相中，有时可能富集于同一相中。例如，在一定的pH条件下，当带正电的明胶与带负电的阿拉伯树胶溶于水中，由于正负电荷的相互吸引，使得其中一相中同时富含这两种聚合物。如果将多种不相容的聚合物混合在一起，则有可能得到多相体系，如硫酸葡聚糖、葡聚糖、羟丙基葡聚糖和聚乙二醇混合在一起时，可以形成四相体系。

研究得最多的双水相体系是高聚物-高聚物体系，其中又以聚乙二醇（PEG)-葡聚糖(dextran）体系居多，然而该体系中使用的高聚物价格比较昂贵，工业化时成本太高。因而，在双水相萃取技术的工业化中，开发了一些廉价的高聚物，如用变性淀粉、乙基羟乙基纤维素、糊精、麦芽糖糊精等有机物代替昂贵的葡聚糖；用羟基纤维素、聚乙烯醇、聚乙烯吡咯烷酮等代替PEG。研究发现由这些廉价高聚物组成的双水相体系的相图与PEG-葡聚糖双水相体系的相图非常相似，稳定性也比PEG-盐双水相体系好，并且具有蛋白质溶解度大、黏度小等优点。

某些聚合物溶液与无机盐溶液混合，当达到一定浓度时，也会分相。这就是聚合物-盐双水相体系。如PEG与磷酸盐、硫酸铵或硫酸镁等，其成相的机理尚不是十分清楚，但一般认为是因为高价无机盐的盐析作用，使高聚物和无机盐分别富集于两相中。在双水相体系中，两相的水分都占85%～95%，而且成相的高聚物和无机盐一般都是生物相容的，生物活性物质或细胞在这种环境中不仅不会失活，而且还会提高它们的稳定性。

随着双水相萃取技术的不断发展，又发现了一些新的双水相体系，如亲和双水相、表面活性剂双水相、普通有机物-无机盐双水相、离子液体-盐双水相。这些体系各有优势。表面活性剂双水相体系比高聚物双水相体系的含水率更高，因而条件更加温和，表面活性剂的增溶作用还可使双水相萃取体系用于水不溶生物大分子的分离。

亲和双水相萃取是将一种亲和配基以共价键结合方式与一种成相高聚物（如PEG、葡聚糖）偶联，这种配基与目标产物（如蛋白质等）有很强的亲和力，从而大大提高了目标物质的萃取分配系数和萃取效率，如蛋白质等生物大分子的分配系数可增大1～4个数量级。常用于亲和双水相萃取体系的配基有基团型亲和配基、染料亲和配基和生物亲和配基三类。近几年来，亲和双水相萃取技术的发展很快，仅在PEG上就接入过10多种亲和配基。如Kamihira等[21]将亲和配基IgG（免疫球蛋白）偶联到高分子EudragitS100上，这种带亲和配基的高聚物主要分布在上相，应用该亲和双水相萃取体系提纯重组蛋白A，产物纯度提高了26倍，达到了80%，萃取效率也达到了80%。针对抗体凝集素等亲和配基不能在高盐浓度下操作、不能用于成本较低的PEG-无机盐系统的缺点，有人提出了以金属螯合物为亲和配基的金属配基亲和双水相体系，它可以用于含盐双水相体系，而且比其他亲和双水相萃取体系更廉价。在蛋白质的金属亲和双水相萃取中，Cu^{2+}最有效。如采用Cu^{2+}-IDA（亚氨基醋酸）-PEG体系可以萃取亚铁血红素蛋白、血红素和含磷蛋白质。

离子液体-（无机）盐双水相萃取体系是近年才出现的[22~24]。离子液体是指由阴离子和阳离子组成的，在室温时呈液态的盐类物质，通常由有机阳离子和无机阴离子组成。离子液体几乎不挥发，稳定温度范围宽，化学稳定性较高。通过改变组成离子液体的阴、阳离子，可调节其对无机物、水、有机物及聚合物的溶解性，并且其酸度可调至超酸。构成离子液体-盐双水相萃取体系常用的离子液体是咪唑类和吡啶类，如1-丁基-3-甲基咪唑盐酸盐（[Bmim]Cl)、*N*-正丁基吡啶四氟硼酸盐（[BPy]BF_4）；常用的无机盐有磷酸盐、碳酸盐等。离子液体-盐双水相萃取体系主要用于生物大分子和天然产物的萃取分离，例如，160～240mL/L [Bmim]BF_4-80g/L NaH_2PO_4双水相体系对30～50mg/L牛血清白蛋白的萃取率可达99%以上。离子液体-盐双水相萃取体系的主要特点是：①操作条件温和，可在常温常压下进行；

②不存在有机溶剂体系的挥发所引起的环境问题；③体系易于放大，各种参数按比例放大时产物回收率并不降低；④体系内传质和平衡速度快，回收率高达90%以上；⑤体系的相间张力大大低于有机溶剂与水的相间张力，分离条件温和，能保持绝大部分生物分子的活性；⑥与传统高聚物双水相体系相比，乳化现象更少。

通常的双水相体系中不存在有机溶剂，适合生物活性物质的分离。其分离对象是复杂的，既包括可溶性物质（如蛋白质、核酸），也包括悬浮颗粒（如细胞或细胞器）。各种物质的大小、形状和性质不同，存在形式(离解状态、聚集状态）也不同，因此，溶质在两相间的分配机理也很复杂。目前主要用界面张力作用和电位差作用来解释溶质的分配机理。界面张力作用认为微小粒子在液体中由于热运动而随机分布，界面张力的影响使它呈不均匀分布，并聚集在双水相体系中具有较低能量的一相中。电位差作用认为带电大分子（粒子）在两相中分配时，会在两相产生电势——唐南（Donnan）效应。唐南效应使得某些物质选择性地通过唐南膜，即某种（类）物质在某相富集。

双水相萃取分离的原理是基于生物分子在双水相体系中的选择性分配。当生物分子进入双水相体系后，在上下两相间进行选择性分配，这种分配关系与常规的溶剂萃取分配关系相比，表现出更大或更小的分配系数，如各种类型的细胞粒子、噬菌体的分配系数都大于100或小于0.01，其分配规律也服从能斯特分配定律。研究表明，在相体系固定时，被分离溶质在相当大的浓度范围内，其分配系数为常数，与溶质的浓度无关，只取决于被分离溶质本身的性质和特定的双水相体系的性质。在实际操作中，由于无法固定整个双水相体系，也很难确切地知道被分离原液中含有多少其他物质，因此，整个体系变得相当复杂，目前尚没有定量的关联模型能预测整个体系的分配关系。最佳的操作条件只能通过实验得到。

5.4.2 双水相体系的相图

研究多相体系通常采用相图法。图5-20是两个聚合物溶液形成的双水相体系的相图。如果体系的总浓度在图中曲线以下的某点 N 处，体系只能是均一的单相。而当体系的总浓度在图中曲线以上的某点 M 处时，则体系为双相体系，分别用 T 和 B 表示上相（轻相）和下相（重相）的组成。直线 TMB 称为结线（或系线）。如果体系的总组成由 M 点变到 M' 点处，体系仍然为双水相体系，两相组成分别为 T' 和 B'。显然，T' 和 B' 在组成上的差异比 T 和 B 的差异要小。继续改变体系的组成，使所形成的两相的差别进一步缩小，最后可以到达 C 点，此时体系不再分相，C 点称为临界点，曲线 TCB 称为双结点曲线（或双结线）。

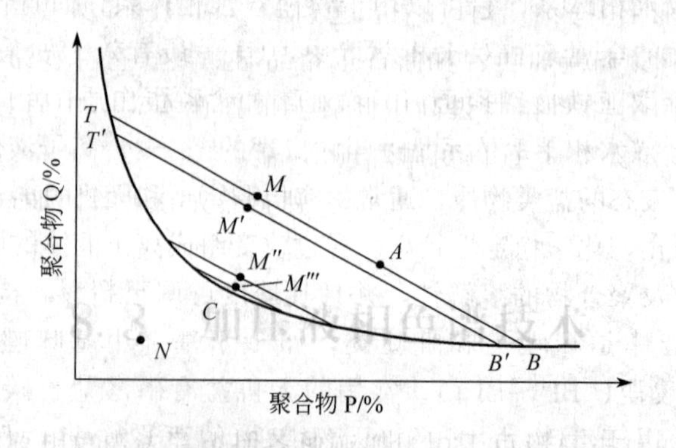

图5-20 聚合物-聚合物双水相体系的相图

M 点时两相 T 和 B 的量之间的关系服从杠杆定律，即 T 相和 B 相的质量之比等于系线

上线段 MB 与 MT 的长度之比。由于两相均为聚合物浓度不高的水溶液，两相的密度均与纯水的密度接近，所以，两相体积之比也近似等于线段 MB 与 MT 的长度之比。温度的变化可以引起双结点曲线位置和形状的变化，也能引起临界点的位移。

双水相体系的系线和临界点均由试验测得。定量称取高聚物 P 的浓溶液若干克，盛于试管，向其中滴加高聚物 Q 的浓溶液，起初制得 P 和 Q 的单相混合溶液，继续滴加 Q 至混合物开始混浊，并开始形成两相，此时记下混合溶液中 P 和 Q 的百分含量。接着加蒸馏水 1g，使混合物变清，两相消失。继续加高聚物 Q 的浓溶液，使混合溶液再次变成两相，再次记下 P 和 Q 的百分含量，如此反复操作，得到一系列 P 和 Q 在形成两相时的百分含量。由聚合物和无机盐水溶液形成的双水相体系，也可得到类似的相图。

5.4.3 双水相萃取体系的影响因素

(1) 高聚物的分子量和浓度 聚合物的分子量越大，发生相分离而形成双水相所需的浓度越低。随着分子量的增大，双结线向原点接近，并且两种高聚物的分子量相差越大，结线越不对称。支链高聚物比直链高聚物易于形成双水相体系。在高聚物浓度保持不变的情况下，降低高聚物的分子量，可溶性生物大分子（如蛋白质、核酸）或颗粒（如细胞）将更多地分配于该相。

双水相体系的组成越接近临界点，可溶性生物大分子的分配系数越接近 1。在 PEG-dextran 体系中，成相高聚物浓度越高，两相体系距离临界点越远，分配系数越偏离 1。对于细胞等颗粒来说，在临界点附近细胞大多分配于一相中，而不吸附于界面。随着高聚物浓度的增加，细胞会越来越多地吸附于界面上。

(2) 盐类 如前所述，由于盐的正、负离子在两相间的分配系数不同，两相间形成电势差，从而影响带电生物大分子的分配。研究还发现，当盐类浓度增加到一定程度时，影响减弱。盐浓度超过 1～5mol/L 时，由于盐析作用，蛋白质易分配于上相，分配系数几乎随盐浓度呈指数增加，且不同的蛋白质增大程度各异。利用此性质可使蛋白质相互分离。

双水相体系中，磷酸盐的作用非常特殊，它既可作为成盐相形成 PEG-盐双水相体系，又可作为缓冲剂调节体系的 pH。由于磷酸盐不同价态的酸根在双水相体系中有不同的分配系数，因而可以通过控制不同的磷酸盐比例和浓度来调节相间电势差，从而影响物质的分配。表 5-6 是聚合物体系（7%葡聚糖-500＋4.4%PEG-6000）中盐的种类和浓度对蛋白质分配系数 K 的影响。

表 5-6 不同盐介质中蛋白质的分配系数 K

盐介质	分配系数 K			
	溶菌酶	核糖核酸酶	胃蛋白酶	血清白蛋白
0.01mol/L 磷酸钠，pH=7	0.5	0.6	6.5	0.7
0.01mol/L 磷酸钠＋0.05mol/L 氯化钠，pH=7	1.3	0.75	2	0.2

(3) pH pH 对分配的影响主要源于两方面。第一，pH 会影响蛋白质分子中可离解基团的离解度，因而改变蛋白质所带电荷的性质和大小，这与蛋白质的等电点有关。第二，pH 只影响磷酸盐的离解度，从而改变 $H_2PO_4^-$ 和 HPO_4^{2-} 的比例，进而影响电势差。pH 的微小变化，会使蛋白质的分配系数改变 2～3 个数量级。不同的盐对 pH 的影响也不同。

(4) 温度 温度越高，发生双水相分离所需要的高聚物浓度越高。在临界点附近，温度对双水相体系的形成更为敏感。温度对物质分配的影响首先是影响相图，在临界点附近尤为明显。但当远离临界点时，温度影响较小。由于高聚物对生物活性物质有稳定作用，在大规模生产中多采用常温操作，从而节省冷冻费用。采用较高的操作温度，体系黏度较低，有利于相分离。

(5) 低分子量化合物　低分子量化合物的存在对双水相的形成有一定影响，如蔗糖和氯化钠，但是一般在比较高的浓度下才会对两相的形成起作用。

(6) 双水相体系的性质

① 黏度。双水相体系的黏度不仅影响相分离速度和流动特性，而且也影响物质的传递和颗粒（特别是细胞、细胞碎片和生物大分子）在两相中的分配。双高聚物比高聚物-无机盐体系的黏度高；支链高聚物溶液比直链高聚物溶液的黏度低；高聚物的分子量越大或者浓度越高，体系的黏度也越高。

② 两相密度差。双水相体系的含水量高达90%左右，所以两相的密度几乎接近于$1g/cm^3$，因而两相的密度差非常小，约$0.01\sim0.05g/cm^3$。仅仅依靠重力差，体系相分离的速度很慢，必须借助离心力场才能进行有效的相分离。

③ 表面张力。双水相体系是一种受粒子表面特性影响的分离方法。因此双水相体系中两相之间的界面张力是一个非常重要的体系物性参数。界面张力主要决定于体系的组成和两相间组成的差别。从相图上讲，与结线长度呈线性关系。

④ 相间电势差。如果盐的阴离子和阳离子在双水相体系中有不同的分配系数，为保持每一相的电中性，必然会在两相间形成电势差，大小约为毫伏量级。为了控制相间电势，常向体系中加入不同比例的磷酸盐和氯化钠。

⑤ 相分离时间。双水相体系的相间密度差和界面张力小，特别是在临界点附近，因此相分离的速度较慢，一般需要1h。而在远离临界点的时候，黏度更高，因而相分离的速度也慢。相分离也与相比有关，通常相比越接近于1，相分离越快。

5.4.4　双水相萃取的应用

双水相萃取体系具有很多独特的优点。如设备简单，易于连续化操作，且可直接与后续纯化工艺连接；操作条件温和（常温常压）；几乎不使用有机溶剂，避免了生物活性物质的失活和产品中有机溶剂的残留；易于放大，各种实验参数按比例放大而萃取效率基本不变；传质和平衡过程速度快，回收率高，通常在80%以上；能耗较小。

正是因为双水相萃取体系的上述优点，该技术在生物化工中已有广泛应用，下面简单介绍双水相萃取技术在生物工程、中草药有效成分分离、贵金属分离等方面的应用。值得提出的是，双水相萃取技术与其他技术的结合或联用也发展得很快。如与温度诱导相分离、磁场、超声波、气溶胶等常规实验技术结合，可以改善双水相体系中成相聚合物回收困难、相分离时间长、易乳化等问题；与亲和沉淀、高效柱色谱等分离技术联用，既提高了分离效率，又简化了分离流程；与电泳技术结合既可以克服对流，又有利于被分离组分的移出。

(1) 生物物质分离　主要用于生物物质，如酶、核酸、生长激素、病毒等的分离纯化。早期常采用PEG-葡聚糖双水相体系，该体系的溶液黏度过大、操作成本也较高。现在常用的是PEG-无机盐体系，特别是使用磷酸盐的体系。如聚乙二醇（PEG）-磷酸盐双水相体系萃取酶的一般流程如图5-21所示，包括了三个双水相萃取分离步骤。第一步所选择的条件应使目标酶分配在富含PEG的上相中，部分核酸和多糖会随目标酶进入上相，而细胞碎片和杂蛋白进入富盐的下相。在分相后的上相中加入磷酸盐，再次形成双水相体系。核酸、多糖、杂蛋白等进入下相，目标酶再次进入富含PEG的上相。然后再向分相后的上相中加入

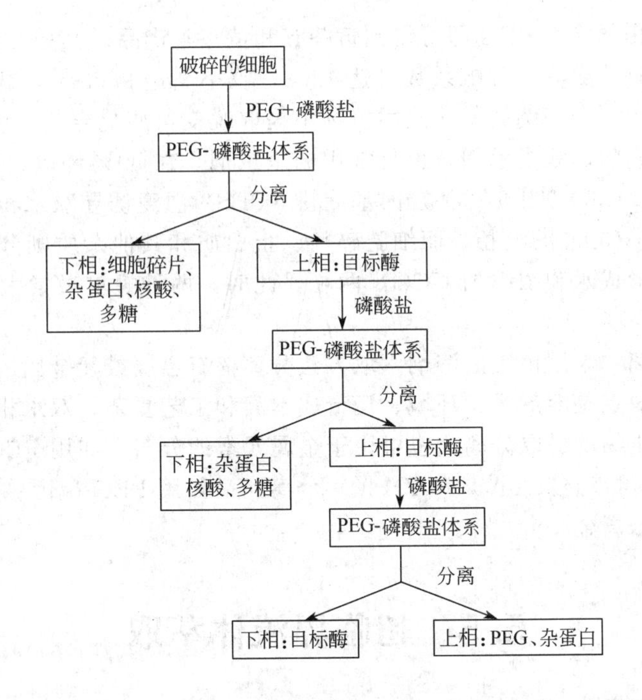

图5-21 聚乙二醇（PEG）-磷酸盐双水相体系萃取酶的一般流程

磷酸盐，再一次形成双水相体系，在此步骤中，要控制条件使目标酶进入富盐的下相，以与大量的PEG分开。目标酶与盐以及PEG的分离可以采用离心、超滤、亲和柱色谱（或凝胶柱色谱）等技术。

表5-7给出了某些双水相萃取体系萃取酶的实例。从表中结果可以看出，PEG-无机盐双水相体系最常用；双水相体系可用于多种酶的提取分离；酶的分配系数大多在3以上，说明它们具有进入上相的趋势；多数情况下，一次萃取的收率在90%以上。

表5-7 双水相萃取体系从微生物的破碎细胞中提取分离酶的实例

酶	菌种	双水相体系	分配系数	收率(一次萃取)/%
延胡索酸酶	产氨短杆菌	PEG-无机盐	3.3	83
天冬氨酸酶	大肠杆菌	PEG-无机盐	5.7	96
青霉素酰基转移酶	大肠杆菌	PEG-无机盐	2.5	90
β-半乳糖苷酶	大肠杆菌	PEG-无机盐	62	87
亮氨酸脱氢酶	球形芽孢杆菌	PEG-粗葡聚糖	9.5	98
葡糖-6-磷酸脱氢酶	明串珠菌	PEG-无机盐	6.2	94
乙醇脱氢酶	面包酵母	PEG-无机盐	8.2	96
甲醛脱氢酶	博伊丁假丝酵母	PEG-粗葡聚糖	11	94
葡糖异构酶	链酶菌	PEG-无机盐	3.0	86
L-2-羟基-异己酸脱氢酸	干酪乳杆菌	PEG-无机盐	6.5	93

(2) 中药有效成分分离 双水相萃取在中药有效成分的提取分离方面的应用尽管还不多，但已显示出良好的应用前景。如采用PEG6000-K_2HPO_4双水相体系分离中药中的黄芩苷和黄芩素，因为这两种物质都有明显的疏水性，它们都主要分配于富含PEG的上相，分配系数分别达到30和35。它们的分配系数都随温度的升高而降低，但黄芩苷的降低幅度比

黄芩素大。分离上相并除去PEG即可得到黄芩苷和黄芩素产品。又如，以乙醇-K_2HPO_4双水相体系萃取甘草有效成分的分配系数可达12.8，收率高达98.3%。温度诱导双水相萃取技术用于中药提取的一个实例就是从药用植物中提取蜕皮甾族化合物。蜕皮激素和20-羟基蜕皮激素是某些疾病的诊断指示剂，也是常用的杀虫剂。在50%环氧乙烷和50%环氧丙烷的无规共聚物（UCON50-HB-5100)-羟丙基淀粉（PES）温度诱导双水相体系中，上述两种蜕皮激素进入富含UCON的上相，而细胞碎片、蛋白质和其他杂质则分配在下相。将上相移出并升温诱导则形成水和浓缩的UCON两相，此时，两种蜕皮激素大部分分配在几乎不含UCON的水相。

(3) 贵金属分离 采用传统的溶剂萃取方法分离稀有金属或贵金属的历史非常悠久，体系也极其丰富，但缺点是溶剂污染环境、运行成本高和工艺复杂。双水相萃取体系不仅可以用于生物物质等有机物的提取分离，也可用于金属元素的分离。如用PEG2000-硫酸铵-偶氮胂(Ⅲ）双水相体系可以将Ti(Ⅳ）和Zr(Ⅳ）分离。又如用PEG-硫酸钠双水相体系可以从碱性氰化液中萃取分离金。

5.5 超临界流体萃取

5.5.1 原理及其特性

当物质处于其临界温度（T_c）和临界压力（p_c）以上时，即使继续加压，也不会液化，只是密度增加而已，但它具有类似液体的性质，而且还保留了气体的性能，这种状态的流体被称为超临界流体。超临界流体具有若干特殊的性质，表5-8是超临界流体与普通气体和液体基本性质的比较。从表中数据可以看出，超临界流体的密度比气体大数百倍，与液体的密度接近。其黏度则比液体小得多，仍接近气体的黏度。扩散系数介于气体和液体之间。因此，超临界流体既具有液体对物质的高溶解度的特性，又具有气体易于扩散和流动的特性。对于萃取和分离更有用的是，在临界点附近温度和压力的微小变化会引起超临界流体密度的显著变化，从而使超临界流体溶解物质的能力发生显著变化。通过调节温度和压力，就可以选择性地将样品中的物质萃取出来。超临界流体对物质的溶解性使其可以作为一种溶剂用于物质的萃取。尽管超临界流体的溶剂效应普遍存在，但实际上由于需要考虑溶解度、选择性、临界值高低以及发生化学反应等因素，因此，在工业分离中有实用价值的超临界流体并不多。

表5-8 超临界流体与普通气体、液体基本性质的比较

性　质	气体(常温常压)	超临界流体(T_c,p_c)	液体(常温常压)
密度/(g/cm^3)	0.006～0.002	0.2～0.5	0.6～1.6
黏度[$10^{-5}kg/(m·s)$]	1～3	1～3	20～300
自扩散系数/($10^{-4}m^2/s$)	0.1～0.4	0.7×10^{-3}	$(0.2～2)\times10^{-5}$

注：表中数据只表示数量级关系。

表5-9列出了部分物质的沸点和临界点数据。单从临界点数值考虑，较大的临界密度有利于溶解其他物质，较低的临界温度有利于在更接近室温的温和条件下操作，较低的临界压力有利于降低超临界流体发生装置的成本和提高使用安全性。超临界CO_2不仅临界密度较大、临界温度低和临界压力适中，而且便宜易得、无毒、化学惰性、容易与萃取产物分离，

因此，超临界 CO_2 是最常用和最有效的超临界流体。图 5-22 是纯 CO_2 压力与温度和密度的关系。图中 T_p 为气-液-固三相共存的三相点，纯物质都有确定的三相点。A-T_p 线表示 CO_2 气固平衡的升华曲线，B-T_p 线表示 CO_2 液固平衡的熔融曲线，T_p-C_p 线表示 CO_2 气液平衡的蒸气压曲线。沿气液平衡曲线增加压力和温度则达到临界点 C_p，纯物质都有确定的临界点，CO_2 的临界点是 T_c＝31.06℃和 p_c＝7.39MPa。物质处于临界点时，气液界面消失，体系性质均一。

表 5-9　部分物质的沸点和临界点数据

物质名称	沸点/℃	临界温度/℃	临界压力/MPa	临界密度/(g/cm³)
二氧化碳	−78.5	31.06	7.39	0.448
氨	−33.4	132.3	11.28	0.24
甲烷	−164.0	−83.0	4.6	0.16
乙烷	−88.0	32.4	4.89	0.203
丙烷	−44.5	97	4.26	0.220
n-丁烷	−0.5	152.0	3.80	0.228
n-戊烷	36.5	196.6	3.37	0.232
n-己烷	69.0	234.2	2.97	0.234
乙烯	−103.7	9.5	5.07	0.20
丙烯	−47.7	92	4.67	0.23
二氯二氟甲烷	−29.8	111.7	3.99	0.558
一氯三氟甲烷	−81.4	28.8	3.95	0.58
六氟化硫	−63.8	45	3.76	0.74
水	100	374.2	22.0	0.344

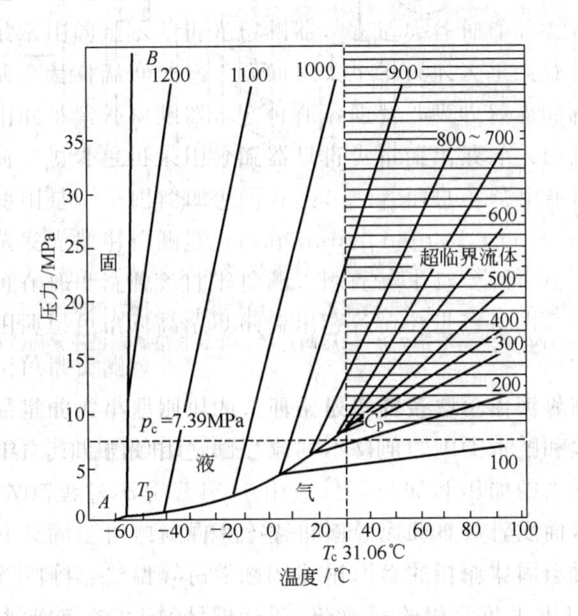

图 5-22　纯 CO_2 的压力与温度和密度的关系

各直线上数值为 CO_2 密度（g/L）

以超临界流体作流动相，直接从固体（粉末）或液体样品中萃取目标物质的分离方法称作超临界流体萃取（supercritical fluid extraction，SFE）。早在1879年J. B. Hannay就发现无机盐在高压乙醇或乙醚中的溶解度异常增加的现象。到20世纪60年代，已有很多学者从各个方面研究这一特殊的溶解度增加现象，人们发现，在超临界状态下的流体可使有机物的溶解度增加几个数量级。20世纪50年代，美国已将SFE用于工业分离。1963年，德国首次申请SFE分离技术的专利。到了20世纪80年代，SFE成为一门非常热门的学科。

SFE的优点主要体现在：萃取剂在常温常压下为气体，萃取后可以方便地与萃取组分分离；在较低的温度和不太高的压力下操作，特别适合天然产物的分离；超临界流体的溶解能力可以通过调节温度、压力、提携剂（如醇类）在很大范围内变化；可以采用压力梯度和温度梯度来优化萃取条件。不过SFE也有其固有的缺陷，那就是萃取率较低，选择性不够高。

选择超临界流体的一般原则是：化学性质稳定，对设备无腐蚀；临界温度应接近室温或操作温度；操作温度应低于被萃取组分的分解、变质温度；临界压力应较低（降低压缩动力）；对被萃取组分的溶解能力高，以降低萃取剂的消耗；选择性较好，易于得到纯品。

5.5.2　萃取过程与装置

实验室的超临界流体萃取设备的基本结构如图5-23所示。钢瓶中的萃取剂气体通过压缩机，加压至所需压力后送入储气罐，由储气罐经压力调节阀进入预热器，加热到工作温度的萃取剂即处于超临界状态，超临界萃取剂进入装有样品的萃取器，被萃取出来的目标物质随超临界流体到达收集装置，在这里，超临界流体回到常温常压状态，从萃取物中挥发分离，留下被萃取产品。

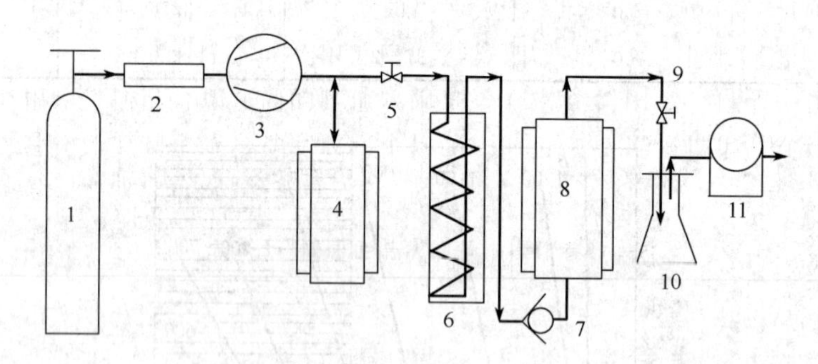

图5-23　实验室超临界流体萃取装置结构示意

1—气体钢瓶；2—过滤器；3—压缩机；4—储气罐；5—压力调节阀；6—预热器；7—单向阀；8—萃取器；9—减压阀；10—样品收集瓶；11—累加流量计

工业上使用的超临界流体萃取装置都是循环式的，因原料、分离目标和技术路线的不同而有许多萃取工艺流程和技术类型，但基本的流程都是类似的。其主要设备包括萃取釜和分离釜两部分，再配以适当的加压和加热部件。由于SFE分离过程需要使用高压设备，加之超临界流体的某些特殊性质，对SFE设备有一些特殊要求。

在工业生产中，对于固体原料的萃取过程，通常有等温法、等压法和吸附法三种工艺流程。图5-24是这三种基本工艺流程的示意图。等温萃取操作的特点是萃取釜和分离釜处于等温状态，萃取釜压力高于分离釜。利用高压下超临界流体对被萃取溶质的溶解度大大高于低压下的溶解度这一特性，将萃取釜中被超临界流体选择性溶解的目标组分在分离釜中析出成为产品。降压操作采用减压阀，降压后的超临界流体处于临界压力之下，再通过压缩机或高压泵将降压后的超临界流体升压至萃取釜压力，循环使用。等压萃取操作的特点是萃取釜和分离釜处于相同压力状态，利用不同温度下超临界流体溶解能力的差异实现分离，在较高的温度下萃取，将分离釜温度控制在较低的温度，使目标组分在分离釜中析出成为产品。吸附萃取操作的特点是在分离釜中填充适当的吸附剂，在相同温度和压力条件下，使萃取出来的物质中的目标物质选择性地吸附在吸附剂上而分离出来。

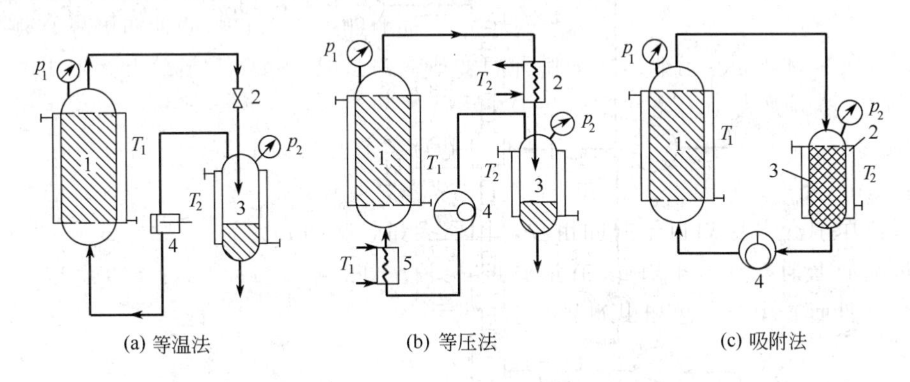

图 5-24　超临界流体萃取的三种基本工艺流程

1—萃取釜；2—控温或控压装置；3—分离釜；4—压缩机或高压泵；5—控温装置

在以上三种基本的超临界萃取流程中，吸附法理论上不需要压缩能耗和热交换能耗，应该是最节能的流程。但实际上，绝大多数天然产物的分离过程很难通过吸附剂来收集产品，所以吸附法通常只适合于能选择性地吸附分离目标组分的体系，如样品中少量杂质的脱除，咖啡豆中脱除咖啡因就是采用吸附法的成功实例。由于温度对超临界流体溶解能力的影响远小于压力的影响，因此，通过改变温度的等压法流程，虽然可以节省压缩能耗，但实际分离效果受到很多限制，使用价值不是很高。所以，通常的超临界流体萃取流程是改变压力的等温流程，或者是等温法和等压法的混合过程。

固体物料的 SFE 只能采用间歇式操作，即萃取过程中萃取釜需要不断重复装料-充气，升压-运转-降压，放气-卸料-再装料的操作。所以，装置的处理量少，萃取过程中能耗和超临界流体消耗大，致使生产成本较高。一些液相混合物的超临界流体萃取分离则可采用如图 5-25 所示的逆流萃取塔。液体原料经泵连续进入分离塔中间的进料口，超临界流体（如 CO_2）经加压、调节温度后连续从分离塔底部进入。分离塔由多段组成，塔内填充高效填料，为了提高回流效果，从塔底到塔顶，各段温度依次升高。高压超临界流体与被分离原料在塔内逆流接触，被溶解组分随超临界流体上升，由于塔温升高形成内回流，提高回流液的效率。萃取了目标溶质的超临界流体从塔顶流出，经降压解析出萃取物，萃取残液从塔底排出。

5.5.3　影响超临界流体萃取的因素

(1) 压力　压力是影响超临界流体萃取的关键因素之一。尽管压力对不同化合物的溶解度影响大小不同，但随着压力的增加，对所有物质的溶解度都显著增强。增加压力将提高超临界流体的密度，超临界流体的溶解能力随其密度的增加而增加，特别是在临界点附近，压力的影响最为显著。超过一定的压力后，压力的继续增加对密度的影响变缓，相应的溶解度增加效应也变得缓慢多了。

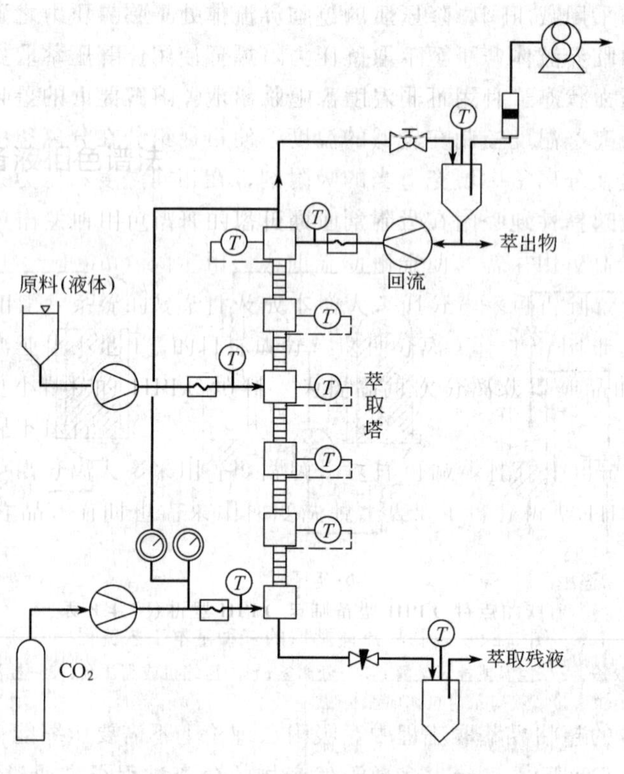

图 5-25　液体物料连续逆流萃取塔

(2) 温度　与压力相比，温度对超临界流体溶解能力的影响要复杂得多。一般而言，温度升高，物质在超临界流体中的溶解度变化往往出现最低值。一方面随着温度升高，超临界流体的密度降低，导致其溶解能力减弱；另一方面，随着温度的升高，被萃取物质的蒸气压升高，使物质在超临界流体中的溶解度增加。在一定温度以下，前一因素主导，而在一定温度之后是后一因素主导，所以，超临界流体的溶解能力随温度的升高先降低而后增加。

(3) 超临界流体物质与被萃取物质的极性　通常是非极性超临界流体对非极性溶质的溶解性好，而极性超临界流体对极性溶质的溶解性好。例如，非极件的 CO_2 对极性低的碳氢化合物和类脂有机化合物，如酯、醚、内酯、环氧化合物等的溶解性好，可在较低的压力下萃取这些化合物；而对较强极性的糖和氨基酸等，溶解性就较差，即使在高达 40MPa 的压力下也几乎不能萃取出来，此时，可加入适当的极性提携剂，改善对极性物质的萃取。

(4) 提携剂　非极性的超临界 CO_2 对极性物质的萃取能力明显不够，如果在 CO_2 流体中加入极性溶剂（如甲醇），则可使超临界 CO_2 对极性物质的萃取能力大大增强。这种加入的极性溶剂就称为提携剂或改性剂。例如，氢醌在超临界 CO_2 流体中的溶解度极低，如果加入少量的磷酸三丁酯后，就可使氢醌的溶解度增加两个数量级以上。提携剂一般选择挥发性介于超临界流体物质和被萃取溶质之间的溶剂，以液体的形式，少量（质量分数 1%～5%）加入超临界流体中。常用的提携剂有甲醇、乙醇、丙酮、乙腈、乙酸乙酯等。经验证明，在非极性超临界流体中加入极性提携剂有利于极性溶质的萃取，而对非极性溶质的作用不大；相反，如果加入与溶质的分子量相近的非极性提携剂，则对极性和非极性溶质都有增加溶解度的作用。提携剂的作用机理尚不清楚，有人认为提携剂分子与溶质分子之间存在氢键相互作用。

(5) 超临界流体的流量　超临界流体的流量是一个需要通过实验优化的重要参数。超临界流体的流量有两方面的影响。一方面，增加流量其流速也相应增大，流体与物料的接触时间减小，如果流量过大，溶解到流体中的溶质浓度还很小，流体就已经离开了物料。对于溶质在超临界流体中溶解度较小或溶质从基体中扩散出来的速度很慢的体系，不宜采用过大的流量。另一方面，随着超临界流体流量的增大，传质推动力增大，传质系数增加，有利于溶质的萃取。对于溶质在超临界流体中溶解度大、原料中溶质含量高的物料（如从种子和果实中提取油脂），适当加大超临界流体的流量有利于提高生产效率。

(6) 原料颗粒的粒度　采用 SFE 的绝大多数物料都是固体，原料粒度的影响比较明显。一般而言，在一定范围内，颗粒越细，越有利于超临界流体渗入物料内部，也有利于溶质进入超临界流体。对于中药材样品，则更是如此，因为植物纤维太厚，流体很难渗透到基体内部。但颗粒太细，会导致气路堵塞，甚至无法进行萃取操作。而且，颗粒太细还会造成原料结块，出现沟流，不仅会使原料局部受热不均匀，而且在沟流处流体的线速度会显著增大，产生很大的摩擦热，严重时会使一些生物活性物质受到破坏。

(7) 提取时间　对于萃取时间的考察，人们往往只注重萃取完全所需的时间。事实上，许多研究表明，增加萃取强度，在尽可能短的时间内完成萃取，更有利于整个萃取效率的提高。这可能与组分之间存在的“溶解互助”效应有关，即先萃取出来的组分可能起到提携剂的作用，从而加快其他组分的萃取。因此，设法优化条件，让多组分同时萃取出来，比不同组分分步萃取出来将更加容易。例如，在油脂类物质的提取中，如果加入乙酸乙酯作提携剂，让更多的成分同时萃取出来，可以加快萃取速度。其实，天然产物各组分之间的溶解互助效应是普遍存在的，这在普通溶剂萃取中经常可以观察到。例如，用水提取中药有效成分的过程中，水溶性的组分容易萃取出来，萃取出来的这些水溶性有机物会起到溶剂的作用，促进非极性的脂溶性物质的萃取。

5.5.4　超临界流体萃取的应用

(1) 中药有效成分的提取　中药的绝大部分为植物药，植物药的化学成分大致按极性可分为亲脂成分、亲水成分和介于两者之间的中等极性成分。按化合物类型可分为生物碱、黄酮、有机酸、皂苷、萜类、挥发油、糖类、油脂、氨基酸、色素、鞣质、蛋白质、酶等。植物不同部位所含化学成分有所差异，如在花、果实、根茎中含芳香性的挥发油成分较多，而在果实中含高级脂肪酸和油脂较多。传统的中药提取方法主要是浸取，操作比较复杂，工艺流程长，而且常使用有毒溶剂。SFE 则能克服上述缺点。SFE 提取中药成分时，一般根茎、皮、果实的提取较易操作且更有应用潜力。另外，萃取物中所含黏质成分较少，不易污染和堵塞气路，萃取后设备清洗容易。

植物中的挥发油成分是最适合超临界流体萃取的一类物质。挥发油又称精油，组成因来源不同而相差很大，它所包含的化合物种类很多，如酯类、烯烃类、萜类、醌类、酮类等，这些物质的共性是沸点较低、分子量也不大、极性小，因而具有较强的挥发性，可随水蒸气蒸馏出来，传统方法多采用水蒸气蒸馏提取。挥发油在超临界 CO_2 中的溶解性很好，可以用纯 CO_2 直接萃取得到，产品质量好、收率高。

生物碱是生物体内含氮有机物的总称。生物碱在植物中通常和植物酸性成分结合，以盐的形式存在，只有少数极弱的生物碱在植物中以游离碱或酯或苷的形式存在。由于其挥发性不太强，传统方法多采用溶剂提取。纯的超临界流体 CO_2 萃取生物碱的效果不佳，往往需要加入极性提携剂，为了提取完全，往往还需预先将样品用氨水等碱性试剂碱化，使生物碱全部转化为游离状态而易于萃取。

苯丙素酚类物质是存在于植物中的一类含一个或多个 C_6～C_3 结构的酚类物质，包括黄酮类、香豆素类、木质素类、木脂素类等。这类物质亲脂性较强，可用纯超临界 CO_2 直接萃取，对于含羟基较多的这类成分，因极性的增强，需在 CO_2 中加入适当的极性提携剂或提高萃取压力以改善萃取效果。

植物中的天然醌类（苯醌、萘醌、菲醌、蒽醌等）及蒽衍生物具有抗菌、抗肿瘤的作用，也是一类重要的中药有效成分。它们的极性一般较大，需要使用极性提携剂提取。

植物中的糖及苷类物质一般分子量较大，羟基较多，极性较强，用纯的超临界 CO_2 萃取的效果不佳，加入极性提携剂可以提高萃取率。

SFE 还可用于脂溶性种子油、天然维生素、植物甾醇、酚类等中药有效成分的提取。

(2) 天然香料的提取 各种天然植物香料独特的香气是人工无法调制的，其结构组成也是相当复杂的。传统香料的提取方法主要是榨磨、水蒸气蒸馏、溶剂浸提和吸附等。由于传统方法提取香料对部分香料产生破坏或部分香料提取不完全，都会造成提取出来的香料与天然植物香气相去甚远。超临界流体萃取是一种温和、破坏作用小的萃取方法，更适合天然香料的提取。法、英、德、美、日等工业先进国家早在 20 世纪 80 年代就已经完成了超临界流体提取天然香料的工业化生产。植物香料成分也是挥发性成分，与上述中药挥发油的 SFE 的方法和特点相同。采用 SFE 提取的香料和采用传统水蒸气蒸馏提取的香料大多在组成和含量上有显著差异。SFE 得到的天然香料香气更加浓厚、完整，天然感更佳。

(3) 食品功能成分的提取 SFE 在食品工业中的应用主要包括有害成分的脱去（如从咖啡中脱咖啡因，从奶油和鸡蛋中脱胆固醇）和功能成分的提取（如啤酒花、植物油脂、磷脂等的提取）两个方面。

(4) 环境样品的前处理 SFE 可用于各种环境样品，如土壤、沉积物、颗粒物、水、大气中有机组分的分离。固体样品可以直接萃取，气体和液体样品需先将目标组分转移到固体吸附剂载体上。通常是为了富集有害物质，以便后续分析。目标有机物主要包括烷烃、农药、PAHs、PCBs、PCDDs、PCDFs、表面活性剂、金属有机化合物等。SFE 用于环境样品的预处理速度快，选择性好，基本不使用有毒溶剂，可以代替索氏提取、微波辅助溶剂萃取，但难以完全取代液-液萃取。SFE 的萃取效率主要由基体、超临界流体、目标物相互作用、目标物收集方法等因素决定。用超临界 CO_2 萃取，多数环境样品可在 40～80℃、8～40MPa 的条件下进行，对于极性和可离子化的目标物质，可以加入离子对试剂形成离子对化合物或进行酯化。

环境样品中的金属离子，特别是一些重金属离子对环境的影响以及对人体健康的危害很大。作为分析前的样品前处理，可以采用的方法很多，如溶剂萃取、离子交换等。用 SFE 富集和分离环境样品中的金属离子的研究始于 20 世纪 90 年代。SFE 直接分离富集金属离子的效率很低，通常采用螯合衍生化使金属离子形成金属螯合物后再进行 SFE 操作。需要指出的是，并非所有金属螯合物都适合进行 SFE，必须选择合适的衍生化试剂、提携剂和操作条件。衍生化试剂要既能与金属离子形成稳定的螯合物，又能在超临界流体中具有良好的溶解性。常用的衍生化螯合剂有二乙基二硫代氨基甲酸盐（DDC）、氟化二乙基二硫代氨基甲酸盐（FDDC）、噻吩甲酰三氟丙酮（TTA）、巯基乙酸甲基醚（TGM）。提携剂以甲醇等极性溶剂居多。

5.5.5 超临界流体萃取联用技术

SFE 单独使用主要是用于从原料中提取出某类（或某些）感兴趣的化合物，实现物质的制备纯化或样品前处理。在以样品前处理为目标的超临界流体萃取操作中，通常是一种离线操作，即将通过SFE提取出来的物质或经过SFE除去了干扰物质的样品用作其他分析方法的样品，进行后续分析。如果将SFE与一些分析方法在线联用，则可提高分析操作的工作效率。超临界流体萃取可以与很多分析方法联用。超临界流体萃取的分离选择性不够高，如果后续其他分离技术则可进行选择性分离。

(1) SFE与色谱联用 将SFE装置直接与HPLC或GC仪器连接，只需将少量的样品放入萃取容器中，经过超临界流体萃取出来的混合物不用转移，直接导入HPLC或GC仪器的进样口，全部萃取物在HPLC或GC柱中得到相互分离。SFE-色谱联用技术可很好地解决单独采用SFE萃取天然产物时，由于成分复杂、性质类似的化合物多致使选择性不高等问题。质谱常作为色谱的检测器进行定性鉴定，所以，SFE与LC-MS或GC-MS的联用还可以用于极低含量有机物的测定或用于进行未知成分的定性分析。

(2) SFE与精馏技术联用 这种联用也称为超临界流体萃取精密分离技术。它是依据SFE过程中特有的“加热冷凝”现象设计的精密分离装置。分馏塔由萃取段和分离段组成，在萃取过程中，保持分离塔顶温度高于塔底温度，同时逐步改变体系压力，从而大大改善了SFE的分离效果。SFE精密分离技术目前主要在石油领域用于分离、纯化和分析渣油，为研究和评价渣油、弄清渣油主要组分的结构和性质提供了有力帮助，对促进渣油催化裂化工艺技术的发展，发展渣油深加工具有重要意义。

(3) SFE与分子蒸馏技术的联用 分子蒸馏（MD）技术是一种在低于物料沸点的温度下，采用高真空蒸馏的液-液分离技术，特别适合高沸点、热敏性和易氧化物质的分离。将SFE萃取出来的混合物导入分子蒸馏装置，进行进一步的精密分离。MD前后的样品组成大体相同，但相对含量会有明显变化，分子量小的成分在经过MD后相对含量增加。这是因为SFE萃取物在进行MD时，分子量较小、沸点较低的成分容易被蒸出。SFE-MD在中药挥发油精制中具有较好的应用前景。

(4) SFE与核磁共振技术的联用 SFE以及SFC（超临界流体色谱）与核磁共振（NMR）的联用可以一次分析完成样品的分离纯化、峰检测、结构测定和定量分析全过程，并能获得混合物的化学组成和结构信息。SFE-NMR联用装置通过与NMR探头连接的反压调节器，调节流体压力和流速，使NMR探头中的流体保持超临界状态。由于没有溶剂峰的干扰，可以获得高质量的NMR谱图，使结构解析更加方便。

5.6 溶剂微胶囊萃取[25]

在20世纪的分离科学领域，溶剂萃取的贡献之大是其他分离技术难以比拟的，但溶剂萃取过程中的溶剂损失和相分离难一直是困扰人们的难题。为了解决上述问题，早在20世纪70年代，人们就不遗余力地开展溶剂固定化技术的研究，先后开发出了浸渍树脂、支撑液膜萃取等分离技术，并取得了长足的进展。这些技术通过将萃取剂固定在其他支撑载体上，使溶剂萃取中的溶剂损失和相分离难的问题得到了解决。然而，新的问题又出现了，那就是固定化溶剂的稳定性不够好，支撑材料的耐溶剂能力不够。20世纪90年代迅速发展起来的微胶囊技术被用到了溶剂萃取中，产生了溶剂微胶囊（solvent microcapsules）技术，即在微胶囊形成过程中将用于萃取的溶剂包覆于微胶囊的空腔内。

5.6.1 溶剂微胶囊的制备

溶剂微胶囊的制备方法很多，其制备过程一般包括溶剂分散和溶剂包覆两个步骤。溶剂分散方式主要有搅拌、超声和膜分散等。从微胶囊壁材形成机理可将微胶囊制备方法分为相分离法、物理机械法和聚合反应法。目前后两种方法使用比较多。

(1) 相分离法 相分离过程也称为凝聚过程，分为单凝聚和复凝聚。单凝聚是仅用一种聚合物材料进行凝聚，而复凝聚则是用两种以上带相反电荷的聚合物材料进行凝聚的过程。

(2) 物理、机械法 采用机械加工手段进行微胶囊化，在微胶囊化过程中，微胶囊壳材料的变化过程为物理变化。主要有溶剂蒸发、溶剂萃取、熔化分散冷凝、喷雾干燥、流化床等方法。

(3) 聚合反应法 又可细分为界面聚合法、原位聚合法和悬浮交联法。界面聚合法和原位聚合法是以单体为原料，利用合成高分子材料作为壁材的方法。而悬浮聚合法是用聚合物作为原料，即先将线型聚合物溶解形成溶液，然后再将其进行悬浮交联固化形成微胶囊壁材。

5.6.2 溶剂微胶囊萃取的特点

溶剂微胶囊具有萃淋树脂的优点，避免了传统溶剂萃取的乳化和分相问题，在萃取剂包覆量和防止萃取剂流失方面具有明显优势。

溶剂微胶囊中萃取溶剂的包覆量远高于萃淋树脂，因此其萃取容量高。溶剂被包覆到胶囊中之后，传质过程由普通溶剂萃取的液-液传质变为了固-液传质，设备可以更加简单，操作也变得更容易，不存在液-液萃取时的放大失真问题。溶剂微胶囊在制备过程中将萃取溶剂包覆在微胶囊内，而不是靠简单的物理吸附来固定萃取剂，所以溶剂和萃取剂的稳定性都比较高。溶剂稳定性高可以减少分离过程中溶剂的损失以及夹带问题。胶囊的壁材选择范围很宽，不一定是疏水材料，也可以通过控制其表面孔径等方法使溶剂的固定化效果更好。

尽管溶剂微胶囊萃取在很多方面显示出了一些优越性，但这方面的研究工作还比较少，理论与应用都有不够成熟的地方。具体表现在：传统的微胶囊技术主要应用于制药、生物酶固定化等领域，由于溶剂特有的性质，如腐蚀性、对高分子包覆材料的溶胀性等，使得溶剂的包覆技术比传统的微胶囊化技术具有更大的难度；溶剂微胶囊的制备相对比较复杂，壁材的选择还难以满足实际的需要，耐有机溶剂性能好的壁材相对较少，对于一些含有活性基团的萃取剂的微胶囊的制备方法也还比较少；虽然溶剂微胶囊的稳定性比浸渍树脂要好，但对于实际应用而言，其稳定性还需进一步提高；溶剂微胶囊萃取的应用领域和萃取物质对象也有待进一步拓宽。

5.6.3 溶剂微胶囊萃取的应用

溶剂微胶囊一方面具有溶剂萃取的特点，即萃取选择性好、萃取容量大；另一方面又可以解决液-液萃取对于两相物性要求较高的问题，因此，溶剂微胶囊萃取在金属离子分离、有机酸萃取、药物分离等方面显示出了优越性。以下是两个应用实例。

实例1：以海藻酸钙为壁材，采用锐孔凝固浴制备包覆 Cyanex 302 的生物高聚物微胶囊，凝固浴为 0.5mol/L 的 $CaCl_2$ 水溶液，当分散相中 Cyanex 302 与海藻酸钙分别为 3.0 g/L和 0.050g/L 时形成的微胶囊的粒径为 1.6mm。此微胶囊对 Pd^{2+} 具有很好的选择性，在 0.1mol/L 的 HNO_3 介质中，Pd^{2+}的分配系数达 $10^3 cm^3/g$。

实例2：利用乳液和溶液相转移法，以聚砜为微胶囊壁材制备出三辛胺、P204等溶剂微胶囊，利用该溶剂微胶囊萃取有机酸和氧氟沙星，结果表明待分离物质的收率大大提高，三辛胺溶剂微胶囊萃取柠檬酸、草酸以及丙酸等的分配系数分别达到78、100和23。而在传统的溶剂萃取中，三辛胺是不能直接进行萃取分离的，因为相分离非常困难。用P204溶剂微胶囊萃取氧氟沙星一次接触萃取的收率可达80%以上。

复习思考题

1. 计算相比 R 为0.75、1.5和4时，分配比 D 分别等于0.1、1.0、10、20和50时的萃取率 E，并以 E 为纵坐标，以 $\lg D$ 为横坐标作图，然后根据此图，归纳出相比和分配比对溶质萃取率的影响规律。

2. 用P204-煤油从水溶液中萃取铜离子和钴离子，假定相比为1∶3，单级萃取后，实测两相中金属离子浓度为 $[Cu]_{org}=32.4g/L$，$[Cu]_{aq}=0.21g/L$，$[Co]_{org}=0.075g/L$，$[Co]_{aq}=0.47g/L$，试分别计算这两种金属离子的分配比、萃取率和分离因子。并判断这两种金属离子是否被定量分离。

3. 溶剂萃取可以分为简单分子萃取、中性配合萃取、螯合萃取、离子缔合萃取、协同萃取和高温萃取六种类型，请在最近两年的文献中各查找出一个应用实例，每个应用实例用200字左右写一个内容摘要。

4. 分析溶剂萃取中产生乳化现象的原因，并给出破乳的一般方法。

5. 用有机溶剂从水溶液中和从固体样品中萃取目标溶质的机理有何异同之处。

6. 说明液相微萃取和固相微萃取方法的主要相同之处和不同之处。

7. 加速溶剂萃取是通过什么途径使溶剂萃取速度加快的?

8. 固体样品的溶剂萃取方法有哪几种? 从原理、设备复杂程度、适用物质对象和样品、萃取效果等方面总结各方法的特点。

9. 通过文献调研，分别查找最近3年国内和国外在胶团萃取和双水相萃取方面的研究论文（非综述论文），从中各挑出2篇你认为比较有价值的文章，分别给出你对每篇论文的评价。

10. 假设要用 CO_2 超临界流体萃取法从川芎药材中分离出苯酞类（内酯类）有效成分，根据目标物的化学结构特点，说明你优化实验条件的基本思路。

参考文献

[1] 赵汝松，徐晓白，刘秀芳．分析化学，2004，32：1246.
[2] 王炎，张永梅. 化学进展，2009，21（4）：696～704.
[3] M A Jeannot，F F Cantwell. Anal. Chem. ,1996，68：2236～2240.
[4] S LiuP K Dasgupta. Anal. Chem. ,1995，67：2042.
[5] H Liu，P K Dasgupta. Anal. Chem.，1995，67：4221～4228.
[6] Berijani S，Assadi Y，Anbia M，et al. J. Chromatogr. A，2006，123：1～9.
[7] Nagaraju D，Huang S D. J. Chromatogr. A，2007，1161：89～97.
[8] Liang P，Xu J，Li Q. Anal. Chim. Acta，2008，609：53～58.
[9] 张斌，许莉勇．浙江工业大学学报，2008，36（5）：558～561.

[10] 李核，李攻科，张展霞．分析化学，2003，31：1261～1268.
[11] R N Gedye，F E Smith，et al. Tetrahedron Lett.，1986，27：279.
[12] Cresswell S L，Haswell S J. Analyst，1999，124：1361～1366.
[13] 牟世芬．环境化学，2001，20：299～300.
[14] 段金友，方积年．分析化学，2002，30：365～371.
[15] Luisi P L，Henninger F，Joppich M，et al. Biochem. Biophys. Res. Commun.，1977，74：1384.
[16] Luisi P L，Bonner F J，Pellegrini A，et al. Helv. Chim. Acta.，1979，62 (3)：740.
[17] Goto M，Ono T，Horiuchi A，et al. J. Chem. Eng. Jpn.，1999，32：123～125.
[18] 谭平华，林金清，肖春妹等．化工生产与技术，2003，10 (1)：19～23.
[19] 胡松青，李琳，郭祀远等．现代化工，2004，24 (6)：22～25.
[20] 陆强，邓修．中成药，2000，22 (9)：653～655.
[21] Kamihira M，Kaul R，Mattiasson B. Biotechnology and Bioengineering，1992，40 (11)：1381～1387.
[22] Seddon K R，Stark A，Torres M J. Pure Appl. Chem.，2000，72 (12)：2275～2280.
[23] Gutowski E K，Broker A G，Rogers D R，et al. J. Am. Chem. Soc.，2003，125：6632～6636.
[24] 刘培元，王国平．化学工程与装备，2008，(3)：113～118.
[25] 杨伟伟，骆广生，龚行楚等．化工进展，2004，23：24～27.

第6章 固相萃取

固相萃取（solid phase extraction，SPE）的萃取相为固体吸附剂，样品为溶液，是利用被萃取物质在液-固两相间的分配作用进行物质分离的技术。它结合了液-固萃取和柱液相色谱两种技术。常规柱 SPE 以固体填料填充于塑料小柱中作固定相，样品溶液中被测物或干扰物吸附到固定相中，使被测物与样品基体或干扰组分得以分离。SPE 基本上只用于样品前处理，其操作与柱色谱类似，在被测物基体或干扰物质得以分离的同时，往往也使被测物得到了富集。

与溶剂萃取相比，固相萃取具有很多优势。如被测物的回收率很高；被测物与基体或干扰物质的分离选择性和分离效率更高；操作简单、快速、易于自动化；不会出现溶剂萃取中的乳化现象；可同时处理大批量样品；使用的有机溶剂量少；能处理小体积样品。正是因为 SPE 的这些优点，这一技术的发展速度之快是其他样品前处理技术所不及的。目前，其应用对象十分广泛，特别是在生物、医药、环境、食品等样品的前处理中成为最有效和最受欢迎的技术之一。

SPE 按操作形式可以分为柱固相萃取和分散固相萃取，按分离规模可以分为常规 SPE 和固相微萃取，按分离机理（填料性质）可以分为吸附、正相、反相、离子交换、亲和、分子印迹、限进介质等固相萃取模式。

6.1 常规柱固相萃取

常规柱固相萃取是指采用常规填料（吸附、正相、反相和离子交换填料）的柱固相萃取技术，是将吸附剂颗粒填装于塑料小柱中，将一定体积的样品溶液上载于柱上，依据不同组分在柱填料上吸附作用的强弱不同，选择性地吸附目标组分或干扰物质，实现目标组分和干扰组分的分离。

6.1.1 原理与类型

SPE 是发生在固定相和流动相之间的物理过程，常规柱 SPE 其实质就是柱液相色谱的分离过程，其分离机理、固定相和溶剂选择等都与液相色谱有很多相似之处。只不过用于样品前处理的 SPE 分离要求不是很高，只需将大量基体物质或其他干扰组分与被测物分离，即对柱效的要求不高。同液相色谱中分离柱的原理一样，固相萃取也是基于待测组分与样品基体在固定相上吸附和分配性质的不同来进行分离的。

固相萃取的目标要么将待测组分比较牢固地吸附在固定相上，从复杂基体中将待测组分分离富集出来；要么是待测组分在固定相上没有保留或保留很弱，而干扰组分或基体物质在固定相中具有较强保留，从而使样品中的基体物质或干扰物质得以除去。采用 SPE 样品前处理技术除了主要用于消除干扰物质和从大量样品中富集痕量组分外，还可以将被测物吸附到固定相中后用与原来不同的溶剂洗脱，达到更换样品溶剂，使之与后续分析方法相匹配的目的；可以用来脱去样品中的无机盐类，方便后续的色谱分析，特别是 LC-MS 分析。

按保留机理，固相萃取的主要萃取模式与 LC 的分离模式类似，可以分为正相、反相、离子交换和吸附固相萃取等。不同的萃取模式所使用的固定相不同。固定相选择原则也与 HPLC 相同，主要依据被测物和基体物质的性质，被测物极性与固定相极性越相似，则被测物在固定相中的保留就越强。固相萃取所用的固定相也与 HPLC 常用的固定相相同，只是粒度稍大一些，种类更多一些。

正相固相萃取采用极性固定相，可从非极性溶剂样品中萃取有机酸、碳水化合物和弱阴离子等极性物质。被萃取的极性化合物在固定相上保留的强弱取决于其极性基团与固定相表面极性基团之间的相互作用（氢键、π-π 键、偶极间相互作用等）。使用的固定相主要是以硅胶为载体的二醇基、丙氨基小柱。

反相固相萃取采用非极性或弱极性固定相，适用于从水溶液样品中萃取非极性至中等极性的化合物，应用对象最广泛，是样品前处理中使用最多的一种固相萃取模式。被萃取物与固定相之间主要是基于范德华力和疏水相互作用。使用的固定相主要是硅胶载体表面键合疏水性烷烃，如十八烷、辛烷、二甲基丁烷。

离子交换固相萃取采用离子交换剂固定相，用来萃取有机和无机离子性化合物，如有机碱、氨基酸、核酸、离子性表面活性剂等。被萃取离子因与固定相表面的离子交换基团之间存在静电相互作用而保留。所用离子交换剂通常是在聚合物微球或硅胶载体表面接上季铵基、磺酸基、碳酸基等。

吸附固相萃取是以吸附剂（如氧化铝、硅胶、竹炭、石墨碳材料、碳纳米管、大孔吸附树脂等）作固定相。除石墨碳材料和大孔吸附树脂也可以萃取非极性物质外，吸附固相萃取主要用于极性化合物的萃取。吸附固相萃取在样品前处理中的应用也相当广泛。

除了上述四种主要的萃取模式之外，采用亲和固定相、分子印迹固定相、限进介质固定相等的其他萃取分离模式也有其用武之地，将分别单独介绍。

6.1.2 仪器与操作

固相萃取仪器的核心是固相萃取柱，柱管形状有柱、筒、盘和吸嘴等几种形式，如图 6-1 所示，多以塑料为材质。最常用的是小柱，有不同规格，常用的为数毫升体积；筒比小柱要短一些，通常用于与注射器连接进行手工操作，例如直接连在进样针管上手工过滤净化样品或直接进样。

固相萃取操作的仪器化和自动化发展很快，既有廉价方便的简易仪器，也有性能优良的全自动固相萃取仪。

SPE 操作既可离线，也可作为后续分析仪器的在线样品前处理系统。离线 SPE 的仪器既有简单的手工辅助操作的固相萃取仪，也有复杂昂贵的全自动固相萃取仪。

图 6-2 是实验室常用的简易固相萃取仪，它由萃取小柱、真空萃取箱和真空泵组成。萃取小柱通常是体积在 1～6mL 的塑料管，在两片聚乙烯筛板之间装填 0.1～2g 填料。为防止污染，一般选用医用级的聚丙烯作柱管材料。聚合物中的添加物或微量杂质有可能在萃取过程中溶出而污染样品，在后续的高灵敏检测方法中可能会检出，如果后续分析方法的分离效率比较高（如色谱），溶出物一般都能与被测物完全分离，不至于干扰分析。在有特殊要求

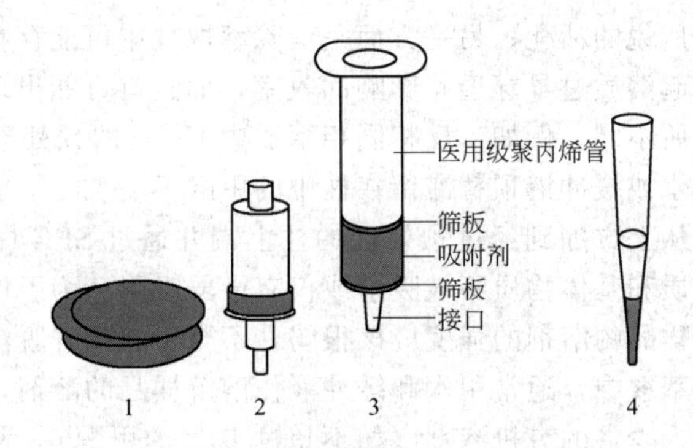

图 6-1 固相萃取柱常见形式
1—固相萃取盘；2—固相萃取筒；3—固相萃取小柱；4—固相萃取吸嘴

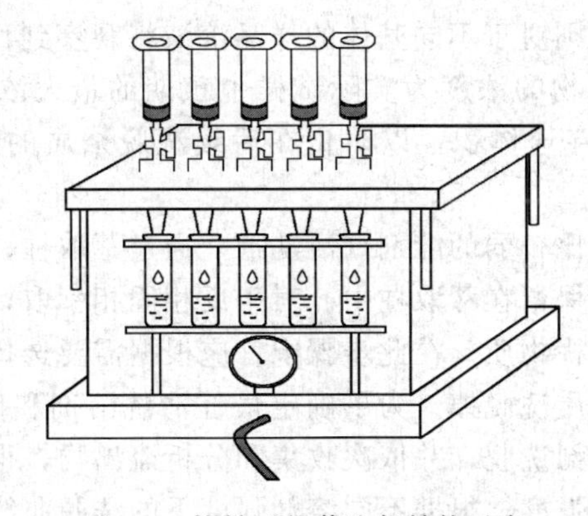

图 6-2 简易固相萃取仪结构示意

的分析中，也可以采用玻璃或高纯聚四氟乙烯材料的柱管。筛板也可能是微量杂质的来源，其材料主要为聚丙烯、不锈钢和钛合金。金属筛板不含有机杂质，但不耐强酸强碱。在痕量分析中，为了消除萃取小柱可能带来的微量杂质的干扰，通常需要做空白实验。盘型固定相外观上与膜过滤器相似，由含填料的聚四氟乙烯圆片或载有填料的玻璃纤维片构成，后者比较坚固，不需支撑体。这种SPE盘的厚度只有约1mm，填料约占60%～90%。由于填料紧密地嵌在盘片内，在萃取过程中不会产生沟流。SPE柱与SPE盘的主要差异在于填料床厚度与直径之比（L/d）不同。对于等质量的填料，SPE盘的截面积比SPE柱约大10倍，因此，可以允许液体样品以较高的流量通过，适合从大体积样品溶液中富集痕量组分。如1L天然环境水样通过直径为50mm的SPE盘仅需15～20min。简易固相萃取仪对真空度要求不高，只需配备一般的真空水泵或油泵，甚至可以接在自来水管上，利用水流的负压抽真空。

全自动固相萃取仪已经比较成熟，只需将样品溶液置于仪器的样品盘（96孔板）上，在计算机操作软件中设定好操作条件，仪器即可自动完成全部操作。全自动固相萃取仪离线处理样品时，通常需要对处理好的样品溶液进行浓缩，自动（氮吹）浓缩仪可以同时浓缩一个多孔板上全部样品，只需将SPE后的样品溶液接收瓶转移至氮吹仪上。现在已有包含浓缩操作的全自动固相萃取仪。全自动固相萃取仪还可与色谱、色质联用等后续分析仪器在线联用。

SPE操作的基本步骤包括柱活化、上样、干扰物洗脱和目标物洗脱四步。

柱活化也称柱预处理，其目的一方面是为了打开碳链，增加萃取柱与待测组分相互作用的表面积，也就是通常所说的活化；另一方面是消除萃取柱中可能存在的有机干扰物。未经预处理的萃取柱容易引起溶质过早穿透，影响回收率，而且有可能出现干扰峰。不同类型的萃取柱的预处理方法有所不同。例如，反相固相萃取中 C_{18} 柱的预处理通常是先用数毫升甲醇通过萃取柱，再用纯水或缓冲液顶替滞留在柱中的甲醇。

上样是将样品溶液从上方加到经过预处理的柱上端并通过 SPE 柱。这时目标物被较强地吸附在填料上，而杂质和基体物质不被吸附或仅有微弱吸附。为了增加目标物的吸附，防止目标物的流失，溶解样品的溶剂的强度应该很弱，不至于起到洗脱液的作用而将目标物冲出萃取柱。在反相固相萃取中，通常用水和缓冲液作溶解样品的溶剂，为了增加有机物的溶解，可在水相溶液中加入少量的有机溶剂（如不超过 10％的甲醇）。为了避免上样过程中目标物的流失，可以减少样品体积、增加填料量、用弱溶剂稀释样品或选择对目标物吸附更强的填料。SPE 柱选定后可以通过实验测定出其对特定样品溶液的穿透体积。若目标组分和基体组分都竞争吸附位置，则对于不同基体的样品溶液将观察到目标物不同的穿透行为。在进行穿透实验时，选择目标物的浓度为实际试样中预期的最大浓度。最后选定的上样体积（上样量）应该小于测定的穿透体积，以防止在后续洗脱杂质的操作步骤中将目标物洗脱出来。

干扰物洗脱通常用相对比较弱的溶剂（清洗剂）通过萃取柱，将弱保留的杂质或基体物质洗脱出来，而目标物仍然保留在萃取柱中。对于反相固相萃取，通常用含适当浓度有机溶剂的水（缓冲）溶液洗脱干扰物质。在此步骤中，应根据需要选择合适的洗脱液强度和洗脱体积，尽可能多地将干扰物质洗脱掉。为了确定最佳清洗溶剂和体积，可以将样品上柱后，用 5～10 倍柱床体积的清洗剂洗脱，并依次收集和分析流出物，得到清洗溶剂对目标物的洗脱曲线。依次增加清洗溶剂强度，根据不同溶剂强度下的洗脱曲线，决定合适的清洗剂浓度和体积。

目标物洗脱操作是用相对较强的洗脱液，将吸附在萃取柱中的目标物全部洗脱出来，同时，尽可能使部分强烈吸附在萃取柱上的杂质或基体物质仍然留在萃取柱上。关键还是选择合适的洗脱液浓度和体积。可以加样于 SPE 柱上，改变洗脱液的强度和体积，测定目标物的回收率，用以确定最佳洗脱溶剂强度和体积。洗脱下来的样品可能对于后续分析而言浓度太低，或者洗脱溶剂不适合后续分析，通常需将洗脱下来的样品溶液用氮气吹干（有与固相萃取仪配套的浓缩仪），再用适合后续分析的溶剂复溶。

对于以除去特定干扰物为目的的固相萃取操作，通常是干扰物较强地吸附在萃取柱上，而目标物和大部分基体物质在萃取柱中不保留或者仅仅微弱保留。这时的操作程序就和上述步骤有所不同，但分离的原理是相同的。

以硅胶作为载体的固相萃取填料占多数，硅胶载体上的残余硅醇基具有不利的一面，但有时也可以加以利用。硅胶载体的非极性固定相通常采用封尾技术将硅胶表面的残余硅醇基封闭，但极性或离子交换固定相通常不封尾。封尾程度非常重要，因为残余硅醇基对化合物的保留和洗脱起着不可忽视的作用。即使采用最严格的封尾方法，也只能将键合相形成后剩余的硅醇基团的 70％封住。因此，那些残余硅醇基还会在待测组分的分离中发挥作用。

残余硅醇基的作用表现在：在 $pH<2$ 时，硅醇基不带电荷；$pH>2$ 时，硅醇基逐渐离解而带负电荷，从而影响萃取。静电相互作用比疏水相互作用更强，因此，如果存在混合保留机理，必须采取措施减小或扩大残余硅醇基的影响。例如，固相萃取法萃取胺时，带正电荷的胺与带负电荷的硅醇基形成非共价键，很难离解。为了降低硅醇基的影响，最好选择封尾的固定相。残余硅醇基可用三乙胺或醋酸铵等竞争碱来屏蔽。

残余硅醇基有时可以利用。使用没有封尾的固定相和 pH≥4 的缓冲溶液以保证残余硅醇基离子化。推荐采用缓冲溶液作为调节溶剂是因为水的 pH 是波动的，而且没有缓冲能力。一个利用残余硅醇基的实例是血浆中舒喘宁测定的样品前处理。采用未封尾的硅胶萃取小柱，先用甲醇和水活化萃取柱，血浆流经萃取柱，带正电荷的舒喘宁通过与硅醇基的相互作用而被萃取在柱上。先用水然后用乙腈冲洗固定相以消除有可能产生干扰的成分，最后用含有 0.5%醋酸铵的甲醇溶液将舒喘宁从萃取柱上洗脱下来，作为后续分析的样品。

如果从相互作用能的角度来考虑溶质与固定相之间的作用，可以认为待测组分通过氢键、偶极-偶极相互作用、疏水相互作用、静电相互作用等机理保留到固定相上。在萃取中，这些作用机理可能单独存在，也可能多种分离机理同时存在。了解是哪些力在起作用，有利于制订特效的分离方法。各种键合力的能量相差较大：疏水键合能（偶极-偶极、偶极-诱导偶极、扩散相互作用）为 1～10kcal/mol；极性基团间的氢键为 5～10kcal/mol，这种类型的相互作用在硅胶表面发生的机会较多；相反电荷间的离子或静电相互作用为 50～200kcal/mol。

有机高分子聚合物填料在固相萃取中也常常用到。溶质与这种填料也是利用范德华力、氢键、离子相互作用、偶极-偶极相互吸引等机理进行分离的。与硅胶载体的固定相相反，有机聚合物固定相没有由硅烷醇或痕量金属引起的附加效应干扰待测组分在固定相表面的吸附。非极性物质，如脂肪、蜡、碳氢化合物、类脂类和芳香类化合物，可以强烈地吸附在这类固定相上，如果采用温和的洗脱条件，上述非极性物质可以与极性或离子性污染物分离。如果抑制离子型化合物的离解，使它们成为“电中性”的，它们也能在有机聚合物萃取柱上保留，然后通过改变淋洗液的 pH 将它们从柱上洗脱下来。

6.1.3　固相萃取应用

近年来随着生物医药等学科的快速发展，固相萃取这一新的样品前处理技术得到了飞速发展，在药物、临床、食品和环境分析等诸多领域都有应用。例如，环境水样中有机物含量低，采用传统的溶剂萃取不仅误差大，而且操作烦琐，若采用 SPE 进行富集，简单有效，而且节省溶剂。目前美国环境标准方法（EPA）已经允许采用 SPE 法代替溶剂萃取作为水样前处理方法，富集水样等环境样品中的微量有机污染物。又如在生物样品分析中，大量蛋白质的存在会干扰后续分析，必须预先除去，多数情况下先通过沉淀法（酸沉、溶剂沉淀、加热沉淀）除去大量蛋白，再采用 C_{18} 柱即可分离剩余蛋白，目标组分的回收率大多能达到 80%以上。

6.2　固相微萃取[1,2]

6.2.1　固相微萃取技术原理与特点

固相微萃取（solid phase microextraction，SPME）技术是 1989 年首先由加拿大的 Pawliszyn 等提出的，1993 年在美国率先推出商品化的纤维针式 SPME 装置。该装置的结构类似一个微型注射器（如图 6-3 所示），其关键部件是萃取器针头（萃取头），它是在熔融的石英细丝表面涂覆高分子聚合物功能层，样品中的目标有机物因与功能层有机分子之间的相互作用而被萃取和富集。萃取器针头平时收在针筒内，萃取时将萃取头推出，使具有吸附涂层的萃取纤维暴露在样品中进行萃取，达到吸附平衡后，再将萃取头收回到针筒内，将该装置直接引入气相色谱进样口，推出萃取头，吸附在萃取头上的目标有机物就会在进样口被加热解吸下来，进入气相色谱分析系统。

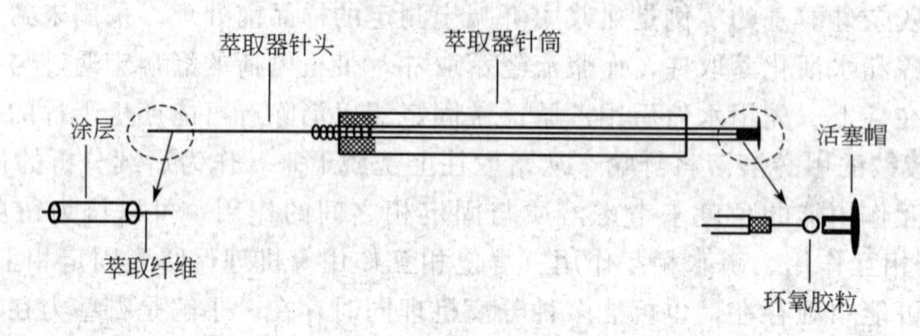

图 6-3 固相微萃取器的结构示意图

SPME 不是将样品中的待测物全部分离出来，而是依据相似易溶原则，利用固定相功能层有机物对分析组分的吸附作用，使样品中的目标物在功能层固相和样品基体中达到吸附平衡。当达到吸附平衡时，萃取平衡的分配系数 K 为固相涂层中目标物的浓度 c_f 与样品溶液中目标物的浓度 c_s 的比值，即

$$K=\frac{c_f}{c_s} \tag{6-1}$$

如果样品溶液中目标物的初始浓度为 c_0，样品溶液体积和涂层体积分别为 V_s 和 V_f，N 为达到平衡时涂层中目标物的量，等于 c_fV_f，则有

$$c_0=\frac{c_fV_f+c_sV_s}{V_s}=\frac{N+c_sV_s}{V_s} \tag{6-2}$$

由式(6-2) 得

$$c_s=\frac{c_0V_s-N}{V_s} \tag{6-3}$$

将 $c_f=N/V_f$ 和式(6-3) 代入式(6-1) 得

$$K=\frac{NV_s}{V_fc_0V_s-NV_f} \tag{6-4}$$

由式(6-4) 得

$$N=c_fV_f=\frac{KV_fV_sc_0}{V_s+KV_f} \tag{6-5}$$

因为 KV_f 比 V_s 小得多，所以，式(6-5) 可简化为

$$N=KV_fc_0 \tag{6-6}$$

式(6-6) 中的分配系数 K 在一定条件下为常数，其大小取决于萃取涂层的种类；对于给定的萃取头，涂层体积 V_f 也是常数。即在一定条件下，萃取到涂层中的目标物的量 N 与样品溶液中目标物的初始浓度 c_0 成正比，这就是固相微萃取的定量依据。通过配制一系列浓度的目标物溶液，并测定 N 值，即可得到标准曲线，从测得的未知样品的 N 值，根据标准曲线即可计算出未知样品中目标物的浓度。

与常规的固相萃取相比，SPME 操作简单，携带方便，使用成本低，回收率高，吸附剂孔道不易堵塞，更方便与后续分析仪器在线连接。SPME 通常与色谱分析在线联用，集萃取、浓缩、进样功能于一体。

萃取涂层是萃取效果和选择性的关键，目前商用萃取涂层主要有聚二甲基硅氧烷

(PDMS) 和聚丙烯酸酯 (PA)。还有一些新型萃取涂层也显示出了优越的应用前景，如碳蜡/模板树脂 (CWAX/TR)、碳蜡/二乙烯基苯 (CWAX/DVB)、PDMS/TR、PDMS/DVB、Carboxen/PDMS、β-环糊精涂层等。

6.2.2　固相微萃取方式

固相微萃取按操作方式可以分为直接 SPME 和顶空 SPME。直接 SPME 是将纤维头直接插入待测样品中进行萃取，适用于气态样品和较为洁净的液态样品。顶空 SPME 是将纤维头置于待测样品的上空进行萃取，适用于液体和固体样品中的挥发、半挥发性有机化合物的萃取。

按萃取器的结构特点，固相微萃取又可分为管外固相微萃取 (out-tube SPME)、管内固相微萃取 (in-tube SPME)、搅拌棒固相微萃取 (SBSE)、整体柱固相微萃取和固相微萃取膜 (SPMEM)。

(1) 管外固相微萃取　采用传统的外表涂有涂层的纤维头，除了做离线萃取外，还可与 HPLC 或 GC 在线联用。SPME-HPLC 联用界面包括一个六通进样阀和一个解吸池，样品萃取后，SPME 纤维头浸入解吸池中用适当溶剂解吸，之后将阀切换至进样位置用 HPLC 分析检测。SPME 与微柱液相色谱 (μ-HPLC) 联用的关键在于它们之间的联用接口。SPME 与 μ-HPLC 联用接口的三通具有合适的尺寸，使解吸效率很高，同时与微分离系统适配，减少了柱外效应。SPME 纤维从接口顶部插入，用微量注射器或微流泵提供少量的解吸溶剂，解吸的分析物转移到 HPLC 进样阀的定量管中。例如，SPME 与 μ-HPLC 联用，可分离人尿中的苯 (并) 二氮和三环抗抑郁剂 (TCAs)。微柱内填充 5μm 的 C_{18}，尿样在 20mL 小瓶中用硼酸钠缓冲溶液 (5mmol/L，pH＝9.0) 稀释 15 倍后，用涂有 100μm PDMS 的 SPME 柱萃取。

(2) 管内固相微萃取　是将涂层涂在石英毛细管的内表面，可采用 GC 开管毛细管柱作为萃取柱，与 HPLC 联用较多。用注射器吸入样品，当样品中待测组分分配到毛细管内壁固定相上时，将阀切换至采样位置，以适当溶剂解吸，将解吸溶液转移到样品管中，再切换至进样位置，样品管内溶液随流动相进入 HPLC 柱。这种设计的优点是涂层方便易得，种类多样，另外，也易于实现自动化。

金属丝管内固相微萃取是在管内 SPME 的萃取毛细管中插入一根不锈钢丝，毛细管的内体积显著减少。插入 0.20mm (o.d.) 的金属丝后，萃取毛细管 [40cm × 0.25mm (i.d.)] 的内体积从 19.6μL 降到 7.1μL，使 0.25μm 厚度的聚合物涂层的相比从 500 变为 180，用这种结构可以获得更有效的萃取[3,4]。例如，在一根长 20cm、内径 0.25mm 的 DB-1 聚二甲基硅氧烷涂层毛细管中插入一根同样长度的内径为 0.20mm 的不锈钢丝构成萃取器件，与 μ-HPLC 联用，可以测定人尿中的抗抑郁药物。该方法在体积不变的情况下，增大了萃取接触面积，提高了萃取效率和解吸效率。

纤维束管内固相微萃取是将几百根聚合物细丝纵向填充进一个短的聚醚醚酮 (PEEK) 或聚四氟乙烯 (PTFE) 毛细管中作萃取介质[5~7]。例如，将约 280 根直径为 11.5μm 的聚 (对-亚苯基-2,6-苯并双噁唑) 细丝纤维插入内径 0.25mm 的 PEEK 管中，与 μ-HPLC 联用富集分离了废水中的邻苯二甲酸二丁酯和邻苯二甲酸二乙酯。相对于开管式管内 SPME 技术，由于增大了萃取接触面积而具有很强的富集能力，萃取率可达 50%。为提高选择性和萃取效率，还可在细丝表面涂覆聚合物涂层，涂层的涂覆过程类似于传统开管毛细管气相色谱柱的制备。例如，在纤维表面涂覆苯基（5%）-甲基（95%）聚硅氧烷，萃取二已基邻苯二甲酸酯（DHP）、二-2-乙基-己基邻苯二甲酸酯（DEHP）和二辛基邻苯二甲酸酯（DOP）的萃取效率分别为63%、101%和66%，而没有聚合物涂层的纤维毛细管的萃取效率分别为20%、21%和21%。废水中DHP、DEHP和DOP的最低定量检出限分别为0.15ng/mL、0.10ng/mL和0.20ng/mL，而用无聚合物涂层的纤维毛细管的最低定量检出限分别为0.5ng/mL、0.5ng/mL和0.7ng/mL。

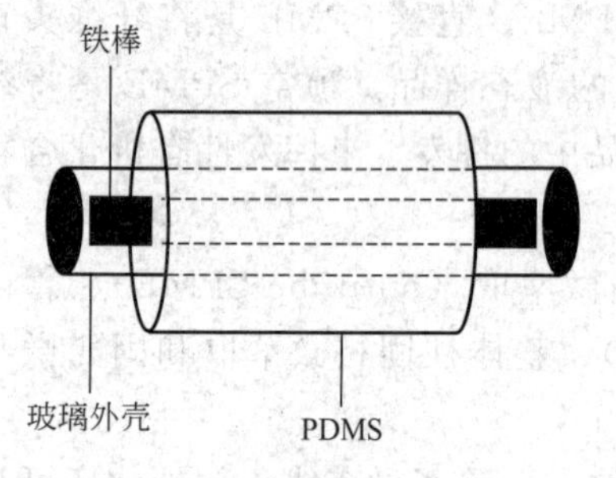

图6-4　固相微萃取搅拌棒

(3) 搅拌棒固相微萃取[8]　SBSE是1999年才出现的一种新的SPME技术，它用吸附搅拌棒代替了萃取纤维头。采用溶胶-凝胶法等技术在玻璃棒表面覆盖一层萃取涂层。萃取棒插入样品溶液中边搅拌边吸附目标物，不仅使用简便，还可避免使用搅拌磁子带来的竞争吸附。最早的商品萃取棒是将用PDMS制成的橡胶管套在铁芯玻璃棒外（如图6-4所示）。萃取涂层是决定萃取效率的关键部分，SBSE萃取涂层较厚，萃取相体积一般为50～250μL，比纤维针式SPME的萃取相体积(0.5～1μL）约大两个数量级，因而萃取容量明显增大，富集能力优于纤维头，适合痕量样品和复杂基体的萃取。SBSE的涂层还必须具有一定的机械强度，能经受高速搅拌过程与容器壁的摩擦。如果采用热解吸，涂层还需有良好的热稳定性；若利用液相解吸，则要求涂层在有机溶剂中不发生溶胀、溶解或脱落。不过，目标物从样品溶液中扩散进入涂层的速度比较慢，萃取所需时间稍长。SBSE已成功地应用于环境监测、食品检验、农残检测以及生化分析等诸多领域。

(4) 整体柱固相微萃取　整体柱是在柱管内原位合成的连续床固定相，用于固相微萃取的整体柱通常为毛细管柱。整体柱分聚合物基质和硅胶基质两大类。通过基质表面修饰技术或共聚等方式可以获得正相、反相、离子交换、亲和、分子印迹等各种功能表面的整体毛细管柱。毛细管整体柱可以代替纤维针式萃取器的外涂层纤维针头，可以克服外涂层易于流失等缺陷。因为按萃取器结构特点，整体柱SPME也可以归类于管内SPME，所以整体毛细管柱也可代替管内涂层纤维管使用。整体柱SPME作为在线富集、基体分离等样品前处理技术，更方便与各种色谱技术联用。在微流控芯片的通道中也可制备整体固定相，实现芯片上的固相微萃取。例如，在芯片的微通道中以四甲氧基硅烷为单体合成的硅胶整体固定相，可以用于富集全血中的DNA。全血经稀释后直接进样萃取，用80%的异丙醇溶液洗去吸附的蛋白质等基体后，用三羟甲基氨基甲烷（Tris）和乙二胺四乙酸（EDTA）混合溶液将DNA洗脱，导入后续色谱仪器进行分析。

(5) 固相微萃取膜　是将固定相制成膜用于固相微萃取的技术。为了保证固定相的机械强度和萃取时的传质速度，通常将涂层材料均匀地涂覆在铝铂、玻璃板和尼龙网等载体上，形成膜状萃取涂层。可以通过增大膜面积来获得较高的吸附容量，膜表面积通常在几百平方毫米（mm^2），萃取相体积在50μL以上，具有较高的富集倍数。适合非挥发性痕量有机污染物的萃取和萃取物的液相解吸。不需要专门萃取设备，成本低。膜通常一次性使用，以避免交叉污染。不过，由于缺乏大体积GC进样口或热解吸池，通常采用溶剂解吸，因此不仅要求膜必须耐有机溶剂，而且，与后续色谱分析仪器的在线联用也较困难。在膜的制备过程中，膜的厚度和大小难以准确控制，因此用于定量分析的准确度较差。

6.3　分散固相萃取

分散固相萃取的形式很早就用于物质的制备，例如，将离子交换树脂颗粒分散于样品溶液中，待吸附交换达到平衡后通过过滤或离心将树脂与溶液分离，从而实现离子性成分的分离、富集与纯化。这种静态离子交换技术在工业规模的制备中得到了广泛应用。现在广泛用于样品前处理领域的分散固相萃取也是将吸附剂颗粒直接分散到样品中进行固相萃取分离，只不过为了增加吸附剂的吸附容量，通常使用更细颗粒的吸附剂，如纳米颗粒。常规分散固相萃取是将吸附剂颗粒分散于样品溶液中，如果使用磁性吸附剂，又称作磁固相萃取，如果将吸附剂颗粒分散至高含湿固体或半固体样品中，则称作基质固相分散萃取。本节先介绍常规的分散固相萃取。

用于样品前处理的分散固相萃取（dispersive solid phase extraction，DSPE）是在提取好的样品溶液中加入固体吸附剂，除去样品溶液中的杂质。例如，为了用气相色谱-质谱同时测定中药材中的有机氯、有机磷和拟除虫菊酯类农药残留，可以先用乙腈水溶液从药材粉末中提取残留农药成分。由于同时提取出来的样品基体物质和其他共存物质有可能干扰后续测定，可以采用分散固相萃取除去提取液中的杂质，即取一定量提取液于具塞离心管中，加入对有机酸、糖和色素等大分子有较强吸附能力的吸附剂 *N*-丙基乙二胺和石墨化炭黑，旋涡分散混合，使杂质吸附于吸附剂上，离心分离，取上清液做后续测定。

DSPE 在一些领域的应用已经优化出相对固定的、通用的方法，最典型的应用就是在食品、农产品样品多农药残留检测中广泛使用的 QuEChERS 法。QuEChERS 法于 2002 年提出[9]，最初的操作步骤是：称取 10g 切碎的蔬菜或水果等样品，用 10mL 乙腈提取，然后在提取液中加入 4g $MgSO_4$ 和 1g NaCl 盐析分层，最后在 1mL 上清液中加入 150mg $MgSO_4$ 和 25mg 吸附剂 *N*-丙基乙二胺（PSA），萃取除去样品基体中脂肪酸、糖类、色素等杂质。净化后的上清液采用 GC/MS 分析农残成分。该方法因具有快速（Quick）、简单（Easy）、便宜（Cheap）、有效（Effective）、可靠（Rugged）和安全（Safe）的特点，用上述几个英文单词的首字母或前两个字母组合起来命名了该方法。该方法已经得到 AOAC 和欧盟农残检测委员会的认可，并在食品安全检测实验室得到广泛使用。

QuEChERS 法最初是针对含水量大于 80％的蔬菜、水果样品，所以对于含水量较低的样品，在处理时应添加适量的水，水的温度最好为 4℃，以中和盐析过程中产生的热量。为了减少挥发性目标组分的损失，最好在样品匀浆过程中加入干冰。QuEChERS 法常用乙腈作提取溶剂，因其提取率高，共萃取杂质少。盐析剂无水 $MgSO_4$ 能促进有机相和水相的分层，加入氯化钠有利于控制萃取溶剂的极性，减少共萃物的含量。氯化钠的加入量不宜过多，否则会影响有机溶剂对极性目标组分的萃取。最初的 QuEChERS 法并不加入缓冲盐，但加入缓冲盐（如醋酸钠或柠檬酸钠）可调节萃取体系的 pH 值，最大限度地减少敏感化合物的降解，提高敏感化合物的萃取效率。在 QuEChERS 法中，吸附剂萃取的是样品溶液中的干扰物质，而不是目标组分。目前应用最成熟的固定相为 PSA，它可以吸附极性脂肪酸、糖类以及色素等杂质。除 PSA 外，C_{18} 键合硅胶、弗罗里硅土、中性氧化铝、活性炭等也可用于 QuEChERS 法。

有一种基于 QuEChERS 法的半自动萃取吸管技术，使用起来比较方便。如图 6-5 所示，类似移液枪枪头的萃取吸管中装有 150mg $MgSO_4$、50mg PSA、50mg C_{18} 和 7.5mg 石墨化炭黑（GCB）。装样品提取液的样品管置于多通道（如 48 通道）半自动前处理仪中，萃取吸管将样品溶液吸入，并在气流作用下充分混合，释放出样品溶液，重复操作 3 次（总耗时约 90s），样品管中经处理后的溶液即可用于后续分析。

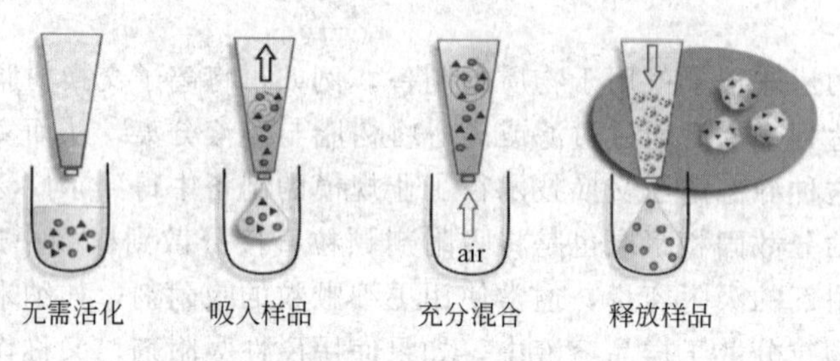

图 6-5 基于 QuEChERS 法的半自动萃取吸管技术

QuEChERS 法中溶剂提取和 DSPE 净化是分步进行的，作为一种改进方法，也可以将提取与 DSPE 净化同时进行，即直接将粉碎的固体样品置于离心管中，加入提取溶剂（例如乙腈）、盐析与除水剂（如无水硫酸钠、无水硫酸镁）及萃取吸附剂（如 PSA），然后振荡或超声，边提取边净化，最后离心分相后取上清液进行后续仪器分析。

6.4 磁分散固相萃取

磁固相萃取（magnetic solid phase extraction，MSPE）是 1999 年才出现的一种固相萃取方法[10]，它采用磁性或可磁化材料作为吸附剂，通常以分散固相萃取的形式应用。即将磁性颗粒加入含目标组分的溶液或悬浮液中，通过搅拌或超声，使磁颗粒均匀地分散在溶液中，多数情况下是待测组分选择性吸附到磁颗粒上，这样不仅可以将待测组分从复杂基体中分离出来，同时待测组分还得以富集。不过，有时也可以用于选择性吸附基体物质，例如生物样品中低丰度蛋白质的测定，就可以通过 MSPE 选择性吸附除去样品中特定的高丰度蛋白，以消除其对低丰度蛋白测定的干扰。外加磁场可以方便快速地实现液固相分离，如果是待测组分吸附在磁性颗粒上，则用适当的洗脱溶剂将其洗脱下来，就可以做后续分析。

磁性吸附剂多数为核壳型微球，通常以纳米至微米尺寸的无机磁性微球做核，其中 Fe_3O_4 最常用，稀土氧化物等其他无机微球也有应用。磁核表面包覆各种无机功能层（如 SiO_2、TiO_2、ZrO_2、Al_2O_3、稀土氧化物等），可以通过化学吸附、静电（偶极）作用、氢键相互作用等吸附极性物质（酚类、有机酸类、有机磷农药等），但选择性较差，远不如有机功能层。所以磁核表面包覆无机层（特别是 SiO_2）通常是作为过渡层，用于进一步修饰有机功能层。硅胶层有丰富的硅羟基，有利于功能有机分子的修饰，所以硅胶过渡层最常见，有机过渡层也有报道。过渡层的作用除了提供修饰功能分子位点外，还可引导功能材料在核外生长，避免功能材料自聚成核生长出次生颗粒，而且过渡层也能起到保护磁核不被氧化和避免磁核之间的团聚。因为在过渡层外可以修饰具有不同吸附作用的有机功能层，因此吸附剂的种类非常丰富。非核壳型磁性材料是以其他形状的具有特殊结构和吸附能力的材料（如碳纳米管、石墨烯、交联聚合物）作为载体，载体可以通过修饰获得具有各种特性的吸附材料，在载体材料表面或网络结构中复合磁性粒子得到磁性复合材料。

磁性材料的功能层与非磁性吸附剂类似，常见的有机功能层有疏水功能层（C_{18}、苯基等）、亲水功能层（硝基苯胺、间氟苯甲酰氯、亚胺二乙酸等）、离子性功能层（离子交换剂、离子型表面活性剂、离子液体等)、螯合试剂(双硫腙、锌试剂等)和高分子聚合物功能层(壳聚糖、聚苯胺、聚多巴胺、聚噻吩、聚吡咯、聚苯乙烯等)。具有特殊结构或高度选择性的功能层有分子印迹功能层(小分子、生物大分子、金属离子等)、亲和功能层(免疫磁珠等)、介孔功能层和金属有机骨架功能层等。

与常规 DSPE 相比，MSPE 主要体现了三个优势。第一，液-固分相非常简便和快速。第二，解决了某些液-固相分离的困难。在常规 DSPE 中采用过滤或离心进行相分离，但对于颗粒较小或粒径分布很宽的颗粒而言，其中的小颗粒可能穿滤和堵塞滤材孔道；对于密度较轻的颗粒材料，离心沉降可能不完全。而磁分相则不用考虑这些因素。第三，可以使用纳米级的超细颗粒吸附剂，大大提高吸附剂的吸附容量，降低吸附剂使用量和洗脱溶剂用量。

目前，MSPE 成了分析化学的一个热门研究领域，其吸附剂的种类、结构非常丰富，研究与应用涉及的样品类型和目标物种类也非常广泛。特别是在生物、医药、食品等复杂基质中微量成分的分离富集方面展现出了良好的应用前景。但目前有些磁性颗粒的制备还比较烦琐，萃取选择性和重现性还不尽如人意，另外磁性材料的某些修饰方法还存在不足，如涂覆法修饰的表面活性剂涂层磁性颗粒在洗脱时容易流失，并干扰后续检测。

6.5　基质固相分散萃取

基质固相分散萃取(MSPD)与 DSPE 本质上是相同的，只不过是将吸附剂分散到固态或半固态样品中，该方法是 1989 年由 Barker 等[11]最先提出的一种适合动物组织等有机样品的固相萃取样品前处理技术。其基本操作是将称为分散剂的固体吸附填料与样品一起放入研钵中研磨，得到半干状态的混合物，装入柱中压实，用溶剂洗脱，将各种待测物洗脱下来，将洗脱下来的溶剂收集，进行浓缩或进一步净化，然后进行后续分析。单纯的 MSPD 的着眼点是将目标物质从复杂基体中更有效地萃取出来，往往净化效果不是很理想，即同时被吸附萃取出来的共存物质种类较多。为了改善净化效果，可以在柱管底部预先填充一定高度的净化用固相萃取填料，将样品与分散剂的混合物填装在净化填料之上，这样的混合床填料就可以使萃取和净化一步完成。净化填料可以是分散剂，如果分散剂是吸附选择性较差的填料，也可以使用对目标物质具有一定吸附选择性的净化填料。对于生物组织样品，采用 MSPD 就可以避免组织匀浆、沉淀、离心、pH 调节和样品转移等一系列操作步骤，使复杂生物样品的制备大大简化。

目前使用的分散剂种类较多，最常用的是 C_{18} 反相键合硅胶，已广泛应用于植物和动物组织等样品中农药残留的萃取。此外，氧化铝、活性炭纤维、硅胶、硅藻土、石墨化炭黑和聚合树脂也可用作分散剂。分散剂不仅起到磨料的作用，将有机样品磨碎和分散，还能将目标物质吸附在其表面。分散剂的粒径对吸附效果影响较大，研究表明 40～100μm 的粒径比较合适。样品与分散剂的比例对萃取影响不明显，通常以样品研磨成半干状态为准。例如，C_{18} 键合硅胶作分散剂时，样品与分散剂的质量比在 1∶5 左右。不同类型分散剂的用量差别较大，弗罗里硅土和硅藻土等密度大的分散剂用量要多一些。

淋洗剂是影响 MSPD 的重要因素。淋洗剂的选择主要依赖于目标物的性质，一般用极性与目标物相似的淋洗剂。对于比较复杂的基质，一般用几种溶剂混合洗脱。大多数淋洗剂都是有机溶剂，应尽量选用环境友好型的溶剂，例如用热水洗脱牛奶中的氨基甲酸酯类农药的效果就不错。淋洗剂体积通常需要通过实验进行优化，原则是用尽可能少的淋洗剂最大限度地将目标物洗脱下来。

6.6 亲和固相萃取

亲和固相萃取固定相的功能层含有亲和基团，利用亲和相互作用从复杂基体样品中选择性分离富集特定组分。亲和色谱是分离、纯化和制备生物物质常用的技术，作为相同原理的亲和固相萃取在样品前处理领域也有着广泛的应用前景。理论上讲，所有类型的亲和基团修饰的吸附剂都可以用于亲和固相萃取，但因为亲和固定相制备相对比较麻烦、成本比较高，所以亲和固相萃取通常只用于复杂生物样品中生物大分子的高选择性分离富集。其操作既可以采用柱固相萃取，也可以采用分散固相萃取的形式，尤其是亲和磁分散固相萃取近年尤其受到分析界的关注。

亲和作用中免疫亲和作用的专一性最强，所以亲和磁分散固相萃取的一个重要应用就是免疫磁珠法。免疫磁珠是在磁核外先包覆高分子聚合物过渡层，再利用聚合物表面的氨基、羧基、巯基等活性基团共价修饰上抗原或抗体。免疫磁珠颗粒大小从纳米到微米级，多采用微米级磁珠。

免疫磁珠法的主要应用如下。

(1) 基因分离 利用硅基磁珠表面可以在一定条件下可逆性地吸附和解离 DNA/RNA 的特性，可以用于纯化基因、分离目标基因等，如提取基因组 DNA，质粒 DNA，病毒 DNA，全血基因组 DNA、RNA 等。

(2) 蛋白质分离 磁珠表面修饰了特定蛋白质对应的抗体，就可以高效、特异性地分离得到相应的蛋白质。

(3) 细胞分离 这是免疫磁珠法应用最多的领域。基于修饰在磁珠表面的特异性单抗能与细胞表面抗原发生特异亲和作用，不同细胞表面的特异性抗原不同，从而选择性地分离纯化特定细胞，用于细胞研究与成分分析。

(4) 微生物分离 利用修饰了特定微生物相应抗体的免疫磁珠，就能选择性地、高效地和可逆地分离富集相应的微生物，用于微生物研究与分析。

修饰了其他非免疫亲和基团的固定相在生物大分子分离中也有很多应用，其中比较多见的是金属亲和固定相。该类固定相与亲和色谱中的固定相类似，金属离子是亲和吸附位点。金属离子在功能层的固定形式可以是金属盐类或金属氧化物型的无机功能层，也可以是与有机配体结合的金属离子。例如，在铁锰氧化物磁核外先包覆硅胶过渡层，再在其表面制备稀土（Sm，Ce，Er，Tm，Yb）氧化物功能层的核壳结构磁性亲和纳米材料可以高选择性地吸附牛血红蛋白[12]，可以用于牛血浆样品中高丰度蛋白（牛血红蛋白）的去除，实现低丰度蛋白的准确定量。亲和吸附剂除了核壳型微球外，还有石墨烯片、整体材料等多种形式。例如，在注射器式柱管内原位制备多孔石墨烯气凝胶整体材料，在整体材料表面包覆聚多巴胺，最后将钛离子通过聚多巴胺固定在整体材料中，利用钛离子与磷酸基团的亲和作用，可以快速和选择性地富集磷酸化蛋白和多肽[13]。将适配体[14]和氨基酸[15]修饰在石墨烯纳米片表面，利用特定适配体、氨基酸与特定蛋白质的亲和作用，就可以从复杂样品中分离出特定蛋白质。

6.7 限进介质固相萃取[16]

在分析生物、医学、食品甚至有机废水等样品中的小分子有机物的过程中，经常会采用反相固相萃取分离富集目标物。这时，样品中的蛋白质、核酸、腐殖酸等生物大分子很容易吸附到疏水性反相填料上而产生变性，变性后的生物大分子物质会牢固地吸附在填料表面，堵塞填料表面的孔道，从而导致目标分析物在萃取固定相上的传质效率下降、吸附容量和柱效降低、萃取柱寿命缩短等一系列问题。限进介质固相萃取（restricted access matrix SPE）通过控制填料孔径和对填料表面进行亲水性修饰，使得生物大分子不能进入填料的孔道，且亲水性表面可以减小生物大分子在填料表面的吸附和变性，从而使填料对生物大分子的保留很弱，而填料孔道内的反相或离子交换功能基团仍然可以对小分子有机物产生足够强的保留。

限进介质固相萃取本质上与普通固相萃取一样，仅仅是通过填料的巧妙设计来避免样品基体中生物大分子的干扰。主要的限进介质固相萃取填料包括内表面反相填料（internal surface reversed-phase，ISRP）、半渗透表面填料（semipermeable surface，SPS）、屏蔽憎水相填料（shielded hydrophobic phase，SHP）和蛋白涂覆 C_{18} 硅胶填料（protein-coated ODS）。

内表面反相填料是最早出现的限进介质固相萃取填料，是在多孔硅胶的颗粒外表面修饰亲水性基团，孔道内表面修饰疏水性基团或离子交换基团制成。萃取生物或环境样品时，小分子分析物可进入硅胶微孔中以疏水分配或离子交换作用保留，样品中的蛋白质等生物大分子不能进入硅胶微孔中，也不会在具有亲水性外表面的硅胶上发生变性吸附，很容易从萃取柱中流出，与小分子分析物分离。最早使用的内表面反相填料是这样制备的：首先使甘油基丙基硅胶与一个三肽甘氨酸-L-苯丙氨酸-L-苯丙氨酸反应，则硅胶颗粒外表面和孔道内表面均键合上疏水性的三肽基团，然后再将此硅胶与羧肽酶 A 反应，则硅胶颗粒外表面的苯丙氨酸基团被酶水解而除去，留下了亲水性的甘氨酸残基和甘油基丙基。因为羧肽酶的体积大，不能进入硅胶内孔（孔径约 8nm），所以孔道内的三肽并不能发生水解反应，即填料内表面仍保持疏水性。此类固定相对小分子物质的萃取保留机理是硅胶内孔表面的三肽与小分子物质之间的 π-π 电子作用和三肽中苯丙氨酸残基的弱阳离子交换作用。现在使用最广的内表面反相填料是 20 世纪 90 年代初 Boos 等[17,18]提出的烷基二醇硅胶填料（alkyl-diol-silica，ADS）。该类填料的外表面通常键合有高度亲水的二醇基，即甘油酰丙基；而其孔道内表面既可以键合 C_8、C_{18}、C_4、苯基等疏水基团，也可以键合带有磺酸基的短链烷基阳离子交换基团或带有二乙胺乙基的短链烷基阴离子交换基团。

半渗透表面填料是以反相键合硅胶为内核，在其表面再共价结合亲水性聚合物薄层。反相键合硅胶内核表面的疏水基团通常是 C_8、C_{18}、苯基、氰代烷基、胺丙基和甘油酰丙基等，而其外表面的亲水性聚合物则一般是聚乙二醇。外表面的聚乙二醇亲水链状结构构成了类似于网状或多孔状的半透膜结构，而其内核则仍为一般反相填料的性质。萃取时，小分子分析物可透过聚合物薄层进入内核，与反相填料作用而被萃取，而蛋白质等生物大分子物质则由于聚乙二醇聚合物薄层的体积排阻作用而不能进入萃取材料的内层。半渗透表面填料具有以下优点：①可作内核的硅胶基质反相填料种类很多，因此半渗透表面填料可萃取的小分子有机物也很广泛；②半渗透表面填料萃取容量大于其他限进介质固相萃取填料；③半渗透表面填料的亲水性外层的半渗透性能可以通过聚乙二醇聚合物外层的厚度和密度进行调控。

屏蔽憎水相填料是在硅胶基质外表面和孔道内表面同时镶嵌含疏水性苯基的氧化聚乙烯链状聚合物。在填料表面，亲水性氧化聚乙烯网状主体结构中的某些位点镶嵌有疏水性苯基。通常情况下，疏水苯基位点处于亲水氧化聚乙烯网状结构的屏蔽之中。萃取时，小分子分析物可在网状结构中自由扩散，与疏水苯基有充分接触而被保留，但蛋白质等生物大分子物质则不能扩散进入氧化聚乙烯网状结构中与疏水苯基接触，因而不被保留。这类填料具有较高的萃取容量和较长的柱寿命，每次上样约16mL，使用1000次以上，柱性能仍然没有明显的降低。该填料已在生物样品中药物成分的分析上得到了较好应用，如萃取分离血清样品中的10-羟基喜树碱用于后续的液相色谱-质谱分析。

蛋白涂覆C_{18}硅胶填料是在甲醇介质中将蛋白质溶液通过C_{18}键合硅胶填料，使蛋白变性并牢固吸附在填料外表面，形成具有良好生物相容性的蛋白包覆层。萃取时，生物样品中的小分子有机物可进入填料内孔中，被孔道内表面的反相功能层保留，填料外表面因具有生物相容性而减轻样品溶液中蛋白质等生物大分子的变性吸附。

采用限进介质固相萃取技术可有效解决生物和环境样品基体中存在的蛋白质、核酸、腐殖酸等大分子物质对小分子分析物测定的干扰，并可同时实现对小分子分析物的萃取富集。通过柱切换技术，可以与液相色谱等分析技术在线联用，实现复杂基体样品的自动化快速分析。限进介质固相萃取技术已经在生物体液中药物及其代谢物的分析中得到了较广泛应用。但是，与常规固相萃取相比，限进介质固相萃取技术仍然存在富集倍数较低、柱寿命较短、不能使用高浓度有机洗脱溶剂、不能在强酸性或强碱性条件下操作等缺陷。随着填料基质材料和表面修饰技术的改进，限进介质固相萃取剂技术的应用对象和应用领域将进一步拓展。

6.8 浊点萃取

水溶液中表面活性剂浓度大于其临界胶束浓度后，就会形成表面活性剂胶束，该胶束对疏水性物质具有明显的溶解度增大效应（增溶作用）。一方面微溶或不溶于水的有机物能可逆地与胶束结合；另一方面，溶液中的可溶性物质也能与胶束的极性部分发生相互作用并结合。表面活性剂溶液在高于表面活性剂浊点温度时，就会发生表面活性剂胶束聚沉现象，形成类似于固相的凝聚相，使溶液出现分相现象，另一相为含表面活性剂的水相。

浊点萃取（cloud point extraction，CPE）是利用表面活性剂溶液的增溶和分相特性实现分离的方法。凝聚相是部分表面活性剂脱离本体水相沉积（聚集）下来形成的，位于下相，且体积很小（如数百微升）。凝聚相的增溶规律与胶束溶液中的增溶规律相同，且凝聚相的增溶量远高于稀胶束溶液。当样品水溶液中的表面活性剂形成凝聚相（分相）的过程中，溶液中的疏水性有机物会随表面活性剂沉积到凝聚相，亲水性物质仍留在样品水相。从而实现疏水性和亲水性物质的分离。由于浊点萃取与液-固萃取类似，故放在本章介绍。

在浊点萃取中，虽然也用到离子型表面活性剂，但非离子表面活性剂使用最早、最广泛。浊点温度主要与表面活性剂的结构有关，也与溶液环境有关，如果在非离子表面活性剂溶液中加入盐析型电解质（如NaCl）和亲水性有机物，胶束中氢键断裂脱水，浊点温度会降低；如果加入盐溶型电解质（硫氰化物、硝酸盐），浊点温度会升高。

浊点萃取的特点主要包括：①基本不使用有机溶剂，除非有时作为添加剂少量加入；②特别适合蛋白质等生物物质的分离，一是不含有机溶剂的水溶液体系不会破坏生物物质的活性，二是生物大分子不仅具有明显的疏水性，且带有可解离基团，与表面活性剂之间的静电相互作用会增加凝聚相对它的增溶效果；③由于凝聚相的体积很小，所以通常富集倍数很高，提取率也很高；④易于工业放大，在规模化生物分离和工业污水处理领域有良好的应用前景；⑤操作简便、成本低、表面活性剂可用透析法回收再利用。

浊点萃取不仅可以用于疏水性有机物的分离富集，还可用于水溶液中金属离子的分析。其原理是在样品水溶液中加入能与特定金属离子生成稳定配合物的有机试剂（如螯合剂），金属离子以疏水性配合物（或螯合物）的形式被表面活性剂凝聚相增溶和分离至凝聚相。

复习思考题

1. 活性炭和碳纳米管是否有可能用来作固相萃取的填料？如果可以，你认为它们对溶质的保留机理会是一样的吗？

2. 分散固相萃取与基质固相分散萃取有何不同？

3. 查找一篇近几年发表的限进介质固相萃取相关论文，并做出简要评价。

4. 阐述固相微萃取用于定量分析的原理。为什么固相微萃取的萃取时间可以比其萃取平衡时间短？

5. QuEChERS 法广泛用于食品样品中农药残留分析的样品前处理，它所使用的吸附剂具有什么特性？

6. 磁分散固相萃取与普通（非磁）分散固相萃取相比有何优势？

7. 请查找 2 篇近 3 年内发表的免疫亲和固相萃取技术的应用论文，并对该技术的特点做一个总结。

8. 请查找 2 篇近 3 年内发表的浊点萃取技术的应用论文，并对该技术的特点做一个总结。

参考文献

[1] 张忠义，王运东，戴猷元．化工进展，2002，21：349～351.
[2] 马继平，汪涵文，关亚风．色谱，2002，20：16～20.
[3] Y Saito，M Kawazoe，M Imaizumi，et al. Anal. Sci.，2002，18：7.
[4] Y Saito，M Kawazoe，M Hayashida，et al. Analyst，2000，125（5）：807～809.
[5] Y Saito，M Imaizumi，T Takeichi，et al. Anal. Bioanal. Chem.，2002，372：164.
[6] Y Saito，K Jinno. Anal. Bioanal. Chem.，2002，373：325.
[7] Y Saito，M Nojiri，M Imaizumi，et al. J. Chromatogr. A，2002，975：105.
[8] 陈林利，黄晓佳，袁东星．色谱，2011，29（5）：375～381.
[9] Anastassiades M，Maštovská K，Lehotay S. J. J. Chromatogr. A，2003，1015：163～184.
[10] Šafaříková M，Šafařík I.，J. Magnetism and Magnetic Material，1999，194：108～112.
[11] Barker S A，Long A R，Short C R. J. Chromatogr. A，1989（475）：353～361.
[12] Wang Jundong，Tan Siyuan，Liang Qionglin，et al. Talanta，2018，190：210～218.
[13] Tan Siyuan，Wang Jundong，Han Qiang，et al. Microchimica Acta，2018，185（7）：316.
[14] Yuan Xu，Siyuan Tan，Qionglin Liang，et al. Sensors，2017，17：1986.
[15] Min Yan，Qionglin Liang，Wei Wan，et al. RSC Advances，2017，7：30109～30117.
[16] 蔡亚岐，牟世芬．分析化学，2005，33（11）：1647～1652.

[17] S Vielhauer，A Rudolphi，K S Boos，et al. J. Chromatogr. B，1995，666：315～322.
[18] R A M van DesHoeven，A J P Hofte，M Frenay，et al. J. Chromatogr. A，1997，762：193～198.

参考书目

[1] 陆九芳，李总成，包铁竹编著．分离过程化学．北京：清华大学出版社，1993.41～104.
[2] 刘克本编．溶剂萃取在分析化学中的应用．第2版．北京：高等教育出版社，1990.
[3] 徐光宪，王文清，吴瑾光等．萃取化学原理．上海：上海科学技术出版社，1984.
[4] 刘会洲等著．微乳相萃取技术及应用．北京：科学出版社，2005.
[5] 张镜澄主编．超临界流体萃取．北京：化学工业出版社，2000.
[6] 马海乐编著．生物资源的超临界流体萃取．合肥：安徽科学技术出版社，2000.
[7] 丁明玉主编．分析样品前处理技术与应用．北京：清华大学出版社，2017.

第7章 色谱分离原理

7.1 概 述

20世纪初，俄国植物学家茨维特（Tswett）首次提出色谱法。他把碳酸钙粉末装到玻璃管中，将植物叶子的石油醚提取液作为样品倒入管内，然后再用石油醚自上而下洗脱。随着洗脱的进行，植物叶子中的各种色素向下移动逐渐形成一圈圈的色带，茨维特将这种色带分离过程称为色谱，所使用的玻璃管称为色谱柱，管内的碳酸钙填充物称为固定相，洗脱用的石油醚称为洗脱液或流动相。后来，采用该法分离了许多无色物质，虽然分离过程中看不到色带，但色谱法这个名称一直沿用至今。

然而，茨维特所发明的柱液相色谱并未立即引起人们的关注。直到20世纪30年代初期，随着色谱法逐渐成为实验室常规方法它才受到广泛重视。那个时期，实验室中可采用的分离手段较少，主要是结晶、液-液萃取和蒸馏技术。有机合成方法的日趋复杂且迅猛发展，迫切需要开发更有效的分离手段使人们能够从天然产物中快速分离得到所需要的纯组分（有机化合物）。在现代色谱技术发展过程中有许多科学家做出了出色的贡献，其中最突出的当推马丁（A. J. P. Martin）。马丁于1952年与辛格（R. L. M. Synge）因发明了分配色谱技术而获得了诺贝尔化学奖，同年又与詹姆斯（A. T. James）合作发展出气-液色谱技术。虽然20世纪40年代色谱法在实验室的应用得到飞速发展，但50年代气-液色谱法的创立和发展才是划时代的里程碑。气-液色谱法不仅引领分离进入仪器方法时代，而且催生了目前使用的许多现代色谱方法。

7.2 色谱过程及其分类

色谱法是一种物理化学分离和分析方法，它基于物质溶解度、蒸气压、吸附能力、立体结构或离子交换等物理化学性质的微小差异，使其在流动相和固定相之间的分配系数不同，而当两相做相对运动时，组分在两相间进行连续多次分配，从而达到彼此分离。

色谱过程系多组分混合物在流动相带动下通过色谱固定相，实现各组分分离。目前，没有任何一种单一分离技术能比色谱法更有效且普遍适用。色谱理论的形成和色谱技术的发展使分离技术上升为“分离科学”。早期色谱只是一种分离方法，类似于萃取、蒸馏等分离技术，不同的是其分离效率要高得多。许多性质极为相近而不能或很难用蒸馏或萃取等方法分离的混合物通过色谱法可以得到分离。随着各种检测技术与色谱分离的在线联用，色谱法已成为一种分析方法。色谱法是现代分离科学和分析化学中发展最快、应用最广、潜力最大的领域之一。

样品在色谱体系或柱内运行有两个基本特点：①混合物中不同组分分子在柱内的差速迁移；②同种组分分子在色谱体系迁移过程中分子分布离散。差速迁移是指不同组分通过色谱系统时移动速度不同。样品加入色谱体系，流动相以一定速度通过固定相，使样品中各组分在两相间进行连续多次的分配。由于组分与两相间作用力的差别，使得各组分在两相中的分配系数不同，分配系数越大的组分迁移速度越慢。于是，同时进入色谱柱的各组分，以不同速度在色谱柱内迁移，使得各组分分离。组分通过色谱柱的速度，取决于各组分在色谱体系中的平衡分布。因此，影响平衡分布的因素，即流动相和固定相的性质、色谱柱温等影响组分的迁移速度。色谱过程的分子分布离散是指同一组分分子沿色谱柱迁移方向发生分子分布扩散。在色谱柱入口处，相同组分分子分布在一个狭窄的区带内，随着分子在色谱柱内迁移，分布区带不断展宽，同一组分分子的迁移速度出现差别，这种差别不是由于平衡分布不同，而是源于流体分子运动的速率差异。

色谱法是包括多种分离类型、检测方法和操作方式的分离分析技术，有多种分类方法。其中比较方便的色谱分类方法就是根据参与分离的各相的物理状态进行分类。如图 7-1 所示，当流动相是气体时称为气相色谱（GC），固定相可以是固体或液体，两者分别称为气固色谱（GSC）或气液色谱（GLC）。比较而言，气液色谱是更通用的分离模式。当流动相是超临界流体时称为超临界流体色谱（supercritical fluid chromatography，SFC），其固定相可以是固体或不流动的液体。对于气相色谱和超临界流体色谱来讲，主要的分离机理是两相间的分配和界面吸附。

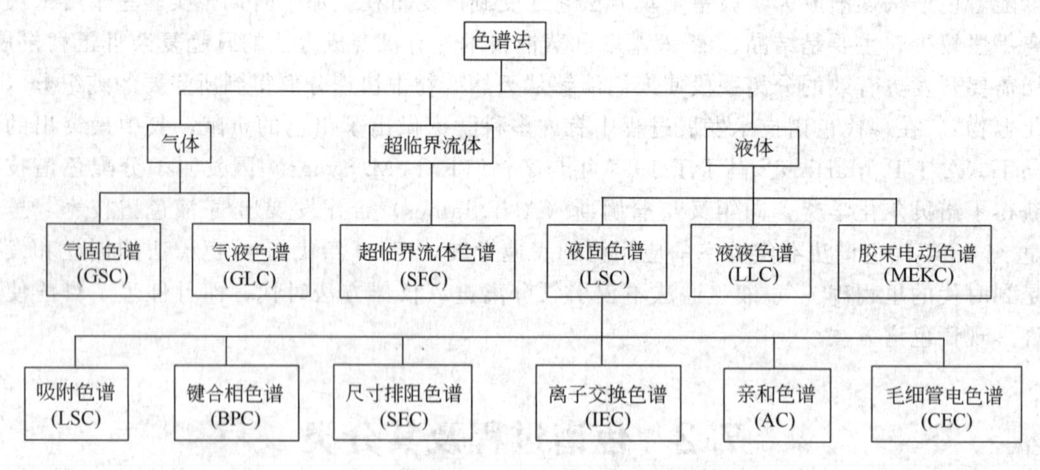

图 7-1 色谱法分类

当流动相是液体时称为液相色谱（LC），其固定相可以是固体、液体或胶束。液相色谱具有更为广泛的分离机理，因此其分类通常以分离过程的物理化学原理为基础。采用固体吸附剂作固定相，根据样品各组分在吸附剂上吸附力的大小不同，因而吸附平衡常数不同而相互分离的方法称为吸附色谱。液固吸附色谱习惯上称为液固色谱（LSC）。采用涂覆在固体载体上的液体作固定相，利用试样组分在固定相中溶解、吸收或吸着能力不同，因而在两相间分配系数不同而将组分分离的方法称为分配色谱法。在液-液分配色谱中，根据流动相和固定相相对极性不同，又分为正相分配色谱和反相分配色谱。一般来说，以强极性、亲水性物质或溶液为固定相，非极性、弱极性或亲脂性溶剂为流动相，固定相的极性大于流动相的极性时称为正相分配色谱（normal phase partition chromatography），简称正相色谱（NPC）。若以非极性、亲脂性物质为固定相，极性、亲水性溶剂或水溶液为流动相，固定相的极性小于流动相的极性时，则称为反相分配色谱（reversed phase partition chromatography），简称反相色谱（RPC）。正相色谱和反相色谱的概念现已推广到其他类型的液相色谱法。由于稳定性的局限和实验操作的不便，真正的液-液分离体系并不重要。因此，正相色谱通常是指液固色谱和化学键合相正相色谱，而反相色谱则主要指化学键合相反相色谱。化学键合相色谱（bonded phase chromatography，BPC）是指通过化学反应使固定相物质与载体表面的特定基团（如硅胶表面上的硅醇基）发生化学键合，在载体表面形成均匀的固定相层用于分离的色谱方法。化学键合固定相具有耐高温、耐溶剂的特性，在气相色谱、高效液相色谱中广泛应用。化学键合相反相色谱是分离各种不同极性化合物最通用的色谱方法。采用离子交换剂为固定相，主要的分离机理是流动相中的离子和固定相上的离子间的静电相互作用，此方法称为离子交换色谱（IEC）或离子色谱（IC）。采用一定尺寸的化学惰性的多孔物质作固定相，以水或有机溶剂作为流动相，试样组分按分子尺寸大小进行分离的方法，称为尺寸排阻色谱或体积排阻色谱（size-exclusion chromatography，SEC）。通常多孔性物质为各种凝胶，因此，此方法又称为凝胶色谱（gel chromatography）。以水或水溶液作流动相的凝胶色谱称为凝胶过滤色谱（GFC）；以有机溶剂为流动相的凝胶色谱称为凝胶渗透色谱（GPC）。以共价键将具有生物活性的配体，如酶、辅酶、抗体、受体等结合到不溶性固体支持物或基质上作固定相，利用蛋白质或其他大分子与配体之间特异的亲和力进行分离的方法称为亲和色谱（affinity chromatography，AC）。亲和色谱主要用于蛋白质、多肽和各种生物活性物质的分离和纯化。此外，在流动相中采用二次化学平衡，离子化合物很容易通过离子抑制、离子对或配位进行分离。在正常操作下，气相色谱、超临界流体色谱和液相色谱都将固定相装在玻璃、不锈钢或坚硬的塑料柱中，即色谱柱。流动相在外压的作用下在柱内迁移通过色谱柱。当流动相中含有电解质时，可以选择外加电场通过产生电渗流来驱动流动相。采用装有固定相的色谱柱，同时采用电渗流作为流动相驱动力的色谱技术称为电色谱，而这种电色谱技术必须采用毛细管尺寸的色谱柱，所以称为毛细管电色谱（capillary electrochromatography，CEC）。离子表面活性剂能够形成胶束并作为连续的一相分散在缓冲溶液中。在外加电场的作用下，这些带电胶束与缓冲溶液的整体流动具有不同的速度或方向。中性化合物将根据其在胶束和缓冲溶液间分配系数的不同而得到分离，此色谱分离技术称为胶束电动色谱（micellar electrokinetic chromatography，MEKC）。离子化合物在CEC和MEKC中，受外加电场的影响以色谱和电泳相结合的方式进行分离。

上述将固定相装在色谱柱中的方法属于柱色谱。如果将固定相均匀涂铺在玻璃板、铝箔或塑料板等支持物上，使固定相呈平板状，流动相则沿薄板移动进行分离，此方法称为薄层色谱法（TLC）。如果采用滤纸作为支持物则称为纸色谱（PC）。TLC和PC合称为平面色谱，纸色谱由于其分离能力差，目前基本上已被薄层色谱和薄膜色谱取代。

7.3 区带迁移

在柱色谱中，被分离组分区带的迁移完全发生在流动相中。迁移是色谱系统中不可缺少的组成部分。通常，柱色谱实验都是把样品从色谱柱的一端引入，而在另一端收集或检测从柱中流出的流动相。有三种基本的方式可实现柱色谱的选择性区带迁移，即洗脱法、置换法

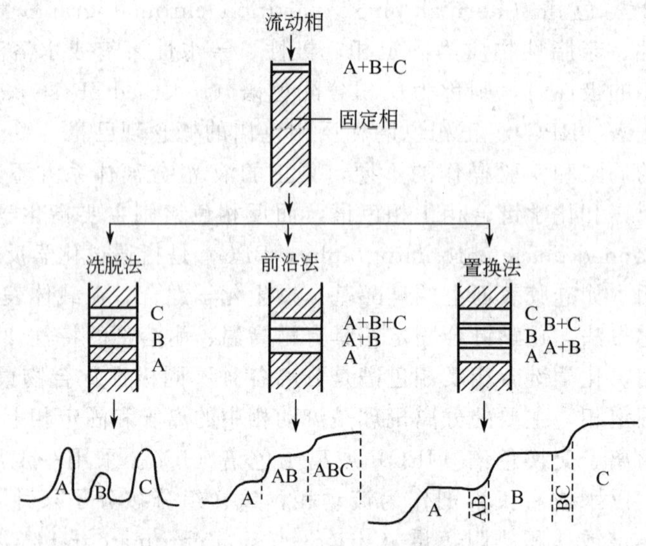

图 7-2 柱色谱的区带迁移模式

和前沿法，如图 7-2 所示。

在洗脱色谱中，流动相和固定相通常处于平衡状态。样品一次性加在色谱柱入口端，流动相连续通过色谱固定相将样品中的组分依次洗脱出色谱柱。样品组分在两相中的分配系数不同使得其在两相中的竞争性分配能力产生差异，因此按一定顺序依次分开。洗脱色谱法是最方便的色谱分离分析方法，分析型色谱通常都采用此法。

在置换色谱中，样品一次性加到柱上后采用置换剂作为流动相连续流经色谱柱，依次将组分置换下来。作为流动相或流动相的组分，置换剂与固定相间的作用力（吸附能力、溶解能力等）比样品中的任何组分都强。置换剂使样品组分沿色谱柱移动，如果色谱柱足够长则可达到稳定状态，色谱柱中形成连续的纯组分的矩形区带，与固定相作用力弱的组分在前，每一个组分置换其前面的组分，依此类推，最后与固定相作用最强的组分被置换剂置换。各组分按与固定相作用力从弱到强的顺序依次流出色谱柱。置换色谱主要用于制备色谱和工业流程色谱，达到高通量制备纯化合物的目的。根据实验条件，各组分区带间的边界不一定是连续的，纯物质的收集可以控制在各置换区带的中心区域。

在前沿法中，样品作为流动相或流动相的组成部分连续流经色谱柱。与固定相作用力（吸附能力或溶解能力）弱的样品组分，首先以纯物质的状态流出色谱柱，其次是作用力较强的第二个组分与第一个组分的混合物流出色谱柱，依此类推。前沿法用于测定单一组分或简单混合物的吸附等温线，以及从主成分中分离作用较弱的微量成分。混合物中各组分的量化是困难的，而实验结束时，色谱柱将被样品全部污染，所以，前沿法很少用于制备分离。前沿法是固相萃取技术的基础，现已广泛用于环境、生物等样品中微量成分的富集，成为痕量分析中重要的样品前处理技术。

色谱实验所得到的信息都包含在色谱图中。在洗脱色谱中，色谱图通常是柱流出物通过检测器产生的响应信号（纵坐标）与时间或流动相流过色谱柱的体积（横坐标）之间的关系曲线图。色谱图包含许多大小不一的色谱峰，它们是色谱分析的主要技术资料。在正常色谱条件下，根据色谱图中的峰数可以判断样品组分的复杂程度，提供混合试样中的最低组分数。根据色谱峰的峰位置和峰形可以鉴定色谱系统或样品组分的物理化学性质。通过色谱峰位置的准确确定可以对样品组分进行定性鉴定，而色谱图给出的各个组分的峰高或峰面积是定量的依据。

7.4 色谱保留规律

色谱分离过程中样品组分必须在色谱柱中具有足够的保留，混合物才能在色谱柱中分离成单个组分，依次从色谱柱中流出并获得要求的分离度，从而进行定性定量分析。保留值反映溶质与固定相作用力的大小，通常用保留时间和保留体积表示。对保留值的研究能揭示色谱过程的作用机理和分子（溶质、固定相、流动相）的结构特征，因而是色谱定性分析和色谱过程热力学特性的重要参数。

7.4.1 基本关系

色谱过程中流动相通常与固定相之间不发生作用并以快于溶质的速度 u 通过色谱柱(凝胶色谱除外)，而溶质则与固定相作用，其谱带平均迁移速度 u_x 为流动相流速 u 的一个分量，两者之比定义为比移值 R_f(rate of flow)，即

$$R_f=\frac{u_x}{u} \tag{7-1}$$

即溶质谱带平均移动速度与流动相平均移动速度的比值。在一定时间内，R_f 值等于溶质谱带中心移动距离与流动相前沿移动距离的比值。R_f 值主要用于描述平面色谱的保留行为，是色谱定性的依据。

R_f 值也用于描述柱色谱中溶质的保留，与溶质的分配容量相关。对于一个溶质分子而言，其在流动相中消耗的时间分数与该组分瞬间分布在流动相中的总的分子分数相近，经过一定时间后，这两个分数在统计极限内是相等的，也就是说溶质分子在流动相中平均消耗的时间分数等于溶质分子瞬间分布在流动相中的总的分子分数，即

$$R_f=\frac{u_x}{u}=\frac{n_m}{n_m+n_s} \tag{7-2}$$

式中，n_m、n_s 分别为溶质瞬间分布在流动相和固定相中的分子数。同理，溶质分子在固定相中停留的时间分数，接近该组分分子瞬间在固定相中分布的总的分子分数，即

$$\text{溶质在固定相中停留的时间分数}=1-\frac{u_x}{u}=\frac{n_s}{n_m+n_s} \tag{7-3}$$

溶质分子不是在流动相就是在固定相中，固定相固定不动，溶质只有在流动相中才发生迁移。谱带平均迁移速度决定于流动相速度及溶质分子在流动相中消耗的时间分数或溶质分子在流动相中分布的分子分数。

如果溶质在流动相中的时间分数为零，则溶质分子都停留在固定相，谱带将不移动，$u_x=0$，$R_f=0$。溶质在流动相中消耗时间越多，分子分布在流动相中的分数越高，u_x 越大，R_f 也增大。若溶质在流动相中消耗的时间分数为 1，即所有溶质分子都分布在流动相中，则溶质分子与流动相以相同速度迁移，$u_x=u$，$R_f=1$。因此，$0<R_f<1$，除凝胶色谱外，溶质不可能比作为流动相的溶剂移动速度更快。

当溶质在两相中达到分布平衡时，溶质在固定相和流动相中的浓度比值称为分布系数 K，即

$$K=\frac{c_s}{c_m} \tag{7-4}$$

式中，c_s 和 c_m 分别为溶质在固定相和流动相中的浓度。在恒温下，K 为常数，它仅决定于固定相、流动相和溶质分子的结构，反映了溶质与两相间作用的差别。在分配色谱中，浓度采用单位体积的固定相和流动相中的溶质量来表示，K 称为分配系数。而在吸附色谱中，溶质在吸附剂中的浓度以单位质量固定相中吸附溶质的量或单位表面积吸附溶质的量表示，其与单位体积流动相中溶质的量之比 K_a，称为吸附平衡常数。

容量因子 k，或称容量比是另一个描述溶质在固定相和流动相中分布特性的重要参数，其定义为溶质在固定相和流动相中的量（质量、摩尔数）之比，即

$$k=\frac{n_s}{n_m}=\frac{c_s V_s}{c_m V_m}=K\frac{V_s}{V_m} \tag{7-5}$$

式中，c_s、c_m 分别为溶质在固定相和流动相中的浓度；V_s、V_m 分别为固定相和流动相的体积。对于吸附色谱，V_s 可用吸附剂表面积表示；对于离子交换色谱，V_s 可用交换剂的质量或交换容量来表示；对于凝胶色谱，V_s 可用凝胶的孔容表示。

容量因子将溶质在色谱系统中的分布与其热力学性质联系起来，是选择和控制色谱条件的一个最重要的色谱热力学参数。k 值不仅与固定相、流动相性质及温度有关，还与色谱柱床的结构有关，但与流动相流速及柱长无关。

比移值 R_f 和溶质容量因子的关系为

$$R_f=\frac{u_x}{u}=\frac{n_m}{n_m+n_s}=\frac{1}{1+k} \tag{7-6}$$

则

$$u_x=u\left(\frac{1}{1+k}\right)=u\left(\frac{1}{1+KV_s/V_m}\right) \tag{7-7}$$

色谱保留时间 t_R、流速 u 和保留体积 V_R 有如下关系：

$$V_R=ut_R \tag{7-8}$$

当色谱柱死体积为 V_0、死时间为 t_0 时，色谱过程调整保留体积 V'_R 与调整保留时间 t'_R 之间存在下列关系：

$$V'_R=V_R-V_0=u(t_R-t_0)=ut'_R \tag{7-9}$$

由于色谱调整保留体积或调整保留时间与色谱柱死体积或死时间的比值为容量因子，即

$$k=\frac{n_s}{n_m}=\frac{V'_R}{V'_0}=\frac{t'_R}{t'_0}=\frac{V_R-V_0}{V_0}=\frac{t_R-t_0}{t_0} \tag{7-10}$$

因此，更常见的保留值表示形式为

$$t_R=t_0(1+k) \tag{7-11}$$

在色谱体系中，流动相与固定相的体积之比称为相比 β，即

$$\beta=V_m/V_s \tag{7-12}$$

相比是色谱柱的结构参数之一。它与容量因子、分配系数间的关系为

$$k=K/\beta \tag{7-13}$$

色谱分离过程中，两个组分保留时间之比称为相对保留值 α'，即

$$\alpha'=\frac{t_{R_2}}{t_{R_1}}=\frac{1+k_2}{1+k_1} \tag{7-14}$$

而两组分调整保留值之比，即两组分容量因子的比值称为选择性因子或分离因子 α，即

$$\alpha=\frac{t'_{R_2}}{t'_{R_1}}=\frac{V'_{R_2}}{V'_{R_1}}=\frac{k_2}{k_1} \tag{7-15}$$

α'与α主要是为了消除流动相流速变化而采用的保留值定性参数，而后者更能准确地描述对两种溶质分离程度的大小，尤其是在k值较小的情况下。

对气相色谱流出组分进行定性的参数还有比保留体积和科瓦茨（Kovats）保留指数I。用保留指数I定性，是以一系列正构烷烃的保留值作为参照，通过下式计算特定化合物的保留指数：

$$I=100\times\left(n+\frac{\lg k-\lg k_n}{\lg k_{n+1}-\lg k_n}\right)=100\times\left(n+\frac{\lg V'-\lg V'_n}{\lg V'_{n+1}-\lg V'_n}\right) \tag{7-16}$$

式中，k_n为含有n个碳数的正构烷烃的k值。科瓦茨指数消除了色谱过程的流速、色谱柱的相比等多种因素的影响。在特定温度和特定固定相上，化合物的科瓦茨指数是常数，因此，它被广泛应用于气相色谱定性《Sadtler标准气相色谱保留指数手册》收集了2000余种化合物在4种色谱柱上的科瓦茨指数数据，可直接用于气相色谱定性分析。

对于液相色谱，有不少人提出类似于科瓦茨指数的保留值，但实际测定的液相色谱保留指数均不是一个恒定的值，因此其应用受到限制。

色谱分离过程中一个重要的热力学参数是容量因子k，其大小在热力学上取决于分配系数K，而分配系数的大小又取决于溶质分子在两相间的相互作用能。相互作用能有多种形式，包括色散能、诱导能、取向能、电荷间相互作用能以及氢键能等。色谱过程的热力学研究需从分子间的相互作用能入手。

分子间的相互作用能的一般表达式为

$$E=B_1\alpha_A+B_2\mu_A^2+B_3\chi_H+B_4\chi_0 \tag{7-17}$$

式中，B_1～B_4为系数；α_A、μ_A、χ_H和χ_0分别为溶质分子的极化率、偶极矩、氢键和其他作用能。

7.4.2　气相色谱保留规律

对气液色谱而言，色谱保留主要取决于溶质在气液两相的分配系数K，其热力学表达式为

$$\ln K=-\frac{\Delta H_s}{RT}+\frac{\Delta S_s}{R} \tag{7-18}$$

式中，ΔH_s、ΔS_s为溶质在固定液中的溶解焓和溶解熵。从色谱容量因子与分配系数的基本关系式(7-13)，可以得到Van't Hoff方程，即

$$\ln k=-\frac{\Delta H_s}{RT}+\frac{\Delta S_s}{R}-\ln\beta \tag{7-19}$$

或表示为

$$\ln k=\frac{B}{T}+A \tag{7-20}$$

其中，$A=\frac{\Delta S_s}{R}-\ln\beta$，$B=-\frac{\Delta H_s}{R}$。

式(7-20)是气相色谱保留值变化最基本的规律，也称为气相色谱保留值方程，它表明气相色谱主要通过改变温度来实现化合物分离、改变选择性和调节保留值。将$\ln k$对$1/T$作图，即为范特霍夫（Van't Hoff）曲线。各种物质的保留值随温度的倒数变化呈良好的线

性关系，不同物质的范特霍夫曲线的斜率（焓）和截距（熵）不同。

对于气固吸附色谱模式，容量因子的热力学表达式与气液色谱相同，只是焓和熵项为吸附焓变 ΔH_a 和熵变 ΔS_a，即

$$\ln k = -\frac{\Delta H_a}{RT} + \frac{\Delta S_a}{R} - \ln\beta \tag{7-21}$$

气固色谱的保留值随温度倒数的变化也呈现良好的线性关系，即与式(7-20）有相同的形式。这也表明气固色谱与气液色谱具有相同的保留值变化形式，只是溶质与固定相的相互作用机理不同而已。

詹姆斯和马丁将脂肪酸类化合物的调整保留体积 V'_R 的自然对数值与其同系物分子中的碳数作图得到一条直线，后来许多研究发现各类化合物的同系物间均存在这种线性规律。此保留值变化规律称为同系物碳数规律，即

$$\ln k_n = A_1 n + C_1 \tag{7-22}$$

其中，$A_1 = \frac{B_1 \Delta\alpha_{CH_2}}{RT} + \frac{\Delta V_{CH_2}}{R}$，$C_1 = \frac{B_1\alpha_0 + B_2\mu_0^2 + B_3\chi_H + B_4\chi_0}{RT} + \frac{V_{A0}}{V_B} - \ln\beta$。

式中，α_0 为同系物起点化合物（或结构基团）的极化率；$\Delta\alpha_{CH_2}$ 和 ΔV_{CH_2} 分别为 CH_2 的极化率和体积增量；n 为同系物的碳数。

式(7-22）即为保留值的碳数规律方程。碳数规律在气相色谱中占有重要地位，它不仅可以解释同系物的色谱保留值随分子量、沸点、蒸气压等增加而增加的现象，而且是保留指数（Kovats 指数）定性的基础。

7.4.3 液相色谱保留规律

液相色谱主要通过改变流动相组成来调整样品洗脱强度。在反相液相色谱中，通常以键合 C_{18} 或 C_8 为固定相，以水作为弱洗脱剂，以甲醇、乙腈和四氢呋喃等有机溶剂为强洗脱剂，通过水与有机溶剂的不同配比形成不同洗脱强度的流动相。因此，保留值随洗脱剂浓度变化的规律是液相色谱的基本保留规律，其表达式称为液相色谱保留值方程。在二元溶剂（如甲醇-水）反相色谱中，其液相色谱保留值方程为

$$\ln k = A + Cc_B \tag{7-23}$$

式中，A、C 为保留值方程系数；c_B 为有机相浓度，即强洗脱剂（如甲醇）的浓度。C 值为负值，容量因子随强洗脱剂浓度 c_B 的增加而减小。甲醇-水体系在整个浓度区间呈线性关系；而乙腈-水体系在高浓度区间内保留值变化会发生线性偏离现象，该现象仅发生在溶质的保留值非常小（$k<0.5$）的区域，不过通常不在该区间分析样品。与小分子的保留规律明显不同，蛋白质和多肽样品由于其空间构型会随溶剂的疏水性发生改变，其保留值常呈非线性变化趋势。

保留值方程中 A、C 值的理论关系比较复杂，这主要是由体系中分子间相互作用的关系复杂而引起的。其中，A 反映与流动相组成比例无关的一些作用因素，即流动相组成变化，A 值不变。但是，改变流动相溶剂种类或更换固定相，A 值改变。C 是只与流动相种类有关的参数（甲醇-水与乙腈-水体系不同），与色谱柱的物理性质无关。甲醇-水体系中每一种化合物的 C 值都是一个常数，如苯为 -2.71，甲苯为 -3.28。

对于三元或四元溶剂的流动相体系，上述保留值方程可近似表示为

$$\ln k = A + \sum_i C_i c_{B_i} \tag{7-24}$$

正相液相色谱以多孔硅胶和极性键合相为固定相，典型的流动相有己烷和有机相的混合溶剂，根据统计热力学方法获得的正相色谱保留值方程为

$$\ln k = A + B\lg c_B + Cc_B \tag{7-25}$$

式中，A、B、C 为系数；c_B 为二元洗脱剂体系中强溶剂（如己烷-乙醚、己烷-异丙醇中的乙醚或异丙醇等极性有机溶剂）的浓度。与反相液相色谱相同，二元以上的洗脱剂体系的保留值方程可近似表示为

$$\ln k = A + \sum_i B_i \ln c_{B_i} + \sum_i Cc_{B_i} \tag{7-26}$$

应当指出，多元溶剂体系中溶剂组成的变化对保留值的影响并非是线性加和关系，其中的分子间相互作用相对复杂，因此影响到体系多个热力学参数的变化，有时会导致式(7-26)出现较大偏差。

在实际分析中，改变柱温对液相色谱的分离选择性、分离速度、流动相黏度、柱前压等均会产生影响。温度升高使溶剂黏度降低，色谱柱的通透性增大，分析速度加快，同时可在一定程度上提高分离选择性。但是，温度高会降低色谱柱的使用寿命，尤其是过高的温度会使键合相分解、色谱柱损坏。多数液相色谱键合相在室温至 60℃是比较稳定的，使用过程中温度尽量不要高于 60℃。对于氧化锆基质的高稳定性固定相，温度可达 150℃以上，而且在高温条件下，纯水的洗脱能力也会增强。

在反相液相色谱体系中，与气相色谱中碳数规律相同，同系物的保留值随碳数增加而线性增加。同系物在结构上每增加一个 CH_2，在固定相上与 C_{18} 等碳链分子间的相互作用便有一个增量，保留值就会相应增加；同时与流动相溶剂分子相互作用也有一个增量，流动相中的增量导致保留值减小，两种作用相反。由于 CH_2 主要是色散作用，而且与 C_{18} 中碳链作用较强，与流动相中水或甲醇等极性溶剂作用较弱，因此总的结果是保留值增加。

在正相液相色谱体系中，由于固定相是极性官能团或硅羟基，而流动相是己烷和其他有机溶剂，以色散作用为主的 CH_2 基团在流动相中的作用力大于在固定相中的作用力，两相中的增量与反相色谱正好相反。因此，同系物随着 CH_2 数量的增加更容易被流动相洗脱出来，其保留值随碳数的增加而减小，称为负碳数规律。

液相色谱保留值不仅随流动相的组成变化而变化，而且随固定相的性质变化而变化。不同厂家的色谱填料产品差别可能很大，相同厂家的不同批号之间也存在一定差异。不同色谱柱之间的保留值差别主要是由于填料的表面积、键合量或键合密度、键合碳链长度不同所致。

填料的表面积越大，吸附位点越多，保留能力越强。保留值随吸附剂表面积增加呈线性增加。一般来讲，吸附剂的孔径大小与表面积相关，孔径越小，表面积越大。通常，分离蛋白质和多肽等大分子多采用大孔径（如 30.0nm）的色谱填料，其表面积一般在 $100m^2/g$ 左右；而分离小分子的填料孔径一般在 6.0～12.0nm，其表面积在 $300m^2/g$ 左右，有时可达 $800m^2/g$。

键合量是影响键合相色谱保留值的常见因素。目前，色谱填料主要采用多孔硅胶作为基体，碳链通过与硅胶表面的硅羟基之间的硅烷化反应键合到硅胶表面。由于键合碳链的体积比硅羟基大，硅胶表面的键合量随反应条件的不同而有较大差异。键合量越高的填料，保留值也越大。但是，当键合量达到一定程度时，保留值增加减缓甚至不再增加，此后键合量趋于饱和。一般而言，含碳率在 15%以下时，保留值随键合量增加呈线性增加趋势。

改变键合碳链长度也是改变键合相色谱保留值的手段之一。在反相色谱中，十八烷基键

合相（C_{18}）对多数有机化合物均具有较强的保留，广泛应用于各类化合物的分离。然而，对于疏水性较强的化合物，如多环芳烃类，C_{18}柱即使在纯甲醇洗脱时保留值也较大，这就需要通过改变键合相的碳链长度来调节键合固定相的保留性质和选择性。以C_8、C_4、C_2、C_1为键合相的色谱柱可以实现不同类型化合物的更快速、更有效的分离。在完全相同的条件下，化合物的保留值随键合相碳链的加长而增大。

对于酸性、碱性和两性化合物，溶液pH的变化会使其解离成为离子。分子的离子化对其色谱保留值能够产生较大影响。在反相色谱体系中有较适中保留值的中性状态分子，一旦发生离子化，其保留会迅速减弱，而减弱程度与其结构有关。因为中性有机物与固定相C_{18}之间有较强的相互作用，能够产生有效保留；而解离成离子后，电离基团被水包围呈强亲水性，使其与C_{18}之间的相互作用大大减弱，保留值迅速减小。通常，保留值的重复性在流动相pH为化合物pK_a值处最差，此处pH的微小变化会造成保留值的较大改变，出峰位置前后发生较大范围的移动。因此，选择色谱条件时应尽量避开该pH。通常，不能解离的中性分子的保留值不受pH变化的影响。

7.4.4 洗脱的普遍性问题

如果样品中所含组分保留值差异很大，那么若在气相色谱中使用恒定的温度，在液相色谱中使用恒定的流动相组成或在超临界流体色谱中使用恒定的密度，则分离难以得到满意的结果。以气相色谱为例，在某一恒定柱温下，保留时间和溶质沸点的关系近似于指数关系。那么，对各组分间沸点超过100℃的混合物而言，要想采用一个折中的分离温度达到各组分的完全分离是很困难的。在液相和超临界流体色谱中也存在类似的问题，当溶质与固定相达到一定亲和力时就不能被恒定组成比例的流动相或恒定密度的超临界流体所洗脱。这些都属于洗脱的普遍性问题，其特征表现为分离时间较长、先洗脱出来的峰分离效果差、后洗脱出来的峰由于谱带展宽而难以检测。一般的解决办法是使用程序化模式。气相色谱关键的程序化参数是温度和流速；液相色谱是流动相组成、流速和温度；超临界流体色谱是密度、组成和温度。程序化模式能够实现在适度的时间内将具有宽范围保留性质的混合物完全分离。恒定模式或程序化模式并非哪一个占绝对优势，二者实为互补关系，使用哪种模式取决于样品的性质。

温度程序化（即程序升温）是气相色谱最常见的程序化分离模式。热稳定性高的固定相，可以耐受较宽范围的温度变化且温度易于通过使用强制空气循环炉进行调整和控制。流速程序化可以通过装有电子压力控制的仪器实现，但只限于较窄的压力范围。相比于温度程序化，流速程序化更适合于较低温度下热不稳定化合物的分离。然而，流速程序化会使后洗脱峰的柱效下降；对于流速敏感型检测器，流速程序化也会给其校准工作带来困难。

流动相组成程序化（即梯度洗脱）是液相色谱常用的程序化分离模式。填充柱的高阻力和有限的操作压力导致使用流速的范围很窄，由此保留行为只能随流动相组成的变化而改变。另外，对于浓度敏感型检测器，由于后洗脱组分被稀释，造成其对这类组分的检测能力降低。常规内径色谱柱的径向温度梯度会导致柱效下降并产生不对称峰形，这就使温度程序化操作难以应用。小内径轻质微柱更适于采用温度程序化技术，这种缩短分离时间的方法对于设计小洗脱体积的色谱仪器有重要的借鉴价值。

超临界流体色谱中，密度和流动相组成程序化模式都很常用。当单一流体做流动相时采用密度程序化。对于混有有机溶剂的流体，流动相组成程序化更为实用，尤其在有机溶剂占流体组成较低的情况下。温度程序化与密度和流动相组成程序化同时使用有时可以改善分离中的谱带间距。

7.5　谱带展宽

7.5.1　色谱峰特征描述

色谱谱带（或区带）描述试样各组分在色谱柱内差速迁移和分子扩散形成的浓度分布。当溶质在色谱柱内分离并随流动相连续流出色谱柱时，其浓度分布通过检测器转换成响应信号并由电脑将响应信号随时间（或流动相流出体积）的变化记录下来，形成色谱图。色谱图中形成的色谱峰对应于样品各组分在柱出口流动相中的浓度分布，间接反映出组分在柱内的运行情况。样品是以很窄的谱带形式进入色谱柱的，当其离开色谱柱时，样品各组分谱带会变宽且变宽的幅度与其在色谱柱上的保留时间成正比。此现象称为谱带展宽，由色谱分离过程中各种动力学因素引起并使色谱图中形成各种展宽的色谱峰形。色谱峰形指色谱峰的宽度和对称性。通常，色谱峰是不对称的，多数色谱动力学因素会造成色谱峰形拖尾。

为了数学上计算方便，通常将色谱峰看作高斯分布的对称形状处理（如图 7-3 所示），色谱峰宽（峰底宽）与标准偏差的关系为

$$W=4\sigma \tag{7-27}$$

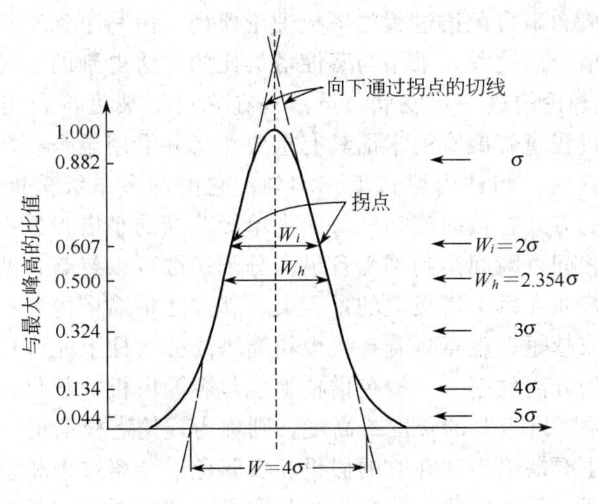

图 7-3　色谱峰的高斯分布特性

为了测定更准确，通常在色谱峰高度一半处进行宽度测量，即半峰宽 $W_{1/2}$。半峰宽与峰底宽和标准偏差的关系如下：

$$W_{1/2}=\frac{W}{1.699}=2.35\sigma \tag{7-28}$$

系统色谱峰方差的平方（σ^2）与样品组分在色谱柱内经过的柱长及其理论塔板高度之间有如下关系：

$$\sigma^2=HL \tag{7-29}$$

式中，H、L 分别代表色谱柱的理论塔板高度和柱长。从色谱塔板理论可知，色谱柱理论塔板数 N 可表示为

$$N=\frac{L}{H} \tag{7-30}$$

将式(7-29) 代入式(7-30) 得

$$N=\frac{L^2}{\sigma^2}=\frac{t_R^2}{\sigma_t^2} \tag{7-31}$$

式中，σ_t 是以时间为单位表示的标准偏差。如果以测量得到的峰底宽、半峰宽来计算理论塔板数，则

$$N=\left(\frac{t_R}{\sigma_t}\right)^2=16\times\left(\frac{t_R}{W}\right)^2=5.545\times\left(\frac{t_R}{W_{1/2}}\right)^2 \tag{7-32}$$

同理，若采用调整保留时间，则可以计算有效塔板数 N_{eff} 和有效塔板高度 H_{eff}，两者分别为

$$N_{eff}=\left(\frac{t'_R}{\sigma_t}\right)^2=16\times\left(\frac{t'_R}{W}\right)^2=5.545\times\left(\frac{t'_R}{W_{1/2}}\right)^2 \tag{7-33}$$

$$H_{eff}=\frac{L}{N_{eff}} \tag{7-34}$$

理论塔板数与有效塔板数之间的关系为

$$N_{eff}=N\left(\frac{k}{1+k}\right)^2 \tag{7-35}$$

当容量因子 k 为 0 时，N_{eff} 也为 0；当 $k\rightarrow\infty$ 时，$N_{eff}=N$。

塔板数和板高的概念来自色谱过程的塔板理论模型，由马丁和辛格于 1941 年首先提出。该理论是为了解释色谱分离过程，采用与蒸馏塔类比的方法得到的半经验理论，可以看作是蒸馏和逆流液-液分配理论的进一步发展。虽然现在它已经被更符合实际的速率理论模型所取代，但其描述色谱过程谱带展宽的术语具有重要意义并沿用至今。塔板理论将一根色谱柱看作是一根精馏柱，其内径和柱内填料填充均匀；它由许多单级蒸馏的小塔板或小短柱组成，流动相以不连续的方式在板间流动；每一个单级蒸馏的小塔板或小短柱长度很小，每个塔板内溶质分子在两相间可瞬间达到平衡且纵向分子扩散可以忽略，溶质在各塔板上的分配系数是一个常数，与溶质在每个塔板上的量无关，就像在精馏塔内进行精馏一样；这种假想的塔板或小短柱越小或越短，就意味着在一个精馏塔或分离柱上允许反复进行的平衡的次数就越多，即具有更高的分离效率。一根色谱柱上能包容的塔板的数目，称为该柱的“理论塔板数”（N），而每一层“塔板”的长度或高度，则称为理论塔板高度（H）。

塔板理论模型的主要缺陷表现在它的假设与实际色谱分离过程相差较大。纵向扩散是引起谱带展宽的重要因素，不能忽略；分配系数只在很窄的范围内才与溶质的浓度无关；最明显的错误还是假设流动相以不连续的方式流动。从实际应用的角度来看，其最大缺陷是不能将谱带展宽与实验参数（如填料的形状与性质、柱系统的几何形状与参数、流动相的种类与流速等）联系起来。不过，用于描述色谱分离效率的特征参数 N 和 H 是非常有用的，这两个参数的应用并不受塔板理论模型本身的任何缺陷限制。更符合实际的模型可由速率理论导出，其塔板数表达式与塔板理论模型相似。所有模型都可通过将谱带展宽过程描述为高斯分布而联系起来，其中只有速率理论能够将谱带展宽和实验变量联系在一起，并以此建立起色谱过程动力学优化的实验基础。

7.5.2 通过多孔介质的流动

流动相流动的轮廓和局部流速的改变都依赖于维持流动相流过分离系统的驱动力，包括

毛细管作用力、压力和电渗作用力。毛细管作用力存在于传统的液相柱色谱和平面色谱流动相的迁移。这些作用力一般太弱，不能为小颗粒固定相的分离过程提供足够的流速，它们通常用在某些平面色谱（如薄层色谱）上。就目前而言，毛细管控制的流动机理不适合用于快速有效的色谱分离。压力驱动促使流动相迁移常用于液相色谱，流动相受到外界压力，顺着柱入口与出口的压力梯度通过柱子。这种压力驱动流动的结果是形成一个流速呈径向抛物线形分布的轮廓，如图 7-4 所示，对于可压缩流动相，局部流速随位置而改变反映了沿柱迁移过程中不断减小的流动相阻力。电渗作用是大量液体在电场中流动的根源。流动相中离子的吸附或表面功能基团的解离导致在柱壁和颗粒表面（填充柱）形成双电层。过剩的水合反离子存在于双电层中而不是液体中。在电场存在下，溶液仅在双电层极薄的扩散部位发生剪切作用，输送流动相使之以几乎完美的塞形通过柱子（如图 7-4 所示）。这是中性化合物在电泳、电色谱、胶束电动色谱中共同的输运机理。离子的电泳淌度也影响着它们在电场中的迁移。塞形流动与抛物线形流动相比，其优势在于它可以将涡流扩散对塔板高度的影响降到最低，而这是压力驱动色谱中谱带展宽的主要原因。电渗速度依赖于一套完全不同于压力驱动流动的柱参数，这就为建立有效的分离体系提供了一个可供选择的液体传输机理。

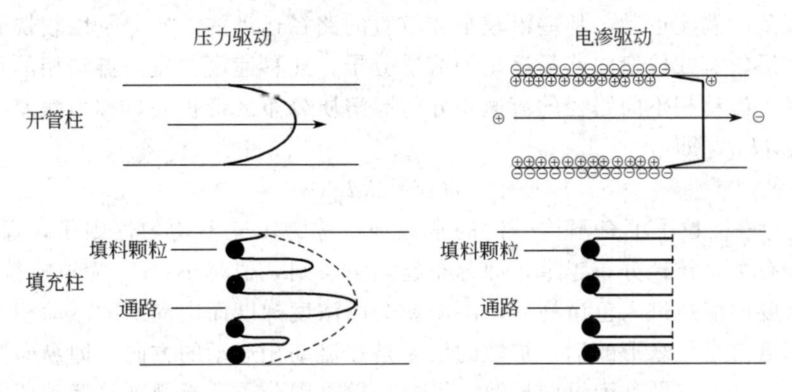

图 7-4　开管柱和填充柱中压力驱动和电渗驱动下的流动相输运

在压力驱动流动中，达西（Darcy）定律对柱压降和柱特性间的关系作出了定义。对于气相色谱，柱出口流动相流速方程为

$$u_0=\frac{K_f p_0(p^2-1)}{2\eta L} \tag{7-36}$$

式中，p_0 是柱的出口压力；p 是柱入口和柱出口的压力比值；η 是流动相的黏度；L 是柱长；K_f 是柱的渗透率，其定义为

$$K_f=\frac{u\eta L}{\Delta p}\cdot\frac{F_c t_m}{V_c}=K_0\cdot\frac{F_c t_m}{V_c} \tag{7-37}$$

式中，u 为平均线速度；K_0 称为渗透率常数或比渗透率；t_m 为死时间；Δp 是柱压降；F_c 是柱体积流速；V_c 为色谱柱总体积。

式(7-36) 适用于一般条件下的开管毛细管柱和低流动相流速的填充柱。由于大部分液体在一般操作条件下不可压缩，液相色谱的等式关系为

$$u=\frac{\Delta p K_0 d_p^2}{\eta L} \tag{7-38}$$

式中，d_p 为平均粒径。式(7-38) 适用的压力降 Δp 高达约 60MPa。渗透率常数值约为 1×10^{-3}，可以通过半经验式计算。$K_0 d_p^2$ 项是柱的通透性。式(7-36) 和式(7-38) 对设定

压力驱动色谱系统性能的实际界限非常重要。

渗透率常数 K_0 是填料粒径 d_p 的函数，即

$$K_0=\frac{d_p^2}{\phi} \tag{7-39}$$

式中，ϕ 无量纲，称为柱阻抗因子或阻力系数，其大小取决于填料颗粒的类型和填充方式。其表达式为

$$\phi=\frac{d_p^2}{K_0}=\frac{\Delta p d_p^2}{u\eta L}=\frac{\Delta p d_p^2 t_m}{\eta L^2} \tag{7-40}$$

一般填充柱的 ϕ 值为500～1000，填充毛细管柱为125～500，而开管柱与柱内径（r）有关。K_0 和 ϕ 可用于检查填充柱是否正常运行。

7.5.3 速率理论

在填充色谱柱中，粒状填料之间的间隙，即是流动相流动的通路。填料粒径、形状以及填充柱床紧密程度的不均一性，都会使得填充柱形成宽窄、长短不同的路径。流动相沿柱内各路径形成紊乱的涡流运动，那些沿较窄或较直的路径运动的溶质分子以较快的速度通过色谱柱；而那些沿较宽或较弯曲路径运动的溶质分子，迁移速度较慢。流动相的平均线速度决定溶质的保留。流动相不同路径的流速差异引起溶质分布区带扩展，称为涡流扩散效应，或称多路径效应 H_M，即

$$H_M=2\lambda d_p \tag{7-41}$$

式中，λ 为表征粒子填充不均一性的常数项，称为填充不均匀性因子，通常接近于1，它与粒径分布有关，粒径分布越窄，即分布越均匀，则 λ 值越小；d_p 为填料粒径。

当一定浓度的溶质进入色谱柱后，溶质便会因浓度梯度而向周围的流动相内扩散。如果在进样口处的谱带是柱塞形的话，扩散的结果是在流动相运动的方向，即纵向产生扩散，造成谱带的展宽。这种扩散称为纵向扩散。纵向扩散是因分子的无规则热运动所引起的，所以又称为分子扩散，服从于爱因斯坦扩散方程，其方差为

$$\sigma^2=2Dt \tag{7-42}$$

式中，D 为溶质在流动相或固定相中的扩散系数；t 为溶质在流动相或固定相中停留的时间。因为 $ut=L$，$t=L/u$，所以，纵向扩散 H_L 在总理论塔板高度中的贡献为

$$H_L=H_{L(m)}+H_{L(s)} \tag{7-43}$$

式中，$H_{L(m)}$ 为流动相中的扩散项；$H_{L(s)}$ 为固定相中的扩散项。这两相中的扩散过程类似但时间不同。对固定相中的扩散而言，其停留时间为 k/u，此外考虑到填料的不均一性对扩散的影响，范第姆特（Van Deemter）引入 γ 校正值，称为扩散阻碍因子或称为填料因子。对于填充柱，通常 $\gamma<1$；对于开管毛细管柱，不存在路径弯曲，因而无扩散障碍，$\gamma=1$。综上所述，H_L 可表示为

$$H_L=\frac{2\gamma_1 D_m}{u}+\frac{2\gamma_2 k D_s}{u}=\frac{2\gamma_1 D_m}{u}(1+\xi k) \tag{7-44}$$

$$\xi=\frac{\gamma_2 D_s}{\gamma_1 D_m}$$

式中，D_m 为溶质在流动相中的扩散系数；D_s 为溶质在固定相中的扩散系数。这是表示纵向扩散导致的谱带展宽的基本公式。从公式可知，H_L 与扩散系数成正比而与流动相的线速度成反比。通常，溶质在气相中的扩散系数远大于在液相中的扩散系数，$D_m\approx10^4\sim10^5$，所

以纵向扩散对气相色谱来说是非常重要的因素。而在高效液相色谱中，只要流速较高，便可将 H_L 对总理论塔板高度的贡献降至低于1%。此外，选择细颗粒且粒径分布均匀的填料，再经良好的填充，便可进一步降低 γ 值而使 H_L 进一步减小。

随着流动相在色谱柱中的迁移，溶质在流动相和固定相之间不断地进行着传质过程。由于溶质分子与固定相、流动相分子间相互作用，阻碍溶质分子快速传递实现分布平衡。这些导致有限传质速率的分子间作用力称为传质阻力。色谱过程中流动相处于连续流动状态，传质阻力使溶质在两相间的吸附-解吸平衡不可能瞬间建立。这样，未能进入固定相的溶质分子就会随流动相继续前进，发生分子移动超前；而固定相中由于分布未达平衡而不能及时解吸进入流动相的溶质分子，发生分子移动滞后。

在流动相中，流速、流型以及溶质在流动相中的扩散速度等因素会造成溶质谱带展宽。在管状色谱柱中，靠近管壁的流动相因管壁的附加阻力而使流速减慢，位于管中心部位的流动相流速最大，形成抛物面型的速度梯度，因此流动相所携带的溶质，也会因这种速度梯度而产生谱带的展宽。

色谱柱中的流动相，有的存在于固定相或填料的颗粒之间，当使用多孔性固定相或填料时，还有一部分流动相进入到固定相或填料的孔中，形成所谓“停滞流动相”，这种停滞流动相不随流动相整体而流动，它们处于相对静止的状态。流动相中的溶质必须先进入停滞流动相，才能进而进入固定相中，实现在流动相与固定相之间的传质，同时也带来附加的谱带展宽。综上所述，流动相的传质阻力造成的谱带展宽为

$$\sigma_{Rm}=\frac{f_1(k)d_p^2}{D_m}u \tag{7-45}$$

式中，f_1 为常数；k 为溶质的容量因子；d_p 为固定相或填料直径；D_m 为溶质在流动相中的扩散系数；u 为流动相的线速度。从式(7-45)可知，减小流动相的线速度和粒径，可以降低因流动相的传质阻力而引起的峰展宽。此外处于柱截面上不同位置的溶质分子的速度是不一致的，而径向扩散有利于抵消这种不一致性。这就意味着扩散系数大时，谱带展宽降低，表现在式(7-45)中，σ_{RM} 与 D_m 呈反比关系。

溶质分子在固定相中的传质阻力在谱带展宽中占有重要的地位。溶质分子必须越过流动相与固定相的界面，才能进入或离开固定相。在固定相中停留的时间和路径的长短，会影响谱带展宽的程度，它可以表示为

$$\sigma_{Rs}=\frac{f_2(k)d_f^2}{D_s}u \tag{7-46}$$

式中，d_f 为固定相或固定液膜的厚度；D_s 为溶质在固定相中的扩散系数。从式(7-46)可知，固定相的传质阻力所引起的谱带展宽，从形式上看与流动相传质阻力的情况相类似。流动相的线速度越大，固定液或固定相层越厚，展宽也越大；但它可随溶质在固定相中扩散系数的加大而降低。这提示我们细的固定相颗粒或薄的固定液层，有利于传质而获得更高的分离效率。

在总结归纳上述各种引起峰展宽效应的基础上，范第姆特于1956年提出了填充气相色谱柱内总理论塔板高度的方程，即

$$H=2\lambda d_p+\frac{2\gamma D_m}{u}+\frac{f_2(k)d_f^2}{D_s}u \tag{7-47}$$

其中

$$f_2(k)=\frac{8}{\pi^2}\times\frac{k}{(1+k)^2} \tag{7-48}$$

对于气相色谱，流动相的传质阻力可以忽略不计，故而推导出方程式(7-47)。但在液相色谱过程中，这项因素是必须考虑的。帕内尔（Purnel）于1960年推导出了较完整的流动相的传质阻力项表达式，这样，范第姆特方程式可完整表达为

$$H=2\lambda d_{\mathrm{p}}+\frac{2\gamma D_{\mathrm{m}}}{u}(1+\xi k)+\frac{f_1(k)d_{\mathrm{p}}^2}{D_{\mathrm{m}}}u+\frac{f_2(k)d_{\mathrm{f}}^2}{D_{\mathrm{s}}}u \tag{7-49}$$

$$f_1(k)=\frac{1+6k+11k^2}{24(1+k)^2} \tag{7-50}$$

式(7-49) 也可以用简式表达为

$$H=A+\frac{B}{u}+Cu \tag{7-51}$$

$$A=2\lambda d_{\mathrm{p}}$$

$$B=2\gamma D_{\mathrm{m}}(1+\xi k)$$

$$C=\frac{(1+6k+11k^2)d_{\mathrm{p}}^2}{24(1+k)^2 D_{\mathrm{m}}}+\frac{8kd_{\mathrm{f}}^2}{\pi^2(1+k)^2 D_{\mathrm{s}}}$$

根据表达式(7-51)，可以比较精确地预测给定的色谱柱在优化的流动相流速下的柱效，以及各种因素对总理论塔板高度的影响。

范第姆特方程是一个双曲线函数，即理论塔板高度 H 是流动相线速度 u 的函数。双曲线函数是有极值的，也就是说，应该有一个最佳的流速，此时可获得最高的柱效。图 7-5 给出了一个典型的 H-u 曲线。从 H-u 曲线可以清楚地看出，柱填料粒径对柱效影响非常大，且粒径越小柱效越高。从范第姆特方程计算得知，优化的流动相线速度（u_{opt}）可近似表示为

$$u_{\mathrm{opt}}=\frac{1.62D_{\mathrm{m}}}{d_{\mathrm{p}}} \tag{7-52}$$

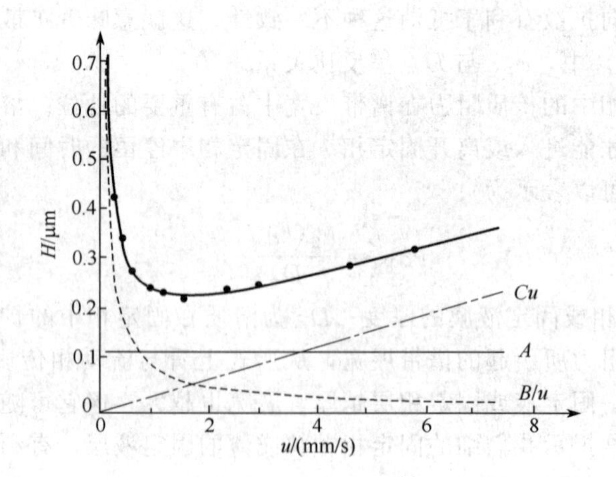

图 7-5 Van Deemter 方程的 H-u 曲线

此时的最小理论塔板高度为

$$H_{\mathrm{min}}=2.48d_{\mathrm{p}} \tag{7-53}$$

这一关系不依溶质、流动相以及固定相而改变，具有一定通用性。依此关系式可以方便地估算出不同粒径填料的色谱柱在最佳条件下所能得到的最小理论塔板高度。

范第姆特方程比较满意地描述和解释了发生于色谱过程中的谱带展宽过程。但是，在实

际应用中发现有时实验值偏离公式计算值。于是，许多学者继续对其进行了广泛而深入的研究，并提出了一些修正的范第姆特方程。

考虑到流动相的线速度不仅影响涡流扩散效应，同时也影响流动相传质阻力，吉丁斯将这两种影响加以综合考虑。当流动相通过填充柱床时，流动相在填料颗粒间的曲折流动会引起一种微湍流，这种微湍流有可能大大加快粒子之间溶质的迁移，当流动相线速度提高时，粒子间的传质阻力会降低；而流动相速度较低时，这种阻力便会加大，一种极限情况是当速度趋近 0 时，范第姆特方程中的 A 项，即涡流扩散项趋近于 0。吉丁斯提出的修正方程为

$$H=\frac{A}{1+\dfrac{E}{u}}+\frac{B}{u}+Cu \tag{7-54}$$

与原来的范第姆特方程不同的是，这里引入了一个展宽常数 E。可以看出，当线速度 $u \gg E$ 时，则 $E/u \rightarrow 0$，此时即是原来的范第姆特方程；而当 $u \ll E$ 时，则 $E/u \rightarrow \infty$，$A/(1+E/u) \rightarrow 0$，即因流速的急速降低，多路径的影响已可忽略不计了。

液相色谱可以通过使用细粒径填料、高柱压操作、低黏度流动相来达到最好分离效率。液体的扩散系数要远小于气体，这虽然意味着造成谱带展宽因素之一的纵向扩散通常可以忽略，但流动相中传质的重要性更为显著。液相色谱中溶质扩散慢的不足可以通过采用比气相色谱常规流速低得多的流动相流速而得到部分弥补。然而，这种效率的增加要以付出更长的分离时间为代价。固定相中传质慢是由于陷入多孔结构而停滞的流动相扩散缓慢和沿着颗粒的溶剂化键合相表面扩散引起的。多孔颗粒内的这种不利的传质效应可以通过使用更小粒径的填料降到最低，因为这样限制了溶质必须通过扩散输运的平均路径。对于直径小于 5μm 的颗粒，板高曲线在最小值区域基本平坦，表明小粒径填料柱可以在更高的线速度下操作而不会引起明显的柱效损失。然而，这些柱的流动阻力大，限制了较长的常规色谱柱的使用。当然，非多孔填料为液相色谱最大限度地减小因填料颗粒内传质慢而引起的柱效降低提供了一种最佳手段，但这些颗粒的表面积小，保留值低，成为优化小分子分离的一个不利因素。这个问题对于大分子就没那么明显了。大分子的扩散系数比小分子化合物低 1～2 个数量级。对大分子来说，小粒径多孔和非多孔颗粒由于相对小的颗粒内传质阻力项（扩散距离短）和较小的涡流扩散，对板高的影响较小，对提高柱效有利。提高操作温度和增强流动相的流动性（即向常规流动相中加入低黏度液体）可以改善溶质的扩散性质、降低流动相黏度，达到提高柱效和缩短分离时间的效果。

7.5.4 折合参数

采用折合参数（h、v、ϕ）代替绝对参数（H、u、k_0）是为了能够直接比较不同类型色谱柱的性能，在采用不同颗粒大小的填料、不同黏度的流动相洗脱和不同扩散系数的组分进行试验时都可以直接进行相互间的比较。折合参数无量纲。

折合塔板高度简称折合板高（h），是将 H 以填料颗粒大小进行归一化。

$$h=\frac{H}{d_{\mathrm{p}}}=\frac{1}{5.54}\times\frac{L}{d_{\mathrm{p}}}\left(\frac{W_h}{t_{\mathrm{R}}}\right)^2 \tag{7-55}$$

式中，W_h 是半峰宽；t_{R} 是溶质的保留时间；h 表示板间所含的颗粒数，与颗粒大小无关。

折合流速 v 是指流动相的测量流速相对于溶质扩散经过一个颗粒直径的速度，即流动相以粒间扩散速度为单位的流速，即

$$v = u \times \frac{d_p}{D_m} = L \times \frac{d_p}{t_m D_m} \tag{7-56}$$

式中，D_m 为溶质在流动相中的扩散系数；t_m 是死时间。当两种速度相等时，柱效最高，流速太高则进出颗粒孔穴的扩散和它们的表面不能保持平衡。

溶质的 D_m 精确值不易测定。当扩散系数未知时，可以根据式(7-57) 的 Wilke-Chang 方程计算得到近似值：

$$D_m = \frac{A(\phi M)^{0.5} T}{\eta V^{0.6}} \tag{7-57}$$

式中，A 是常数，其值随单位而变，当 D_m 以 m^2/s 为单位时，$A = 7.4 \times 10^{-12}$；ϕ 是取决于溶剂的常数（无缔合性溶剂 1.0，乙醇 1.5，甲醇 1.9，水 2.6）；M 是溶剂的相对分子质量；T 为热力学温度；η 是流动相的黏度；V 是溶质的摩尔体积。低分子量溶质的 D_m 典型值在 $(0.5 \sim 3.5) \times 10^{-9}\ m^2/s$ 之间。低黏度的有机溶剂（如己烷）的 D_m 值较高，极性溶剂（如水）的 D_m 值较低。柱流动阻抗因子 ϕ 是描述流动相流动阻力的参数，其大小取决于颗粒类型、直径、装填方式、柱长和流动相黏度，即

$$\phi = \frac{d_p^2}{k_0} = \frac{\Delta p d_p^2 t_m}{\eta L^2} \tag{7-58}$$

式中，Δp 是柱压降；k_0 是柱的比透过度。采用 ϕ 来代替 k_0，是为了便于比较不同粒度填充柱的渗透性和装填密度，使渗透性的参数能包括填充物颗粒直径 d_p 的因素。ϕ 的实验值可说明色谱系统运行的状况，多孔填料的典型 ϕ 值在 250～650 之间，假如数值很高(如为正常值的 10 倍)，则说明色谱系统部分受阻。所以，k_0 越大、ϕ 越小越好。分离阻抗 E 为不保留溶质通过一块塔板的洗脱时间乘以一块塔板的压降并进行黏度修正后的结果，即

$$E = \frac{t_m}{N} \times \frac{\Delta p}{N} \times \frac{1}{\eta} = h^2 \phi \tag{7-59}$$

E 表示达到一定柱效的难度，优化柱效应该使 E 值最小化。高柱效是在低的流动阻力和小的谱带展宽条件下实现的。对于开管柱，上述方程中的 d_p 为柱内径 d_c。

对液相色谱填充柱而言，折合板高数为 2 就很好了，典型值在 2～3 之间。如色谱柱长 20cm，粒度为 10μm，N 为 10000 的色谱柱，它的折合板高为 2。正常情况下，填充柱的流动阻抗因子在 500～1000 之内。它提供了色谱系统作为一个整体如何进行操作的信息。流动阻抗因子值的异常与色谱系统堵塞（如滤芯、连接管路等）、填料含有过细的颗粒以及色谱柱具有过多的空隙有关。好的色谱柱的分离阻抗值一般在 2000～9000 之间。填充柱的柱效与柱内径无关，常规填充柱、小孔径填充柱和毛细管填充柱具有相似的分离阻抗值。

根据上述概念和色谱理论，折合板高与折合流速的关系为

$$h = A v^{1/3} + \frac{B}{v} + C v \tag{7-60}$$

此式即为折合板高方程，它适用于比较不同粒度填料的柱性能。式中，B/v 项是由纵向扩散产生的折合板高；$A v^{1/3}$ 项是由偶合涡流产生的折合板高；Cv 项是由流动相和固定相之间的慢传质而引起的；A、B、C 为常数。常数 B 反映柱中洗脱剂的路径以及由于填料的存在而阻碍溶质扩散的程度，B 要求小于 4，约为 2 最好；常数 A 主要衡量柱装填的好坏，如果装填得好，A 值在 0.5～1.0 之间，A 值大于 2 说明柱填充有问题；C 值反映溶质在固定相和流动相之间质量转移的效能，在折合流速较高的情况下，C 值对折合板高起支配作用，对薄壳填料，C 接近于零，对多孔填料则数值较大，若为 0.05 则较合适。用 h 对 v 作图，可

求出常数 A、B、C。它们的数值仅取决于柱填充操作，而与颗粒大小无关。图 7-6 给出式(6-60)的对数图。在低折合流速下，B/v 项占优势，当流速降低时，h 值显著升高；在高折合流速下，Cv 项是引起区带扩展的主要因素，流速增加，h 值升高；在中间值范围内，当 $v\approx3$ 时，h 值最小，h 约等于 2.5，在这个范围内，$Av^{1/3}$项占优势。折合流速在1～8之间，板高曲线颇为平缓，和 $v=3$ 的最佳值比，柱效损失不到 25%。

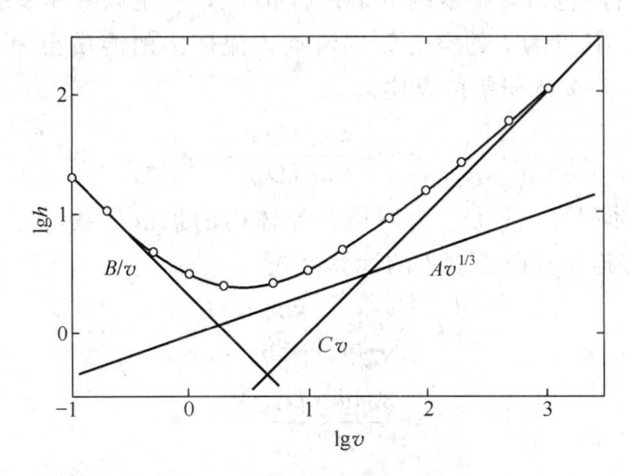

图 7-6　折合板高和折合流速对数曲线图

折合参数及其 lg$h$-lg$v$ 图是目前较广泛用来表示柱性能的一种方法，由于它与填充材料的粒度大小无关，所以不同粒度填充的色谱柱可以直接比较其性能，并可使用统一的标准来衡量柱质量，具有一定的实际意义。

7.5.5 柱外效应

速率理论研究色谱柱内溶质区带扩展、板高增加的因素。实际上，在色谱系统中，柱外还存在引起区带扩展的因素。色谱区带扩展的总方差，等于柱内、柱外各种独立因素方差之和，如下式所示：

$$\sigma_T^2=\sigma_{co}^2+\sigma_{in}^2+\sigma_{tu}^2+\sigma_{de}^2+\sigma_{or}^2 \tag{7-61}$$

式中，σ_T^2 为色谱系统观察到的色谱峰扩展的总方差；σ_{co}^2 为色谱柱内各种因素产生的色谱峰扩展；σ_{in}^2、σ_{tu}^2、σ_{de}^2、σ_{or}^2 分别为进样系统或方式、系统连接管路、检测器和其他因素引起的色谱峰扩展。除 σ_{co}^2 外，其他引起色谱峰扩展的因素称为柱外效应。

当色谱系统中柱外效应不大时，$\sigma_T^2=\sigma_{co}^2$，由于气相色谱的色谱柱体积占色谱系统总体积的比例很大，柱外效应一般较小，此式基本成立。而对于高效液相色谱而言，由于色谱柱体积小且溶质在液相中扩散系数很低，柱外效应对色谱区带扩展的影响不可忽略，使用细内径色谱柱，柱外效应尤为重要。常用柱外效应引起的峰体积的相对增大值表征柱外效应。色谱峰体积 V_p 为

$$V_p=\frac{4t_R}{\sqrt{N}}\times V_c\times\frac{\varepsilon_T}{t_m}=\frac{4V_c\varepsilon_T(1+k)}{\sqrt{N}} \tag{7-62}$$

峰体积与柱管体积 V_c、柱空隙度 ε_T 成正比，而与柱效（即理论塔板数的平方根）成反比，并随溶质的容量因子 k 值的增加而增大。通常通过柱内峰体积和柱外峰体积比较来研究柱外效应。很明显，溶质 k 值越小，柱外效应对峰体积影响越大。一般要求柱外效应引起的峰扩展小于色谱峰总扩展的 10%。

若把连接管路作为色谱系统的一部分，连接管内产生的色谱峰扩展是色谱系统峰扩展的一部分，则

$$\sigma_{tu}^2=\left(\theta\frac{V_R}{\sqrt{N}}\right)^2=(\theta\sigma_T)^2 \tag{7-63}$$

式中，θ^2 为连接管路色谱峰扩展的分量；$(V_R/\sqrt{N})^2$ 是以峰体积表示的总色谱峰扩展。

流体在内径为 d_c、长度为 l 的空心管内流动，流体中的溶质会因为纵向和轴向分子扩散产生区带扩展，其方差按体积单位表述为

$$\sigma_{tu}^2=\frac{\pi d_c^2\cdot l\cdot F_c}{384D_m} \tag{7-64}$$

式中，F_c 为流体体积流速；D_m 为溶质在流体内的扩散系数。将式(7-63) 和式(7-64) 合并后，导出最大允许连接管路长度 l 的计算公式：

$$\left(\theta\frac{V_R}{\sqrt{N}}\right)^2=\frac{\pi d_c^2\cdot l\cdot F_c}{384D_m} \tag{7-65}$$

$$l=\frac{384\theta^2\cdot D_m\cdot V_R^2}{\pi NF_c d_c^2} \tag{7-66}$$

如果要控制连接管路内色谱峰扩展在一定值 θ^2 范围之内，可采用式(7-66) 计算，以确定最大允许连接管长度。

进样可能是柱外效应引起色谱峰扩展的一个主要原因。比较典型的进样方式有两种：塞子型进样（矩形脉冲进样）和指数型进样。六通阀进样或针头快速进样时属塞子型进样，样品在进样系统中停留时间极短，分子扩散趋于零；指数型进样在进样系统死体积过大时出现，此时样品在柱头上的浓度可用指数衰减型函数表示。不论塞子型进样还是指数型进样，都能预测由进样造成的峰扩展方差 σ_{in}^2。对于塞子型进样，斯腾伯格（Sternberg）提出以体积表示的 σ_{in}^2 为

$$\sigma_{in}^2=\frac{1}{12}V_{in}^2 \tag{7-67}$$

式中，V_{in}为进样体积。σ_{in}^2 与流速无关，这与 σ_{tu}^2 不同。σ_{in}^2 可以看作涡流扩散或多路径项的一部分，但它属柱外效应。

进样产生的色谱峰扩展决定于进样体积和进样方式。马丁等提出最大允许进样体积的关系式为

$$V_i=\theta V_R\frac{K_{in}}{\sqrt{N}} \tag{7-68}$$

式中，θ 为进样产生的色谱峰扩展分量；K_{in}为进样质量的特性参数，它取决于进样方式，有报道 K_{in}约等于 2。塞子型进样的 K_{in}值高，允许进样体积大；指数型进样的 K_{in}值小，允许进样体积小。然而，V_i 也与溶质的 k 值有关，溶质 k 值越大，允许进样体积越大。

色谱检测器流通池的结构、体积、流体流动状态都影响色谱峰扩展，柱外色谱峰扩展还可能来自检测器响应时间。来自检测器的峰形扩展，在极端情况下是完全紊乱的混合，此时

$$\sigma_{de}^2=V_d^2 \tag{7-69}$$

即检测器产生的色谱峰扩展等于检测池体积 V_d。这是检测池内色谱峰扩展的上限，实际情况中不存在完全紊乱混合，只要检测池体积小于色谱峰体积的十分之一（取决于 k 值），即 $V_d<0.1V_p$，检测池产生的柱外色谱峰扩展就不显著。马丁提出允许检测池的最大体积为

$$V_{\mathrm{d}}=\theta\frac{V_{\mathrm{R}}}{\sqrt{N}}=\theta\sigma_{\mathrm{T}} \tag{7-70}$$

式中，θ 为检测池引起色谱峰扩展的分量。一般要求检测池内色谱峰扩展小于总的色谱峰扩展的 10%，这时要求检测池体积小于 14μL。

7.5.6　等温线的影响

在分析型色谱的分离条件下，通常认为溶质的分配系数与其浓度无关。如果以溶质在固定相中的浓度对其在流动相中的浓度作图将是一条直线，其斜率等于分配系数。由于这张图是在等温条件下获得的，故称之为等温线。线性等温线产生的色谱峰形是对称的，其峰宽取决于色谱柱的动力学性质，这是线性色谱的基础，而通用色谱理论就是由此发展而来的。非线性等温线在特定条件下产生，导致峰不对称和保留时间依赖于溶质在流动相中的浓度，即进样量的大小。非线性等温线常见于制备色谱，因为在制备色谱中为了达到最大产量和产率常采用大进样量。

通常，产生非线性等温线的原因是高样品浓度和活性不均一的吸附剂，其吸附位点的吸附-解离速率常数不一致。例如，液相色谱中采用的化学键合相含有两类吸附位点：键合在硅胶表面的配基与硅胶基质上易接近的硅醇基。这些位点与溶质之间的相互作用可能不同。气固色谱中使用的无机氧化物吸附剂本质上也是非均一的。若上述这些差异不是太大，溶质在吸附剂表面形成单层覆盖且溶质与固定相间的相互作用强，而溶质与溶质间的作用弱，则实验等温线符合朗格缪尔等温线模型。在朗格缪尔型等温线情况下，固定相中未被占据的吸附位点数量随溶质浓度的增加而迅速减少，等温线斜率也随之降低，如图 7-7 所示。结果，溶质在高浓度时谱带迁移比其在低浓度时要快，出现拖尾峰。反朗格缪尔型等温线在分配体系中更常见，因为在分配体系中溶质与固定相间的相互作用弱于溶质与溶质间的作用，或者是大进样量引起柱过载的发生。这种情况下，已经吸附在固定相上的溶质分子能使更多的溶质分子容易被吸附。这样，随着溶质浓度的增加，固定相吸附溶质的分配系数增大，结果导致色谱峰具有扩散的前沿和尖锐的尾部，常称前沿峰。

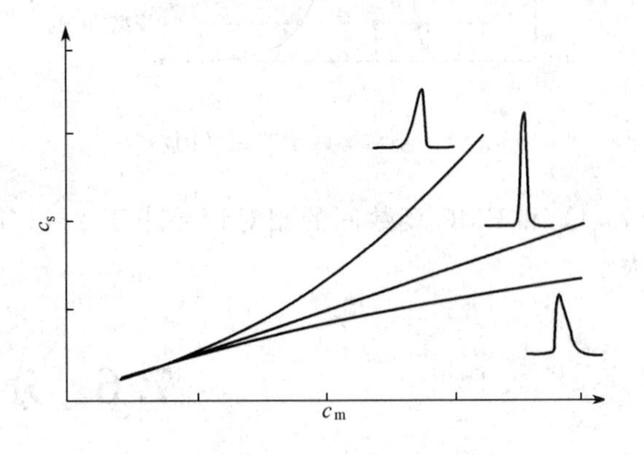

图 7-7　不同等温线及其对色谱峰形的影响

文献报道，已有很多实验技术用于等温线的测定，大多是单组分等温线。多组分等温线数据更为复杂，因为所有成分同时竞争固定相的吸附位点。每种溶质的保留时间和峰形都取决于混合物中所有其他溶质的浓度和性质。对于液相色谱和超临界流体色谱中的多组分流动相，流动相的每个组分也包括在内，都会对溶质的保留时间和峰形产生影响。

7.5.7　峰形模型

实际的色谱峰很少是真正的高斯曲线，在高斯曲线假设的前提下对色谱参数进行计算就会导致严重偏差。高斯模型仅适用于峰不对称性较小的情况。柱外谱带展宽和等温线对色谱峰的影响前已述及。其他原因包括样品组分的不完全分离、慢传质过程、化学反应和色谱柱空隙的形成。慢传质过程的例子包括溶质在微孔固体、聚合物、有机胶体基质和包有液滴的深孔中的扩散；涉及不均一能量分布表面的相互作用；液相色谱中由于键合相溶剂化作用导致的界面传质阻力。由柱床收缩形成的柱空隙通常是色谱柱在其整个使用过程中逐渐形成的，它能够导致累加的色谱峰展宽和变形。如果柱入口处整个横截面存在空隙，那么产生的谱带展宽效应要大于峰不对称效应。然而，如果空隙沿柱床方向仅占柱床的部分横截面，就会产生显著的拖尾或前沿，甚至将所有的峰分裂成完全分开或部分分开的双峰。局部空隙效应是由于空隙和填充区域在流路中形成了不同的滞留时间。在液体中扩散缓慢，就不能以足够快的速度缓解径向浓度差异以避免不对称峰和分裂峰的形成。气相色谱中该现象并不明显，因为气体中的扩散要快得多。

对峰形直接进行数学积分可能会导致很多错误和不确定因素，这常常是由积分限的选择、基线漂移、噪声、柱外扩散引起的。基线测定时的一个微小的误差往往会严重影响峰起始和结束位置的选择，造成相当大的误差。为了尽量减小峰面积积分误差，可以通过计算机或人工方法对峰轮廓进行曲线拟合，EMG（exponentially modified Gaussian）模型已被普遍用于拖尾峰的处理。EMG 由高斯函数和指数衰减函数得到，用于分析峰形的不对称性。EMG 函数由三个参数定义：保留时间、母高斯函数的标准偏差和指数衰减函数的时间常数。根据 EMG 函数，当 $1.1<(A/B)<2.76$ 时，拖尾峰的塔板数 N_{sys} 可以从色谱图中通过式(7-71) 估算，即

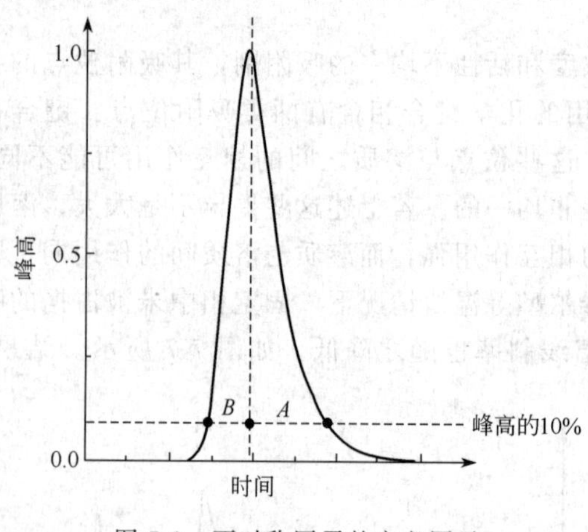

图 7-8 不对称因子的定义图示

$$N_{sys}=\frac{41.7\left(\frac{t_R}{W_{0.1}}\right)^2}{\left(\frac{A}{B}\right)+1.25} \tag{7-71}$$

在峰高 10%处的峰宽（$W_{0.1}=A+B$）和不对称因子（A/B）的定义如图 7-8 所示。式(7-71) 和 EMG 函数间的相对误差小于 2%。EMG 函数的另一个应用是表示柱外扩散的大小。

7.6 分离度

分离度是定量描述相邻两组分在色谱柱内分离情况的指标，它有几种不同的表示方式。国内外广泛采用峰底宽分离度 R 作为分离度指标，其定义为两相邻组分色谱峰保留值之差与色谱峰平均底宽之比，即

$$R=\frac{t_{R_2}-t_{R_1}}{\frac{1}{2}(W_2+W_1)}=\frac{2(t_{R_2}-t_{R_1})}{W_2+W_1} \tag{7-72}$$

式中，t_{R_1}、t_{R_2} 为组分保留时间；W_1、W_2 为色谱峰底宽，如图 7-9 所示。保留值和色谱峰底宽也可用体积表示。R 无量纲，当 $R=1$ 时，两相邻峰基本分离，这时 $\Delta t=4\sigma$；当 $R=1.5$ 时，两峰完全分离。

当色谱峰底宽交叠不易测量时，可以采用半峰宽来代替峰底宽计算分离度，称为半峰宽

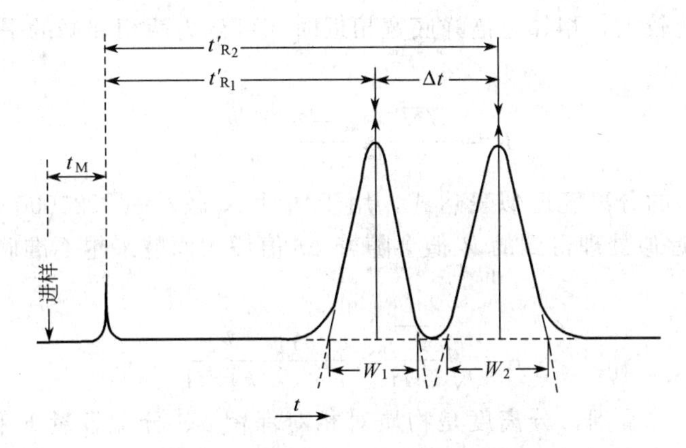

图 7-9　用于计算两相邻峰分离度的测量参数示意图

分离度 $R_{1/2}$，定义为相邻两峰保留值之差与半峰宽平均值之比，即

$$R_{1/2}=\frac{t_{R_2}-t_{R_1}}{\frac{1}{2}(2\Delta t_{1/2(2)}+2\Delta t_{1/2(1)})}=\frac{t_{R_2}-t_{R_1}}{\Delta t_{1/2(2)}+\Delta t_{1/2(1)}} \tag{7-73}$$

峰底宽分离度和半峰宽分离度间的关系为

$$\frac{R_{1/2}}{R}=\frac{W_2-W_1}{2\Delta t_{1/2(2)}+2\Delta t_{1/2(1)}}\approx\frac{4\sigma}{2.35\sigma}=1.7 \tag{7-74}$$

对两个不等高色谱峰的分离度，也可采用峰高分离度 R_h 表示。首先，连接两相邻峰最高点，然后从两峰间的峰谷引垂直于基线的直线，该直线与两峰间的连接线相交，其交点与基线间的距离以 g 表示，与峰谷的距离以 f 表示。峰高分离度 R_h 定义为

$$R_h=\frac{f}{g} \tag{7-75}$$

R_h 又称为分离函，其值总小于或等于 1。g 实际上相当于两峰平均高度，当两峰在平均高度一半处相交时，$R_h=0.5$；当两峰不相交时，完全分离，$R_h=1$。

7.6.1　分离度与色谱柱特性

色谱分离中常称两相邻色谱峰的组分为“物质对”，混合物分离条件的选择，主要是提高最难分离物质对的分离度。对分离度的要求由定量分析误差、最难分离物质对的峰高比等因素确定。

式(7-72) 是最常用的分离度表达式。根据 $W=4t_R/\sqrt{N}$，当两相邻组分保留值相近时，可认为两者具有相同的 N 值，分离度 R 可表示为

$$R=\frac{\sqrt{N}}{2}\times\frac{\alpha-1}{\alpha+1}\times\frac{k_{AV}}{k_{AV}+1} \tag{7-76}$$

$$k_{AV}=\frac{k_1+k_2}{2}$$

式中，α 为分离因子 (k_2/k_1)；k_1 和 k_2 分别为先后洗脱的两个色谱峰的容量因子。此式也可表示为

$$R=\frac{\sqrt{N}}{2}\times\frac{k_2-k_1}{k_2+k_1+2t_m}=\frac{\sqrt{N}}{2}\times\frac{(\alpha-1)k_1}{k_1(\alpha+1)+2} \tag{7-77}$$

式(7-76) 是准确表示 R 与各种色谱参数关系的通用方程式。

当色谱保留值比较大，相邻色谱峰底宽相近时，可认为两相邻峰的平均峰宽与后洗脱峰相同，则

$$R=\frac{\sqrt{N}}{4}\times\frac{\alpha-1}{\alpha}\times\frac{k_2}{k_2+1} \tag{7-78}$$

此式为应用最广的分离度近似表达式，用于估计 N 较小（<20000）时的 R 值，而当 Δt 值较大时，这样近似处理得到的 R 值会随着 Δt 值增大而越来越不准确。将 $N=L/H$ 代入式(7-78) 得

$$R=\sqrt{\frac{L}{16H}}\times\frac{\alpha-1}{\alpha}\times\frac{k_2}{k_2+1} \tag{7-79}$$

从上述分离度方程看到，分离度是物质对相对保留 α、分配容量 k 和色谱柱效 N（或 H）的函数。α、k 的数值大小取决于色谱系统与“物质对”的热力学性质，N 或 H 决定于色谱系统的动力学特性。其中 α 值与流动相、固定相的性质和相比有关；色谱柱效 N、H 由板高方程各项参数决定，一般随色谱柱长、流动相速度和温度等操作条件变化。影响分离度因素的定性描述如图 7-10 所示。

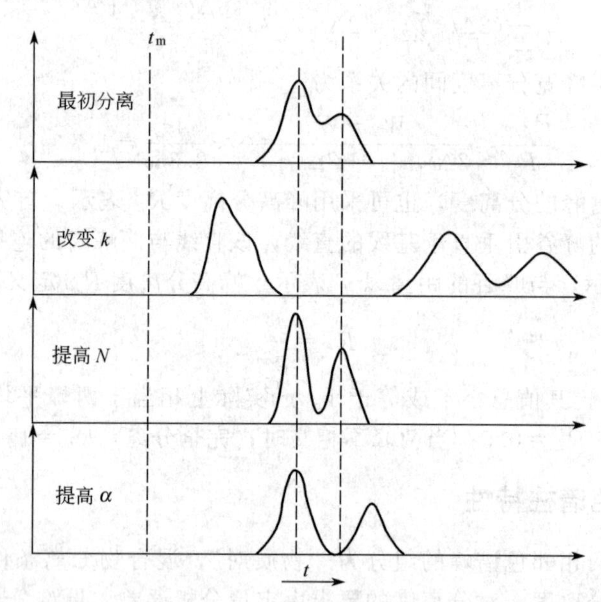

图 7-10　影响分离度的因素示意图

分离度方程表明，R 正比于 $k/(k+1)$，是溶质在固定相的分数。欲达到一定分离度，所需理论塔板数与 $[(1+k)/k]^2$ 有关。当 k 很小时，$k/(k+1)$ 随 k 的增加而迅速增加，R 也随 k 迅速上升；当 $k>5$ 以后，k 增加，R 的增加非常缓慢；当 $k>10$，随 k 的上升，R 的变化很小，但分离时间增长，并使色谱峰扩展。从分离度和分析速度考虑［分析速度与 $(1+k)^3/k^2$ 有关］，有一个最佳 k 值，约为 $2\leqslant k\leqslant 5$。由于多元混合物分离，色谱峰容量与 k 有关，即 k 增大，峰容量增加。因此，一般选择色谱条件，调节 $1\leqslant k\leqslant 10$。

气相色谱采用改变固定相和固定相用量来调节 k；而液相色谱主要通过改变流动相组成，即控制溶剂强度来调节 k，欲增加 k 值，则降低溶剂强度。分离沸点或极性相差很大的多组分混合试样，采用恒温或等度洗脱难以达到最佳 k 值，这种情况下，气相色谱采用程序升温，液相色谱采用梯度洗脱来调节合适的 k 值范围。

α 代表两个溶质在一定色谱条件下的分离选择性。若 $\alpha=1$，两组分不能分离；略大

于 1，就可能实现分离；$\alpha=2$，分离是相当容易的。$\alpha>1$，$(\alpha-1)/\alpha$ 从 0.001 一直增加到 1，变化范围达 10^3。相比之下，若 k 从 1 增加到 50，$k/(1+k)$ 从 0.5 变到接近于 1，变化范围只有 0.5。显然，α 是提高分离度更重要的变量。此外，提高 k 值增加分离度，分离时间增加；而提高 α 增加分离度，使分析时间缩短。

提高色谱系统的分离选择性，是色谱热力学研究的重要课题，需要深入探讨分子结构、空间构型与分子间相互作用力的关系。气相色谱主要通过选择合适的固定相和降低柱温来提高 α 值。对于液相色谱，改变固定相和流动相性质，均能提高 α 值。通常采用改变流动相的组成和极性来提高 α 值。对于一个复杂混合物的分离条件选择，主要是提高最难分离物质对的 α 值。发展新型色谱柱材料和色谱类型，是设计高选择色谱体系的重要途径。

分离度与理论塔板数的平方根成正比，增加 N 和降低 H，可以提高柱效，即降低色谱峰区带宽度，从而提高分离度。根据板高方程，可通过改变流速 u，降低固定相 d_p、d_f 和增加柱长来提高 N。

根据式(7-78) 可得出分离一个物质对需要的理论塔板数为

$$N=16R^2\left(\frac{\alpha}{\alpha-1}\right)^2\left(\frac{k_2+1}{k_2}\right)^2 \tag{7-80}$$

若要求获得基本分离，R 值为 1；若要求达到完全分离，则 R 应为 1.5，将其代入式(7-80) 则可得到相应的计算公式。如果被分离组分保留值较高 $t_R \gg t_m$，$t_R \approx t'_R$，$(k+1)/k \approx 1$，则可按下式近似计算理论塔板数，即

$$N=16R^2\left(\frac{\alpha}{\alpha-1}\right)^2 \tag{7-81}$$

如果板高已知，也能求出获得一定分离度所必需的柱长，即

$$L=16HR^2\left(\frac{\alpha}{\alpha-1}\right)^2\left(\frac{k_2+1}{k_2}\right)^2 \tag{7-82}$$

在实际分离中，一般根据初步分离条件下的色谱柱效（N_1）、柱长（L_1）、获得的分离度（R_1），推算获得更高或指定分离度（R_2）所需理论塔板数（N_2）和柱长（L_2），即

$$N_2=\left(\frac{R_2}{R_1}\right)^2 N_1 \tag{7-83}$$

$$L_2=\left(\frac{R_2}{R_1}\right)^2 L_1 \tag{7-84}$$

式(7-84) 只有在柱效，即塔板高度不变的条件下才能完成。例如，初步分离条件为柱长 100mm，分离度 $R=0.75$，欲获得完全分离（$R=1.5$），即提高分离度一倍，则

$$L_2=\left(\frac{1.5}{0.75}\right)^2\times 100=400(\text{mm})$$

即需要增加柱长 3 倍。后面还会看到，分离时间与柱长的平方成正比，柱长增加，分离速度迅速下降，因而增加柱长不是提高分离度的有效方法。

每一个色谱固定相，都有一定的样品线性容量范围，在该范围内，进样量增加，色谱峰增大，色谱峰区域宽度和保留时间不变。当样品量超过线性容量范围时，进样量增加，k 下降（k 也可上升）。定义溶质的 k(或 V_R) 降低 10%(相对于低进样量测定的一定 k 值) 时的样品量为固定相样品容量，以 $\theta_{0.1}$ 表示。对于分析分离，欲获得必需的分离度，一般进样量保持在线性容量范围内。制备分离常超过柱容量范围。色谱柱固定相的样品容量，决定于固定相的性质和用量。气相色谱随固定液用量的增加，样品容量增加；液相色谱采用全多孔固

定相填料比薄壳型填料的样品容量高。

7.6.2 色谱分离条件的优化指标

前已述及理论塔板数或理论塔板高度可以作为衡量色谱柱效的指标，并根据色谱动力学过程研究了产生色谱峰扩展的因素。色谱分析的目标是实现混合物的分离，涉及到各组分色谱峰之间的相互关系。如何评价色谱分离的好坏，需要一个评价指标，即最优化指标。不同学者提出不同的最优化指标，把分离度、分离时间和色谱峰总数作为同等重要的参数考虑的色谱响应函数 CRF（chromatographic response function）表示为

$$\mathrm{CRF}=\sum_{i=1}^{n}R_i+n^a+b(t_x-t_n)-c(t_0-t_1) \tag{7-85}$$

式中，R_i 为第 i 个相邻峰对的分离度；n 是洗出峰个数；t_x 是最长允许分析时间；t_n 为实际分析时间；t_0 是最小允许保留时间；t_1 是第一个峰的实际保留时间；a、b、c 分别为各个因素的权重系数。

对于未知混合物的分离，评价分离的优劣不仅要看相邻峰的分离度，还要看洗出峰的多少和全部色谱峰洗出的时间。显然，出峰最多的分离相对来说是较好的结果。用三个权重系数是为了解决各项不平行的问题，但出峰数目不多不能靠增大 R_i、t_x-t_n、t_0-t_1来弥补。

考虑到不同峰对的分离难易对最优化指标的影响，定义色谱优化函数 COF（chromatography optimization function）为

$$\mathrm{COF}=\sum_{i=1}^{n}A_i\ln(R_i/R_{id})+B(t_x-t_n) \tag{7-86}$$

式中，R_{id} 为第 i 个相邻峰对的期望分离度；A_i 和 B 为权重系数。A_i 可以调整不同峰对的分离在优化过程中占有的比重。分离得好的色谱图的 COF 值为数值很小的负值（零为最佳），其绝对值越大表明分离情况越差。

采用 COF 值作为色谱图分离质量的指标仍存在局限性。假如所有峰在各种流动相中都有相同的洗脱次序，COF 作为优化指标是满意的。然而，流动相组成变化往往导致各峰的出峰次序发生变化，COF 值不能反映这种变化，但可从权重因子设定上加以考虑。在色谱图中一对分离很差的峰造成的实际影响，不能依靠提高其他峰的分离度而弥补。因而，有时 COF 值较大的色谱图对最难分离物质对的分离效果却很差。有时相同的 COF 值却对应着分离状况差别较远的谱图。因此，解决色谱分离条件的优化问题要针对最难分离物质对，应当在保证最难分离物质对具有适当分离度的前提下，尽可能缩短分离时间；而适当的分离度应该根据分离的目的和具体要求以及最难分离物质对的分离难易等因素来确定。

7.6.3 色谱柱的峰容量

为了能用量的概念表述色谱柱有效分离色谱峰的个数，吉丁斯引入色谱柱峰容量（peak capacity，n_c）的概念，即对给定色谱系统和操作条件，在一定时间内，最多能从色谱柱洗脱出达到一定分离度的色谱峰个数，如图 7-11 所示。色谱柱峰容量和样品容量是两个不同的概念，但二者互相关联，对它们的影响因素有其相同之处。假定在一定的时间内，被分离色谱峰的峰底宽 W 相等，则峰容量 n_c 为

$$n_c=\frac{t_2-t_1}{W} \tag{7-87}$$

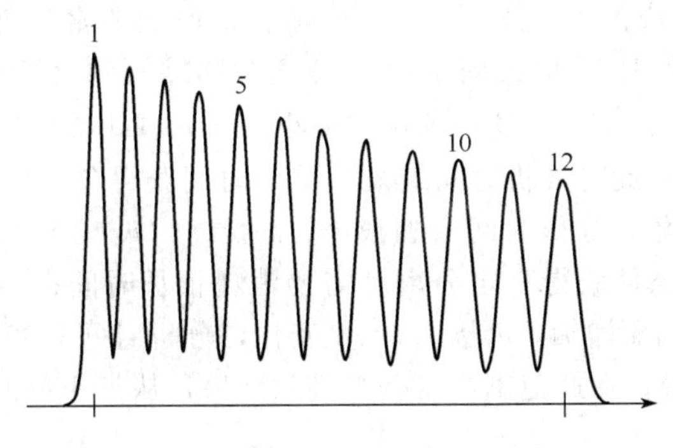

图 7-11 色谱柱峰容量示意图

若从死时间开始计算分离色谱峰的个数，最后一个峰的保留时间为限定分离时间，则

$$n_c = 1 + \frac{\sqrt{N}}{4} \ln \frac{t_R}{t_m} = 1 + \frac{\sqrt{N}}{4} \ln(1 + k_{max}) \tag{7-88}$$

式中，k_{max}是最后一个峰的容量因子。

峰容量是色谱柱效 N 和 t_R/t_m 的函数。在一定柱效下，随着 t_R/t_m 的增加，色谱柱峰容量增大。而对于比较小的 t_R/t_m 值，则需要更高的色谱柱效，才能分离同样多的组分数。因此，峰容量决定于色谱柱理论塔板数和最后一个峰的保留时间与死时间之比。t_R/t_m 可以近似地看成与线速度 u 无关，而理论塔板数 N 决定于线速度 u。根据范第姆特方程，气相色谱最高 N 值在 u_{opt} 处，因而其最大峰容量应在 u_{opt} 处。液相色谱柱效随流动相流速降低而升高，因此，随流动相流速降低，峰容量升高。很明显，提高柱效和峰容量是以降低分析速度为代价的。当 n_c 很大时，由式(7-88) 可导出

$$t_R = e^{4(n_c - 1)/\sqrt{N}} t_m = e^{4n_c/\sqrt{N}} t_m \tag{7-89}$$

式(7-89) 表明分析时间与峰容量和柱效间呈指数关系。对一定的 t_R/t_m 比值，根据柱效 N 可估算出分离色谱峰的数目；相反，根据要求分离的组分数目 n_c，也可导出所需色谱柱效。另外，在给定色谱条件下，假定理论塔板高度是色谱柱的特征常数，则理论塔板数随柱长线性增加，因而柱长增加，峰容量也增加。分离沸程很宽或极性差别很大的多组分复杂混合物，可采用程序升温或梯度洗脱来提高峰容量和分析速度。

7.7 分离时间

分离速度或分离时间，是指将物质对中第二个峰洗脱出来所需的时间，即 t_{R_2}。对多组分混合物，分离时间即为最后一个组分的保留时间。根据色谱基本关系式可得

$$t_R = 16R^2 \left(\frac{\alpha}{\alpha - 1}\right)^2 \times \frac{(k_2 + 1)^3}{k_2^2} \times \frac{H}{u} \tag{7-90}$$

式中，k_2 为物质对中第二个组分的容量因子；H 是按物质对中第二个峰求出的塔板高。式(7-90) 表明分离时间 t_R 是所要求的分离度、组分分离因子、容量因子、柱效率和流动相速度的函数。在其他变量保持恒定时，分离度增加一倍，分离时间增加四倍。此外，式(7-90) 表明流动相速度增加一倍，分离时间减少将近一倍（因为 H 将增大，t_R 与 u 不完全成反比）；板高减小一半，将具有同等效果。

t_R 与 $[\alpha/(\alpha-1)]^2$ 成正比。$[\alpha/(\alpha-1)]^2$ 随 α 的改变非常显著，因此，α 对分离时间 t_R 影响很大。例如，α 从1.05增大到1.10，分离时间缩短约为四倍。欲要求分离时间 t_R 达到最小值，必须使 $(k+1)^3/k^2$ 这一项保持最小。当 k 在1.5～3之间时，$(k+1)^3/k^2$ 均很小，其最低值在 $k=2$，此时分析时间最短，单位时间获得分离度最大。若 k 不影响其他变量，k 在1～5之间变化，分析时间增加很小；$k<1$，$(k+1)^3/k^2$ 随 k 的减小而迅速增大，显然，$k<1$ 的色谱条件获得一定分离度需要消耗很长时间；当 $k>10$，此项值逐步增加，分离时间随 k 的增加而增加。k 从1.5～5变化，分析时间只变化10%左右。对于大多数高效液相色谱分离来说，在此范围内可获得满意结果，从气相色谱文献来看，大多数已超过这个 k 值范围。

分离速度与流动相线速度密切相关，而后者决定于色谱填料粒度（d_p）、流动相的柱压降（Δp）、流动相黏度（η）、柱渗透率（K_f）或阻抗因子 ϕ 等色谱柱参数和操作条件，即存在如下关系：

$$t_R=\frac{\phi\eta L^2}{\Delta p d_p^2}(1+k) \tag{7-91}$$

此式表明分离时间 t_R 正比于柱阻抗因子和流动相黏度，使用低黏度流动相是快速分离的重要条件。分析时间正比于柱长的平方，进一步说明了增加柱长所带来的不利因素。t_R 与柱压降 Δp 和填料粒度 d_p^2 成反比，若要在保持分析速度不变的前提下，以降低填料粒度 d_p 来提高柱效，则将以升高柱压降为代价。上述 t_R 关系式反映了 L/d_p 与 Δp 和 t_R 的内在联系。L/d_p 值越大，达到一定分离度需要更大的柱压降 Δp 或更长的分析时间。现代高效液相色谱需要高柱压降，不仅仅是由于填料粒度小所引起；将 $L=NH=Nhd_p$ 和 $u=L/t_m=Nhd_p/t_m$ 代入式(7-40)，得

$$t_m=\frac{\phi\eta N^2h^2}{\Delta p} \tag{7-92}$$

此式消去了填料粒度项 d_p，对于一定的 t_m 所要求的压力降取决于流动相的黏度。因此，液相色谱液体流动相黏度比气体大是要求高柱压降的内在原因。相应的分离时间可表示为

$$t_R=t_m(1+k)=\frac{\phi\eta N^2h^2}{\Delta p}(1+k) \tag{7-93}$$

此式表明分离时间与柱效的平方成正比，即分离时间增长，柱效将提高。

7.8　多维色谱

7.8.1　概述

色谱分离总是将目标组分的完全分离作为首要目标。分离的有效性可以采用峰容量 n_c 来衡量。通常，在大多数实际样品的分离过程中可能被分开的实际组分数远小于峰容量（估计<37%），多以各种峰组形式随机分布并可引起峰的交叠。为了获得更好的分离效果，必然要求色谱系统具有更高的分离能力。多维色谱分离就是一种较好的选择。在多维系统中，峰容量等于各单维过程峰容量的总和：

$$n_c(\max)=\sum_{i=1}^{k}n_{ci} \tag{7-94}$$

最常见的多维分离使用二维系统完成。假设具有不同保留机制（即彼此间呈正交）的两

维分离的峰容量分别为 n_x 和 n_y，则该系统进行全二维色谱分离的最大峰容量 n_{2D} 约为两者之积，即

$$n_{2D} \approx n_x n_y \tag{7-95}$$

图 7-12 将二维色谱分离的峰容量表示为各自沿分离坐标轴空间上所能容纳的毗连高斯峰的数目。两轴间的分离平面被分为多个系列的长方格，代表二维平面上的各分离单元。因此，系统总的分离容量约等于这些长方格的数目。例如，两维分离的峰容量均为 50 时，总的峰容量就会超过 2000，这对一维系统而言需要达到 1 千万理论塔板数才能实现。实际上，大多数二维系统至少具有某种保留相关性，从而造成系统最佳分离度和峰容量的降低。沿第二维分离轴迁移时组分区带的额外展宽也会导致相同的结果。

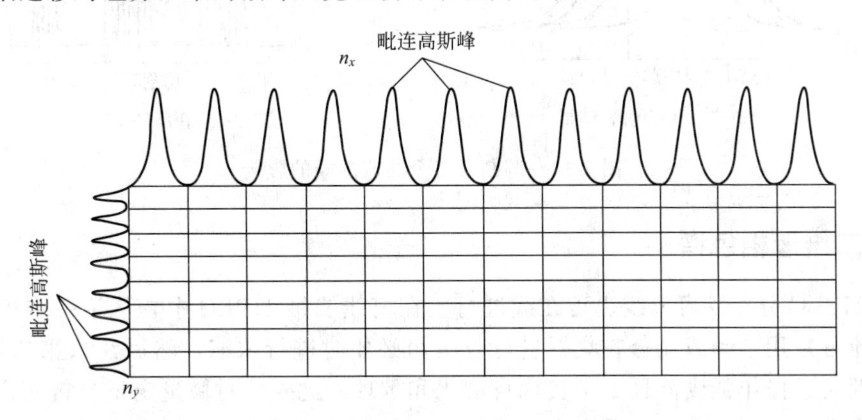

图 7-12　二维色谱分离系统中的峰容量

二维色谱的分离能力也可采用提高的分离度表示，即

$$R_{2D} \approx (R_x^2 + R_y^2)^{1/2} \tag{7-96}$$

显然，每步分离提供不同的选择性（即正交系统）是比较理想的，这将使峰容量最大化并能够因此实现色谱分离的组分数最大化。通过正交设计，使两维色谱分离间存在的交互信息最小，峰容量达到最大并产生高分离度。最小化交互信息使分离效率和信息量最大化，这是二维色谱应用于复杂样品分析的关键。从第二维色谱柱流出的每个组分峰都用两个参数来描述，一个是在第一个色谱柱后切割顺序中的位置，另一个则是在第二个色谱柱上的保留时间。如果第一次分离后切割的流分很宽（Δt_R 大），则第二次分离后出现的组分峰的保留时间将有相当大的不确定度。对每个待分离组分而言，Δt_R 越大，获得的特征信息质量下降越大。而宽流分包含更多组分并将增大对后续分离操作的干扰。组分的分离效果将随着 Δt_R 的降低而得到改善。为了获得较高的二维色谱分离度，第一维分离中的每个色谱峰至少应该取样 3～4 次。二维色谱分离的有效性示于图 7-13。图中第一维色谱峰中的三个化合物未实现分离（a、b 和 c），被切割成三个部分（采样数为 3）后进入第二维色谱实现分离。定量时，对应于同一化合物的所有色谱峰的峰面积必须加在一起进行计算。

多维色谱目前主要用于分析，特别是定性分析，因为切割的精准性还难以达到定量分析的要求。多维色谱中研究得较早、发展较快的是多维 GC。二维 GC 和二维 GC-MS 技术已经比较成熟，数年前就已有商品化仪器。采用二维 GC 可以一次分离数千个甚至上万个化合物。三维 GC 也有一些研究报道，但由于体系复杂，实用化有待进一步研究。因为二维 GC 都是使用毛细管柱，在制备色谱中没有用武之地。二维 HPLC 目前虽然也只用于复杂样品的分析，但其有潜力用于复杂样品中多组分的小规模分离与制备。因此，下面以二维 HPLC 为例简要介绍如何实现多维色谱分离。

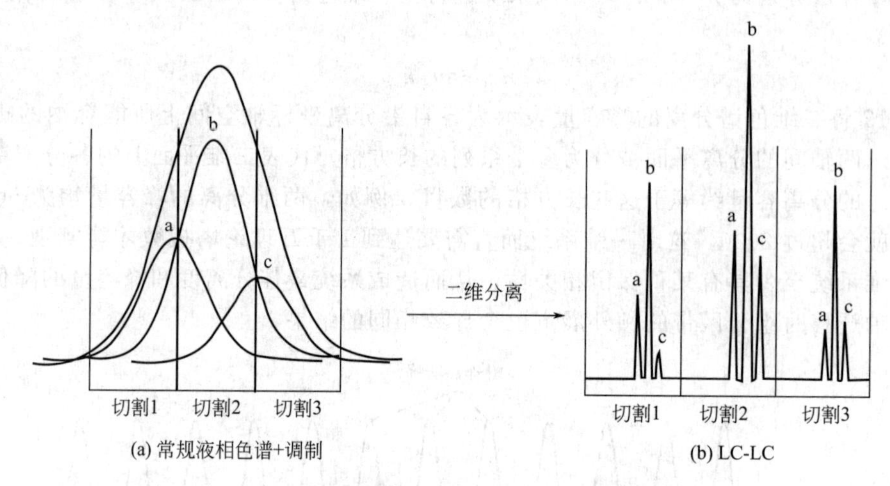

图 7-13 调制对三个共流出峰的影响

7.8.2 二维液相色谱

二维 HPLC 分离既可离线也可在线进行。在离线二维 HPLC 中，从第一维色谱柱中分离出来的流分采用手动或流分收集器进行收集，必要时进行浓缩，然后注入第二维色谱柱。这种技术耗时、操作强度高且难于实现自动化和重现。此外，对微量定量分析而言的致命弱点是离线样品处理易于产生溶质损失和污染。然而，由于两个分离维度可看作各自独立的体系，实现起来更容易。当只有第一维分离的某些部分需要进行二维分离时，这一技术使用最多。在线 HPLC 系统中，两根色谱柱依靠一个特定的接口（通常是一个切换阀）连接，将第一维色谱柱的流分转换到第二维色谱柱上。在线二维 HPLC 有中心切割和全二维两种类型。虽然中心切割能够使起始样品的特定部分实现二维分离，而全二维则更为强大，能够将二维色谱的优势扩展到全部基质。

与一维 HPLC，全二维 HPLC 具有更高的分离能力和峰容量、单次分离能获得更多样品信息、能鉴定出更多潜在的“未知物”。然而，全二维 HPLC 也面临许多技术挑战，例如：第一维和第二维流动相的兼容性、两维间的接口如何实现峰的准确切割、接口部分如何实现扩散峰的聚焦。

7.8.2.1 仪器设备

目前，已开发出多种全二维 HPLC 系统并证实了其在复杂样品分离上的有效性。然而，全二维 HPLC 技术非常复杂，涉及有效地从一个步骤转换到另一个步骤的操作、数据获取和解释等诸多问题。因此，应该仔细考虑方法优化及下面几个相关的实际问题。

(1) 接口

依靠一个接口（通常是一个高压切换阀）将两个 HPLC 系统连接起来是实现全二维 HPLC 分离的典型方法，它能捕获特定量的第一维洗脱物并将其直接导入第二维色谱柱。理想的接口应该能够保留第一维分离色谱柱的洗脱物并在需要的时候将它们以尖锐脉冲的形式重新导入系统。常见的接口包括两个六通阀（联合使用）、八通阀（见图 7-14）和十通阀。这些阀通常使用两个进样环或捕获柱将不同的输液泵结合在一个系统中。如果使用装备了三个进样环或捕获柱的十二通阀作为接口，单个输液泵就可以通过分流为一根第一维色谱柱和两根第二维色谱柱输送流动相。

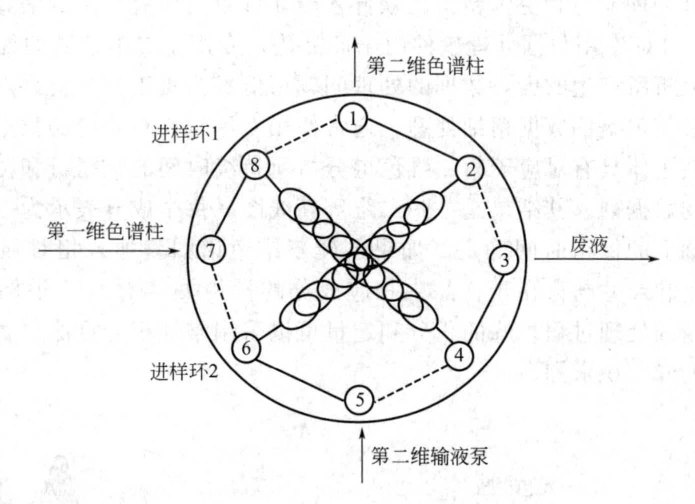

图 7-14 八通双位切换阀

位置 1———进样环 1，取样；进样环 2，进样

位置 2-------进样环 1，进样；进样环 2，取样

（2）第一维分离

全二维 HPLC 系统最常采用微径柱作为第一维分离柱，在低流速等度或梯度条件下洗脱。通过采用装备了两个相同进样环的多通路阀将小体积流分转入第二维色谱柱。进样环的体积取决于每次切割操作从第一维色谱柱洗脱出来的流动相的量。这一系统已应用于蛋白质、合成聚合物、挥发油、药物和酸性或酚性化合物的分离。

当使用常规色谱柱作为第一维色谱柱时，可以采用两种不同的 LC×LC 配置，即平行配置两个捕集柱或两个用于第二维分离的快速柱而非储存式进样环。前者将第一维分离的每个流分交替捕集在两根色谱柱中的一根上，同时保留在另一根捕集柱上的前一个流分的化合物被反冲进入分析柱进行第二维分离。后者将第一维分离得到的流分交替捕集在两根色谱柱的柱头，当其中一根色谱柱进行进样操作时，另一根上保留的前一个流分中的组分被洗脱分离。这两种方式被应用于肽、蛋白质和酚类抗氧化剂的分析。

（3）第二维分离

每个转入流分的第二维色谱分离必须在后续的一个流分进样前完成并且应足够快，以便能够从每个第一维分离出的色谱峰中取出 3～4 个流分进行二维分离，这样可以避免二维分离中由于对一维色谱峰取样过少造成的严重的信息损失。这种考虑进一步强调了二维液相色谱中需要非常快速的第二维分离。再者，分析时间短对生物样品或其他不稳定样品的分析极为有用，样品降解或变化的风险随时间增大。

第二维快速分离的实现有多种途径。常用的方法是使用短的整体柱，它们能够在高流速下操作而不损失分离度。此外，还可平行使用一系列色谱柱或使用较高的温度来提高分离速度。

（4）检测与数据处理

大多数常规检测器都能用于 LC×LC 分析。检测器的选择应适合使用的色谱柱类型。DAD 检测器、四级质谱和具有较高扫描速度的 TOF-MS 系统的应用能够提供附加的组分鉴定信息。

LC×LC 分析产生大量数据，包含每次分离得到的保留信息。这些数据高度复杂，需要相当大的数据精细处理能力和更为精密的软件才能允许收集所有可用的信息和进行样品间的比较。目前，LC×LC 专用数据处理软件尚未商品化，专用于二维色谱的处理软件开发也不完善，所以每次分析所产生的庞大数据的处理问题可能成为真正的分析难点。

关于全二维液相色谱的数据精细处理，通常使用专用软件对获得的数据进行精细处理以构建二维谱图，其主体具有对应于第二维色谱分析所持续时间的数据行和覆盖所有相继流出的第二维色谱图的数据列。其结果是一张二维等高线图，每个成分表示为一个椭圆形峰并由相应的两个坐标轴上的保留时间确定。如果创建三维色谱图就加入相对强度作为第三维坐标。每个峰的颜色和尺寸与存在于样品中相应成分的量相关。图 7-15 举例说明了全二维液相色谱中的数据精细处理过程。峰的积分和定量可以采用常规积分算法对属于同一组分的各个第二维色谱峰的峰面积求和。

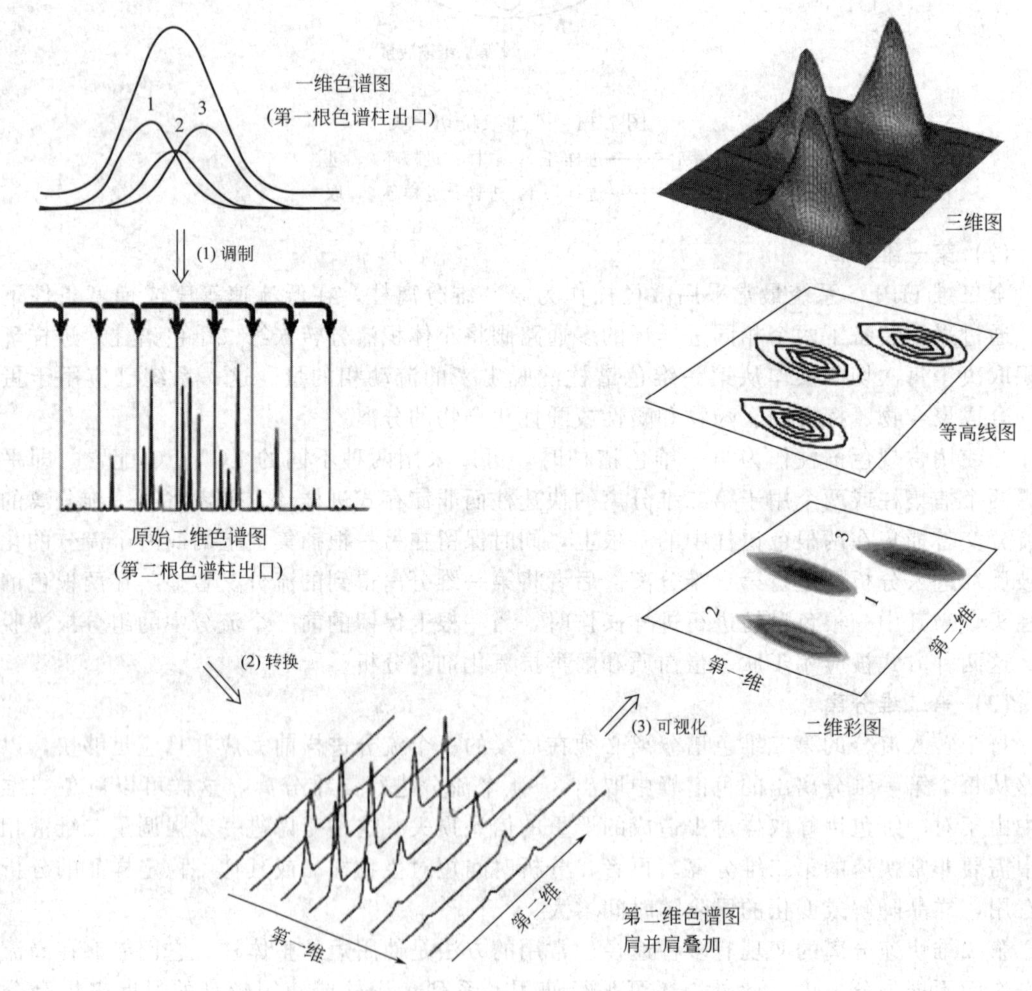

图 7-15 全二维液相色谱中的数据精细处理过程

7.8.2.2 二维 HPLC 方法开发

为了成功实现二维 HPLC 分离，在开发和优化其方法的过程中必须考虑许多参数。首先，两维分离所采用色谱柱的选择性必须不同才能使二维色谱系统获得最大限度的峰容量。对于实验方法的建立，色谱柱尺寸和固定相种类、粒径，流动相组成、流速和第二维进样体积等都应该仔细选择。需要解决的主要问题包括色谱柱间的高效连接和保持流动相与色谱柱兼容性。

最常使用的全二维 HPLC 以连续模式操作，这就意味着第二维分离分析时间相当于每个流分从第一维转换到第二维所需的时间。总的分析时间取决于第二维分析时间和调制后进入第二根色谱柱的总流分数。

全二维 HPLC 也可以采用停泵-再运行操作模式。在这种情况下，将一定体积的待分离流分转移到第二维色谱柱后，停止第一维色谱柱中流动相的流动并完成该流分在第二维色谱柱上的分离分析。当第二维分离完成后重启第一维色谱柱中流动相的流动，整个过程就是反复重复此操作直到完成所有被转移流分的第二维分离。与连续操作方式相比，此操作方式的优势是第二维色谱柱能给出更高的塔板数，而不足之处是分析时间长。

复习思考题

1. 色谱法有哪些主要类型，这些类型是如何划分的？

2. 对比色谱区带、谱带和色谱峰的概念，说明色谱区带迁移的基本模式。

3. 试从色谱保留值方程出发，说明影响气相色谱与液相色谱被分离组分保留的主要影响因素以及两者间的差别。

4. 什么叫色谱程序技术？在色谱分离中采用程序技术主要解决哪些问题？

5. 色谱分离为什么要引入折合参数，折合参数的含义是什么？

6. 色谱分离过程中，柱内样品组分分子运动具有哪些基本特点？

7. 什么叫吸附等温线和吸附等温线方程？它们在色谱研究中有何用途？

8. 在某色谱条件下，组分 A 在 15min 洗脱出来，组分 B 在 25min 洗脱出来，若死时间为 2min，试计算：①B 对 A 的相对保留值；②组分 A、B 在柱内的容量因子；③组分 A 在流动相和固定相停留的时间分数。

9. 什么叫色谱峰峰宽？它有哪些表示方式？

10. 物质 A 和 B 在 250cm 长的色谱柱上，保留时间分别为 15.21min 和 13.44min，峰底宽分别为 1.05min 和 1.18min，试计算两物质的分离度。

11. 试根据 Van Deemter 方程讨论影响色谱峰峰展宽的因素。

12. 采用柱长为 250cm 的色谱柱分离某混合物，死时间为 1.20min，各组分的保留时间（t_R）和色谱峰底宽（W）为

组分	t_R/min	W/min
1	10.00	0.31
2	10.42	0.36
3	11.34	0.68

试计算：①各组分的容量因子（k）及组分间的分离因子（α）；②确定难分离物质对，并计算其分离度；③以三个组分分别计算柱效并将结果进行对比；④欲使难分离物质对完全分离（$R=1.5$），在柱效不变（即 H 不变）的条件下，柱长应增加到多少？

13. 试根据分离度方程说明影响色谱分离度的因素。

14. 讨论温度是否影响色谱分离度并说明理由。

15. 区分峰容量、样品容量和进样量的概念，说明三者之间有何联系。

16. 色谱分离的速度受多方面因素的影响，试说明在具体的色谱分离操作中如何确定合理的分离时间。

参考书目

[1] Colin F Poole. The Essence of Chromatography. Amsterdam：Elsevier，2003.
[2] 达世禄．色谱学导论．武汉：武汉大学出版社，1999.
[3] 刘国诠，余兆楼．色谱柱技术．北京：化学工业出版社，2001.
[4] Ian D Wilson. Encyclopedia of Separation Science. London：Academic Press，2000.
[5] 张祥民．现代色谱分析．上海：复旦大学出版社，2004.
[6] 傅若农．色谱分析概论．第2版．北京：化学工业出版社，2005.
[7] 何华，倪坤仪．现代色谱分析．北京：化学工业出版社，2004.
[8] Lloyd R Snyder，Joseph J Kirkland，Jodeph L Glajch. Practical HPLC Method Development. New York：Wiley，1997.
[9] Anurag S Rathore，Ajoy Velayudhan. Scale-up and Optimization in Preparative Chromatography. New York：Marcel Dekker，2003.
[10] 陈义．毛细管电泳技术及应用．北京：化学工业出版社，2000.
[11] Danilo Corradini. Handbook of HPLC. 2nd ed. Boca Raton：CRC Press，2011.

第 8 章　制备色谱技术

制备色谱是很多研究领域和生产企业必不可少的分离手段。待分离物质达到一定含量且具备一定量时，可采用制备色谱技术进行分离制备。制备色谱按制备规模可分为实验室研究、小批量生产以及产业化制备。制备色谱应用十分广泛，不同领域需要的产品制备量各异：对于阐明化学结构及生物活性筛选，分离出 30～50mg 纯物质就足够了；制备分析用标准品一般需要得到 100mg 以上；有机合成领域通常需要分离制备克级以上的量；在大规模生产中，千克甚至更大的制备量都是可能的。对于前三项应用，分离制备在实验室即可解决；而小批量生产和产业化制备一般要求特殊的仪器设备，并且应把经济因素放在重要位置予以考虑。本章重点介绍实验室范围内的制备色谱技术。

8.1　制备薄层色谱法

薄层色谱法（TLC）是以将合适的固定相均匀涂布于平面载体上，点样，然后以合适的溶剂展开，达到分离、鉴定和定量的目的。薄层色谱法设备简单、操作方便、分离快速、灵敏度及分辨率高。与柱色谱相比，切割色带方便，因此在小量分离制备工作中逐渐取代了经典柱色谱法。

高效薄层色谱法（HPTLC）通过采用更细、更均匀的吸附剂作为固定相，使薄层色谱的分离效率和灵敏度进一步提高，在某些应用方面甚至可以代替 HPLC。同时，在仪器自动化方面也取得了很大的进展，如自动点样仪、自动程序多次展开仪、薄层扫描仪等。此外，还引入了强制流动技术，如加压薄层色谱法和离心薄层色谱法等。薄层色谱法不仅可以用紫外光、荧光在板上直接测量，还可以与傅里叶变换红外光谱、拉曼光谱、质谱进行直接联用。

8.1.1　常规制备薄层色谱法

常规制备薄层色谱法（PTLC）设备简单、操作方便，多用于毫克级到克级的样品分离。与现代制备液相色谱法相比，制备薄层色谱法所需投入很少，因此在条件有限的实验室，其仍不失为一种较好的选择。

8.1.1.1　薄层板的制备

制备薄层色谱法与一般的分析型薄层色谱法在吸附剂、展开剂等方面没有什么本质区别，只是为了增大上样量，在薄层上增加了吸附剂的用量，因为薄层板上吸附剂越多，吸附剂的总表面积越大，能与样品作用的有效表面积就越多，一次能分离的样品量就越大。

尽管有氧化铝、纤维素、C_2 和 C_{18} 反相预制制备薄层板等商品可用，但到目前为止，硅胶使用最广泛。用于制备薄层的硅胶颗粒通常较粗（平均约 25μm），并具有较宽的粒径分布范围（5～40μm）。一般是将固定相涂铺在玻璃板上，商品预制板也常将固定相涂铺在铝箔上。常见的薄层板尺寸为 5cm×20cm、10cm×20cm、20cm×20cm、20cm×40cm，甚至 20cm×100cm。常用的吸附剂厚度为 0.5～2mm。1mm 厚的硅胶板最多可上样约 5mg/cm^2，薄层厚度与薄层板的尺寸决定了 PTLC 可以分离的样品量。一般来讲，一块 1mm 厚的 20cm×20cm 硅胶板或氧化铝板可分离 10～100mg 样品，如果将吸附剂的厚度加倍，则上样量可增大 50%。商品硅胶常用一些字母符号表示其性质，如硅胶 H 表示不含黏合剂的硅胶，硅胶 G 表示含有煅石膏黏合剂，F 为含有荧光物质，F_{254} 表示在波长为 254nm 的紫外光照射下薄层板呈黄绿色荧光，F_{365} 则表示在 365nm 波长的紫外光激发下薄层板发荧光，P 表示制备用硅胶。

吸附剂的粒径范围对分离的效率有直接影响，粒径越均匀、颗粒越细，分离效率越高；粒径范围越宽则分离后的谱带越宽，分离效率越低。通过薄层厚度的渐变，可以减小这方面的影响。一般使薄层厚度从底部到前沿逐渐加大，展开剂的速度随着展开的进行逐渐减慢，这样，样品谱带在展开的过程中逐步富集，则可以保持较窄的谱带宽度。宽薄层板有利于制备量的增加，但长度一般不超过 20cm，因为薄层板过长一方面展开太慢，将消耗大量的时间，另一方面，由于扩散原因，板长增加过多对分辨率的改进并不很明显。在实际分离中可视需要加入适量的改性剂，如硝酸银及缓冲物质。

薄层板的制备通常采用湿法制板，有平铺法或涂铺法两种方法。平铺法是在待铺玻璃板两边用玻璃作边框，将调好的吸附剂倒在玻璃板上面刮平、去掉边框即成。涂铺法是用涂铺器进行铺层的方法。湿法制板中常用的黏合剂有煅石膏（10%～15%）和羧甲基纤维素钠（CMCNa）水溶液（0.2%～1%），可选择加入其中的一种或两种。铺成的薄层板在室温下自然干燥后，可以直接使用。如果吸附力太弱，可在 105～120℃下活化后使用。

分析型薄层板厚度一般为 0.25mm，制备薄层厚度要根据样品的复杂性、上样量、分辨率等多方面综合考虑。一般认为在 PTLC 中，展开后待分离组分边缘与杂质边缘之间的距离至少要大于 3mm。制备薄层的厚度不能太厚，因为太厚很容易导致薄层裂口。在用湿法制板时，为了防止裂口的产生，常常减少水的用量和增加黏合剂的比例。在将其置于烘箱中干燥活化前，铺制的薄层板常需要静置自然干燥一夜以上。

8.1.1.2 色谱条件选择

制备薄层色谱法是开放型的色谱法，操作是不连续的。色谱的分离过程发生在固定相、流动相和蒸气相三相体系中，这三相间相互作用使体系达到平衡。因此，影响制备薄层色谱分离的因素很多，其中主要的影响因素如图 8-1 所示。要得到理想的分离效果，实验者除了要按规范进行操作外，还要充分考虑这些影响因素，尽可能选择优化条件进行分离。选择薄层色谱条件，要正确地将化合物的极性、吸附剂的活度及展开剂的极性配合起来。分离非极性物质时，应选择非极性展开剂和高活性吸附剂；分离强极性物质时，则应选择强极性展开剂和活性较低的吸附剂；分离中等极性物质时，则应选择中等极性展开剂和中等活性吸附剂。

展开剂（即流动相）选择是能否达到理想分离的关键。理想的分离是指所有组分区带的 R_f 值在 0.2～0.8 之间，清晰集中并达到最佳分离度。PTLC 所用的展开条件可由分析型 TLC 预实验来确定，只要两者所用吸附剂一致，可将分析型 TLC 的展开条件直接用于 PTLC。受谱带容量的限制，PTLC 的谱带应限制在 2～5 个。

在吸附薄层色谱法中，色谱分离的过程是组分分子与展开剂分子竞争吸附剂表面活性中

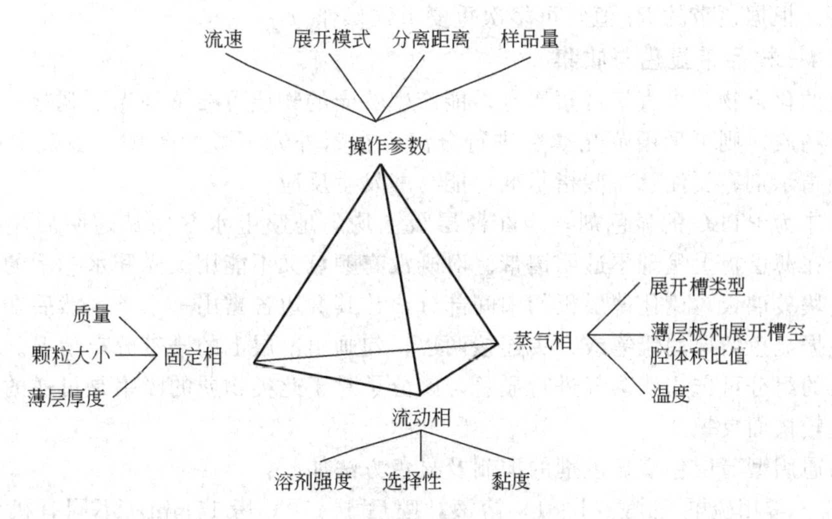

图 8-1　制备薄层色谱法的主要影响因素

心的过程。吸附薄层色谱条件的选择主要是展开剂的选择。展开剂可采用单一溶剂，但混合溶剂更为常用。在混合展开剂中，占比例较大的弱极性溶剂在展开剂中主要起溶解物质和基本分离作用，占比例较小的强极性溶剂则起调整改善被分离物质的保留值及选择性的作用，中等极性的溶剂往往起着使极性相差较大溶剂混合均匀的作用。使用黏度太大的溶剂时需要加入一种溶剂以降低展开剂的黏度、加快展开速度。一般选用不易形成氢键或极性比分离物质低的溶剂，否则将使被分离物质的 R_f 值太大，甚至跟随溶剂前沿移动。展开剂极性强度等于组成该展开剂各溶剂组分的介电常数与体积分数乘积之和。有时，某些酸性、碱性化合物或其盐类因离解而容易产生拖尾，可在其中加入少量酸或碱，以抑制其离解，使谱带清晰，减少拖尾，提高分离度。

溶剂对某种物质的洗脱能力用溶剂强度表示，在正相色谱中，它随溶剂极性的增大而增强，在反相色谱中则相反。流动相的选择性由溶剂的性质决定。常用作薄层色谱展开剂的溶剂包括了有机溶剂的各种类型：①电子授受体溶剂苯、甲苯、乙酸乙酯、丙酮等；②质子给予体溶剂异丙醇、正丁醇、甲醇及无水乙醇等；③强质子给予体溶剂氯仿、冰醋酸、甲酸及水等；④质子受体溶剂三乙胺、乙醚等；⑤偶极作用溶剂二氯甲烷；⑥惰性溶剂（非极性溶剂）环己烷、正己烷等。在选择混合溶剂时，可在保持溶剂总极性不变的前提下，通过改变其中的某一组分获得最佳选择性。正相 PTLC 中经常用到的混合溶剂系统有：正己烷-乙酸乙酯、正己烷-丙酮和氯仿-甲醇。在展开溶剂中加入少量乙酸或二乙胺可改进溶剂对酸性或碱性化合物的分离。

8.1.1.3　上样与展开

上样是进行 PTLC 分离的一个最关键的步骤。薄层板可先用甲醇展开一次，以除去可能存在的杂质。将样品溶于少量溶剂，低挥发性溶剂可引起样品带变宽，因此最好选用挥发性溶剂（如己烷、二氯甲烷、乙酸乙酯等），并且溶剂的极性也应该尽可能小。样品浓度以样品能均匀分布于吸附剂表面而不析出沉淀为宜，通常为 5%～10%。一般采用带状点样，样品带应尽可能窄，以获得更好的分离效果。如点样带太宽，可先用高极性溶剂（如甲醇）将薄层板展开至点样带上端约 2cm 处，以起到浓缩的作用，然后将薄层板干燥，再用所需溶剂展开。展开前可使溶剂蒸气饱和 1～2h，以防止溶剂前沿脱混，产生不规则谱带。采用多次展开可以提高 PTLC 的分离效果，即在 PTLC 一次展开结束后，先将板干燥，再放入容器内展开。根据色带的 R_f 值，可多次重复上述操作。

8.1.1.4 样品带显色与收集

有颜色的化合物，可直接观察斑点；能产生荧光的物质可在紫外光下观察；无颜色和不产生荧光的物质，则可采用荧光薄层进行分离，在紫外光下显示暗斑。多数 PTLC 吸附剂中含有荧光指示剂，要注意一些指示剂可能与酸发生反应。

水可以作为 PTLC 的显色剂，当在薄层板上均匀地喷上水并使其透明后，在暗的背景下疏水组分在薄层板上呈现不透明谱带。对既没有颜色又不能用荧光和水标示的物质，可在板上覆盖一块玻璃板，遮住薄层板的中间部分，让其两边各露出一小条，然后在两边缘喷洒显色剂，根据显色情况用铅笔或针尖连接两边，勾画出薄层上的谱带分布情况。结构稳定且不易被氧化的组分可选用碘蒸气进行显色，碘分子对于此类物质的吸附是可逆的，该法操作简便，显色较快而灵敏。

常用的通用型薄层色谱显色剂的配制及显色方法如下：

① 硫酸：常用硫酸-乙醇（1∶1）溶液，喷后于 110℃烤 15min，不同有机化合物显不同颜色。

② 0.05%高锰酸钾溶液：易还原化合物在淡红背景上显黄色。

③ 酸性重铬酸钾试剂：5%重铬酸钾浓硫酸溶液，必要时于 150℃烤薄层。

④ 5%磷钼酸乙醇溶液：喷后于 120℃烘烤，还原性化合物显蓝色，再用氨气熏，则背景变为无色。

在确定谱带位置后，可用刮刀或与真空收集器相连的管形刮离器将该谱带从板上刮下。后一种方法因持续与气流接触，所含的纯化合物有被氧化的危险，不适用于易氧化的物质。无论采用何种回收方法，都应以极性尽可能低的溶剂将化合物从吸附剂中洗脱下来（通常 1g 吸附剂约使用 5mL 溶剂）。值得注意的是，化合物与吸附剂接触的时间越长，被破坏的可能性越大。可先用 4 型玻璃砂芯漏斗过滤洗脱液，然后再用孔径为 0.2～0.45μm 的滤膜过滤。甲醇可溶解硅胶及其中含有的一些杂质，因此，不适用于从吸附剂上洗脱被分离的化合物，较合适的溶剂有丙酮、氯仿等。

TLC 吸附剂中含有黏合剂及荧光指示剂，其化学组成有时难以弄清。在提取 PTLC 板分离的化合物的过程中，吸附剂中的一些杂质很可能也被提取出来。实际上，提取溶剂的极性越高，被提取出的杂质就越多。这些杂质通常没有紫外吸收。在对纯化合物进行最后的薄层检测时，人们通常难以发现这些杂质的存在。因此，建议以 Sephadex LH-20 过滤作为最后的纯化手段。

8.1.2 加压制备薄层色谱法

1979 年 Tyihak 发展出加压薄层色谱（overpressured layer chromatography，OPLC），在 OPLC 装置中，有一弹性的气垫覆盖在水平的薄层色谱板上。外压使得薄层色谱在分离过程中没有气相的存在。展开剂被强制流动，使得样品展开速度加快。与靠毛细管作用的 TLC 相比，OPLC 由于可采用更细颗粒的吸附剂及更长的色谱板，因而分离效果更好。OPLC 分离所需时间短，扩散效应相应减小。由于采用泵输送溶剂，因此可进行类似高效液相色谱的在线分析，且具有多种工作方式以供选择，如图 8-2 所示。此外，加压使得某些润湿能力较差的流动相也可采用。

使用 OPLC 仪器可以进行非联机和联机的制备分离，但联机时需使用特殊的预制板，即在板上刮出流动相的流入与流出的通道，并将板的边缘用聚合物覆盖，以防溶剂漏出。该

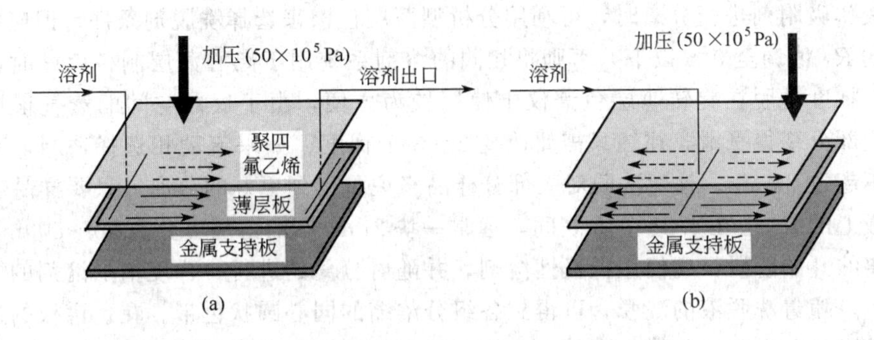

图 8-2　加压制备薄层色谱法的单向（a）和双向（b）色谱分离

法最适合于分离少量（50～100mg）已经部分纯化了的样品。

利用 OPLC 进行分离时，开始阶段干板一般处于不平衡系统中，这常使溶剂系统分层，产生多溶剂前沿问题，从而导致样品色带形状变差。如先用溶剂系统对色谱板进行平衡，即可避免使用时溶剂分层。同时，如果在展开过程中流动相速度过快，被吸附剂吸附的气体不能快速释放，在展开过程中就会溶解于流动相中，就有可能造成部分展开剂被气体饱和，而有的部分未饱和，因为含有饱和与未饱和气体的展开剂的折射率不同，往往在两者之间产生一个可以观察到的干扰带。这种现象可以通过调节展开剂的流速来避免。

8.1.3　离心制备薄层色谱法

经典 PTLC 有一些不足之处，如需将分开的化合物从薄层板上刮下，并将其从吸附剂上洗脱下来。当将有毒化合物从薄层板上刮下时，常会遇到一定困难。同时，分离所需时间较长；在用溶剂对谱带内化合物进行提取后，其中可能混入来自吸附剂的杂质及残留物。为克服上述缺点而发明的离心制备薄层色谱法（centrifugal thin-layer chromatography，CTLC），又称旋转薄层色谱，主要是在经典 PTLC 基础上运用离心力以促使流动相加速流动，是一种强迫流动相移动的方法。其仪器结构和分离原理如图 8-3 所示。与经典制备薄层色谱法相比，CTLC 具有以下优点：①分离速度快，一般在 30min 内，敏感物质的氧化少；②操作简单，占用空间小，性能稳定；③使用溶剂少，经济环保；④薄层板可以反复使用，不需刮离吸附剂；⑤可进行梯度洗脱，条件更优化；⑥进样量大，一次分离量为 0.1～2g。

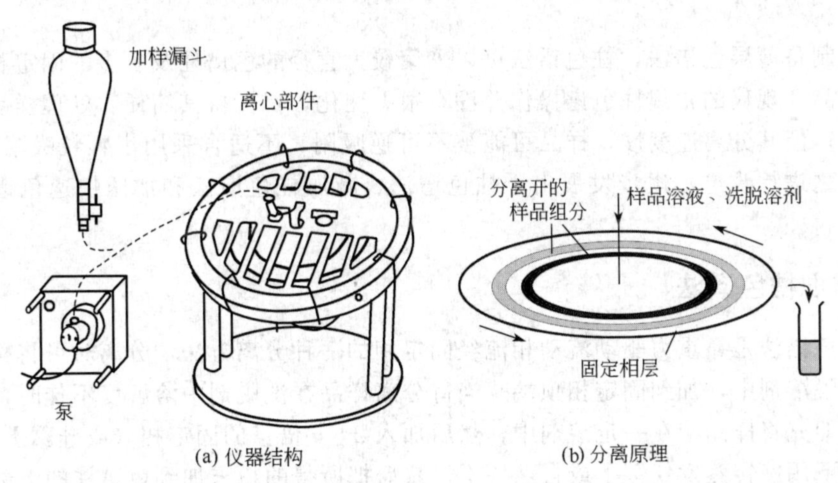

图 8-3　离心制备薄层色谱法的仪器结构和分离原理示意图

用硅胶作吸附剂进行分离时，可利用分析型薄层色谱来选择洗脱剂条件，但应将分析型薄层色谱的 R_f 值调至0.5以下，否则将相同的溶剂系统用于离心薄层制备色谱时，洗脱速度会太快。梯度洗脱在旋转薄层色谱仪中使用较为方便，由于仪器空间的蒸气很快趋于平衡，使梯度部分变得平滑，往往只需要改变2～3个梯度；如果流动相选择适当，整个分离过程一般不超过30min。梯度洗脱对大部分样品来说可得到更好的分离。只要样品在分析型薄层色谱板上的 R_f 值在0.2～0.5之间，通常一块2mm厚的薄层可分离50～500mg的混合物。在分离的开始阶段，应使用低极性溶剂，并随着分离的进行，梯度增加溶剂的极性。在加入样品后，随着洗脱液的洗脱，可得到各组分浓缩的同心圆状色带。在色谱板的边缘，色带快速旋转脱离色谱板，并经色谱室内一流出管收集。然后可利用薄层色谱对所收集的流分进行分析。CTLC可用于分离100mg左右的样品，其分辨率低于制备型HPLC，但操作简便，分离时间短。CTLC与制备薄层色谱法相比，主要优点在于产物可被洗脱下来，而无需将吸附剂刮下；但洗脱液的收集方法还有待改进。如果有更多种能与玻璃支撑板相适应的吸附剂可供选择的话，CTLC的使用范围将会进一步扩大。表8-1将常规制备薄层色谱、加压制备薄层色谱与离心制备薄层色谱的相关技术参数作了一个比较。

表8-1　三种制备薄层色谱法的比较

参　数	PTLC	OPLC	CTLC
流动相迁移方法	毛细管作用	加压	离心
薄层厚度/mm	0.5～2	0.5～2	1～4
分离长度/cm	18	18	12
分离模式	线形	线形	环形
组分分开方法	离线	在线	在线
典型上样量/mg	50～150	50～300	50～500
分离谱带数	2～5	2～7	2～12

8.2　常规柱色谱技术

相对于制备薄层色谱法，柱色谱法可以采用较大直径的色谱柱及更多的固定相用以分离更大量的样品。现代的常规柱色谱操作并没有很大变化，仍保持其简便、处理样品量大且成本低的特点；但其分离速度慢，样品可能被不可逆吸附，不适合采用小颗粒吸附剂。因而，不断有人对之进行改进，逐步发展出干柱色谱法、减压柱色谱法和加压快速色谱法等各种方法。

8.2.1　常规柱色谱法

常规柱色谱法是靠重力驱动流动相流经固定相的一种分离方法，分离时可将样品溶解在少量初始洗脱溶剂中，加到固定相顶端。当待分离样品在洗脱剂中溶解度不佳时，可采用固体上样法，即先将样品溶在一定溶剂中，然后加入2～5倍量的固定相（或硅藻土），将该混合物在低温下用旋转蒸发仪蒸干或自然挥干，然后把所得的粉末加到色谱柱的上部。在洗脱之前，可在样品上覆盖一层沙子或玻璃珠，以防样品界面被破坏。常规柱色谱法通常用于粗

提物的制备或 R_f 值差别很大的混合物的分离。采用梯度洗脱可以提高常规柱色谱法的分辨能力。

常规柱色谱的洗脱剂可以通过薄层色谱选择，一般使被分离组分的 R_f 值不大于0.3且各组分有明显分离趋势。常用溶剂极性大小次序为：石油醚＜二硫化碳＜四氯化碳＜三氯乙烯＜苯＜二氯甲烷＜氯仿＜乙醚＜乙酸乙酯＜乙酸甲酯＜丙酮＜正丙醇＜甲醇＜水。吸附柱色谱中常用的混合洗脱溶剂有：石油醚-氯仿、石油醚-乙酸乙酯、氯仿-乙酸乙酯、氯仿-甲醇、丙酮-水、甲醇-水以及氯仿-甲醇-水。含苯洗脱剂常常具有较好的分离选择性，但因其具有蓄积毒性，使用时应保障通风良好，避免吸入。

为了使一定数量的样品能达到良好分离，还应正确选择柱尺寸和吸附剂用量。经验表明，吸附剂的质量通常应是被分离样品质量的25～30倍；所用色谱柱径高比（直径与高度之比）应大约为1∶10。特别值得注意的是柱的直径和高度以及吸附剂用量还取决于分离的难易程度。对于难分离化合物，可能需要使用高于样品量30倍的吸附剂，柱径高比可能需要大于1∶20；对于易分离的化合物，如在薄层上 $\Delta R_f>0.4$ 的两个组分，使用高于样品量5～10倍的吸附剂和尺寸较小的柱子就能分离。尺寸小的色谱柱可以节省分离时间和减少溶剂消耗。

8.2.1.1　常用固定相

(1) 硅胶　硅胶为多孔性无定形或球形颗粒，是液相色谱应用最多的固定相，它是液-固吸附色谱的主要固定相，也是液-液色谱最重要的载体，更为化学键合相填料的主要基质材料。它的主要优点是化学惰性，具有较大的吸附量并易于制备成不同类型、孔径、表面积的多孔硅胶。硅胶具有多孔性的硅氧环及—Si—O—Si—的交联结构，其表面带有硅醇基而呈弱酸性（pH=4.5)，一般以 $SiO_2 \cdot xH_2O$ 通式表示。硅胶的吸附性能取决于硅胶表面有效硅醇基的数目，数目越多，其吸附能力越强。硅胶能吸附水分形成水合硅羟基而降低吸附能力，随着含水量的增加，吸附能力下降。吸附色谱一般采用含水量为10%～12%的硅胶，含水量小于1%的硅胶活性最高，而大于12%时，吸附力极弱，不能用作吸附色谱，只能用于分配色谱的载体。常规柱色谱分离用硅胶通常在使用前放入110℃烘箱中加热约1h进行活化，经活化的硅胶相当于Ⅱ～Ⅲ级活性，含水量约为10%。硅胶含水量与其活性的关系列于表8-2中。硅胶的表面积、表面结构、微孔体积及微孔半径均直接影响色谱分离效果。

表8-2　硅胶和氧化铝含水量与活性的关系

硅胶含水量/%	活性级别	氧化铝含水量/%	硅胶含水量/%	活性级别	氧化铝含水量/%
0	Ⅰ	0	15	Ⅳ	10
10	Ⅱ	3	20	Ⅴ	15
12	Ⅲ	6			

吸附剂表面活性一定时，样品分子与吸附剂表面极性吸附基团的作用力取决于样品分子的结构，即分子中官能团的种类和数目、分子极性和构型等。硅胶吸附剂对含极性官能团的分子吸附力强，而对极性小的烃类化合物吸附力弱。不同极性或相同极性不同数量极性基团的试样分子与吸附剂的作用力大小各异，从而可得到分离。如果样品分子官能团之间彼此发生作用（如位阻、共振、氢键等)，那么与吸附剂表面之间相互作用力的强度和类型将发生变化。样品分子中官能团的性质决定洗脱顺序，结构为RX（R是有机基团，X是官能团）的混合物，在液固色谱中的保留顺序为：烷基＜卤素（F＜Cl＜Br＜I）＜醚＜硝基化合物＜腈＜叔胺＜酯＜酮＜醛＜醇＜酚＜伯胺＜酰胺＜羧酸＜磺酸。

液固吸附色谱对化合物的类型具有明显的选择性，其吸附强度主要取决于官能团的类型和分子的几何形状，不同异构体的相对吸附作用差别显著，对异构体的分离选择性远大于其他色谱方法。

常用柱色谱硅胶在100～400目之间有多种规格可供选择，常压操作使用最多的是100～200目硅胶，常用于复杂样品的初步分离和易分离样品的分离。颗粒更细的硅胶需要增加操作压力，适用于加压色谱分离，可获得更高的分离效率。硅胶适用于分离酸性和中性物质，碱性物质能与硅胶作用，易产生拖尾而不能很好地分离。为了使某一类化合物得到满意的分离，有时可以向硅胶中掺入某种试剂，以改良吸附性能，提高分离效果，所得到的吸附剂称为改良吸附剂。例如以硝酸银处理的硅胶对不饱和烃类有极好的分离作用。一般将含1%～10%添加试剂的水或丙酮溶液与硅胶混匀，待稍干后，于110℃干燥即可。

(2) 键合硅胶 键合硅胶是通过化学反应将各种有机基团以共价键形式连接到硅胶表面的硅醇基上而得到的，它具有良好的色谱热力学和动力学性能。根据键合基团的不同，键合硅胶主要分为极性键合硅胶和非极性键合硅胶。

极性键合硅胶是将含极性基团的有机分子键合到硅胶上而得到的。常见的极性键合相有氰基、氨基、二醇基等。它是一种弱吸附剂，具有较均匀表面、低化学吸附和催化活性的特点，对各种化合物的分离与硅胶类似，但保留值比硅胶低。极性键合相大多数采用非极性或弱极性溶剂，形成正相色谱体系。若流动相极性太低，不能湿润极性表面，则加入适量的中等极性或极性溶剂，如卤代烷、乙醚、乙酸乙酯、醇等。保留值随溶质极性的增加而增加，随溶剂极性的增加而降低。对于强极性化合物，极性键合相也能用于反相色谱，例如，采用乙腈-水作为流动相分离糖类或多肽类化合物。极性键合相的分离选择性决定于键合相的种类、溶剂强度和样品性质。溶质与固定相上极性基团间的作用力是决定色谱保留和分离选择性的首要因素。极性键合硅胶的分离机理有各种不同解释，有人认为是分配过程，把键合相当成液膜处理；更多的人认为是吸附过程，键合极性基团与溶质分子间发生诱导、氢键或静电作用，实现选择性分离。

氰基键合相具有中等极性，是一个氢键接受体，分离选择性与硅胶类似，但比硅胶保留值低，对于酸性、碱性样品能得到对称色谱峰，对双键异构体和双键环状化合物具有很好的分离选择性。采用正己烷作流动相构成正相色谱体系；以乙腈-水作为流动相构成反相色谱体系，由于氰基极性大于ODS（十八烷基键合硅胶），试样洗脱时间明显缩短。

氨基键合相能用于正相、反相及离子交换色谱。氨基键合相与硅胶具有不同的色谱性能，它具有氢键给予体和接受体性质，对多功能基化合物显示很好的分离选择性。例如，采用正己烷-异丙醇或二氯甲烷-异丙醇组成的正相体系分离胆固醇，与氰基键合相比较，样品k值较高；采用乙腈-水反相体系分离糖类成分，糖分子中的羟基与氨基有选择性相互作用。由于氨基的碱性，在酸性介质中是一种弱阴离子交换剂，能分离核苷酸。

非极性键合硅胶是在硅胶表面键合非极性或极性很小的烃基而得到的，它是最主要的反相色谱固定相。已使用的烷基链长有C_2、C_4、C_6、C_8、C_{16}、C_{18}、C_{22}等，还有苯基和多环芳烃。其中应用最多的是ODS，其键合反应和封尾过程如图8-4所示；其次为辛烷基键合硅胶和苯基键合硅胶。

键合相的烷基链长和键合量是影响固定相样品容量、溶质k值、柱效和分离选择性等色谱性能的重要因素。作为经验规则，当键合相表面浓度相同时，烷基链长增加，碳含量成比例增加，溶质保留值增加，固定相稳定性也提高。这是ODS固定相比其他烷基键合相应用更普遍的重要原因。当键合相表面浓度不同时，溶质在长链烷基键合相上一般有较大k

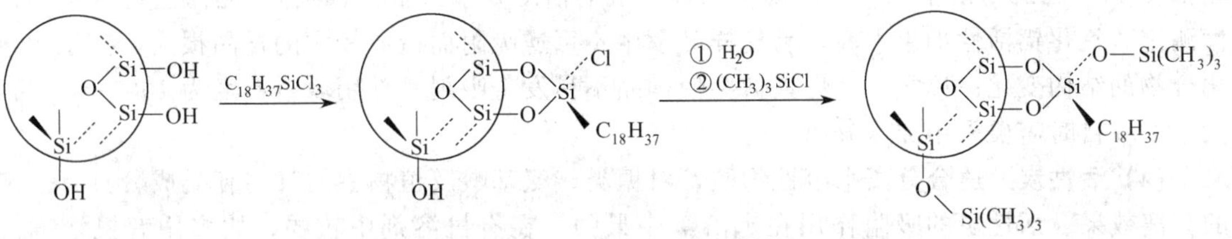

图 8-4　硅胶上键合十八烷基并以三甲基硅烷封尾的过程

值；而链长一定，表面键合量增加，溶质 k 增加，柱效提高。烷基链长和碳含量影响分离选择性。一般认为含有较长烷基链和较高键合量的固定相对较大非极性溶质的分离选择性比对小分子溶质的选择性好。键合烷基在 C_6～C_{12} 之间，对小分子溶质的选择性随碳链的增加而增加；C_{12} 以后选择性趋于一致。短链烷基（C_6、C_8 等）由于分子体积较小，比长链烷基有更高覆盖度和较少的残余硅羟基。这类固定相适用于极性和离子性样品的分离，能使用酸性较强的流动相。而长链烷基（C_{16}、C_{18} 和 C_{22} 等）键合相，由于空间障碍，键合硅羟基数减少，但键合分子大，对残余硅羟基掩盖作用增强，有较高碳含量和更好的疏水性，对各种类型分子结构的样品有更强的适应能力。非极性键合相的样品容量随碳链增长而增加，从 C_4 到 C_{18}，柱容量增加将近一倍。ODS 样品容量约 2mg/g，与裸露的硅胶相似。随着流动相有机溶剂增加，温度升高，样品容量也会增加。

苯基键合相的色谱性能与 C_8 等短链键合相相近，不同极性样品在两种键合相上洗脱顺序相同，分离选择性一般不如 ODS，但对芳香族化合物和含有—CN、—NO_2 的化合物有很好的分离选择性。多环芳烃键合相的性能与长链键合相相近，对芳香族化合物更适用。

键合硅胶的颗粒形状有球形和无定形之分。一般来讲，无定形填料比同样大小的球形填料有较大的外表面积，通过粒子边界的质量传递速率更大，柱效更高。但无定形填料的稳定性和重现性不如球形填料，通常需要更高的操作压力。

反相色谱采用极性溶剂及其混合物作流动相。溶剂极性越低，其洗脱能力越强。水、乙腈、甲醇、四氢呋喃是常用的反相色谱流动相。为了获得各种不同强度的洗脱剂，通常采用水-有机溶剂混合物。由于甲醇和水的性质相似，都是质子给予体和接受体，将甲醇加入水中，只改变溶质的 k 值，而洗脱顺序不变。乙腈加入水中或四氢呋喃加水不仅改变 k 值，溶质洗脱顺序也可能发生变化，后者更能显著改变色谱系统的分离选择性。

(3) 氧化铝　氧化铝是仅次于硅胶的分离填料。氧化铝的吸附能力通常比硅胶的吸附能力强，因此非常适用于亲脂性物质的分离制备；氧化铝比硅胶具有更高的吸附容量，价格低廉，因此应用也比较广泛。

氧化铝分为碱性、中性和酸性三种。通常使用的氧化铝是碱性氧化铝，其水提取液 pH 为 9～10。碱性氧化铝常用于碳氢化合物的分离，能从碳氢化合物中除去含氧化合物；它还能对某些色素、甾族化合物、生物碱、醇以及其他中性、碱性物质进行分离。中性氧化铝吸附剂一般采用 5%乙酸处理氧化铝以除去其碱性制备而得，其水提液 pH 为 7.5，适用于醛、酮、醌、某些苷及酸碱溶液中不稳定化合物，如酯、内酯等的分离，因此，应用范围比较广泛。酸性氧化铝是将氧化铝用 2mol/L 盐酸处理制得，其水提液 pH 为 4～4.5，适用于天然及合成酸性色素以及某些醛、酸的分离。

氧化铝的活性也与含水量的关系极大，表 8-2 列出了氧化铝活性与含水量的关系。一般情况下，直接使用商品氧化铝就能满足基本分离的要求。对于湿度较大的季节或地区，将氧化铝在110～120℃烘干0.5～1h即可保证一般的活度要求（Ⅲ～Ⅳ级），无需进行烦琐的活性测定。氧化铝活性如果太高，易使样品发生不可逆吸附而造成较大的样品损失，甚至导致化合物的结构变化；反之，活性太低会使样品不易发生吸附。常用填料粒度为100～160目，大于200目时需要采用加压分离。

(4) 活性炭 适合分离水溶性物质，对糖类、氨基酸及植物中的某些苷类成分具有一定的分离效果。活性炭的吸附作用在水溶液中最强，在有机溶剂中较弱，故多用有机溶剂洗脱。如果采用乙醇-水进行洗脱，则随着乙醇浓度的递增洗脱能力增加。有时也采用稀甲醇、稀丙酮、稀乙酸溶液洗脱。活性炭对芳香族化合物的吸附力比对脂肪族化合物大；对大分子化合物的吸附力大于对小分子化合物；对极性基团（如COOH、NH_2、OH等）多的化合物的吸附力大于对极性基团少的化合物。因此，可以利用这些吸附性差异，将水溶性芳香族化合物与脂肪族化合物、氨基酸与肽、单糖与多糖分开。

活性炭易吸附气体，气体占据吸附表面，俗称“中毒”，所以使用前一般需要活化，即将活性炭于120℃下加热4～5h，使所吸附的气体除去。使用过的活性炭可用稀酸、稀碱交替处理，然后水洗，加热活化。有时可以将粉末状的活性炭制成颗粒状锦纶活性炭（1∶2）或与硅藻土（1∶1）混合后装柱，以增加流速，但颗粒状活性炭的吸附性能要比粉末状活性炭低。通常，对于极性较大成分的分离，采用拌入30%～40%硅藻土的粉状活性炭；对于中等极性成分的分离，采用颗粒状活性炭；而对于极性较小成分（如色素和非极性成分）的分离则适于采用锦纶活性炭。

(5) 聚酰胺 聚酰胺又称锦纶或尼龙。作为柱色谱分离填料的聚酰胺主要是由己内酰胺聚合而成的聚己内酰胺（锦纶6或称尼龙6）和由己二酸与己二胺聚合而成的聚己二酰己二胺（尼龙66）。聚酰胺同时具备较好的亲水性和亲脂性，既可用于分离水溶性成分，又可用于分离脂溶性成分。它可溶于浓盐酸、甲酸，微溶于乙酸、苯酚等溶剂，不溶于水、甲醇、乙醇、乙醚、氯仿、丙酮、苯等常用有机溶剂，对碱较稳定，对酸尤其是无机酸稳定性较差，温度高时更敏感。

色谱柱的填装通常采用湿法装柱，将颗粒状聚酰胺混悬于水中或低极性溶剂中。一般每100mL聚酰胺可上样1.5～2.5g，实际比例视具体情况而定。样品先用洗脱溶剂溶解，浓度20%～30%，直接上样。若不易溶于洗脱剂，可选用易挥发的有机溶剂溶解，拌入聚酰胺干粉后将溶剂减压蒸去，用洗脱剂分散后装入柱顶。洗脱剂常采用水、递增乙醇比例至浓乙醇或氯仿-甲醇系统递增甲醇比例至纯甲醇洗脱。若仍有组分未洗脱下来，可采用稀氨水或稀甲酸胺溶液洗脱，分段收集。使用过的聚酰胺一般用5% NaOH洗涤，然后水洗，再用10%HAc洗涤，最后用蒸馏水洗至中性即可。

聚酰胺分子中含有丰富的酰氨基，可通过分子中的酰胺羰基与酚类、黄酮类化合物的酚羟基，或酰胺键上的游离氨基与醌类、脂肪羧酸上的羰基形成氢键缔合而产生吸附。至于吸附能力则取决于各种化合物与之形成氢键的能力。通常在含水溶剂中有如下吸附规律：①形成氢键的基团数目越多，则吸附能力越强；②成键位置对吸附力也有影响，易形成分子内氢键者，其在聚酰胺上的吸附减弱；③分子中芳香化程度高者吸附增强。

聚酰胺分子中既有酰氨基，又有非极性脂肪链，因此具有双重保留机制。当采用极性流动相（含水溶剂）时，聚酰胺作为非极性固定相，作用相当于反相色谱，各种溶剂在聚酰胺柱上的洗脱能力由弱到强的顺序为：水＜甲醇＜丙酮＜NaOH水溶液＜甲酰胺＜二甲基甲酰胺＜尿素水溶液。如分离萜类、甾类和生物碱等很难与聚酰胺形成氢键的物质常采用极性流动相。当采用非水流动相（如$CHCl_3$-MeOH）时，聚酰胺作为极性固定相，其色谱行为类似正相色谱。

聚酰胺薄层色谱是探索聚酰胺柱色谱分离条件和检查柱色谱各流分组成和纯度的重要手段。通常采用聚酰胺薄膜，它是将聚酰胺溶于甲酸中涂布在涤纶片基上所制成的膜片，待甲酸挥发干燥后即可使用。展开溶剂可采用含水极性溶剂，也可采用非水流动相。若在各种溶剂系统中加入少量的酸或碱，可克服色谱中的拖尾现象，使斑点清晰。

(6) 大孔吸附树脂 是一类不含离子交换基团、具有大孔网状结构的高分子吸附剂，属多孔性交联聚合物。大孔吸附树脂的骨架结构主要为苯乙烯和丙烯酸酯。骨架结构决定了树脂的极性，通常将大孔吸附树脂分为非极性、弱极性、中等极性、极性和强极性五类。非极性和弱极性树脂由苯乙烯和二乙烯基苯聚合而成；中等极性树脂具有甲基丙烯酸酯的结构；极性树脂含有氧硫基、酰氨基、氮氧等基团。大孔吸附树脂一般为白色、乳白色或黄色颗粒，有些新型树脂为黄色、棕黄至棕红色，粒度通常为20～60目，物理和化学性质稳定，不溶于水、酸、碱及亲水性有机溶剂，加热不溶，可在150℃以下使用。树脂一般有很大的比表面积、一定的孔径和吸附容量，有较强的机械强度，含水分40%～75%。

大孔吸附树脂具有良好的网状结构和很大的比表面积，是吸附和分子筛分离原理相结合的分离材料，它的吸附性源于范德华力或氢键。不同极性、不同孔径的树脂对不同种类的化合物的选择性不同。一般而言，非极性树脂适用于从极性溶液（如水溶液）中吸附非极性有机物质；相反，高极性树脂（如XAD-12）特别适用于从非极性溶液中吸附极性物质；而中等极性吸附树脂，不但能从非水介质中吸附极性物质，也能从极性溶液中吸附非极性物质。由于树脂的吸附作用是物理化学作用，被吸附的物质较易从树脂上洗脱下来，树脂本身也容易再生。因此，大孔吸附树脂具有选择性好、机械强度高、再生处理方便、吸附速度快等优点。

影响吸附的因素有大孔树脂本身的性质，如比表面积、表面电性、能否与化合物形成氢键等；另一方面也与化合物本身的性质有关，包括化合物的极性、分子量与在洗脱剂中的溶解性，还与化合物本身的存在形式有关，酸性成分在酸性条件下易被吸附，碱性成分在碱性条件下易被吸附，中性成分在中性条件下易被吸附。

普通的商品树脂常含有少量杂质，使用前必须进行预处理。树脂预处理的方法有回流法、渗漉法和水蒸气蒸馏法等。最常用的方法是渗漉法，即采用有机溶剂（如乙醇、丙酮等）湿法装柱，浸泡12h后洗脱2～3倍柱体积，再浸泡3～5h后洗脱2～3倍柱体积，重复进行浸泡和洗脱直到流出的有机溶剂与水混合不呈现白色乳浊现象为止，最后用大量蒸馏水洗去乙醇即可使用。当单独使用有机溶剂处理不净杂质时，可以结合使用酸碱处理，即先加入2%～5%的盐酸溶液浸泡、洗脱，用水洗脱至中性后，加入2%～5%的氢氧化钠溶液浸泡、洗脱，用水洗至中性为止。

样品一般用水溶液上柱，然后依次加大有机溶剂比例洗脱。实际工作中，大孔树脂一般用于样品的富集和初步分离。洗脱液一般选择不同浓度的甲醇、乙醇、丙酮，流速为0.5～5mL/min。非极性大孔吸附树脂所用洗脱剂的极性越小，洗脱能力越强；中等极性大孔吸附树脂常采用极性较大的有机溶剂洗脱。

(7) 凝胶 色谱分离用凝胶都是具有三维网状空间结构的高聚物，有一定的孔径和交联度。它们不溶于水，但在水中有较大的膨胀度，具有良好的分子筛功能。它们可分离的分子大小的范围广，相对分子质量在10^2～10^8范围之间。下面简要介绍常用于柱色谱分离的几种凝胶。

① 交联葡聚糖凝胶。商品名称为Sephadex，是由葡聚糖和3-氯-1,2-环氧丙烷（交联

剂）以醚键相互交联而形成具有三维空间多孔网状结构的高分子化合物。按其交联度的大小可分成 8 种型号。交联度越大，网状结构越紧密，孔径越小，吸水膨胀就越小，故只能分离分子量较小的物质；相反，交联度越小，孔径就越大，吸水膨胀大，则可分离分子量较大的物质。葡聚糖凝胶的型号以其吸水量（每克干胶所吸收的水的质量）的 10 倍命名，如 Sephadex G-25 表示该凝胶的吸水量为每克干胶能吸 2.5g 水。

交联葡聚糖凝胶在水溶液、盐溶液、碱溶液、弱酸溶液和有机溶剂中较稳定，但当暴露于强酸或氧化剂溶液中时，则易使糖苷键水解断裂。在中性条件下，交联葡聚糖凝胶悬浮液能耐高温，在 120℃消毒 10min 而不改变其性质。如要在室温下长期保存，应加入适量防腐剂，如氯仿、叠氮钠等，以免微生物生长。

在 Sephadex G 系列葡聚糖凝胶中引入羟丙基基团，即可构成 LH 型烷基化葡聚糖凝胶。如 Sephadex G-25 经羟丙基化处理后得到 Sephadex LH-20，这不仅使它具有亲水性能，吸水膨胀，用于分离水溶性成分，而且，可用于分离有机溶剂中的亲脂性成分，起到类似反相色谱的分离效果。最常用的溶剂系统是氯仿-甲醇（1∶1）和纯甲醇。Sephadex LH-20 不仅可以作为一种有效的初步分离填料，还可以用于最后的纯化，以除去微量固体杂质、盐类或其他外来物质，这种纯化操作的样品损失极少。

② 甲基丙烯酸酯共聚物。Toyopearl HW 系列凝胶是新型的甲基丙烯酸酯聚合材料，其骨架是由乙二醇、甲基丙烯酸缩水甘油酯和二甲基丙烯酸季戊四醇酯共聚而成的。该类产品能够承受较宽的 pH 范围（pH 2～12），具有良好的化学稳定性、热稳定性及柱床稳定性；具有较高的机械强度，可用于加压柱色谱；可以经高压下 120℃处理。该类凝胶按孔径大小（5～100nm 以上）分为多种类型，在大分子物质如蛋白质、酶、核酸、多糖的纯化处理上应用较多。其中，Toyopearl HW-40 可用于小分子物质的分离纯化，与 Sephadex LH-20 有相似的使用方法和应用范围，采用此凝胶分离极性较小的物质时往往会得到更好的分离效果。

③ 琼脂糖凝胶。商品名称有 Sepharose（瑞典）、Bio-gel A（美国）、Segavac（英国）、Gelarose（丹麦）等多种，因生产厂家不同名称各异。琼脂糖是由 D-半乳糖和 3,6 位脱水的 L-半乳糖连接构成的多糖链，在温度 100℃时呈液态，当下降至 45℃以下时，它们之间相互连接成线性双链单环的琼脂糖，再凝聚即成琼脂糖凝胶。商品除 Segavac 外，都制备成珠状琼脂糖凝胶。琼脂糖凝胶是依靠糖链之间的次级链（如氢键）来维持网状结构的，网状结构的疏密依赖于琼脂糖的浓度。

琼脂糖凝胶按其浓度不同，分为 Sepharose 2B（浓度 2%）、4B(浓度 4%) 及 6B（浓度 6%）。Sepharose 与 1,3-二溴异丙醇在强碱条件下反应，即生成 CL 型交联琼脂糖，其热稳定性和化学稳定性均有所提高，可在广泛 pH 溶液（pH 3～14）中使用。通常的 Sepharose 只能在 pH 4.5～9.0 范围内使用。琼脂糖凝胶在干燥状态下保存易破裂，故一般均存放在含防腐剂的水溶液中。琼脂糖凝胶的机械强度和筛孔的稳定性均优于交联葡聚糖凝胶。琼脂糖凝胶用于柱色谱时，流速较快，因此是一种很好的凝胶色谱载体。

在选择使用凝胶时应注意以下问题：①混合物的分离程度主要取决于凝胶颗粒内部微孔的孔径和混合物分子量的分布范围。和凝胶孔径有直接关系的是凝胶的交联度。凝胶孔径决定了被排阻物质分子量的下限。②凝胶的颗粒粗细与分离效果有直接关系。一般来说，细颗粒分离效果好，但流速慢；而粗颗粒流速快，但会使区带扩散，洗脱峰变得平而宽。因此，如用细颗粒凝胶宜用大直径的色谱柱，用粗颗粒时宜用小直径的色谱柱。在实际操作中，要根据工作需要，选择适当的颗粒大小并调整流速。③选择合适的凝胶种类以后，再根据色谱

柱的体积和干胶的溶胀度，计算出所需干胶的用量（g），其计算公式为

$$干胶用量=\frac{\pi r^2 h}{溶胀度} \tag{8-1}$$

式中，溶胀度指每克干凝胶溶胀后所占的体积。考虑到凝胶在处理过程中会有部分损失，用式(8-1) 计算得出的干胶用量应再增加 10%～20%。

交联葡聚糖及聚丙烯酰胺凝胶的市售商品多为干燥颗粒，使用前必须充分溶胀。方法是将欲使用的干凝胶缓慢地倾倒入 5～10 倍的去离子水中，进行充分浸泡，然后用倾倒法除去表面悬浮的小颗粒，并减压抽气排除凝胶悬液中的气泡，准备装柱。在许多情况下，也可采用加热煮沸方法进行凝胶溶胀，此法不仅能加快溶胀速率，而且能除去凝胶中污染的细菌，同时排除气泡。

凝胶柱的径高比一般为（1∶25)～(1∶100)。一根理想的凝胶柱要求柱中的填料（凝胶）密度均匀一致，没有空隙和气泡。凝胶色谱的载体不会与被分离的物质发生任何作用，因此凝胶柱在色谱分离后稍加平衡即可进行下一次的分离操作。但使用多次后，由于床体积变小，流速降低或杂质污染等原因，使分离效果受到影响。此时需进行再生处理，其方法是：先用水反复进行逆向冲洗，再用缓冲溶液平衡，即可进行下一次操作。若要长期保存，则需将凝胶从柱中取出，进行洗涤、脱水和干燥等处理后，装瓶保存。

（8）离子交换树脂 是高分子聚合物，具有可离解基团，在水溶液中离解而带电，能与其他带相反电荷的离子发生可逆的离子交换作用。根据这些离子交换基团所带电荷的不同，可分为阴离子和阳离子交换树脂。当样品溶液通过离子交换柱时，各种离子即与离子交换树脂上的带电部位竞争性结合；每种离子的洗脱速率决定于该离子与树脂的作用力、电离程度和溶液中各种竞争性离子的性质和浓度。

离子交换树脂对溶液中的不同离子具有不同的结合力，一般来说，电性越强，越易交换。对于阳离子交换树脂，在常温常压的稀溶液中，交换量随交换离子价态的增大而增大。如离子价数相同，交换量则随交换离子的原子序数的增加而增大。在稀溶液中，强碱性阴离子交换树脂对各种负离子的结合强弱次序为 $CH_3COO^- < F^- < OH^- < HCOO^- < Cl^- < SCN^- < Br^- < CrO_4^{2-} < NO_2^- < I^- < C_2O_4^{2-} < SO_4^{2-} <$ 柠檬酸根；弱碱性阴离子交换树脂对各种负离子的结合强弱次序为 $F^- < Cl^- < Br^- = I^- = CH_3COO^- < MoO_4^{2-} < PO_4^{3-} < AsO_4^{3-} < NO_3^- <$ 酒石酸根 $<$ 柠檬酸根 $< CrO_4^{2-} < SO_4^{2-} < OH^-$。两性物质如蛋白质、核苷酸、氨基酸等与离子交换树脂的结合力，主要决定于它们的物理化学性质和特定条件下呈现的离子状态。

根据离子交换树脂中基质的组成及性质，又可将其分成两大类：疏水性离子交换树脂和亲水性离子交换树脂。疏水性离子交换树脂的基质是一种与水亲和力较小的合成树脂，最常见的是由苯乙烯与交联剂二乙烯基苯反应生成的聚合物，在此结构中再以共价键引入不同的带电基团。由于引入带电基团的性质不同，又可分为阳离子交换树脂、阴离子交换树脂及螯合离子交换树脂。亲水性离子交换树脂的基质为天然或合成的聚合物，与水亲和性较大，常用的有纤维素、交联葡聚糖及交联琼脂糖等。

选择离子交换树脂的一般原则如下。

① 根据被分离物质所带电荷是负还是正。选择阴离子或阳离子交换树脂。

② 强型离子交换树脂适用的 pH 范围很广，所以常用它来制备去离子水和分离一些在极端 pH 溶液中解离且较稳定的物质。弱型离子交换树脂适用的 pH 范围狭窄，在 pH 为中性的溶液中交换容量高，用它分离生物大分子物质时，其活性不易丧失。

③ 离子交换树脂处于电中性时常带有一定的反离子，使用时选择何种离子交换树脂，取决于树脂对各种反离子的结合力。为了提高交换容量，一般应选择结合力较小的反离子。据此，强酸型和强碱型离子交换树脂应分别选择 H 型和 OH 型；弱酸型和弱碱型树脂应分别选择 Na 型和 Cl 型。

④ 交换剂的基质是疏水性还是亲水性，对被分离物质有不同的作用性质（如吸附、分子筛、离子或非离子的作用力等）。一般认为，在分离大分子物质时，选用亲水性基质的树脂较为合适，它们对被分离物质的吸附和洗脱都比较温和，活性不易破坏。

商品离子交换树脂通常为干树脂，使用前要用水浸泡使之充分吸水溶胀；树脂中常含有一些水不溶性杂质，所以要用酸、碱处理除去。一般处理程序如下：干树脂用水浸泡 2h 后减压抽去气泡，倾去水，再用大量去离子水洗至澄清，去水后加 4 倍量的 2mol/L HCl 溶液，搅拌 4h；除去酸液，用水洗至中性，再加 4 倍量的 2mol/L NaOH 溶液，搅拌 4h，除去碱液，用水洗至中性备用。其中处理用的酸碱浓度在不同实验条件下，可以有变动。如果是亲水型离子交换树脂，只能用 0.5mol/L NaOH 和 0.5mol/L NaCl 混合溶液或 0.5mol/L HCl 溶液处理（室温下处理 30min）。长期使用后的树脂含杂质较多，应先用沸水处理，然后再用酸、碱处理。树脂若含有脂溶性杂质，可用乙醇或丙酮处理。长期使用过的亲水型离子交换树脂的处理，一般只用酸、碱浸泡即可。对琼脂糖离子交换树脂的处理，在使用前用蒸馏水漂洗，用缓冲溶液平衡后即可。

8.2.1.2 常规柱色谱法的操作

(1) 柱的填装 有湿法和干法两种，应用都很普遍。湿法装柱是将填料以洗脱剂分散成混悬液状态均匀装入色谱柱内，通过其自然沉降形成均匀稳定的柱层。通常将填料分批加入洗脱剂中，边加边搅拌，使其形成一种流动性好的混悬液并除尽气泡。先向色谱柱内充入洗脱液至柱体积的 1/3～1/2，然后开启活塞让溶剂缓缓流出的同时，将混悬液逐步倒入柱中。倾倒过程尽可能连续并可轻敲柱壁促进均匀沉降，直至将混悬液全部装入色谱柱中。最后用柱床体积两倍以上的流动相冲洗，使柱床压实并形成平整表面。干法装柱是将所需量的填料直接以干粉状态均匀填入色谱柱中，边填边轻敲柱壁。如果采用拌样上样，则上完样品后直接用流动相洗脱即可；如果采用溶液上样，则应先采用洗脱剂通过整个柱床，直至全部湿润后再将样品加至柱床顶部。

(2) 上样 有液体上样和拌样上样。液体上样是将样品溶液加入柱床，操作时先使洗脱液面低于柱床表面，然后用滴管将样品溶液缓慢加于贴近柱床表面的四周柱壁上，样品溶液即沿柱壁慢慢下降覆盖于柱床表面；加完后使样品完全进入柱床并停留一小段时间即可开始加洗脱液洗脱。溶解样品的溶剂最好是洗脱液或梯度洗脱时洗脱能力最小的溶剂。如果这些溶剂溶解样品的能力较差，可以加入适量的对样品溶解能力强的溶剂，但样品溶液的总体积要尽可能小以保证样品带较窄，得到较好的分离效果。当样品的溶解度较差，尤其是对于难溶的样品，可以将样品的干粉与柱填料混合或预先吸附在填料上，此过程即为拌样，它能使样品层处于最窄以提高分离效率。对于湿法装柱，通常将拌好的样品用洗脱液分散成体积尽可能小的混悬液除尽气泡后缓慢倒入柱中任其自然沉降，待分散样品用的洗脱液流入柱床后，即可开始洗脱。对于干法装柱，可以直接将拌好的样品装入柱床顶部，加好覆盖物后即可开始洗脱。对于一般样品，每份可以混入 1.5～3 份填料；对于难溶样品，如溶解度低于 5mg/mL，每份样品需混入 5～10 份填料。

(3) 洗脱 洗脱过程中要避免添加溶剂时造成样品层扰动或泛起，应该始终保持洗脱剂液面高于柱床表面，以防止空气进入色谱柱。可以采用加液球、分液漏斗或倒置的瓶口在色谱柱洗脱液液面之下的圆底烧瓶或试剂瓶等加液方式来减少加液的操作次数。吸附色谱中，通常使用石油醚或己烷与氯仿、乙酸乙酯等溶剂组成洗脱溶剂；或者使用氯仿与乙酸乙酯、甲醇等组成洗脱溶剂；通过调节后者的比例获得不同极性的洗脱溶剂。在反相色谱中，通常采用不同比例的甲醇-水或乙腈-水系统作为洗脱剂，根据需要既可以进行等度洗脱，也可以进行梯度洗脱。在洗脱液中需要加入添加剂时尽量选用挥发性试剂，非挥发性添加剂会在产物回收时引起麻烦。

(4) 流分收集 在制备分离中，洗脱溶剂的用量较大，因此需要采取适当的收集方式和收集器。应尽可能对溶剂进行回收利用，因此应尽量避免使用三元或三元以上的复杂溶剂体系。被分离的成分若有颜色，可凭视觉判断并把各谱带分别加以收集。对于无色组分常采用固定体积收集的方法，然后用TLC进行分析并进行适当合并。在使用反相硅胶或聚合物吸附剂进行分离时，有时从水或含水比例较高的洗脱液中回收样品比较困难，可以采取蒸除有机溶剂后用甲苯或氯仿萃取剩余水溶液的方法解决；也可以对已得到的纯组分进行再次色谱分离，达到除去添加剂或转换样品溶剂的目的。如反相分离采用酸或缓冲盐时，将分离纯化后的流分再次加入色谱柱，先以水为洗脱剂除去酸或缓冲盐，再用有机溶剂洗脱即可。又如以甲醇-水为洗脱液时，可将收集的流分用水稀释5倍后再加到色谱柱上，然后用甲醇将该组分洗脱下来即可达到目的。此外，还可将收集得到的样品加到Sephadex LH-20柱上，先用水洗去添加剂，再用甲醇将纯组分洗脱下来。

(5) 样品回收 制备色谱分离得到的流分合并后，即可采取减压蒸馏的方法回收样品中的各组分和相应的溶剂。最常使用的设备是旋转蒸发仪，对于水含量较大的溶剂也可采用薄膜蒸发仪。回收得到的样品组分经重结晶或蒸馏（对于液态组分）即可得到各个纯组分。

8.2.2 干柱色谱法

干柱色谱法是将干的吸附剂装入色谱柱，将待分离的样品配成浓溶液或吸附于少量填料上，然后上样；让洗脱液依靠毛细管作用流经色谱柱，当接近色谱柱底部时，停止洗脱，将吸附剂根据柱上各色带挖出或切开，用适当的溶剂洗脱下来。在干柱色谱法中，没有洗脱液从色谱柱中流出，色带明显分开。干柱色谱法所需时间短，且节省溶剂。

干柱色谱法实际上是制备薄层色谱法形式上的变化，具有相同的分辨能力，但其上样量却要高很多。在使用薄层色谱时，样品与吸附剂的比例约为1∶500；对于干柱色谱法，可采用1∶300或1∶500的比例；对于易分离的混合物，甚至可使用1∶100的比例。先利用薄层色谱选择最佳的溶剂系统，然后进行干柱色谱法分离，但需注意先将吸附剂适当失活。在使用硅胶为吸附剂进行分离时，可在硅胶中掺入15%的水使之失活。使用混合溶剂系统进行干柱色谱法分离时，可能达不到分析型薄层色谱所显示的分辨能力，这时可在装柱前用10%的流动相对干柱的吸附剂进行预饱和。最好选用直径为40μm左右的固定相，其中还可加入20%的硅藻土以加快分离速度。干柱色谱法比常规柱色谱法具有更好的分辨能力。当洗脱液将干柱展开后，需去除色谱柱的支撑物，其中最容易去除的支撑物是塑料柱（如尼龙）。可根据展开的色带用刀将色谱柱切成若干段，然后用溶剂洗脱下来。尼龙柱的另一优点是可在紫外灯下观测到无色的色带，以此指导切割。然而欲将吸附剂紧密平整地装入尼龙柱并不容易，鉴于这种原因，人们更倾向于使用玻璃柱，在进行分离后将吸附剂推出或用刮刀按顺序将各色带刮出。

8.2.3　减压柱色谱法

减压柱色谱法可看成是柱色谱形式的制备薄层色谱法，以减压为动力加速溶剂的流动。减压柱色谱法不同于快速柱色谱法，因该方法在收集每份流分后让色谱柱流干，在完成一次展开和干燥后，还可再次对其展开。

图 8-5 为实验室减压色谱装置。在一装有烧结玻璃（10～20μm，D 型孔径或 2 号孔径）的短柱或布氏漏斗中干法加入吸附剂（10～40μm 薄层色谱用吸附剂），轻轻敲击柱壁，使吸附剂在重力作用下沉降。然后通过三通活塞抽真空，并用一橡皮塞压紧吸附剂，直至吸附剂变得坚硬。放气之后，快速向吸附剂的表面加入低极性的溶剂，并继续抽真空。当溶剂流经全部柱体后，将柱抽干，即可准备上样。可将样品溶于适当的溶剂中直接加在柱上部，然后减压小心地将样品抽入吸附剂。另外，也可将样品先吸附于硅胶、氧化铝或硅藻土上再上样。洗脱剂的选择应适当，先用低极性溶剂，然后再逐渐增大极性，在收集每份流分后将柱体抽干，再加入下一份洗脱剂（可减少流分之间的相互交叉）。

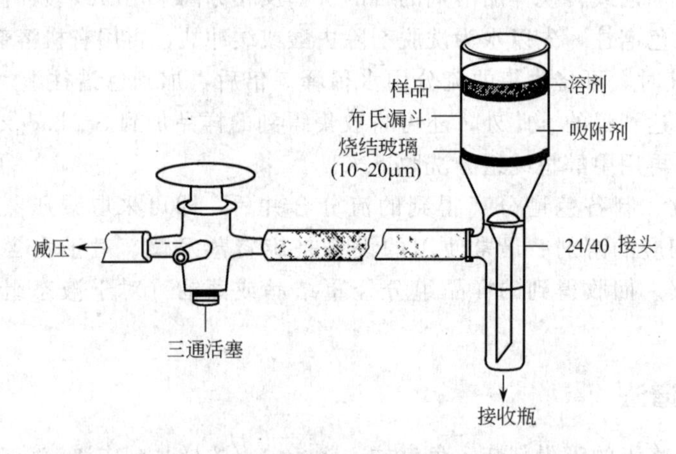

图 8-5　减压柱色谱法的实验室装置

与靠加压来增加洗脱液流速的方法相比，减压操作（变换溶剂等）更简单，因色谱柱的顶端一直保持在大气压力下。吸附剂的高度一般不应超过 5cm。对于微量（样品少于 100mg）分离，则可采用直径为 0.5～1.0cm 的色谱柱，吸附剂高度可为 4cm；对于 0.5～1.0g 样品，采用柱床为 2.5cm × 4cm 的色谱柱较合适；对于 1～10g 样品，可采用柱床为 5cm×5cm 的色谱柱；而更大量的样品，可将色谱柱的直径加大并保证柱床高度为 5cm。

在可能的情况下，最好将待分离的样品溶于石油醚后再加到硅胶柱上（如若不行，则采用拌样上样）。在分离过程中，应逐渐增加洗脱剂中高极性溶剂的比例。开始阶段，高极性溶剂增加的幅度应较小（1%、2%、3%等），随后幅度可逐步增大（5%、10%、20%等）。通常收集 20～25 个流分即可将所有成分洗脱。

8.3　加压液相色谱技术

这里所指的“加压液相色谱法”包括各种施加压力于色谱柱进行的液相色谱法，从快速液相色谱法（压力 0.2MPa）至制备型高压液相色谱法（10.0MPa），样品量可从毫克级至千克级。这有别于靠重力驱动的柱色谱分离。用常规的色谱方法通常很难分离克级的化学结构非常相近的样品。而在半制备型加压液相色谱法中，由于采用了更小颗粒的吸附剂，使组分具有更高的分离因子（α），因此能够完成难度很大的分离工作。

制备型色谱与分析型色谱的差别在于前者的目的是从混合物中分离得到纯化合物，是一个纯化过程。制备型液相色谱的上样量较大，通常需要特定的装置和一定的操作条件。

8.3.1 加压液相色谱制备分离方法的建立

8.3.1.1 方法建立的一般过程

除快速色谱法外，建立分析型LC方法通常作为开发加压制备LC方法的起点，开发过程中应注意制备型LC分离的特点。若流动相中需要添加缓冲液，应优先选择挥发性（如甲酸或乙酸、碳酸铵等）缓冲液，否则需要再次分离以除去缓冲液（除盐）。在建立加压LC分离方法时，可参考下列步骤：

(1) 选择液相色谱系统 快速色谱法以及低压LC通常采用方便快捷的薄层色谱来确定分离条件，在某些情况下，中压和高压液相制备也采用薄层色谱来初步确定分离条件，即采用硅胶薄层色谱来确定正相分离的条件，采用反相硅胶薄层色谱来确定反相分离的条件。薄层色谱中硅胶的表面积是柱色谱中硅胶表面积的两倍，因此，一般经验是使样品的R_f值不大于0.3且具有较好分离效果的展开剂才能用于加压液相柱色谱的分离。对于高压和中压LC，通常需要经分析型LC进行条件转化。

(2) 分析型液相色谱分离条件优化 采用薄层色谱分离确定的溶剂条件作为分析型液相色谱的初始条件，检查其在柱色谱上的分离效果。分析柱最好装有与制备柱相同的填料，这样可以快速获得正确的分离条件并节省时间、样品和溶剂。在优化分析分离条件时，应将寻求较小的容量因子（k）作为一个原则，因为将分析型洗脱剂系统转换至制备型系统时经常导致分离效能的下降，而小的容量因子意味着分离时间缩短和出峰体积缩小。在找到良好的分析型LC分离条件后，一般将分离度调至高于分析型LC分离所需的水平，这样可以满足制备型LC分离时采用过载模式来提高分离效率。对于反相色谱分离，增加溶剂系统中水的比例即可达到目的。

(3) 制备型液相色谱条件的确定 在分析型LC柱上优化的条件可以直接放大至制备色谱分离。分析柱将目标峰之间或目标峰与杂质之间的分离因子优化到最大，并将目标峰的容量因子尽量减小（$k<3$），达到节约流动相、缩短循环时间、方便多次进样的目的。可能的话，流动相携带的成分很容易从产品中除去，使收集流分时引入的杂质降到最低。大多数情况下，流动相通过蒸发与产品分离，因此尽可能不要向流动相中加入低挥发性添加剂和缓冲溶液。目前许多生产商将分析型大小的填料直接用于制备型色谱柱，这样将无需对流动相作较大的改变，非常便于制备放大操作。

通常，制备型色谱柱的流速（v）及进样量（x）可按式(8-2)和式(8-3)从分析型色谱柱的相应参数计算，即

$$v_2=v_1\times\frac{r_2^2}{r_1^2} \tag{8-2}$$

$$x_2=x_1\times\frac{r_2^2L_2}{r_1^2L_1} \tag{8-3}$$

式中，v_1和x_1分别为分析LC的流速和进样量；v_2和x_2分别为制备LC的流速和进样量；r_1为分析柱半径；r_2为制备柱半径；L_1为分析柱长；L_2为制备柱长。

分析型LC柱也可直接通过过载方式用于小量样品的制备分离，进样量一般小于10mg。

实验室常用的制备柱内径一般小于 2.5cm，装填25～65g 硅胶填料，流速控制在15～30mL/min，适用于每次进样 50～100mg 的分离纯化。

(4) 纯物质的回收和分析 对色谱柱流出的目标成分按时间、峰或质量采用自动流分收集器或手动收集，除去溶剂后即可回收得到相应的纯组分。其纯度可采用薄层色谱或分析型高压 LC 法进行测定。分离结束后，可采用如下程序冲洗色谱柱：正相柱，丙酮→水→甲醇→丙酮-四氢呋喃→二氯甲烷；反相柱，甲醇 -四氢呋喃（1∶1）。

8.3.1.2 进样量的影响

选择合适的制备 LC 分离条件时都希望进样量足够大，使每次分离回收得到更多的纯品。对实验室规模的制备 LC，最好在轻微过载的条件下操作，以便于回收高纯度的目标组分（纯度＞99%），而且分离程序简单，不需要为了得到纯品去进一步分析所得到的流分。

在低样品浓度条件下，随着样品量的增加，容量因子改变超过 10%时可认为色谱柱处于过载状态。将色谱柱过载有两种途径（图 8-6）：一种是在保持进样体积不变下增加样品的浓度，称为浓度过载；另一种是保持样品浓度不变增加进样体积，称为体积过载。在体积过载情况下，样品浓度保持不变且限定在吸附等温线的线性范围内，加大进样体积，使洗脱带变高变宽，显现出对称的平头峰。在浓度过载情况下，进样体积虽小，但浓度超过了吸附等温线的线性范围，相应的谱带轮廓变宽且不对称；在 Langmuir 型等温线中，色谱峰接近于直角，呈现竖直的前沿和倾斜的拖尾。在洗脱模式下，制备速度随进样体积和进样浓度的增加而增加。由于这两种方式都使组分的峰变宽，因而控制一个样品量的上限是提高制备速度的有效方法。先在分析柱上从一个小样品量开始，逐渐加大进样量，保持回收率不变，制备速度就会线性地增加。当目标组分峰与相邻峰相接触时，回收率就会随进样量的增加而减小，因为峰两侧要被切割以免引入杂质。制备速度达到最大时，分离即在非线性条件下进行，最佳分离条件无法从分析柱的数据中预测。

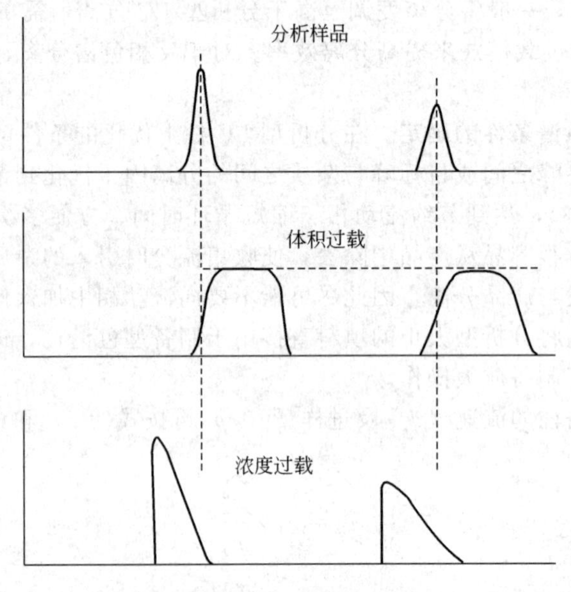

图 8-6 两种过载类型的色谱峰

8.3.1.3 谱带切割与循环色谱分离

(1) 边缘切割和循环色谱分离 当对两个或多个相距很近的主要成分进行分离时，若色谱系统的选择性不足以将该混合物分开，此时可采用边缘切割结合循环色谱进行分离。如

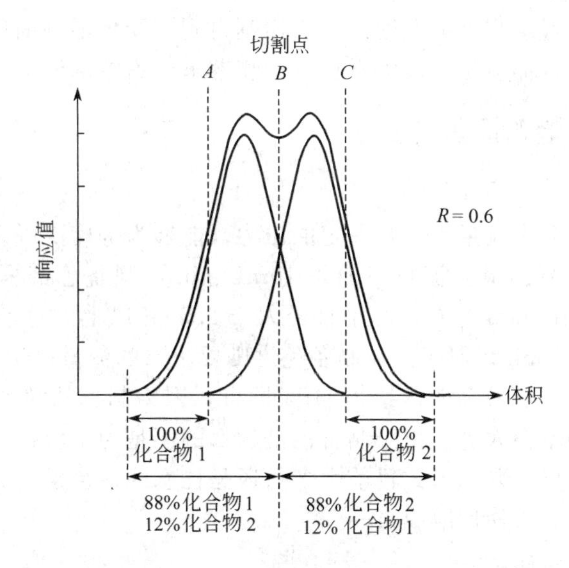

图 8-7　化合物 1、2 在不同切割位点达到的纯度

图 8-7所示，在确定最佳分析型分离条件后进行制备型色谱分离，通过切割相应色谱峰的前部和后部可获得纯化合物 1 和 2。利用此法，对 1 和 2 的混合物（循环组分）重新进行分离，可进一步获得纯品。如果一次循环分离还未将 1 和 2 完全分开，则可重复进行循环色谱分离。实际上，循环色谱分离相当于增加色谱柱的长度，但不必承担大的柱压降和溶剂消耗。

循环色谱分离需要具备密闭进样器或交替柱循环装置。密闭进样是将流经检测器的柱流出液通过多通阀连至泵的入口。交替柱循环是连接两根色谱柱，使洗脱液从第一根柱直接流入第二根柱。必要时，在收集到纯的样品前，通过阀门控制，可将由第二根色谱柱切割得到的样品再加到第一根柱上。目前，循环色谱仪器基本实现了从进样到流分收集的全程自动化。

谱带变宽是由泵内溶剂体积过大等柱外因素引起的，应将其控制在最低限度。循环色谱分离中最先被洗脱的峰不应与上次分离中最后出的峰重叠，即总带宽应小于循环体积。

（2）中心切割和色谱柱的过载　为提高制备速度和分离效率，当目标组分含量较大时，采用大幅度过载进样，利用中心切割技术进行分离，这种情况需避免主要色谱峰前后两端微量组分的污染。图 8-8 给出了这种操作模式的图示。

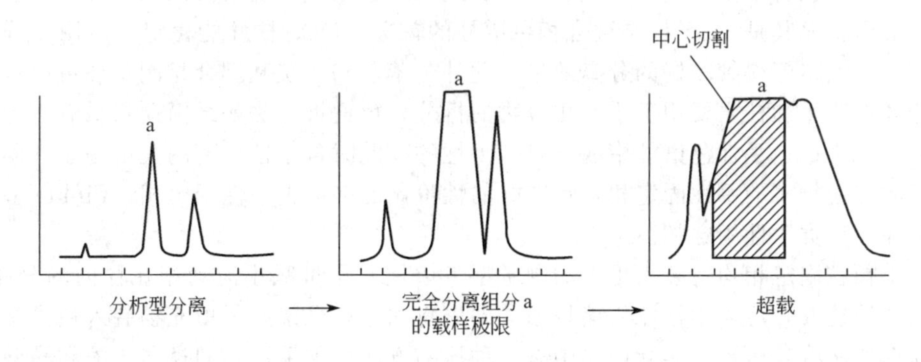

图 8-8　中心切割与过载操作

中心切割可能损失少量组分 a，但 a 的产量却可提高。在实际分离过程中，可逐渐加大

上样量直至达到适当的过载程度，并通过中心切割得到不受色谱峰前后杂质污染的产物。为达到最大承载的目的，样品应尽可能溶在比流动相溶解能力差的溶剂中。

8.3.2 制备加压色谱对设备的要求

8.3.2.1 输液泵

制备色谱的输液泵要求流量大，耐一定的压力，能够为等度洗脱和梯度洗脱提供高速流动相输送。分析型高压泵的最大流量一般是 10mL/min，制备色谱采用了直径更大的色谱柱，一般流量需要 30mL/min 左右；对于直径大于 2.5cm 以上的色谱柱，通常希望泵的供液能力最高可达 100mL/min；对于工业制备色谱则要求泵的流量可达 1L/min。制备色谱泵的工作压力不需太高，一般最高能达到 20MPa 即可，因为制备柱填料一般比分析型填料的颗粒大，制备柱的压降不会太大。由于制备色谱的目的不是为了获得好的色谱图，所以对泵的精度要求也不是很严格。泵的形式目前大多数还是柱塞式往复泵，其次是气动放大泵，但对流量要求很大时，也有人使用隔膜泵。

8.3.2.2 进样器

进样操作的好坏对分离的影响较大，要求样品能均匀地分布于色谱柱的入口端，形成一个较短的柱塞。为适应大量样品的注入，大多数情况下使用具有大样品环的六通进样阀。样品环的大小可以根据需要调换，但一般不超过 10mL。样品管要细长，而不是短而粗，以免增加色谱峰的扩展。

如果样品的量较大，也可采用“停留技术”，即在停止压力泵的情况下，用注射器进行常压进样，然后再启动压力泵。如果样品的体积很大（>100mL），则应该使用一台小型的压力泵，用“停留技术”上样后，再进行液体的输送。

样品溶液以低浓度、大体积为好，以免色谱柱局部过浓导致局部过载，使分离效率降低。一般情况下，样品溶液体积不超过色谱柱洗脱体积的 1/3 时不会损失分离度。

8.3.2.3 色谱柱

原则上所有液相色谱柱类型都可用于加压制备色谱。但实际上，由于制备色谱空柱出售较少，实验室掌握制备柱填充技术的人也很少，所以加压制备色谱柱通常都是购买现成的商品，并且价格很高。在商品制备色谱柱中，用得较多的主要有硅胶吸附柱、键合相柱和手性柱。前两种应用广泛，后一种用于手性化合物的制备性拆分。

硅胶吸附柱主要采用全多孔型硅胶填料，全多孔型又分为无定形和球形两种。在使用过程中需要维持硅胶含水量恒定。实践表明，利用薄层色谱选择洗脱溶剂比较方便。键合相色谱柱应用最广，尤其是 ODS 柱是键合相色谱柱的首选。ODS 柱性能稳定，适用于分离的化合物范围广，大多能得到较好的分离效果。此外，苯基和辛烷基键合相制备柱可以提供较好的分离选择性。手性柱主要用于手性化合物的拆分，色谱拆分法是最简便、最有效的手性化合物分离方法之一。手性色谱柱中的填料是手性的，此时，手性分离的关键是手性固定相的选择。目前应用较多的手性固定相是具有好的性价比的多糖类手性固定相、Pinkle 型手性固定相以及环糊精类手性固定相。

为将小颗粒固定相均匀装入更大的制备型色谱柱并尽量减小流动相在柱内的分布差异，以达到更高的柱效，可采用柱床压缩技术。即先将固定相悬浆或干填充物装入色谱柱中，然后利用物理方法将其压紧。实际操作中有两种压缩方法可供采用，即径向压缩和轴向压缩。

径向压缩是利用气体或液体施压于金属柱内紧贴柱壁的柔性层。该技术适用于圆筒形色谱柱的制备，直径为 8～40mm、最大长度可达 100mm。利用扩展组件，还可组装成长达

300mm的色谱柱。

轴向压缩可在柱顶端、底端或两端同时进行，可利用机械压力或水压来推动活塞，将所需量的浓缩悬浆压缩至活塞停止运动，该色谱柱即可用于分离。色谱柱的内径可达80cm。如果在洗脱过程中柱床缩短，可以利用可移动的活塞随时调整压力，使洗脱过程中柱床上始终保持固定的压力，从而保证填料维持稳定、均匀且无空隙形成。

径向与轴向联合压缩柱是将一楔形杆压入色谱柱内以产生联合压缩的效果。

整体柱是一种在色谱柱内原位聚合形成的连续床固定相。与传统色谱柱不同，整体柱的填料在柱内直接形成，不用装填，具有制备简单、重现性好、通透性好、柱压降低等优点，能实现快速、高效分离。整体柱固定相通常包括硅胶基和有机聚合物两类，前者采用硅氧烷类化合物水解聚合制备而成，与传统色谱柱较为接近；后者主要包括聚丙烯酸酯、聚苯乙烯和聚二乙烯基苯、聚丙烯酰胺三类有机聚合物整体柱，它们往往能够在更宽的pH范围（如1～14）使用。整体柱形成后，可以通过表面键合反应形成具有各种官能团的键合相色谱柱，应用于不同类型化合物的正、反相色谱分离。

具有微米孔骨架结构和纳米孔双重孔结构是整体柱的基本特征。微米孔是决定液体流动相通透性的主要因素，纳米孔结构是决定表面积大小也就是色谱保留能力大小的主要因素。一般而言，微米孔道越多、越大，色谱柱的通透性越好；纳米孔越大，其表面积越小，色谱保留越小。

将分子印迹聚合物用作整体柱固定相可以实现手性化合物的拆分。在整体柱上通过化学键合环糊精、手性阴离子交换剂等制成手性固定相，对手性化合物分离也有较好效果。

8.3.2.4　检测器

制备色谱流出液的流量大、浓度高，不需要高灵敏度检测器，但用于制备液相色谱的检测器应能适应高流速流动相的通过。有少量为制备色谱专门设计的检测器，它的光程较短，有大内径的管路。但通常分析型的检测器加上一个分流器后也能满足制备色谱的要求。

加压制备色谱中最常用的是示差折光检测器，它适应各种样品类型，灵敏度对于制备色谱来说也足够。但其缺点是对温度敏感，峰面积大小不仅取决于组分量的大小，还同检测器的响应有关。其次使用的是紫外检测器，它可在溶质紫外吸收较弱的波长处进行检测，避免超过检测器的最大负荷。另外也可采用分流器只将少量流出液导入检测器。将示差折光检测器与紫外检测器串联使用是一个比较理想的方法，二者信息可以互补，为正确地判断分离情况提供更多的信息。蒸发光散射检测器（evaporative light scattering detector，ELSD）可用于非挥发性成分，并可在梯度洗脱条件下检测，因此越来越受到重视。该检测方法需安装分流装置。此外，也可用薄层色谱对高浓度的流出液各流分进行检测，所以当其他检测方法不适用时，可求助于薄层色谱检测。

鉴于色谱柱和样品量的大小差别很大，通常根据制备型色谱所采用驱动压力的大小分为快速色谱法（约0.2MPa）、低压液相色谱法（$<$0.5MPa）、中压液相色谱法（0.5～2MPa）和高压液相色谱法（$>$2MPa）。

分离中所用色谱柱及固定相颗粒的大小需根据分离的难易程度而定。对于小量的难分离样品（$\alpha<1$），应采用小颗粒(5～10μm）的固定相，若采用稍大颗粒的固定相及稍长的色谱柱也可达到相同的分离效能。对于较易进行的分离（$\alpha>1$），可采用较大颗粒的固定相及相对多的上样量，此外，也可采用较低压力的色谱分离。如选择性确实很高，则可采用快速色谱法分离。

8.3.3 快速色谱法

快速色谱法使用实验室廉价易得的常规玻璃仪器即可进行，分辨率不及中压液相色谱法，两者的载样能力相似，但由于操作简便且经济，因此，遇到简单的分离问题时，常倾向于选用快速色谱法。

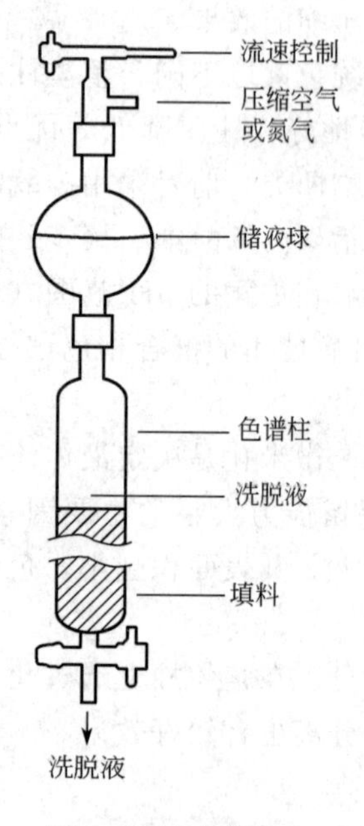

图 8-9 快速色谱法分离装置示意

图 8-9 为一典型的快速色谱法分离装置。该装置包括一装有活塞的、长度合适的玻璃柱，可用干法或湿法将固定相加入其中。干法装柱效果更好，但需用大量溶剂使固定相完全润湿。在固定相的顶部最好加一层沙子或棉花并在棉花上覆盖玻璃珠，固定相的上端应留有足够的空间以便反复加入洗脱剂，在柱顶采用储液球非常便于洗脱操作。加样后，使色谱柱与压缩空气或氮气相连并采用针形阀控制压缩气体的流速。这种装置可施加高于大气压 0.1MPa 的压力使样品洗脱。利用不同尺寸的色谱柱对 0.01～10.0g 样品所进行的分离通常可在 15min 内完成。

快速色谱法中使用最广泛的固定相为硅胶。可采用硅胶快速色谱法对天然或合成的产物进行最终纯化；但更常见的方式是先采用此方法对粗提物或混合物进行初步纯化，然后再利用其他具有高分辨率的技术进一步纯化。也就是说，可利用快速色谱法将复杂的混合物初步、快速地划分为几个流分。快速色谱法是化学合成中纯化中间体的一种理想方法。快速色谱法也可以采用干柱色谱法的操作方式，在柱内装入干的填料后，加入样品和洗脱剂，利用空气或氮气压力使洗脱剂流经填料。快速色谱法的近似上样条件及相关操作参数列于表 8-3。快速色谱技术不仅仅局限于使用硅胶固定相，包括键合相在内的其他吸附剂也有潜在的用途。目前，快速色谱法已经实现仪器化，通过软件控制系统自动完成多个样品同时分离、流分收集及在线检测工作，并可以根据需要设置等度或梯度洗脱。

表 8-3 快速色谱法的基本操作参数

洗脱方式	柱直径/cm	硅胶量/g	上样量(TLC 检测)/g		典型流分体积/mL
			$\Delta R_f \geqslant 0.2$	$\Delta R_f \geqslant 0.1$	
等度洗脱(柱床高 15cm)	1	5	0.1	0.04	5
	2	20	0.4	0.16	10
	3	45	0.9	0.36	20
	4	80	1.6	0.6	30
	5	130	2.5	1.0	50
梯度洗脱(柱床高 10cm)	3	30	1～3		50～100
	4	55	3～8		100～200
	6	125	8～35		200～300
	8	250	35～60		200～300
	10	350	60～80		300～500
	14	700	80～150		300～500

8.3.4　低压和中压液相色谱法

低压液相色谱法（LPLC）和中压液相色谱法（MPLC）使用的填料粒度、柱入口压力与快速色谱法近似，只是操作系统更为复杂。一般采用恒流泵提供所需恒定的流动相流速，样品一般采用针进样，通常使用在线检测器和流分自动收集器。低压和中压液相色谱法的操作与仪器基本一致，只是后者采用了更小粒度的固定相、更高的柱操作压力、更快的流动相流速，能够在更短的时间内分离更多的样品。

低压和中压液相色谱法的色谱柱是用高强度玻璃制成的，外包一层塑料保护壳。柱壁厚度和柱内径决定最大操作压力。小直径（如 1cm）柱可耐受的操作压力可高达 5MPa，而大直径（>10cm）柱的柱压可能被限制在零点几个兆帕。柱长一般在 10cm～1m，其中 20～25cm、30～35cm 和 40～45cm 的型号最为常用；相应的内径一般在 1～10cm，其中 1～1.5cm、2.5～4cm、3.5～6.5cm 的型号最为常用。更粗的柱子可以装几公斤填料，在浓度过载条件下分离 10～15g 样品。一般的小直径柱进样量在 3g 以下，能够保证样品量与吸附剂量之比约为 1∶25，这样才能分离难分离物质。还可以将几根色谱柱串连使柱长加大以提高分离度。

对于低压分离，典型的固定相为 40～63μm 粒度的无机氧化物和化学键合相，以及 25～100μm 的软胶。对于中压分离，选用填料的典型平均粒径在 15～25μm 或 25～40μm，包括无机氧化物、化学键合相、硬或半硬的多孔聚合物填料均可使用。大颗粒填料适于长柱或低压下使用。色谱柱可以在实验室内装填，无需特殊仪器操作，一般采用干法和匀浆法。干法装柱一般用于无机氧化物填料，其中敲击填装法适用于平均粒径大于 20μm 的无机氧化物，对于粒径为 15μm 的填料需要氮气加压。匀浆技术用于化学键合相的填装（硅胶也可以采用该法）。

中压液相色谱柱的操作压力（<5MPa）和流速（5～180mL/min）通过带有可更换泵头的往复活塞泵来控制。泵、进样器、色谱柱、检测器等元件都是用聚四氟乙烯管或类似的材料来连接的。样品通常注入进样阀，体积大时可直接经泵吸入。带样品环的进样器适用于体积达到 100mL 的进样量。对于低压色谱柱，样品通过注射器或吸液管加入柱头，溶液即流入柱床顶端。流分收集器通常与检测器相连，依据时间、体积或峰起始端收集流分。如果没有在线处理系统，可以通过 TLC 检测并将相似流分合并。中低压制备液相色谱系统示意如图 8-10 所示。

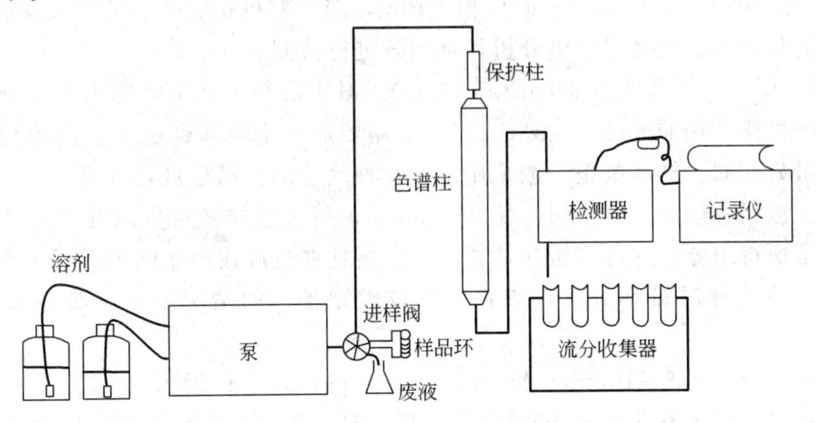

图 8-10　中低压制备液相色谱系统示意

分离应该在选择性最好的流动相中进行，可以通过 TLC 和分析型 HPLC 检测确定合适的流动相。一般优先选择正相分离系统，因为有机溶剂易回收，易于得到纯净的产品；反相系统中含水溶剂的纯度很重要，因为水溶液中若引入非挥发性杂质，必然会污染分离产物。

8.3.5 高压制备液相色谱法

高压制备液相色谱法所用色谱柱的塔板数通常在 2000～20000 之间。柱内填装的是粒度范围较窄的小颗粒（5～30μm）固定相，为使流动相流动，需采用较高的压力驱动。与中低压制备液相色谱法相比，系统的复杂性及成本增大，但分辨率可得到较大的提高。常常需要从大量的物质中分离纯化不足 1%的目标成分，这种分离工作十分困难，在纯化的最后阶段常需使用 10μm 或更小颗粒的 HPLC 填料。为提高每次分离获得纯品的量，高压制备液相色谱通常在过载情况下运行。

高压制备液相色谱分离大多采用等度洗脱，这样可减少操作中可能出现的问题。然而，对于那些难分离的样品，有时也需采用梯度洗脱。表 8-4 将分析型 HPLC 与制备型 HPLC 的特点进行了对比。

表 8-4 分析型 HPLC 与制备型 HPLC 特点的对比

分析型 HPLC	制备型 HPLC
进样量仅够检测用即可	尽可能加大进样量以生产最多的纯品
柱内径 1～5mm	柱内径 1～10cm(或更大)
柱填料 5μm 或更小	柱填料 10μm 或更大
HPLC 泵最多提供 10mL/min 的流速	HPLC 泵提供＞10mL/min 的流速
进样通常不是问题	进样较难，需多加注意
为最大灵敏度选择检测条件	为降低灵敏度选择检测条件
样品在流动相中溶解度通常不重要	样品溶解度一般非常重要
流动相挥发性不重要	流动相为挥发性，禁用不挥发性添加剂

8.3.5.1 制备 HPLC 分离条件的优化

制备 HPLC 分离条件的选择可按以下步骤进行，这种方法通常是制备低于 1g 纯品的较好方法。

① 对于大多数样品，可选正相或反相 HPLC，溶于有机相的样品适于用硅胶正相 HPLC 法。硅胶上的分离可通过薄层色谱分析目标组分进行检测。

② 选择一根分析柱（例如 25cm×0.46cm）。对于反相 HPLC，选用适于分析分离的填充柱，如对碱性样品用非酸性 C_8 或 C_{18}。如果需要进一步转移到更大直径的柱上，两种色谱柱的填料最好相同。样品制备一般采用下面几种尺寸的色谱柱进行分离。

分析柱：内径一般为 4～5mm，长 25～50cm，每次进样量可以从几十至几百微克，重复进样并收集所得组分。这种方法非常耗时，分析柱在过载较严重的情况下工作，柱性能迅速下降。如果不是样品极难分离，或者没有较大制备柱的情况下，一般不采用分析柱做制备。

半制备柱：内径为 8～10mm，长 25～50cm，往往装填粒径为 5～10μm 的填料，柱效可达 15000 左右，每次可进 5～50mg 样品，其分辨率和分离度都不错，对于毫克级样品的制备比较方便，但成本较高。

制备柱：内径为 20～25mm，长 25～50cm，填料粒径一般为 5～20μm，它的柱效较前面两种低，但样品处理量大，成本较低。

大制备柱：内径通常大于 25mm，长 25～50cm 或更长，一般填装颗粒直径在 10μm 以上的填料，它的柱效较制备柱更低，但样品处理量更大。

③ 采用与分析分离相同的方案完成方法建立，优化溶剂强度和选择性（若有可能，使目标组分 $k<2$）。尽管梯度洗脱能从色谱柱中除去强保留的杂质，但尽量不用这种模式。在制备 HPLC 中，只对目标组分要求好的分离度就可以。同样，增加目标组分的选择性也有利于分离（若有可能，$\alpha>1.5$），因此有必要对影响 α 的其他分离条件加以研究。

④ 一旦优化好运行小进样量的条件，可加大进样量直到目标峰与杂质峰在基线附近发生接触。下一步是调整实际塔板数，可增加流速以缩短运行时间并使塔板数接近目标值。在样品溶解度有限的情况下，首先应尽可能地增加样品体积。如果不能有效溶解足够的样品，应探索采用其他方法。

⑤ 制备 HPLC 方法建立的最后一步是通过提高柱内径来提高每次运行所能分离的样品量。同样的流动相、柱填料（类型和颗粒尺寸）和柱长应用于分析柱和制备柱上，进样量与柱子的尺寸成正比，可采用式(8-1) 和式(8-2) 进行相关参数的计算。在制备柱上也能取得与分析柱相同的分离：目标组分谱带在同样的时间间隔内将会洗脱，对两根色谱柱上限定纯度（如>99%），目标组分的回收率也相同。增大色谱柱的内径意味着可以承载更多的样品，从而增加产量。增加色谱柱的长度，载样量和分离度增大，但同时增加了柱压降，一般色谱柱的产量并不改变。短的、内径大的色谱柱一般可填装颗粒度小的填料；而长的色谱柱则需填充颗粒度大的填料。对于难分离组分（$\alpha<1.2$），使用小颗粒填料分离效果更好。

8.3.5.2　生产级 HPLC 分离

在实验室中生产少量纯样的分离方法也可能需要转换成用于更大规模的批量生产，大规模制备 HPLC 分离的基本要求为：

① 常用更高的塔板数。原因是更大的 N 值允许更大的进样量，使每克纯品所要求的溶剂体积减小，因为溶剂的花费常为批量制备 HPLC 的最大成本。

② 最大进样量通常导致样品过载，这也会降低溶剂和其他费用。

③ 生产中不可行的溶剂（如昂贵、有毒、难处理）一开始就应避免。

④ 建立方法所使用的填料应能大量获得，以满足大规模制备 HPLC 的需要。

⑤ 不同批号的填料在决定使用前应该先进行性能评价。

⑥ 通常需回收溶剂，以减少重新购买和处理的费用。

⑦ 对于直径大于 5cm 的色谱柱要专门设计，以保证床层稳定，并避免高压时柱被损坏。

此外，当从实验室范围转变到小规模或批量生产时，还应注意下列问题：

① 操作人员所受训练较少时，必须考虑操作过程的安全性。

② 生产过程中所有组件的自动化程度也变得越来越重要。

③ HPLC 本身在批量生产中是一种昂贵的方法。因此，经常将 HPLC 和其他较便宜的纯化方法相结合，以降低操作的总体成本。

8.4　逆流色谱法

逆流色谱法（counter current chromatography，CCC）的分离原理是基于样品在两种互不混溶的溶剂之间的分配作用，溶质中各组分在通过两溶剂相的过程中因分配系数不同而得以分离。这是一种不用固态支撑体的全液态的色谱方法。逆流色谱法是在逆流分溶法的基础上发展起来的，与其他色谱技术相比具有以下优点：避免了样品的不可逆吸附；样品不易变性，适用于生物活性物质的分离。

8.4.1　液滴逆流色谱法

液滴逆流色谱仪（DCCC）一般由一组直立的、小孔径的硅烷化玻璃管柱（其长度为 20～60cm）通过聚四氟乙烯毛细管连接而组成。玻璃管内充满液体固定相，流动相液滴不断地穿过充满固定相的管柱体系，在尾端收集流出成分（如图 8-11 所示）。这种仪器比常用的逆流分溶仪要轻巧简便得多，而且能避免乳化或泡沫的产生。此外，这种方法分离时间较短，且溶剂消耗较少。

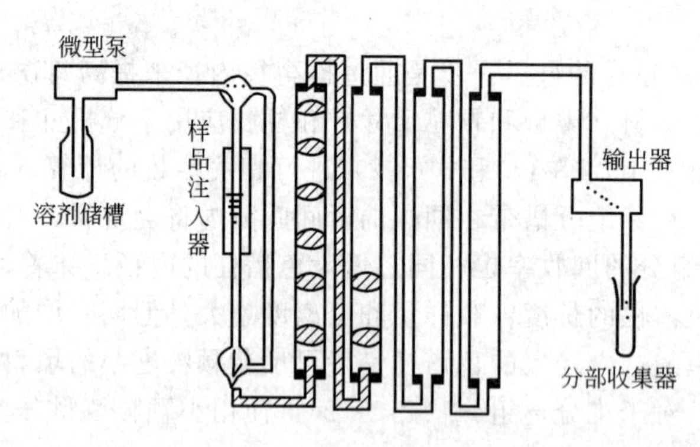

图 8-11　DCCC 原理示意图

流动相的液滴垂直连续不断地穿过固定相时，固定相在液滴和管壁之间形成薄膜，与液滴接触，同时不断形成新的表面，促成溶质中各组分在两相之间反复进行分配，达到分离的目的。液滴的大小和流动性受众多因素的影响，包括管柱的内径、流动相流速、引入喷嘴的孔径大小、两个液相的密度差异、溶剂的黏度和界面张力等。一般情况下，管柱的内径若小于 1mm 就会出现阻塞现象，也就是说管柱里的溶剂体系会被完全推出。

内径为 2mm 的管柱是最常用的，而在商品仪器中采用的管柱内径是 2.7mm、3.0mm 和 3.4mm，较大内径的管柱具有允许流动相流速高和样品负载量大等优点。提高流速就意味着提高分辨率，但随着流动相的速度增大，固定相的流失也会加大。分辨率还可以通过增加管柱数量得以提高，但是这样会使分离时间相应地拖长。

采用 DCCC 能一次分离毫克级至克级的混合样品，而且在实现分离的过程中物质不会损失。用内径 3.4mm 的仪器已能一次分离高达 6.4g 的粗提物样品，采用内径 10mm 的大内径管柱甚至能分离 16g 的样品。

因为玻璃管柱和聚四氟乙烯连接管的化学稳定性都较好，所以 DCCC 仪器能耐受酸、碱和有机溶剂。因为不用固体的分离材料，不可逆吸附和色谱峰区带展宽的现象均可避免。DCCC 同制备型 HPLC 相比，溶剂消耗量较小，但是分离时间过长且分辨率较低。

8.4.2　旋转小室逆流色谱法

典型的旋转小室逆流色谱法（RLCC）仪器由 16 根装设在旋转轴周围的玻璃柱组成［见图 8-12(b)］，每根柱长 50cm，内径 1.1cm，彼此之间用内径为 1mm 的聚四氟乙烯管串联起来。这些柱体的转速和倾角 φ 都能调节［见图 8-12(a)］。溶剂通过旋转密封接头进入和离开这一组管柱。

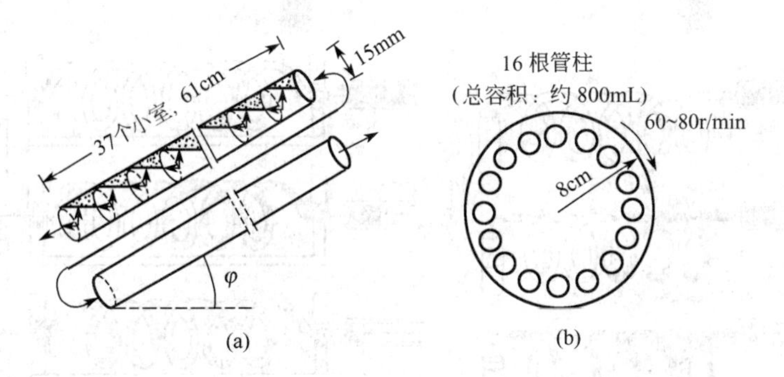

图 8-12　RLCC 仪器

每一根玻璃柱又用一些聚四氟乙烯的圆盘分隔成 37 个小室，在每一个圆盘的中心部位穿了一个直径为 1mm 的小孔，这样就使得溶剂能在小室之间流通。把各管柱调整到垂直的位置，再用恒流泵把固定相逐管从底部泵入。泵出口端接到管柱的入口处。与此同时，让 16 根柱子都绕着仪器的中心轴转动起来，要特别注意应使各小室中的气泡完全排出去。然后，再把各柱子的位置调整到同水平线成 20°～40°夹角的位置，这时就能用泵把流动相泵入柱体系。如果分离过程采用的是上行法，流动相是两相之中较轻的那一相，并从管柱的底部泵入柱体系。当各管柱绕中心轴转动的速率为 60～80r/min 时，流动相的泵入流速可在15～50mL/h 的范围。流动相进入第一个小室后，就会取代其中原已注满的固定相的位置，直到流动相液面达到圆盘上小孔的水平时，流动相就会穿过小孔进入到相邻的第二个小室中去。这一过程在一根柱子的各小室中逐步进行，直到流动相抵达柱中最上端的小室。此后，流动相会由连接管引导到下一根管柱的底部，进而取代底部小室中的固定相的位置。往后，反复重现第一根管柱里的逐室传递的过程，直到所有的管柱中都包容流动相时为止。

相反，当分离过程采用下行法时，则用两相溶剂系统中较重的一相作为流动相。较重的流动相按与上行法相反的方向从管柱最上端的小室进入柱体系。

该方法的分离能力由三个主要变量所决定：转动速率、管柱的倾斜角度、流动相的流速。转动速率在 70r/min 上下能获得最佳的分辨率，转速太快会因界面受到干扰而使分离能力降低。而管柱的倾斜角度则会影响分辨率和保留体积。保留体积决定了在每一个小室里的流动相与固定相的体积比例。

RLCC 是一种很简单的技术，能在数小时内实现理论塔板数为 250～300 的分离分辨能力。与 DCCC 的溶剂选择要求不同，RLCC 不要求两相溶剂系统能形成小滴，因此，可以选用更广泛的溶剂系统。

8.4.3　离心逆流色谱法

在逆流色谱法中，离心逆流色谱法的内容是最丰富的，各种不同的设备类型多达数十种，它们最根本的特征是仪器工作时分离柱要绕中心轴在设备中高速转动，因为高速旋转产生的离心力可使两相剧烈地反复混合分层，实现快速高效的分离。

根据旋转模式的不同，可将其分为两大类：①流体静力学平衡系统（HSES），如图 8-13(a)所示，管柱单元固定在离心机中，没有自转，只有一根公转轴，又叫非行星式逆流色谱法；②流体动力学平衡系统（HDES），如图 8-13(b) 所示，管柱绕离心仪的中轴线公

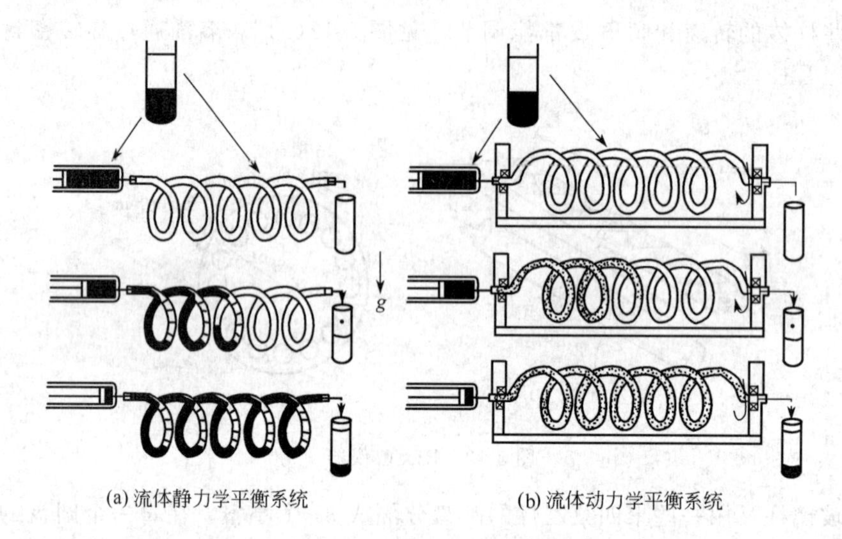

图 8-13　离心逆流色谱法的基本体系示意图

转，同时以一定的角速度绕自身轴线自转，又叫行星式逆流色谱法。

非行星式逆流色谱仪有多种类型，主要包括分离柱室螺旋管式和非螺旋管式。目前真正还在应用的主要是匣盒式离心逆流色谱仪，由日本的 Sanki Engineering 公司生产，又叫离心液滴逆流色谱仪。在该仪器的典型装配中，对称地安装 12 个匣盒，在每个匣盒中安置有几十到几百个小分离管，整台仪器分离管的总体积可以从 200mL 到数千毫升，每个匣盒之间用聚四氟乙烯小管串联，在每个匣盒内的小分离管之间仍可以利用聚四氟乙烯小管首尾相连。如果待分离物比较容易分离，则可以减少匣盒的数目，但一定要保持匣盒内的对称，使仪器内的转子处于平衡状态。

行星式逆流色谱法中，分离柱几乎全是利用聚四氟乙烯管绕成的螺旋线圈。根据自转轴与公转轴的位置关系又可以分为多种类型，如自转轴与公转轴平行、自转轴与公转轴正交、自转轴与公转轴成一定角度，以及转动轴与地面平行或垂直、转动为正转或反转。另外自转与公转还有同步与不同步之分，线圈的绕法有平行和盘绕之分，有单层线圈和多层线圈之分，以及仪器中采用的是单分离柱还是多分离柱等。所以该种类的仪器是逆流色谱仪中种类最多的，有数十种之多，但真正广泛使用的只有高速逆流色谱仪。

8.4.4　高速逆流色谱法

高速逆流色谱法（HSCCC）利用螺旋柱在行星运动时产生的离心力，使互不相溶的两相不断混合，同时保留其中的一相（固定相），利用恒流泵连续输入另一相（流动相），随流动相进入螺旋柱的溶质在两相之间反复分配，按分配系数的次序，被依次洗脱。在流动相中分配比例大的先被洗脱，在固定相中分配比例大的后被洗脱。图 8-14是流动相为下相时溶剂的状态。在靠近离心轴心大约四分之一的区域，两相激烈混合；在静置区两溶剂相分成两层，较重的溶剂相在外部，较轻的溶剂相在内部。

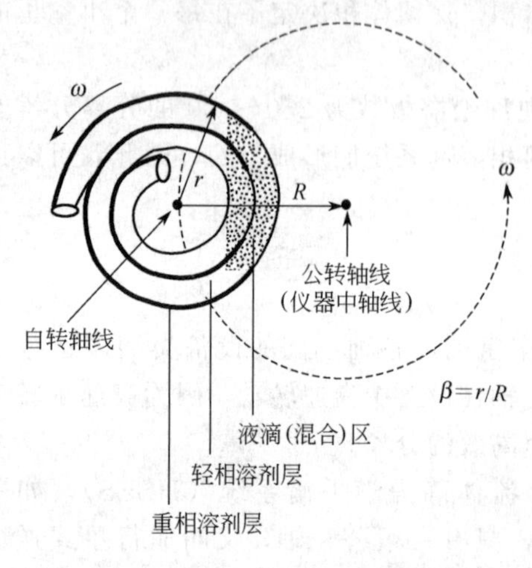

图 8-14　高速逆流色谱法原理示意图

8.4.4.1 高速逆流色谱仪

(1) 恒流泵 为了让流动相带着样品穿过固定相，必须克服固定相带来的阻力，高速逆流色谱法使用的恒流泵要求能以一定的压力方式输送液体。由于固定相的逆运动压力不是太大，而色谱仪的聚四氟乙烯管也不耐高压，所以一般使用国产的最高压力不低于1MPa的恒流泵就能满足仪器的要求。

(2) 进样阀 一般使用六通进样阀，由于整个系统的压力低于1MPa，所以没有必要使用耐高压的六通进样阀，使用进口的进样阀就能满足要求。只是该进样阀的样品环一般为几毫升，有时达数十毫升。进样器一般使用医用注射器。

(3) 主机 主机是高速逆流色谱仪的核心部件。其外壳通常是铝合金箱，上面可以打开，供观察、配重、上润滑油以及主机的检修等用。主机箱内部中央有一根中空转轴，在转轴的两侧对称分布着分离柱a与平衡器b。分离柱a是由长100～200m、内径为1.6mm左右的聚四氟乙烯管沿具有适当内径的内轴绕成若干层的分离柱，柱上绕成的线圈一般称为Ito多层线圈，它的管内总体积可达300mL左右。平衡器b是一个金属制成的转轴，通过增减金属配件可以调节重量，使得a、b相对于中心轴两边重量平衡。仪器转动时，电动机的轴带动主机的中心轴转动，使仪器作离心公转运动，同时，通过齿轮传动装置使a、b作自转运动。可以通过速度调节器控制转速和转动方向。从Ito线圈分离柱中通过中空的中心轴同时牵引出线圈的两端，一端泵入液体，一端输出液体。此外，现在已有主机里面同时装三个互成120°的分离线圈的仪器，可以进一步增大仪器的分离量。

(4) 检测器 仪器一般装配具有固定波长的紫外检测器。使用原子吸收光谱仪的空心阴极灯，最常见的固定波长是254nm，如果在该灯的前面放一个滤光片，该波长可以变为280nm。检测器内的吸光池是一个与入射光垂直的石英管，管径约3～5mm。

(5) 流分收集器 通常可直接用试管手工分段收集流出物。如果实验条件允许，可配流分收集器。

8.4.4.2 实验操作

(1) 溶剂系统的选择 溶剂选择是HSCCC分离的关键。最有效的溶剂组合应是样品在其中的分配系数为0.2～5，最好接近1。同时，使两相的分层时间尽可能短也很重要。对于HSCCC来说，分层时间应短于30s。如果选定的溶剂系统的上相和下相的体积相近也是有好处的。选择溶剂种类和配比的方法有：①参比已有的溶剂系统，总结分析并参照专著和相关参考文献，是寻找溶剂系统最快速简捷的方法。②薄层色谱法。在用一个两相系统的有机层作TLC的展开剂时，样品的R_f值最好在0.2～0.5之间。这种方法只能给出应选溶剂系统的大体指示。③高效液相色谱法。了解和掌握溶质的分配系数是有效选择合适溶剂系统的重要条件，可用紫外光谱仪与分析型HPLC来确定混合物中各组分的分配系数。④生物活性分配比率法。这是一种只适合于具有生物活性成分的方法，其原理基于需分离的混合物的生物活性分布规律。首先，振摇溶有样品的两相溶剂系统，然后分别测定上层和下层溶液的生物活性，在两相中活性分布比较均衡的溶剂系统即可采用。该方法的缺点是要获得生物测试的结果往往需要较长的时间。该方法主要用于分离抗生素。

(2) 样品溶液的制备 样品溶液的制备主要考虑溶解样品的溶剂、样品量以及样品体积的大小。在大多数情况下，多采用等量的上（下）相已预饱和的下（上）相作为溶解样品的溶剂。

进样量受样品的性质、两相组成、溶解度大小以及非线性等温线等的影响。一般增加进样量会使固定相的保留逐渐降低，分离效率也逐渐下降。一般情况下，HSCCC的单次制备量在几毫克到几克之间。在开始试验进样量的大小时，可以首选 20～50mg 进行尝试，进样量的大小往往以所分离的组分能够达到较好的分离或柱效没有明显的降低为标准。高速逆流色谱法是一种比较好的制备性分离方法，允许的进样体积较大，通常可从几毫升到几十毫升。在溶剂对样品的溶解度较高的情况下，还是应考虑较小的样品体积。HSCCC 还可使用悬浮液上样，但如果样品中固体颗粒太多，则可能影响固定相的保留。

(3) 分离 高速逆流色谱法的操作条件比较宽松，两相溶剂系统不需脱气，但使用前必须互相饱和。大多数情况下应该选择仪器的正转进行工作，在这种情况下，上相为固定相。可直接利用恒流泵将上相泵入分离线圈中，但在输入管的入口处应该接一个过滤器，以阻止固体颗粒进入恒流泵而损坏仪器，同时也防止空气气泡进入输液管。在泵入固定相进入分离线圈的过程中，由于仪器线圈没有转动，柱阻力较小，可用较高的流速（如 10mL/min）输入固定相以节省时间，但要观察流出端是否有液体流出。若原线圈内没有液体，可将其浸入液体中观察是否有气泡冒出，若无气泡冒出就应停止输送固定相，检查管路是否堵塞，防止胀爆聚四氟乙烯管。待固定相充满线圈后，打开主机盖，在分离线圈进口管和出口管处各滴加几滴润滑油，以减少磨损。同时，检查分离管与平衡器重量是否基本相等。待注满固定相后就可以直接进样，泵入流动相让主机转动。流动相的流速可通过实验进行选择，一般是 2mL/min。主机的转速通过调速器逐渐增加，一般控制转速在 600～900r/min，仪器的转速可影响固定相的保留。

除了采用等度洗脱外，还有一些利用梯度洗脱的文献报道。分离完成后，可用水将柱中的液体全部顶出，再用甲醇洗涤分离管，最后用氮气吹干以便下次使用。对于一个复杂的未知样品分离完成后，往往并不能确定所有成分是否全部流出，因此一定要将分离管中的液体全部顶出，并用检测器和记录仪观察液体中是否还有成分。

(4) 检测 目前较为常用的是紫外检测器，也有少量其他检测器可供选用，还有与其他仪器联机的情形。由于在紫外检测器中的石英测定管是竖直安装的，它可以在管壁吸附固定相从而使色谱的基线不稳定，如果是用上相作固定相，一定要让流动相从检测器的下端进入，上端作为流动相的出口，这样才能阻止固定相在测定管中聚集，保证基线稳定。

另外，高速逆流色谱法的两相平衡也比较重要，检测器入口与主机中温度不同，以及由于出口处压力的突然减小等都会影响检测器信号的稳定性。可以通过在检测器入口前加装恒温装置和在出口处接口径细的聚四氟乙烯管加以改善。

利用色谱数据工作站可以将检测器的信号记录下来，根据记录信号可以对待收集物进行分部接收。收集好的部分可以进一步利用薄层色谱法或者 HPLC 测定纯度。

8.4.4.3 pH-区带-提取逆流色谱法

pH-区带-提取逆流色谱法是属于高速逆流色谱法中的一项特殊技术，用于有机酸或碱的分离。通过在固定相中加入酸（或碱），将样品各组分保留在柱管内，而在流动相中加入碱（或酸）来根据各组分的 pK_a 和疏水性把这些组分逐一洗脱出来。这种技术只限于离子性成分的分离。

8.4.4.4 手性分离

手性物质拆分的文献多集中在高效毛细管电泳、毛细管气相色谱法和高效液相色谱法。关于高速逆流色谱在手性分离方面的应用报道还很少。通过向固定相和流动相中加入手性试剂，可以采用 HSCCC 实现手性制备的目的。其中，手性试剂的选择至关重要，最好它只溶解于固定相或流动相中。目前已报道的用于逆流色谱法的手性分离试剂种类非常有限，用得较多的有 3,5-二甲基苯胺-*N*-十二烷酰基-L-脯氨酸和环糊精衍生物。

8.5 超临界流体色谱法

超临界流体色谱法（supercritical fluid chromatography，SFC）是20世纪80年代兴起的一个色谱分支，是以超临界流体作流动相的色谱方法。该法是由Klesper等于1962年首先提出来的，他们用二氯二氟甲烷和一氯二氟甲烷超临界流体作流动相分离了镍卟啉的异构体，之后又发展了填充柱SFC技术，用以分离聚苯乙烯的低聚物。后来西埃（Sie）和Rijnderder等进一步研究了SFC的方法，研究了二氧化碳、异丙醇、正戊烷等流动相，并以此技术分析了多环芳烃、抗氧化剂、染料和环氧树脂等样品。20世纪60年代末吉丁斯的卓越工作揭示了SFC在各方面的应用潜力，使它显示出良好的应用前景。但是由于当时HPLC正在发展，同时在使用超临界流体时遇到了一些实验方面的问题，所以SFC发展较慢。直到20世纪80年代初出现了毛细管SFC，才使SFC重新引起人们的重视，并得到了迅速发展。

8.5.1 SFC原理和仪器

SFC以超临界流体作流动相，以固体吸附剂（如硅胶）或键合到载体（或毛细管壁）上的高聚物为固定相，混合物在SFC上分离的机理和GC及HPLC一样，即基于各化合物在两相间分配系数的不同而得到分离。SFC也分为填充柱SFC和毛细管SFC。

SFC的仪器主要由超临界流体发生装置、高压泵、色谱柱和检测器构成。超临界流体发生装置主要为加热和加压设备，使流动相物质维持在超临界状态。高压泵将流体输送到分离体系。如为毛细管SFC，需要低流速（每分钟几微升）无脉冲的注射泵，为了控制泵流量和压力，通过电子压力传感器和流量检测器，用计算机控制，程序地改变流动相的密度和流量。色谱柱原则上既可使用HPLC的填充柱，也可使用GC的毛细管柱，目前也有专用于SFC的毛细管柱。检测器也可以使用GC和HPLC的检测器，不过常用的是FID。如果使用HPLC的检测器，在进入检测器之前把超临界状态转变为液态，可增加检测器的灵敏度，使谱带变窄，而且可以在室温下操作。UV检测器是液相色谱法中使用最多的检测器，在SFC中使用也较多。如为毛细管SFC，UV检测器的流通池由一段熔融石英毛细管做成，体积只有200nL，这样就不会影响柱效了。荧光检测器也可以这样使用。如果使用气相色谱检测器，如FID，超临界状态的流动相在进入FID之前要通过限流器变为气体，FID对小分子量化合物可得到很好的结果，对分子量大的化合物常得不到单峰，而是一簇峰。如提高检测器温度可使相对分子质量大于2000的化合物获得满意的结果。在SFC中也可以使用氮磷检测器和火焰光度检测器。

8.5.2 SFC色谱柱

8.5.2.1 填充柱

虽然在20世纪80年代初主要是发展了毛细管超临界流体色谱法，但是填充柱超临界流体色谱法也相应地得到发展。填充柱超临界流体色谱柱几乎使用了所有的反相和正相高效液相色谱键合相填料，其中，硅胶和烷基键合硅胶使用最多，正相色谱填料中的二醇基、氰基键合硅胶也有不少应用。

在SFC中，流动相的密度对保留值的影响很大，溶质的保留性能要靠流动相的压力来调节。在填充柱 SFC 中，由于它的柱压降很大，比毛细管柱要大 30 倍，因而在填充柱入口和出口处，其保留值有很大差别。也就是说，在柱头由于流动相的密度大，溶解能力大，而在柱尾则溶解能力变小。但是超临界流体密度受压力的影响在临界压力处最大，超过此点以后影响就不是太大了，所以在高于超临界压力 20%的情况下，柱压降对填充柱 SFC 的影响就不大了。

在填充柱 SFC 中，由于色谱柱的相比较小，固定相与样品接触和作用的概率比较大，所以要针对所分析的样品选择固定相。在用填充柱 SFC 分析极性和碱性样品时，常会出现不对称峰，这是由于填料的硅胶基质残余羟基所引起的吸附作用造成的。使用“封端”填料制成的色谱柱可在一定程度上解决这一问题。但是由于基团的立体效应，不可能把硅胶表面所有的硅羟基全部封闭。有人用各种低聚物和单体处理硅胶，并把这些低聚物和单体聚合固定化到硅胶表面上，大大改善了色谱峰的不对称现象。

在填充柱 SFC 中也有用微柱填充柱的，填充 3～10μm 的填料，内径比常规柱细。还有用内径为 0.25mm 的毛细管柱填充 3～10μm 的填料的毛细填充柱。

8.5.2.2 毛细管柱

在 SFC 中使用的毛细管柱，主要是细内径的毛细管柱，内径为 50μm 和 100μm。由于 SFC 的流动相是有溶解能力的流体，所以毛细管柱内的固定相必须进行交联。固定相有聚二甲基硅氧烷（OV-1、OV-101、键合相 BD-1 等），苯基甲基聚硅氧烷，二苯基甲基聚硅氧烷，含乙烯基的聚硅氧烷（如 SE-33、SE-54），正辛基、正壬基聚硅氧烷。在手性分离中使用接枝了手性基团的聚硅氧烷。

8.5.3 SFC 流动相

SFC 因为使用了超临界流体作流动相，使其具有优越于一般气体或液体的地方。GC 的优点是高柱效、有通用型检测器，缺点是不能分离不挥发性和热不稳定性样品；HPLC 的优点是可分离不挥发性样品、热不稳定样品，缺点是比 GC 柱效低，没有通用型检测器。而 SFC 正好弥补了 GC 和 HPLC 的弱点。

SFC 的流动相的特点，主要在于它在不同压力下有不同的溶解能力。溶剂的溶解能力常常用溶解度参数 δ 来描述。而 δ 和化合物的临界参数的关系为

$$\delta=1.25\sqrt{p_c}\times\frac{\rho}{\rho_1} \tag{8-4}$$

式中，p_c 是临界压力；ρ 是和 p_c 对应的密度；ρ_1 是化合物在液态下的密度。

式(8-4) 中的 $1.25\sqrt{p_c}$ 项称为化学效应项，它和分子内部的作用力有关；而 ρ/ρ_1 项称为状态效应项，它和分子的摩尔体积有关。从式(8-4) 可以看出 δ 随超临界流体密度的增加而增加。经验表明，当两组分的 δ 越接近，其互溶性就越好。如用式(8-4) 计算出二氧化碳超临界流体的 δ 为 8.54ρ。

和超临界流体萃取一样，二氧化碳是最常用的超临界流体，因为它的临界温度低，临界压力适中，是无毒、不可燃又便宜的气体。但二氧化碳并不是 SFC 理想的超临界流体，主要是它的极性太弱，对一些极性化合物溶解能力差。人们早就认识到氨是很有潜力的超临界流体，但它在实际应用中未受到人们的重视，这是因为它的溶解能力太强，就连固定相和一些仪器的部件也能溶解。研究表明，下列常用超临界流体的溶解能力在相同压力下的次序为：乙烷＜二氧化碳＜氧化亚氮＜三氟甲烷。在同样情况下分离能力按下列次序增加：二氧化碳＜氧化亚氮＜三氟甲烷≈乙烷。

选择 SFC 流动相的另一个着眼点是和检测器相适应。如果使用 UV 检测器，上述超临界流体均可使用。如果考虑到使用 FID，流动相要不可燃，只有二氧化碳、六氟化硫和氙可以使用。氙在使用红外检测器时合适，因为它是惰性气体，在检测波长处无吸收。另外在 SFC-MS 联用中可用氙作流动相。二氧化碳是一种非极性溶剂，低分子量和非极性化合物可以在超临界二氧化碳流体中溶解，当极性和分子量增加时溶解度就会下降。

由于 CO_2 是非极性溶剂，为了在 SFC 中增加流动相对极性化合物的溶解和洗脱能力，常常向 CO_2 中加入少量（1%～5%）极性溶剂，这类极性溶剂称为改性剂。最常用的改性剂是甲醇，其次是其他脂肪醇。

8.5.4　SFC 应用

SFC 兼具 GC 和 HPLC 的优点，几乎可以用于分离分析所有天然的和合成的有机化合物，但由于 GC 和 HPLC 仪器的高度普及，使得后来发展起来的 SFC 技术受到了很大制约。尽管如此，SFC 在食品、生物、医药、农业、天然产物等领域已有大量成功的分析、制备和纯化的应用实例。在成分分析方面，较多的实例是用于各种手性药物拆分、天然产物和食品功能成分的测定。SFC 与质谱、红外光谱等技术联用更增强了其在物质鉴定方面的功能。毛细管柱 SFC 的分离效率明显优于填充柱 SFC，因而分析型 SFC 应用更多。在物质制备与纯化方面，SFC 多使用常规尺寸的填充柱和超临界 CO_2 流动相。对于天然产物的制备，采用 SFC 优势明显，既可避免 GC 的高温，又可避免 HPLC 的溶剂对活性成分的破坏。例如，采用 SFC 从青蒿提取液中分离纯化青蒿素，分离柱为 ZorBax SB-C_{18}（9.4mm×250mm I.D，5μm），柱温 35℃、柱压 11MPa、CO_2 流速 22g/min，所得青蒿素纯度为 75%（质量分数）。又如，采用 SFC 从柠檬酸发酵液中提纯制备柠檬酸，分离柱为 ZorBax SB-CN（250mm×9.4mm I.D.，5μm）、CO_2 流速 15g/min、柱温 35℃、柱压 13MPa、进样体积 0.05mL，所得柠檬酸的纯度可达 99.6%（质量分数）。

8.6　模拟移动床色谱法

模拟移动床（simulated moving bed，SMB）色谱法 20 世纪 60 年代由美国 UOP 公司首先用于石油化学工业。由于 SMB 色谱法可以弥补通常的色谱分离技术存在的不能进行连续操作、冲洗溶剂以及分离柱材料利用率低、所得流出组分被高度稀释等缺陷，因此，SMB 色谱法广泛用于石油化学工业和制糖工业。由于模拟移动床系统设计的发展、手性分离材料的成功合成以及非线性色谱模型的进一步完善，1992 年第一次将 SMB 色谱法用于手性分离。SMB 色谱法尤其适用于两组分的分离；与经典柱色谱法相比，对于同样量的分离材料，SMB 的生产力可增加 60 倍，而冲洗溶剂的消耗量可减少 80 倍。目前，每天每千克分离材料可拆分 10～1000g 量的外消旋体。

8.6.1　SMB 色谱法的基本原理

8.6.1.1　移动床色谱法

一般的色谱技术都是固定床色谱法，色谱柱中的固定相是相对固定不动的。在石油化工、食品工业和精细化工中，为了利用资源、节约能源和降低成本，常常采用移动床分离技术，即在色谱柱中让分离所用的固体材料在重力作用下自上而下地移动，而载带样品的另一相（气体或者液体）逆着固体材料运动的方向向上流动，固体材料连续地与逆流上升的另一相相遇，使样品发生分离，达到循环操作。该技术可以解决固定床色谱法中真正起作用的分离时间占整个操作时间的比例小的缺点，能实现连续进样和连续出料的操作过程，提高生产效率，降低生产成本。SMB 色谱法是在移动床色谱法的基础上发展起来的。

8.6.1.2 SMB 色谱法原理

在大多数情况下，SMB 色谱法可由 6～12 根色谱柱组成，它们依次连接。在分离柱连接成的环路上，有 1 个计量泵专门负责输送流动相在回路中通过所有的色谱柱而循环；另有 2 个计量泵分别负责连续地输送新鲜的流动相和样品溶液进入模拟移动床系统；还有 2 个计量泵负责连续地分别抽取组分 A 和组分 B。因此 5 个计量泵 1 个负责内部循环，另外 4 个负责进出。图 8-15 是模拟移动床色谱法原理示意图。

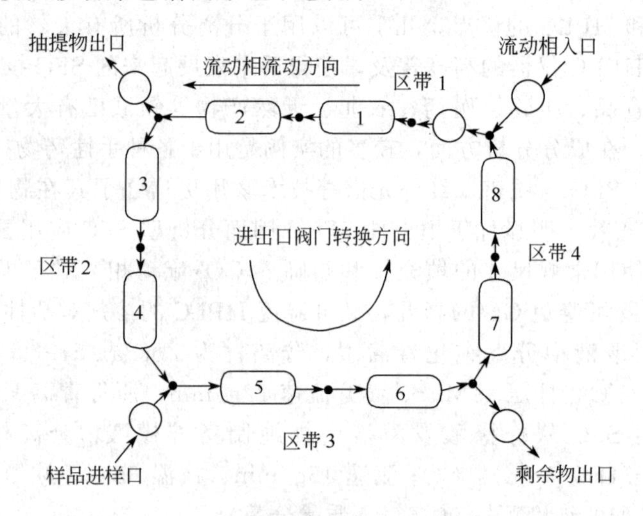

图 8-15 模拟移动床色谱法原理示意图

○ 恒流泵；▭ 色谱柱

该系统是由 2-2-2-2 根分离柱组成，包含 5 个计量泵，这些泵不但要求流量精度高、流量范围宽，还要求能耐较高的压力，因此这些泵的价格比较昂贵。整个系统中色谱分离分为四个区域，如图 8-15 中所示的区带 1～4，每一个区域的流动相流速通常并不相等。

为了能模拟移动床的功能，在每根柱的两端实际上有 4 个耐压阀，这些耐压阀通过控制系统能分别打开或者关闭。固定相与流动相之间的逆流运动通过阀门的不断开闭、这种开闭的顺序依次变换并不断地向着内部流动相翕动的方向向前移动而被模拟，这也是该方法被称为 SMB 色谱法的原因。将图 8-15 进一步具体化，则 SMB 色谱法的柱、阀以及泵的连接示意图如图 8-16 所示。

为了清楚地说明 SMB 色谱法的原理，先简化一下系统中的设备连接。假设系统中的色谱柱首尾相连成为一个圆形的闭合柱，在内部计量泵的作用下，流动相沿顺时针方向流动，另一方面，由于系统中阀门有规律地旋转以及适当的间隔，使得系统中两个进口和两个出口每隔一定时间同时也向着顺时针方向移动，移动的结果类似于色谱柱中的固定床向逆时针方向移动。

当系统开始工作时，样品溶液也同时开始连续地输入，在刚开始的那一个点，混合样品液还未得到丝毫的分离，如图 8-17(a) 所示。当系统工作一段时间后，样品在流动相的冲洗下不断地向前移动，样品组分也开始慢慢地得到部分分离，进样口和出样口通过系统中阀门

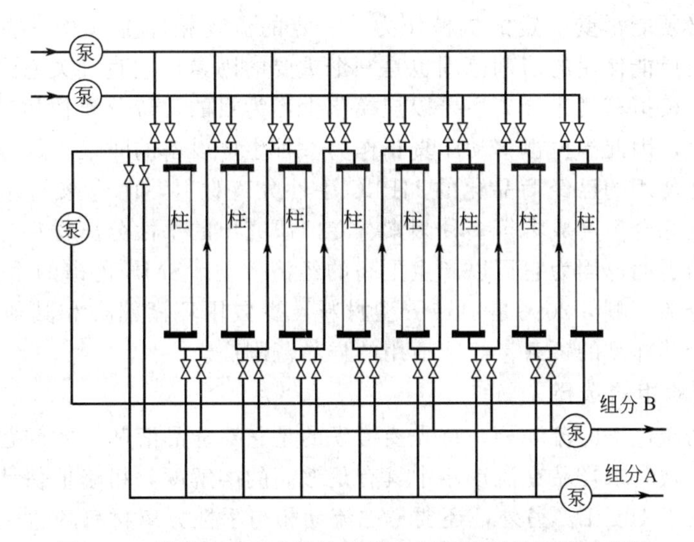

图 8-16 模拟移动床色谱法的柱、阀以及泵的连接示意图

的关闭也同时向前移动，但移动的速度和每次间隔的时间应该始终保证进样点在双组分还没有得到分离而仍然重合的区间范围，如图 8-17(b) 所示。只要优化好阀门每次转换开闭的间隔时间，调节好进出口同时向前移动的速度大小，优化好两个进口和两个出口单位时间内进入和抽出的溶液的量，当系统持续工作一定时间后，柱中的混合物就会达到相当程度的分离，并且能保持柱中的浓度分离曲线始终为一个不变的分布状态。这时就能连续不断地进样，同时在系统的两个出口连续不断地得到被分离的两个组分的产品，如图 8-17(c) 所示。

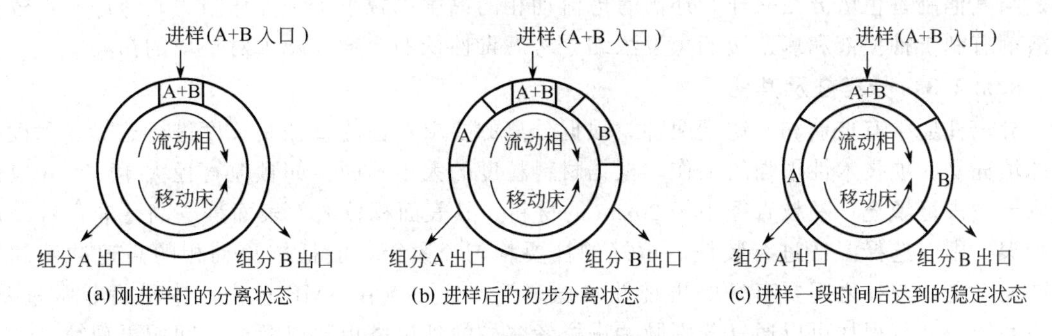

图 8-17 模拟移动床色谱法进样后不同时间的分离状态

因此，模拟移动床在工作时的关键问题是如何优化和调节各种操作参数，恰当地同时移动系统的两个进口和出口，始终保持柱中的组分分布情况为一不变的浓度分布状态，这样就可以连续地进样，连续地得到产品。

8.6.2 工作参数的选择

8.6.2.1 手性固定相的选择

前面已经叙述，SMB 色谱法最大的优势是分离两组分混合物，在两组分混合物中，通常情况下最有价值的拆分是外消旋体。虽然手性固定相的种类很多，但目前能用于 SMB 色谱法的手性分离材料却较少，因为模拟移动床只需要一个选择性适中的手性固定相，如分离因子 $\alpha=1.3\sim2.0$，太小的选择性使生产率太低，太高的选择性也反而不利于外消旋体的模拟移动床拆分，尤其当目标物是抽提物的时候。模拟移动床还要求手性分离材料具有较高的样品容量，它必须能承受一定的机械压力、一定的流动相冲洗以及一些化学试剂的腐蚀等。手性分离材料所能使用的溶剂范围也是一个重要的因素，它直接关系到车间的停工期以及生产成本。由于模拟移动床分离主要以规模化生产为目的，待分离物相对固定，所用手性分离材料的量很大，因此当模拟移动床真正作为一种生产设备的时候，最好的手性分离材料并不一定是最广泛使用的已经商品化的 HPLC 手性分离材料，而应该是针对某一个具体的外消旋体、考虑到综合生产成本等多种因素、专门研究出的手性分离材料，这种专一的研究是必要的，也是值得的，因为它可以产生更高的经济效益。SMB 色谱的手性固定相 70%以上是多糖类手性分离材料，20%是 Pirkle 型材料，少数用环糊精类和其他材料。使用多糖类的主要原因在于其样品的负载量高，适用的样品范围广。

8.6.2.2 流动相的选择

选择模拟移动床色谱的流动相，首先要考虑的是它对样品溶解度的问题，一个经济的外消旋体分离过程必须要求样品在流动相中具有足够高的溶解度，粗略地估计该技术需要的最小溶解度通常要大于 10g/L。另外，还要考虑流动相与手性分离材料的适应性，要在具有高溶解度的溶剂中选择适合于固定相的流动相。

针对样品特性进行分离的选择性研究，筛选出好的流动相与分离材料的组合。通常希望分离的容量因子 k 在 2～6，溶解度＞10g/L，分离因子 $\alpha=1.3\sim2.0$。在满足选择性的前提下，流动相最好是单一组分的溶剂系统，这样不但有利于操作参数的控制，也有利于产品的回收以及流动相的再利用处理。

流动相的纯度常常也是一个非常重要的因素，如在非水流动相中，有时哪怕 0.1%的水的引入，都会破坏整个流动相的原有特性，足以使系统中保持常态的浓度分布曲线发生改变。与其他制备色谱方法一样，还需考虑流动相的黏度以减小系统工作阻力，考虑沸点较低的溶剂有利于抽提液和剩余液的蒸发浓缩，考虑毒性低的溶剂以减少对环境的污染等。

8.6.2.3 分离柱及其他

分离柱通常有玻璃和不锈钢两种。根据分离的要求对柱的直径及长度进行选择。手性材料的填充是一项技术性很强的工作，根据材料粒度的大小不同，如颗粒直径大于 20μm 应该选取干法进行填充；颗粒直径小于 20μm 的材料，其表面积较大，表面静电高，非常容易产生团聚，则应选择湿法进行装柱。填好的柱要均匀、紧密，能抵抗流动相的高速冲洗和压力。尤其是柱与柱之间要有好的再现性和稳定性，这一点在 SMB 色谱法中显得非常重要。在该系统中，每根柱可以通过分别脉冲进样考察柱的理论塔板数以及柱之间的再现性。

输送到系统中的样品溶液最好不含杂质，尤其是极性很强的杂质，这些强极性物质非常容易吸附在手性分离材料上，要将其从柱中冲洗出来往往非常困难。随着杂质吸附量的不断增多，必将降低样品容量，改变材料特性，最后失去手性分离能力。

模拟移动床通常含有一个控制系统，这个系统往往有一个控制软件，用于整个装置中阀门、泵、流量以及压力等的控制。

8.7 制备气相色谱法

气相色谱是一种分析技术，制备量级的应用并不常见，而小量制备 GC 只是在一般分析型 GC 的基础上加上设在柱输出端的样品收集系统而形成，其目的在于分离制备一种或多种纯组分，用于进一步的定性鉴定、化学合成或高纯标准物的生产。这样的系统一般能处理毫克量级的样品，制备分离时还需要重复进样。当然在处理较大量的样品时，需要用较大直径的色谱柱。

8.7.1 色谱柱与装置

GC仪器大体上分为以下三个部分：

(1) 气流系统 主要是控制载气和检测器用的助燃气与燃料气等用的阀件、测量用的测量计、压力表以及净化用的干燥管、脱氧管等。

(2) 分离系统 包括分离用的色谱柱、进样器以及色谱柱恒温炉有关电器控制系统。

(3) 检测、收集和数据处理系统 包括检测器、收集器、色谱工作站及有关电气部分。

大部分制备GC都采用填充柱。同HPLC一样，实现制备分离首先要提高样品的通过量，为此有两种办法：①在柱长既定的情况下增大柱的直径；②在柱直径既定的情况下加长柱的长度。对于一般的分离工作，采用短而粗的填充柱比较好。例如用1～3m长和6～10cm内径的柱。而对于较复杂的分离工作，则需要用长而细的高效柱，例如用10～30m长和0.5～1.5cm内径的柱。对于后者，可以采用循环色谱技术。

柱内填充材料是粗粒的，其颗粒大小分布较均匀（35～40目）。需要采用高的载气流速(100～1000mL/min)，这样的填充柱才能在合理的柱压下工作。当固定相的装载量较大且柱长比分析型柱长时，一般可在较高的温度下操作。

由于装填结构的径向不均匀，制备柱的功效比分析柱差。在装填大直径柱时，固体吸附剂颗粒的分布主要取决于其大小，较大的颗粒会贴近柱壁，这样就会因柱壁的限制而使近壁区的装填密度较小，因而导致载气的流通形式呈现不均匀状，同时使样品通过柱床后出现区带展宽。用填充柱分离通常在等温条件下进行，但对于大内径柱来说，不可能进行温度的程控。

8.7.2 操作

8.7.2.1 进样

制备GC一般采用价廉气体如氮气作载气，由于进样量大，汽化室必须有足够大的热容量以使样品汽化。为了减少体内热负荷，载气进入汽化室前先经过足够长的蛇形管预热，再经过一单向阀或叫止逆阀进入汽化室。进样方法主要有闪蒸气法和柱上进样法。关于进样时间，一般认为其小于或等于色谱峰宽的1/3时，对峰宽没有明显的影响。进样量与三个因素有关，即色谱柱的分离能力、选择性和组分分离时间。制备色谱法为了制取纯物质，常常在超负荷下工作，进样体积一般是0.1～10.0mL，而不管峰形前伸后拖。进样过程受时间控制（这是因为进样整体加热器的热容量有限，而且不能使大量样品急速汽化），常需配置自动进样器。在进样器和柱之间设置一个蒸发装置，使之维持50℃，高于最不易挥发的组分的沸点温度。以最小流量的载气稀释样品，使之呈矩形集合而进入柱里。如果样品不能完全汽化，它就会在柱子的横断面上产生不均衡分布，这样就会导致样品区带的超量展宽。为避免上述蒸发方面的问题，可以采用不用载气的直接进样法和慢速柱上进样法，这也是在分析型仪器上进大量样品的最实用的方法。

8.7.2.2 样品的收集

对于分离后组分的检测，通常采用热导检测器或氢火焰离子化检测器。制备GC的检测系统最常用的是氢火焰离子化检测器。因制备柱进样量大，故柱后必须接一分流器，只允许极少部分柱流出物进入检测器。而对于收集系统主要包括分离后各组分的切割和收集，前者通过转动阀来实现，后者用冷阱来收集。

载气中蒸气状物质的收集有手动收集和自动收集两种方式。在工业生产中，制备型气相色谱仪的进样和收集都是自动化的，而在分析型仪器上均用手动操作。捕集样品的方法主要有：填充和非填充冷捕集法、溶解和挟带捕集法、全流和吸附捕集法、Volman 捕集法、静电聚集器。图 8-18 给出了几种常用于制备 GC 的样品捕集器。

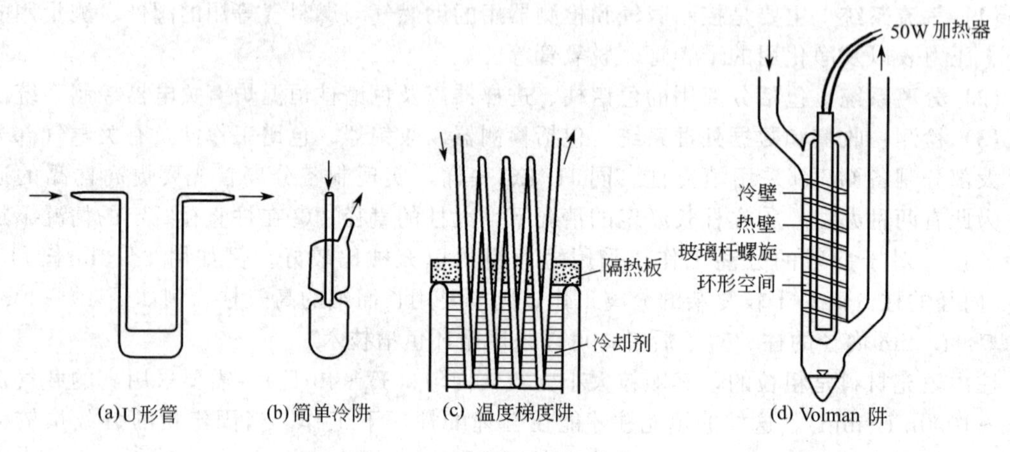

图 8-18 几种常用样品捕集器

溶质的平衡蒸气压力可通过降低温度，将溶质溶解在一种溶剂中，或使溶质吸附在大表面积的物质上等方法予以减低。最常用的方法是降低流出物的温度，即在收集器内填入一些玻璃珠或柱填料，或用一个简单的开口收集器（即用丙酮-干冰或液氮进行冷却的一根 U 形管）。

综合考虑制备 GC 中的各种因素，对于一个具体实验的条件选择应该考虑以下几方面：

(1) 载气的选择 一般选择氮气。

(2) 汽化室温度 对分析型 GC，汽化室温度比柱温高 10～50℃即可；但制备 GC 汽化室温度应保持在沸点附近。

(3) 进样量 色谱柱内径越粗、柱子越长、固定液含量越高、同时样品组分的 k 值越大，则允许进样量越多。

(4) 色谱柱 一般选择不锈钢柱或玻璃柱。根据被分离物的难易考虑选择柱直径和柱长。

(5) 柱温 选择柱温是根据混合物的沸点范围、柱效、固定液的配比和检测器的灵敏度。

(6) 检测器 主要考虑灵敏度进行选取。

到目前为止，制备 GC 除了用于一般挥发性物质的分离制备，还用于外消旋体的拆分。环糊精手性固定相对个别手性物质的拆分分离因子 α 高达 8。

8.8 径向柱色谱法

大型液相色谱设备已经工业化，直径 1m 以上的色谱柱和整套附属设备已经定型，更大型如直径为 4m 的色谱柱已用于制糖工业和石油工业。在液相色谱法的制备性分离中，当分离因子小于 1.2 时，常需要用 10～15μm 粒径的填料；当分离因子在 1.2～1.5 之间时，需要用 20～40μm 粒径的填料；当分离因子在 1.5～2.0 之间时，需要用 35～70μm 粒径的填料；当分离因子大于 2.0 时，则可用 60～200μm 粒径的填料。在实际分离过程中，通常可以优化分离条件，使被分离组分与杂质的分离因子达到 1.5 以上，在这种情况下，只要采用 35～70μm 粒径填料的色谱柱就非常容易对该组分实施有效的分离，并且分离因子越大，分离量就越多，填料粒径也可以进一步加大，分离装置压力也可以进一步减低，设备越易于工业化。

但前面介绍的所有方法几乎都是流动相沿着色谱柱的轴向运动，轴向色谱柱往往使待分离组分在柱中的停留时间较长，导致一些生物样品在该环境下容易失活，同时考虑到制备量大的需求，因此，径向加压色谱法应运而生。径向柱采用了新的设计，图 8-19 是径向柱截面的结构示意图。

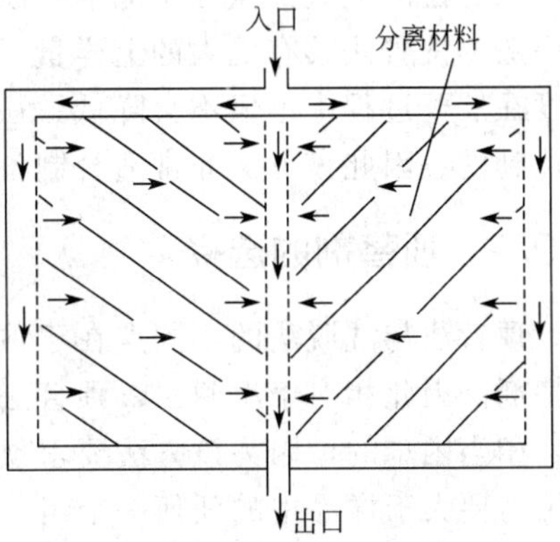

入口
分离材料
出口

图 8-19　径向柱截面结构示意图

从图 8-19 可见，当样品溶液从进样口引入后，样品溶液将分布到圆筒状色谱柱的外侧，流动相随后经过柱入口泵入后，就会带着样品溶液通过色谱柱的多孔滤膜进入填料的填充床并开始选择性地分离。流动相的流动方向始终是从圆筒状柱的外围沿水平方向向柱的中心流动，最后通过内层滤膜，进入位于中心位置的小通道而流出。

径向柱的外表面很大，因此能承载的样品量较多；如果增加色谱柱的长度，可以呈线性地增大色谱柱的制备量，而各组分的分辨率及保留时间没有大的变化；径向柱色谱法由于流量很大，色谱柱的半径较小，因此样品在柱中的保留时间很短，非常适用于生物活性成分的制备。正是由于色谱柱的半径较小，因此色谱柱的压力也很小，所以大多数操作可以在低压下进行，这样对设备的要求就低。径向柱色谱法的不足之处是色谱柱的装填比较麻烦，要求也较高。径向柱色谱法的装置与常规轴向柱色谱一样，只是柱结构不同而已。

径向柱色谱法目前主要采用离子交换色谱和亲和色谱分离原理，用于生物活性物质的制备，填料的基质主要是多糖类。

8.9　顶替色谱法

顶替色谱法又叫置换色谱法或取代色谱法。该技术是在流动相中含有一种溶质，这种溶质比样品中任何一种组分在色谱柱上的作用力都强。当样品上样后，利用该流动相进行洗脱，流动相中的溶质会对色谱柱中的样品组分按照它们与色谱固定相的作用力大小依次顶替出来，作用力小的样品组分被先顶替。如果以样品组分的流出浓度对流动相的流出体积作图，则得到如图 8-20所示的流出曲线。从图 8-20 中可见，样品中作用力小的组分 A 先流出，作用力大

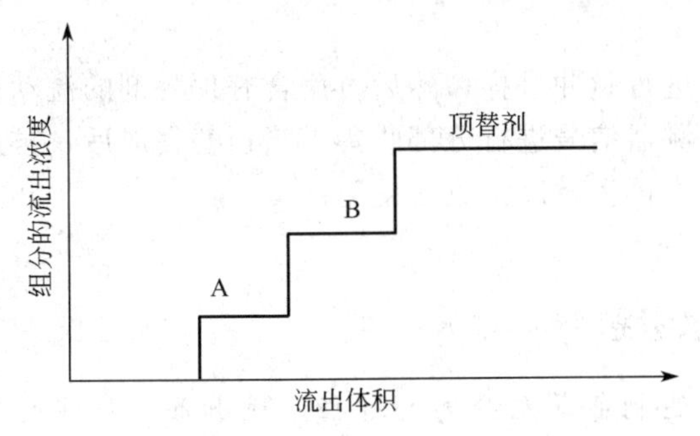

图 8-20　顶替色谱法的流出曲线

的组分B后流出，当所有的组分都流出后，最后流出的是顶替剂。它的特点是每个组分的曲线是矩形的，并且是紧密相连的。

8.9.1 填料类型

顶替色谱法主要用于键合相色谱（如 C_{18}、C_8、C_4）、离子交换色谱、吸附色谱以及分配色谱等。由于色谱柱中所用的填料种类不同，或者同一类填料的制备方法不同，甚至用同一种方法制备但制备的批次不同，都会造成分离结果的不一致。

该方法的最大优点在于能消除朗格缪尔吸附等温线式的吸附所带来的色谱峰的拖尾；它比一般的洗脱法具有更大的上样量，能防止色谱分离和制备时谱带的展宽。样品中各组分的浓度在展开过程中不但不会降低，往往还能提高，起到浓缩的作用，这也是洗脱法模式所不能达到的。因此该方法非常适合制备性分离。

8.9.2 顶替剂的选择

顶替法与洗脱法的不同点在于顶替法的流动相还含有顶替剂，而洗脱法的流动相中没有顶替剂。因此相对于洗脱法，顶替法的关键就在于顶替剂的选择。但真正适用的顶替剂的选择是相当困难的，因为该方法要求顶替剂的吸附等温线是朗格缪尔型的，它在柱中与填料的作用力要大于样品中的任何一个组分；它在流动相中有高的溶解度，不与样品和流动相发生任何化学反应；它还要易于从色谱柱中洗脱，以利于色谱柱的再生等。尤其是对于制备性分离，还要考虑到顶替剂的纯度和价格因素。因此，顶替法在实际应用过程中，选择理想的固定相、流动相、顶替剂以及色谱柱再生剂等都是相当麻烦的。另外，分离峰一个连接一个，峰之间的界限并不明显，因此分离也并不是很理想。这些也是顶替法远不如洗脱法应用广泛的根本原因。

8.9.3 操作参数

在顶替色谱法中，主要有流动相溶剂种类、流动相流速以及顶替剂浓度等参数的选择。

在顶替色谱法中，流动相溶剂的极性相对于洗脱色谱法要弱，否则样品组分还来不及被顶替剂顶替就会被流动相洗脱而移动，将大大地影响顶替效果。另外流动相的流速对顶替色谱法的顶替效果也有较大的影响，随着流动相流速的增加，开始时顶替效果也逐渐增加，当流速增加到一定值后，顶替效果达到一最佳值，但随着流动相流速的继续增加，顶替效果反而下降。

按照平衡移动原理可知，当增加顶替剂的浓度时，有利于被分离组分的顶替，当其增大到一定的浓度后，顶替达到平衡，这时再继续增大就不再有更大的意义了，反而会造成一定的顶替剂浪费，增加制备成本。

顶替色谱法的实际操作为：先将样品溶液进行脉冲进样，然后再用含有顶替剂的流动相对柱中样品组分进行顶替，并在流出口根据检测器信号进行分部收集。当顶替完成后，再用比流动相极性更大的溶剂系统冲洗色谱柱，使之再生，以便重复使用。

复习思考题

1. 制备薄层色谱法的优缺点是什么？简述制备薄层分离的过程，找出每一步骤的关键操作。

2. 常规柱色谱技术是如何界定的？通常能采用哪些种类的固定相用于样品的分离？

3. 比较硅胶和键合硅胶的分离机理，试说明两种硅胶用于色谱分离的特点和应用范围。

4. 硅胶、聚酰胺和大孔吸附树脂都是常规柱色谱法中常用的以吸附为主的固定相，从样品组分与固定相间的分子间相互作用的角度，讨论三者之间的异同，试举例说明三种固定相最适合分离的对象。

5. 简述凝胶色谱的分离机理。如何根据样品的性质选择合适的凝胶种类用于色谱分离？

6. 离子交换色谱法中，选择离子交换树脂的一般原则是什么？为什么要遵循这些原则？

7. 简述常规柱色谱法的操作步骤。常用的装柱方法有几种，各种方法的操作模式有什么不同，各有什么优缺点？

8. 对于一未知样品，如何建立其加压液相色谱制备分离方法，需要注意哪些问题？

9. 制备色谱中常见的色谱柱过载现象有几种？试说明在色谱制备分离中如何合理地运用过载现象解决实际分离问题。

10. 什么叫色谱峰的“边缘切割”和“中心切割”？两者在制备色谱分离中是如何运用的？

11. 采用循环色谱进行色谱分离制备的实际意义是什么？试举例说明如何将色谱峰的切割技术与循环色谱相结合解决分离问题。

12. 浓度为20μg/mL的某样品，采用直径为4.6mm、长度为250mm的色谱柱，在流速为1mL/min、进样量为10μL的条件下得到优化的分析分离效果。将这一分析条件线性放大到半制备柱（直径9.4mm、柱长250mm）和制备柱（直径25mm、柱长150mm），分别计算两根制备柱进行制备分离时的流速和进样量。

13. 简述快速色谱分离的操作步骤，解释如何选择快速色谱分离的操作条件。

14. 对比分析型高压液相色谱法和制备型高压液相色谱法的操作过程和参数，找出两者间的异同点。

15. 比较液滴逆流色谱法（DCCC）、旋转小室逆流色谱法（RLCC）、离心逆流色谱法和高速逆流色谱法（HSCCC）的分离原理，相比于一般气相、液相色谱法，逆流色谱法的优势在哪里？

16. 什么叫模拟移动床色谱法？这种色谱技术有什么特点和优势？

参考书目

[1] Colin F Poole. The Essence of Chromatography. Amsterdam：Elsevier，2003.

[2] Lloyd R Snyder，Joseph J Kirkland，Jodeph L Glajch. Practical HPLC Method Development. New York：Wiley，1997.

[3] K. 霍斯泰特曼，A. 马斯顿，M. 霍斯泰特曼著. 制备色谱技术. 赵维民，张天佑译. 北京：科学出版社，2000.

[4] Jack Cazes. Encyclopedia of Chromatography. New York：Marcel Dekker，2004.

[5] 达世禄. 色谱学导论. 武汉：武汉大学出版社，1999.

[6] A Braithwaite，F J Smith. Chromatographic Methods. Dordrecht：Kluwer，1999.

[7] 袁黎明. 制备色谱技术及应用. 北京：化学工业出版社，2004.
[8] Brian A Bidlingmeyer. Preparative Liquid Chromatography. Amsterdam：Elsevier，1987.
[9] Anurag S Rathore，Ajoy Velayudhan. Scale-up and Optimization in Preparative Chromatography. New York：Marcel Dekker，2003.
[10] Ian D Wilson. Encyclopedia of Separation Science. London：Academic Press，2000.
[11] 何丽一. 平面色谱方法及应用. 第2版. 北京：化学工业出版社，2005.
[12] 西德尔，亨利著. 分离过程原理. 朱开宏，吴俊生译. 上海：华东理工大学出版社，2007.
[13] 李淑芬，姜忠义. 高等制药分离工程. 北京：化学工业出版社，2004.
[14] 姚新生，吴立军. 天然药物化学. 第4版. 北京：人民卫生出版社，2003.
[15] 徐任生. 天然产物化学. 第2版. 北京：科学出版社，2004.

第9章 膜分离

9.1 概 述

膜分离技术被公认为20世纪末至21世纪中期最有发展前途的高新技术之一。膜分离技术目前已广泛应用于各个工业领域，并已使海水淡化、烧碱生产、乳品加工等多种传统的工业生产面貌发生了根本性的变化。膜分离技术已经形成了一个相当规模的工业技术体系，有关膜分离的综述也很多[1~7]。

9.1.1 膜分离技术的发展及特点

膜分离现象在大自然中，特别是在生物体内广泛存在，但人类对其认识、利用、模拟直至人工制备的历史却很漫长。1748年，Nollet因看到水自发地扩散透过猪膀胱壁进入酒精中而发现了渗透现象。19世纪中叶，Graham发现了透析现象。20世纪30年代，德国建立了世界上首座生产微滤膜的工厂，用于过滤微生物等微小颗粒。20世纪50年代，原子能工业的发展促使离子交换膜应运而生，并在此基础上发展了电渗析工业。20世纪60年代初，由于海水淡化的需要，Loeb和Sourirajan利用相转化制膜法（后人简称为L-S制膜法）制备了世界上第一张实用的反渗透膜。从此，膜分离技术得到全世界的广泛关注。

膜分离过程按照其开发的年代先后有微孔过滤（MF，1930）、透析（D，1940）、电渗析（ED，1950）、反渗透（RO，1960）、超滤（UF，1970）、气体分离（GP，1980）和纳滤（NF，1990）。

膜分离兼有分离、浓缩、纯化和精制的功能，与蒸馏、吸附、吸收、萃取、深冷分离等传统分离技术相比，具有以下特点：

① 分离效率较高。在按物质颗粒大小分离的领域，以重力为基础的分离技术最小极限是微米，而膜分离可以分离的颗粒大小为纳米级。与扩散过程相比，在蒸馏过程中物质的相对挥发度的比值大都小于10，难分离的混合物有时刚刚大于1，而膜分离的分离系数则要大得多。如乙醇浓度超过90%的水溶液已接近恒沸点，蒸馏很难分离，但渗透汽化的分离系数为几百。再如氮和氢的分离，常规方法不仅要在非常低的温度下进行，而且氢、氮的相对挥发度很小。在膜分离中，用聚砜膜分离氮和氢，分离系数为80左右，聚酰亚胺膜则超过120，这是因为蒸馏过程的分离系数主要决定于混合物中各物质的物理和化学性质，而膜分离过程还受高聚物材料的物性、结构、形态等因素的影响。

② 多数膜分离过程的能耗较低。大多数膜分离过程都不发生相变化，而相变化的潜热很大。另外，很多膜分离过程是在室温附近进行的，被分离物料加热或冷却的消耗很小。

③ 多数膜分离过程的工作温度在室温附近，特别适合热敏物质的处理。膜分离在食品

加工、医药工业、生物技术等领域有其独特的优势。例如，在抗生素的生产中，一般用减压蒸馏法除水，很难完全避免设备的局部过热现象，在局部过热区域抗生素受热，或者被破坏或者产生有毒物质，它是引起抗生素针剂副作用的重要原因。用膜分离脱水，可以在室温甚至更低的温度下进行，确保不发生局部过热现象，大大提高了药品使用的安全性。

④ 膜分离设备本身没有运动部件，工作温度又在室温附近，所以很少需要维护，可靠度很高。操作十分简便，从开动到得到产品的时间很短，可以在频繁的启、停下工作。

⑤ 膜分离过程的规模和处理能力可在很大范围内变化，而效率、设备单价、运行费用等变化不大。

⑥ 膜分离因为分离效率高，设备体积通常比较小，可以直接插入已有的生产工艺流程，不需要对生产线进行大的改变。例如，在合成氨生产中，只需在尾气排放口接上氮氢膜分离器，利用原有的反应气中压力，就可将尾气中的氢气浓度浓缩到原料气浓度，用管子直接输送到生产车间就可作为氢气原料使用，在不增加原料和其他设备的情况下可提高产量4%左右。

但是，膜分离技术也存在一些不足之处，如膜的强度较差，使用寿命不长，易于被玷污而影响分离效率等。

9.1.2 分离膜和膜组件

膜从广义上可定义为两相之间的一个不连续区间，膜必须对被分离物质有选择透过的能力。对膜材料的要求是：具有良好的成膜性、热稳定性、化学稳定性，耐酸、碱、微生物侵蚀和耐氧化性能。反渗透、超滤、微滤用膜最好为亲水性，以得到高水通量和抗污染能力。电渗析用膜则特别强调膜的耐酸、碱性和热稳定性。

膜按其物理状态分为固膜、液膜及气膜。目前大规模工业应用多为固膜；液膜已有中试规模的工业应用，主要用在废水处理中；气膜分离尚处于研究阶段。固膜以高分子合成膜为主，近年来，无机膜材料（如陶瓷、金属、多孔玻璃等），特别是陶瓷膜，因其化学性质稳定、耐高温、机械强度高等优点，发展很快，特别是在微滤、超滤、膜催化反应及高温气体分离中的应用充分展示了其优势。固膜从结构上可分为对称膜和非对称膜。对称膜无论是致密的还是多孔的，其各部分都是均匀的，各部分的渗透率都相同。通常对称膜是将高分子溶液浇铸在平板上形成一薄层，溶液挥发后成膜，或者浇铸后通过挤压成为所需厚度的均质膜。对称膜在工业上实用性不大，主要用于在研究阶段膜性能的表征。非对称膜的膜截面方向结构是非对称的，其表面为极薄的、起分离作用的致密表皮层，或具有一定孔径的细孔表皮层，皮层下面是多孔的支撑层。它可采用将高分子溶液和非溶剂一起聚合而成的L-S制膜法，也可采用分离层和支撑层复合的方法。复合膜由于可对起分离作用的表皮层和支撑层分别进行材料和结构的优化，可获得性能优良的分离膜。多孔膜的分离机理是筛分作用，主要用于超滤、微滤、渗析或用作复合膜的支撑膜。致密膜的分离机理是溶解-扩散作用，主要用于反渗透、气体分离、渗透汽化。

膜分离单元为膜组件。实际应用中必须有足够的膜面积（几百、几千甚至上万平方米），为了将尽可能多的膜面积集中在尽可能小的体积中，需要不断改进膜组件的形式。目前膜分离装置主要有四种基本形式：平板式膜组件（如图9-1所示）、管式膜组件（如图9-2所示）、中空纤维式膜组件（如图9-3所示）和螺旋卷式膜组件（如图9-4所示）。平板式膜组件类似压滤机，是最早开发的结构形式。管式膜组件类似管式热交换器，管为薄壁多孔管。中空纤维式膜组件是发展较快的结构形式，它是将膜制成中空纤维，将一束或多束中空纤维

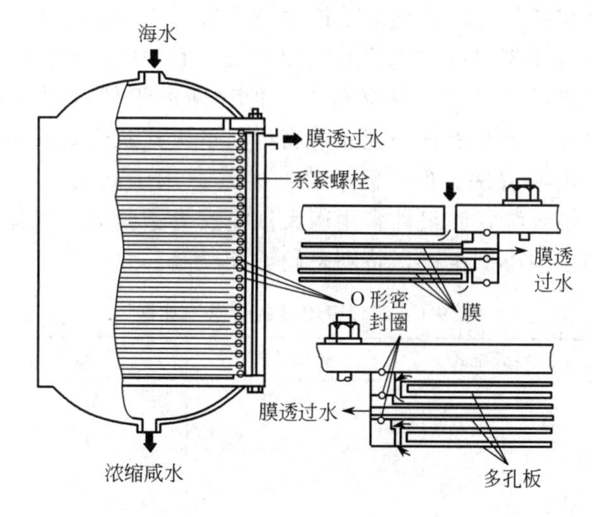

图 9-1　平板式膜组件

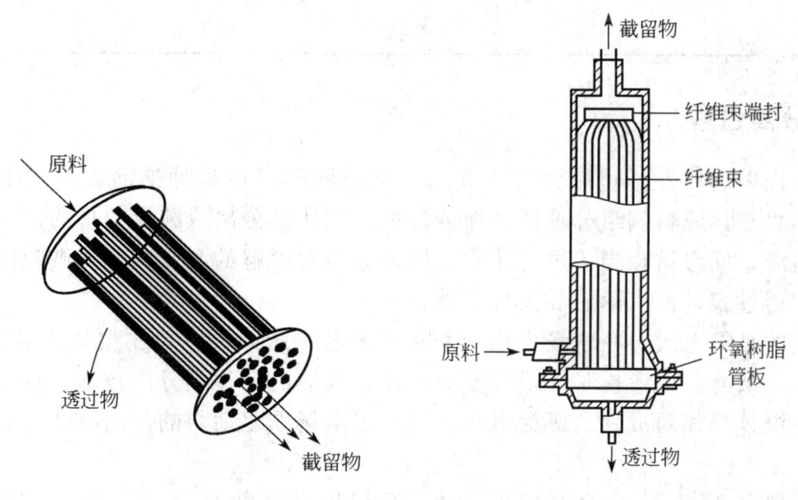

图 9-2　管式膜组件　　图 9-3　中空纤维式膜组件

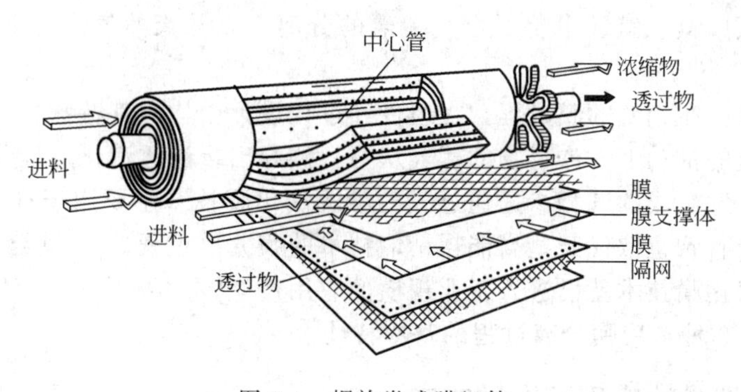

图 9-4　螺旋卷式膜组件

置于管式耐压容器中，纤维一端用树脂黏合剂封堵，料液进入壳侧，在压力作用下通过中空纤维的膜进入纤维中空部分，由开口处导出。它的特点是本身为自支撑结构，免去了支撑体，便于组装，装填密度高，可以在容积不大的管式分离器内容纳相当大的膜面积，因此分离效率高。螺旋卷式膜组件是将膜的桶形结构缠绕于有空心的中心管上，料液由外侧进入桶内，由中心管导出。这四种膜组件的优缺点比较见表 9-1。中空纤维式和螺旋卷式膜组件膜填充密度高，造价低，组件内流体力学条件好，但这两种组件对制造技术要求高，密封困难，使用中抗污染能力差，对料液预处理要求高。而平板式及管式膜组件则相反，虽然膜填充密度低，造价高，但组件清洗方便、耐污染，尤其适用于高黏度、含大量悬浮杂质的料液。因此螺旋卷式和中空纤维式膜组件多用于大规模反渗透脱盐、气体膜分离、人工肾；平板式和管式膜组件多用于中小型生产，特别是超滤和微滤。

表 9-1 四种膜组件的优缺点比较

项目	中空纤维式	螺旋卷式	平板式	管式
价格	最便宜	较便宜	最贵	较贵
填充密度	高	中	低	低
清洗	难	中	易	易
压力降	高	中	中	低
可否高压操作	可	可	较难	较难
膜形式限制	有	无	无	无

9.1.3 膜分离过程

膜分离过程以选择性透过膜为分离介质。当膜两侧存在某种推动力（如压力差、浓度差、电位差等）时，原料侧组分选择性地透过膜，以达到分离或纯化的目的。

微滤、超滤、反渗透相当于过滤技术，用来分离含溶解的溶质或悬浮微粒的液体，其中溶剂和小溶质透过膜，而大溶质和大分子被膜截留。

电渗析用的是带电膜，在电场力推动下从水溶液中脱除离子，主要用于苦咸水的脱盐。反渗透、超滤、微滤、电渗析是工业开发应用比较成熟的四种膜分离技术，这些膜分离过程的装置、流程设计都相对成熟。因为电渗析法是以电场作驱动力的分离方法，放在电化学分离中介绍。

气体膜分离在 20 世纪 80 年代发展迅速，可以用来分离 H_2、O_2、N_2、CH_4、He 及其他酸性气体 CO_2、H_2S、H_2O、SO_2 等。目前已工业规模化的气体膜分离体系有空气中氧、氮的分离，合成氨厂氮、氩、甲烷混合气中氢的分离，以及天然气中二氧化碳与甲烷的分离等。

渗透汽化是唯一有相变的膜过程，在组件和过程设计中均有其特殊之处。膜的一侧为液相，在两侧分压差的推动下，渗透物的蒸气从另一侧导出。渗透汽化过程分两步：一是原料液的蒸发；二是蒸发生成的气相渗透通过膜。渗透汽化膜技术主要用于有机物-水、有机物-有机物分离，是最有希望取代某些高能耗精馏技术的膜分离过程。20 世纪 80 年代初，有机溶剂脱水的渗透汽化膜技术就已进入工业规模的应用。

表 9-2 列出了 9 种常用膜分离过程的基本特性。

9.1.4 膜分离技术的应用及发展方向

膜分离技术目前已普遍用于化工、电子、轻工、纺织、冶金、食品、石油化工等领域，这些膜分离过程在应用中所占的百分比大体为：微滤 35.7%，反渗透 13.0%，超滤 19.1%，电渗析 3.4%，气体分离 9.3%，血液透析 17.7%，其他 1.7%。另外，膜分离技

表 9-2 常用膜分离过程的基本特性

过程	分离目的	透过组分	截留组分	透过组分在料液中的组成	推动力	传递机理	膜类型	进料和透过物的物理状态	简图
微滤	溶液或气体脱颗粒	溶液、气体	0.02～10μm颗粒	大量溶剂及少量小分子溶质和大分子溶质	压力差（约100kPa）	筛分	多孔膜	液体或气体	进料；滤液(水)
超滤	溶液脱大分子、大分子溶液脱小分子、大分子分级	小分子溶液	1～20nm大分子溶质	大量溶剂、少量小分子溶质	压力差（100～1000kPa）	筛分	非对称膜	液体	进料；浓缩液；滤液(水)
纳滤	溶剂脱有机组分、脱高价离子、软化、脱色、浓缩、分离	溶剂、低价小分子溶质	1nm以上溶质	大量溶剂、低价小分子溶质	压力差（500～1500kPa）	溶解-扩散唐南效应	非对称膜或复合膜	液体	进料；高价离子溶质(盐)；低价离子溶质(水)
反渗透	溶剂脱溶质、含小分子溶质溶液浓缩	溶剂、可被电渗析的截留组分	0.1～1nm小分子溶质	大量溶剂	压力差（1000～10000kPa）	优先吸附、毛细管流动、溶解-扩散	非对称膜或复合膜	液体	进料；溶质(盐)；溶剂(水)
透析（渗析）	大分子溶质溶液脱小分子、小分子溶质溶液脱大分子	小分子溶质	＞0.02μm截留，血液渗析中＞0.005μm截留	较小组分或溶剂	浓度差	筛分微孔膜内的受阻扩散	非对称膜或离子交换膜	液体	进料；扩散液；净化液；接受液

续表

过程	分离目的	透过组分	截留组分	透过组分在料液中的组成	推动力	传递机理	膜类型	进料和透过物的物理状态	简图
电渗析	溶液脱小离子、小离子溶质的浓缩、小离子的分级	小离子组分	同性离子、大离子和水	少量离子组分、少量水	电化学势、电渗透	反离子经离子交换膜的迁移	离子交换膜	液体	浓电解质 产品(溶剂) 正极 负极 阴离子交换膜 进料 阳离子交换膜
气体分离	气体混合物分离、富集，或特殊组分的脱除	气体、较小组分或膜中易溶组分	较大组分(除非膜中溶解度高)	两者都有	压力差为1000～10000kPa、浓度差(分压差)	溶解-扩散	均质膜、复合膜、非对称膜、多孔膜	气体	进气 渗余气 渗透气
渗透汽化	挥发性液体混合物的分离	膜内易溶解组分或挥发组分	不易溶解组分或较大、较难挥发物	少量组分	分压差、浓度差	溶解-扩散	均质膜、复合膜、非对称膜	料液为液体，透过物为气体	进料 溶质或溶剂 溶剂或溶质
乳化液膜分离(促进传递)	液体混合物或气体混合物分离、富集，特殊组分的脱除	在液膜相中有高溶解度的组分或能反应的组分	在液膜中难溶解的组分	少量组分在有机混合物中的分离	浓度差、pH差	促进传递和溶解-扩散	液膜	通常都为液体，也可以为气体	内相 膜相

术还将在节能技术、生物医药技术、环境工程领域发挥重要作用。在解决一些具体分离对象时，可综合利用几个膜分离过程或者将膜分离技术与其他分离技术结合起来，使之各尽所长，以达到最佳分离效率和经济效益。例如，微电子工业用的高标准超纯水要用反渗透、离子交换和超滤综合流程；从造纸工业黑液中回收木质素磺酸钠要用絮凝、超滤和反渗透。

膜分离技术需要解决的课题是进一步研制更高通量、更高选择性和更稳定的新型膜材料，以及更优的膜组件设计，这在很大程度上决定了未来膜技术的发展。

9.2　微滤、超滤和纳滤

微滤、超滤和纳滤都是以压力差为推动力的膜分离过程。其中微滤和超滤都是在压力差推动力作用下进行的筛孔分离过程，二者在原理上没有本质差别，都是在一定的压力作用下，当含有高分子溶质和低分子溶质的混合溶液流过膜表面时，溶剂和小于膜孔的低分子溶质（如无机盐）透过膜，成为透过液被收集；大于膜孔的高分子溶质（如有机胶体）则被膜截留而作为浓缩液回收。纳滤有所不同，除了截留筛分之外，由于纳滤膜的表面分离层由聚电解质构成，对离子有静电相互作用，因此对无机盐有一定的截留率。纳滤膜介于超滤膜和反渗透（RO）膜之间，曾被称为低压反渗透膜、疏松反渗透膜等，是近年来国际上发展较快的新型膜分离技术。微滤膜、超滤膜和纳滤膜三者的孔径分布范围不同，分离对象也有所不同，如图 9-5 所示。

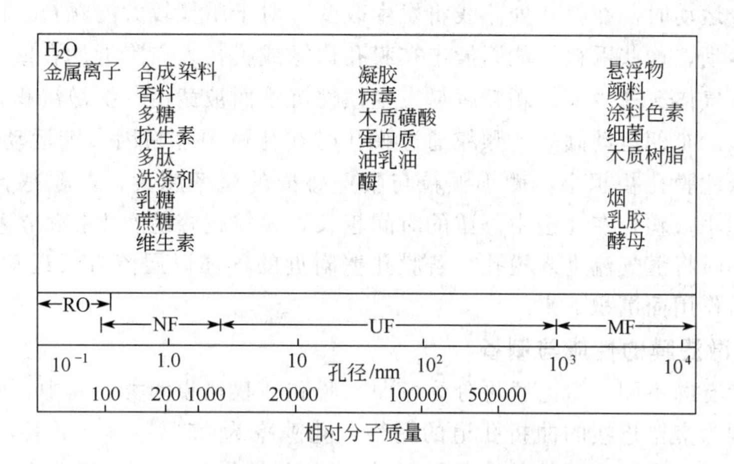

图 9-5　微滤膜、超滤膜、纳滤膜和反渗透膜的孔径分布范围与分离对象

9.2.1　微滤

微滤技术是基于微孔膜发展起来的一种精密过滤技术，是开发最早、应用最广、市场最大的滤膜技术，主要从气相和液相物质中截留微米及亚微米级的细小悬浮物、微生物、微粒、细菌、酵母、红细胞、污染物等，以达到净化、分离和浓缩的目的。微滤技术已成功应用于超纯水制造、溶液除菌、生物制品浓缩、废润滑油再生等方面。微滤膜的滤孔分布均匀，可将大于孔径的微粒、细菌、污染物截留在滤膜表面，滤液质量高，也称为绝对过滤；

由于微滤膜的孔隙率高，在同等过滤精度下，流体的过滤速度比常规过滤介质高几十倍，即膜通量大；膜薄，一般为 10～200μm，过滤时对过滤对象的吸附量小，因此物料的损失较小，这一点对贵重物料具有重要意义；微滤膜为连续的整体结构，过滤时无介质脱落，没有杂质溶出，不产生二次污染；无毒、使用和更换方便，使用寿命较长。但是，微滤技术也存在一些缺陷，如膜内部的比表面积小，颗粒容纳量小，易被物料中与膜孔大小相近的微粒堵塞。

9.2.1.1　微滤膜的分离机理

微滤膜用于悬浮液中固液分离的机理主要是筛分截留，还有吸附截留、架桥截留、网络截留和静电截留。筛分截留指微滤膜将尺寸大于其孔径的固体颗粒或颗粒聚集体截留。吸附截留指微滤膜将尺寸小于其孔径的固体颗粒通过物理或化学吸附而截留。架桥截留指固体颗粒在膜的微孔入口因架桥作用而被截留。网络截留发生在膜内部，由于膜孔的曲折形成。静电截留是在某些情况下为了分离悬浮液中的带电颗粒，采用带相反电荷的微滤膜，这样就可以用孔径比待分离颗粒尺寸大得多的微滤膜来操作，既达到了分离效果，又可增加通量。通常情况下，很多颗粒带有负电荷，因此相应的膜带正电荷。例如，制药行业用的纯水要除去热原，通常采用切割相对分子质量为 10000 的超滤膜；分别用带正电荷的 0.2μm 尼龙微孔膜和普通的 0.22μm 醋酸纤维素微孔膜，实验结果表明普通纤维素微滤膜对热原没有截留能力，而带正电荷的尼龙微孔膜对热原的截留率大于 95%。

利用微滤膜对气体中的悬浮颗粒进行分离的机理有直接截留、惯性沉积、扩散沉积和拦集作用。直接截留与悬浮液中液固分离的筛分截留机理相同。惯性沉积是指当小于膜孔径的颗粒随气体直线运动时，在膜孔处流线将发生改变，对于质量较大的颗粒，由于惯性作用仍力图沿原方向运动，这些颗粒可能因撞击在膜孔边缘或膜孔入口附近的孔壁上而被截留。微滤膜孔径越小，气体流速越大，颗粒越易发生惯性沉积而被截留。扩散沉积是指由于非常小的颗粒具有强烈的布朗运动倾向，颗粒通过膜孔时在孔道中容易因布朗运动而与孔壁碰撞，从而被截留。微滤膜孔径越小，微小颗粒与膜壁碰撞的概率越大，颗粒越容易产生扩散沉积；气体流速越小，颗粒在孔道中停留的时间越长，颗粒越容易产生扩散沉积。拦集作用是指颗粒惯性较小时将随气流进入膜孔，若膜孔壁附近的气体以层流方式运动，因为流速小，颗粒将由于重力作用而沉积下来。

9.2.1.2　微滤膜的性能与制备

按照微孔形态的不同，微滤膜可分为弯曲孔膜和柱状孔膜两类。其中，弯曲孔膜最为常见，其微孔结构为交错连接的曲折孔道的网络，孔隙率为 35%～90%；柱状孔膜的微孔结构为几乎平行的贯穿膜壁的圆柱状毛细孔结构，孔隙率小于 10%。弯曲孔膜的孔径可通过泡点法、压汞法等方法测得；柱状孔膜的孔径可通过扫描电镜直接测得。孔隙率可由压汞法、体积称重法和干湿膜重量法测定。弯曲孔膜的表面积是柱状孔膜的 25～50 倍，因此具有更大的截留效率，当需要尽可能除去悬浮液中的所有颗粒时，弯曲孔膜更有效；柱状孔膜用于悬浮液中颗粒的分级时比弯曲孔膜准确。

表征微滤膜性能的指标主要包括微孔结构、孔径及其分布、孔隙率、微孔膜的物理化学稳定性，这些性能的表征都有成熟的测定方法。不同制膜方法获得的膜微孔结构不同，通过扫描电镜可直接观察膜的表面、底面和截面的形态特征，得到膜微孔结构的信息。微滤膜的孔径可以用绝对孔径或标称孔径来表征。绝对孔径表明等于或大于该孔径的粒子或大分子均被截留，标称孔径表明该尺寸的粒子或大分子以一定的百分数(95%或 98%) 被截留，如

图 9-6所示。

微滤膜的热稳定性和化学稳定性对膜的使用很重要。聚烯烃类的膜材料有着良好的耐酸碱腐蚀性能，有些耐热聚合物甚至可以在 400～600℃下使用。另外，陶瓷具有比聚合物类更好的热稳定性和化学稳定性。一般情况下，微滤膜在 25℃下，在化学药品中浸泡 72h 后，其膜通量变化不超过 20%，泡点压力变化不超过 10%，即无溶胀和稍有溶胀而无失重者都可以使用。

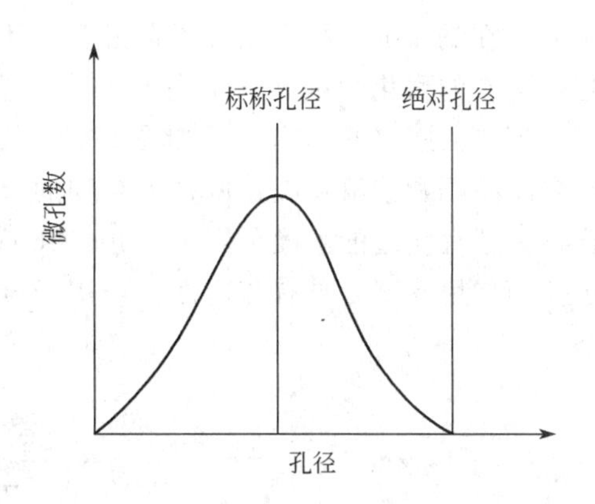

图 9-6　微孔膜的孔径分布示意

制备微滤膜的材料可以是有机高分子材料，也可以是无机材料。表 9-3 列出了制备微滤膜常用的一些材料。

表 9-3　制备微滤膜常用的材料

有机高分子材料	天然高分子材料	纤维素酯类（硝酸纤维素、醋酸纤维素、再生纤维素）	
	合成高分子材料	亲水性材料	聚醚砜（PES）、磺化聚砜、聚丙烯腈（PAN）、聚酰胺（PA）、聚酯（PET）、聚碳酸酯（PC）、聚砜（PSF）、聚酰亚胺（PI）、聚醚酰亚胺（PEI）、聚醚醚酮（PEEK）
		疏水性材料	聚四氟乙烯（PTFE）、聚乙烯（PE）、聚丙烯（PP）、聚偏氟乙烯（PVDF）、聚氯乙烯（PVC）
无机材料	陶瓷（氧化铝、氧化锆）、金属（不锈钢、钨、钼）、微孔玻璃、碳化硅		

纤维素是一种由数千个葡萄糖重复单元通过 β-1，4-糖苷键连接而成的多糖，具有规整的线性链结构（如图 9-7 所示）。纤维素材料属于亲水性材料，其分子链上的葡萄糖单元含有三个易反应的羟基，可与酸或醇反应形成酯或醚。纤维素材料是应用最早和最多的膜材料，不仅可用于微滤和超滤，还可以用于反渗透、气体分离和透析。用于微滤的主要是硝酸纤维素、醋酸纤维素和再生纤维素。由醋酸纤维素和硝酸纤维素混合制成的混合纤维素酯微滤膜，孔径规格多，在干态下可耐热（125℃）消毒，使用温度范围为－200～75℃，可耐稀酸，不适用于酮类、酯类、强酸、强碱等液体的过滤。用再生纤维素制成的微滤膜专用于非水溶液的澄清或除菌过滤，该膜耐各种有机溶剂，但不能用来过滤水溶液。纤维素类材料的化学稳定性和热稳定性较差，易被微生物降解；但由于其来源丰富、价格低廉、成膜性能优良，占有不可取代的地位。

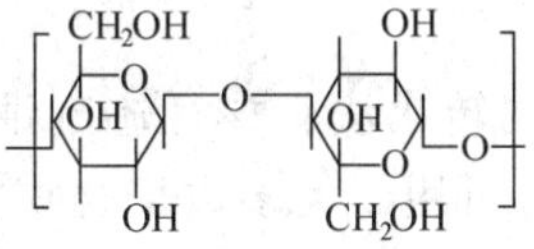

图 9-7　纤维素的结构单元

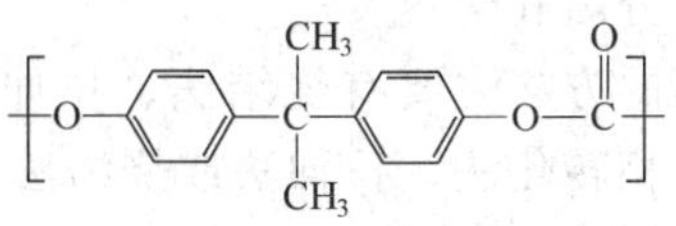

图 9-8　聚碳酸酯的结构单元

合成高分子材料有亲水性和疏水性两类。聚碳酸酯（其结构单元如图 9-8 所示）的分子链上有双酚 A 结构单元，具有很好的机械特性，其薄膜常用来制备核径迹微滤膜。聚酰胺是指分子链上含有酰氨基的一类聚合物，尼龙 6（PA-6）和尼龙 66（PA-66）微孔膜都属于聚酰胺类，分为脂肪族聚酰胺和芳香族聚酰胺两种，用于微滤膜和超滤膜的一般是脂肪族聚酰胺。脂肪族聚酰胺的分子链比较柔韧，玻璃化温度相对较低，具有亲水性。聚酰胺耐碱不耐酸，在酮、酚、醚和高分子量醇类中不易被浸蚀。聚醚醚酮（其结构单元如图 9-9 所示）是一类新的耐化学试剂、耐高温的聚合物，在室温下只能溶于浓的无机酸，如硫酸或氯磺酸。聚酰亚胺（其结构单元如图 9-10 所示）具有非常好的热稳定性和良好的化学稳定性。但聚醚醚酮和聚酰亚胺这两种聚合物的合成与加工均比较困难。聚四氟乙烯是高度结晶的聚合物，适宜使用的温度范围为−40～260℃，具有良好的热稳定性，可耐强酸、强碱，不溶于任何常用溶剂，具有疏水性，可用于过滤蒸气及各种腐蚀性液体。

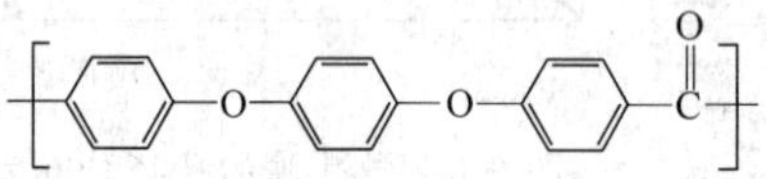

图 9-9　聚醚醚酮的结构单元

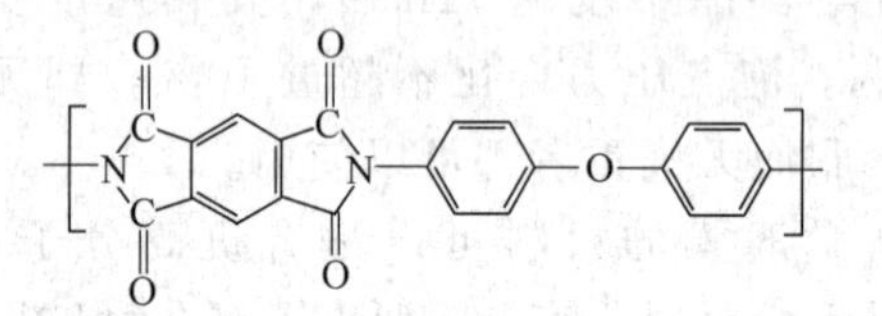

图 9-10　聚酰亚胺的结构单元

与高分子膜相比，无机膜具有如下优点：

(1) 热稳定性好　比如陶瓷熔点很高，最高可达 4000℃以上。良好的热稳定性使得这些材料非常适合于高温下的气体分离，特别适合于将分离过程与膜催化反应相结合的情况，此时，膜一方面作为催化剂，另一方面作为有选择性的屏障来除去某一产物。

(2) 化学稳定性好　已有的聚合物膜材料耐酸碱及有机液体的能力很有限。无机材料的化学稳定性更优越，通常可用于任何 pH 范围及任何有机溶剂。因此在超滤和微滤领域，无机膜可能会有更广泛的应用。

(3) 清洗方便　超滤膜和微滤膜容易污染而导致通量大幅度衰减，因此需要定期清洗。无机膜可以任选清洗剂，如强酸和强碱。

(4) 使用寿命长　无老化问题，使用寿命比有机聚合物膜长。

(5) 机械稳定性好　对于膜分离过程而言，机械稳定性并不十分重要，只在有些情况下才对膜材料的机械稳定性有较高要求，如高压操作或自撑膜的情况。无机膜的缺点是易碎、投资费用高且密封难。目前无机膜的应用大部分限于微滤和超滤领域，它在高温气体分离和膜催化反应器及食品加工等行业中具有良好的应用前景。

常用的无机膜为陶瓷膜、玻璃膜、金属膜和沸石膜。陶瓷是将金属（铝、钛或锆）与非金属氧化物、氮化物或碳化物结合而构成的。陶瓷膜是最主要的一类无机膜，其中以氧化铝和氧化锆制成的膜最为重要。玻璃也可看作陶瓷材料，玻璃膜主要通过对分相玻璃进行浸提而制成。金属膜主要通过金属粉末的烧结而制成（如不锈钢、钨和铝）。沸石膜具有非常小的孔，可用于气体分离和全蒸发。

制备微孔滤膜的方法主要有烧结法、拉伸法、相转化法、核径迹刻蚀法和溶胶-凝胶法等。弯曲孔膜通过相转化法、拉伸法或烧结法制得，可用于大多数聚合物。柱状孔膜通过核径迹刻蚀法由聚碳酸酯或聚酯等薄膜材料制得。

烧结法是将一定大小颗粒的粉末压缩后在高温下烧结，烧结过程中，粒子的表面逐渐变软至熔，颗粒间界面逐渐消失，最后互相黏结形成多孔体。该法制得的膜孔径为 0.1～10μm，孔隙率一般较低，为 10%～20%。可采用该法制膜的材料有各种聚合物粉末、金属、陶瓷、石墨和玻璃。该方法非常适合化学稳定性和热稳定性好，同时又难以找到合适溶剂进行溶解的物质，如 PTFE、PE、无机材料。

拉伸法是指在相对低的熔融温度和高应力下挤出薄膜或纤维，聚合物分子会沿拉伸方向排列成微区，成核，形成垂直于拉伸方向的链折叠微晶片。冷却后在略低于熔点温度下进行第二次拉伸，在机械应力下结晶区域会发生小的断裂，从而得到多孔结构。对于结晶或半结晶的聚合物，可采用拉伸法制备微孔膜。制得的膜孔径为0.1～3μm，膜的孔隙率远高于烧结法，最高可达90%。

相转化法可再细分为控制溶剂蒸发凝胶法、浸没凝胶法和热致相分离法三种。控制溶剂蒸发凝胶法是目前使用最广的纤维素酯微孔膜的制备方法。其基本原理是将纤维素酯溶解在特定的混合溶剂中制成铸膜液，经过滤、脱气后在金属或塑料带上流延成薄层。在一定温度、湿度、溶剂蒸气浓度、通风速度等环境条件下，膜液薄层中的溶剂缓缓蒸发最后成膜。铸膜液中的混合溶剂，通常由良性溶剂、不良溶剂和致孔剂等溶剂组成。良性溶剂是能完全溶解纤维素酯聚合物的溶剂；不良溶剂是指能使聚合物发生溶胀而不溶解或只能与良性溶剂混合后才有溶解作用的一类溶剂；致孔剂指虽能混溶，但不能使聚合物溶解或溶胀，而且含量稍多时易使聚合物析出的一类物质。制膜溶液中的良性溶剂通常选用沸点较低和较易挥发的溶剂，在成膜过程中，良性溶剂挥发最快，使铸膜液薄层中的组成发生变化，溶胶逐渐转化成凝胶，凝胶再进一步蒸发剩余溶剂，并收缩定形后成为多孔膜。当铸膜液薄层中的良性溶剂逐渐挥发减少时，液层中的不良溶剂和非溶剂形成分散的细小液滴析出。聚合物的大分子大部分包围在细滴的周围，只剩下少量仍旧分散在液滴外的连续相中。在转化成凝胶后，溶剂继续蒸发，液滴互相靠拢而形成大量的多面体，同时液滴外壁的聚合物层因挤压而破裂，等到溶剂全部蒸发后就留下空隙。在相转化时所形成的分散相的液滴大小、数量、均匀程度等将影响膜的孔径大小、孔隙率、均匀性、强度等性能。液滴大小、数量、均匀性等因素受膜液的组成和制膜工艺条件（如湿度、温度、环境中的溶剂浓度等）所制约。由控制溶剂蒸发凝胶法制备的滤膜如多层叠置的筛网，具有相互交错、互相贯通的不规则孔形的多孔结构，在扫描电镜下观察，可以看到其表层和下层均为对称的开放式网络结构。

浸没凝胶法是将铸膜液薄层浸入水中或其他凝固液中，使溶剂与凝固液立即相互扩散，急速造成相分离，形成凝胶。待凝胶层中的剩余溶剂和添加剂进一步被凝固液中的液体交换出来后，就形成多孔膜。该法制得的多孔膜大多数为正反两面结构不同的不对称膜。

热致相分离法是将只能在较高温度时才能互溶的聚合物和增塑剂先加热融合，再将此溶液流延或挤压成薄层后使之冷却，当溶液温度下降到某一温度以下时，溶液中聚合物链相互作用成为凝胶结构，最后因相分离形成细孔，将分相后的凝胶浸入萃取液中除去增塑剂，制成热致相分离膜。此法制成的膜基本上为对称结构。

核径迹刻蚀法通常分两步。首先，均质聚合物膜置于核反应器的带电粒子束照射下，带电粒子通过膜时，打断了膜内聚合物链节，留下感光径迹，然后膜通过一刻蚀浴，其内溶液优先刻蚀掉聚合物中感光的核径迹，形成孔。膜受照射时间的长短决定了膜孔数目，刻蚀时间长短决定了孔径大小。这种膜的特点是孔径分布均匀，孔为圆柱形毛细管。已有商品的聚碳酸酯和聚乙酯核径迹膜。

溶胶-凝胶法包括悬浮胶体凝胶途径和聚合凝胶途径。两种制备途径均需要能够发生水解和聚合的先驱化合物，并且要控制水解和聚合过程以获得所需的结构。首先，选取一种先驱化合物，常用醇盐（如三仲丁醇铝），加水后，先驱化合物水解生成氢氧化物，水解的醇盐可以利用其羟基与其他反应物反应而形成聚氧金属化物，溶液的黏度会变大，表明发生了聚合作用。加入酸（如 HCl 或 HNO_3）使溶胶发生胶溶化，形成稳定的悬浮液。通常加入有机聚合物，如聚乙烯醇，这样可使溶液黏度加大，减少孔渗现象，还可防止由于应力松弛形成的裂缝。改变颗粒的表面电荷或增大浓度，颗粒会通过聚集而形成凝胶。干燥后，膜在一定温度下被烧结，从而使形态固定。

9.2.1.3 微滤操作模式

微滤操作模式主要包括常规过滤和错流过滤。常规过滤如图 9-11(a) 所示，料液置于膜的上游，在料液侧加压或在透过液侧抽真空产生的压力差推动下，溶剂和小于膜孔的颗粒透过膜，大于膜孔的颗粒被膜截留。在这种无流动操作中，随着时间的延长，被截留颗粒将在膜表面形成污染层，随着过滤的进行，污染层将不断增厚和压实，过滤阻力将不断增加。在操作压力不变的情况下，膜渗透速率将下降。因此常规过滤操作只能是间歇的，必须周期性地停下来清除膜表面的污染层或更换膜。常规过滤操作适合实验室小规模场合，对于固含量低于 0.1%的料液通常采用这种形式；对于固含量在0.1%～0.5%的料液，则需进行预处理或采用错流过滤；对于固含量高于 0.5%的料液通常采用错流过滤操作。

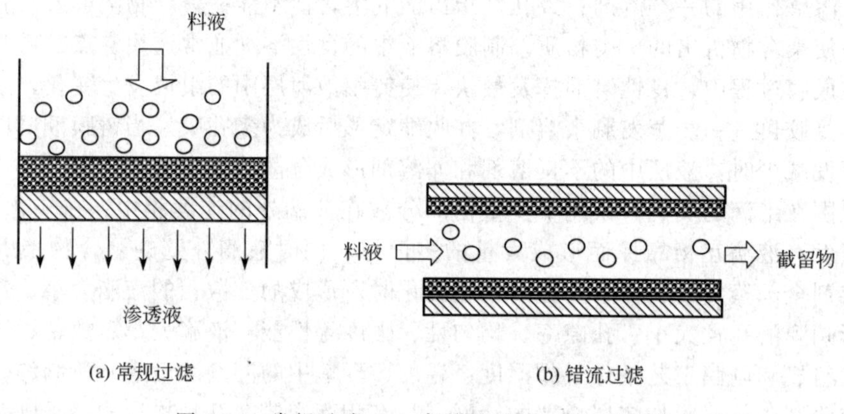

图 9-11 常规过滤（a）与错流过滤（b）示意图

错流过滤如图 9-11(b) 所示，料液以切线方向流过膜表面，溶液在压力作用下透过膜，料液中的颗粒则被膜截留在膜表面形成一层污染层。与常规过滤不同的是，料液经膜表面产生的高剪切力可使沉积在膜表面的颗粒扩散返回主体流，从而被带出微滤组件。由于过滤导致的颗粒在膜表面的沉积速度与料液流经膜表面时由速度梯度产生的剪切力引发的颗粒返回主体流的速度达到平衡，可使该污染层不再无限增厚而保持在一个较薄的稳定水平。因此，一旦污染层达到稳定，膜渗透速率就将在较长一段时间内保持在相对高的水平上。当处理量大时，为避免膜被堵塞，宜采用错流过滤操作。

9.2.1.4 膜组件及装置

微孔膜过滤器是以微孔滤膜作为过滤介质净化流体的过滤装置。目前，常规微孔膜过滤器有平板式和筒式两种基本形式。错流微孔膜过滤器的形式有板框式、卷式、管式及中空纤维式(或毛细管式）等。由于微孔膜较薄，因此过滤器中必须设置支撑体以承受膜两侧的压力差，支撑体大多采用多孔滤板或烧结式滤板，在膜与支撑体之间衬以网状材料，或加衬玻璃纤维与聚合物制成的滤层，以保护膜在压力下不易破裂。过滤器应密封，以保证过滤前后的水完全隔开而不发生窜流。过滤器材质一般采用工程塑料和不锈钢等。工业上常用的微孔膜过滤器有平板式和筒式。此外，还有实验室用微孔膜过滤器和针头过滤器。

平板式微孔膜过滤器从结构上分为单层平板式和多层平板式。单层平板式通常采用聚碳酸酯或不锈钢制造，可抽滤也可压滤，最大承受压力达 0.5MPa，主要供实验室过滤少量流体，多适用于水和空气的超净处理。对大量液体的过滤可采用多层平板式微孔膜过滤器，为增加滤膜面积，在滤器内将膜多层并联或串联组装，广泛用于医药、生物制品及饮料工业生产过程的液体过滤。

筒式微孔膜过滤器主要由壳体和滤芯构成，由于滤芯结构形式不同，分为褶叠式、缠绕式及喷熔式等。褶叠筒式微孔膜过滤器在国内外应用较普遍，其特点是单位体积中膜表面积大，装拆及更换滤芯方便，过滤效率高，常用于电子工业高纯水的制备，制药工业药液及水的过滤，食品工业饮料、酒类等的除菌过滤。缠绕式和喷熔式两种过滤器均属深度过滤，该类过滤器的优点是纳污量大，价格便宜，但其缺点是过滤阻力大。

实验室用微孔膜过滤器多在负压下操作，供实验室过滤少量溶液除去其中的颗粒、细菌，或收集滤膜上的沉积物、滤液。该过滤器的常见结构如图 9-12 所示。

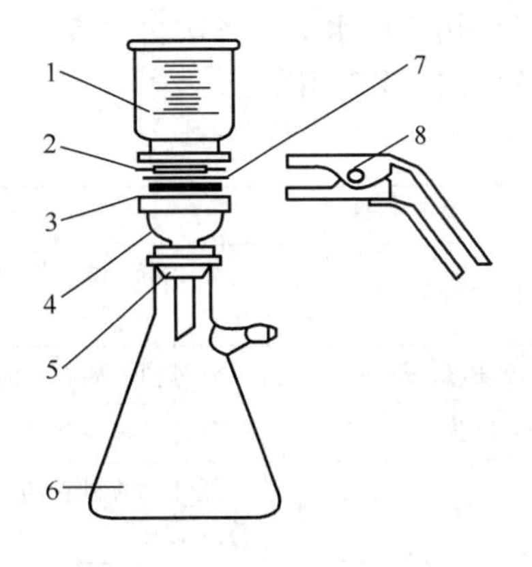

图 9-12　实验室用微孔膜过滤器的结构

1—量杯；2—密封圈；3—多孔板；4—下托；5—硅胶瓶塞；6—布氏抽滤瓶；7—微孔滤膜；8—长柄夹子

针头过滤器是装在注射针筒和针头之间的一种微型过滤器，以微孔滤膜为过滤介质。针头过滤器可用于少量流体的过滤净化，以除去微粒和细菌。

9.2.1.5　微滤过程中膜的污染及控制

微滤过程中膜的污染问题严重影响膜的分离效果，也在一定程度上限制了微滤技术的进一步推广。膜污染通常是膜表面的附着层和膜孔堵塞。当溶质是水溶性大分子时，由于其扩散系数很小，从膜表面向料液主体的扩散通量也很小，因此膜表面的溶质浓度显著增高，形成不可流动的凝胶层。膜表面的附着层可能是水溶性高分子的吸附层和料液中悬浮物在膜表面上堆积起来的滤饼层。产生膜堵塞的原因包括悬浮物或水溶性大分子在膜孔中受到空间位阻，蛋白质等水溶性大分子在膜孔中的表面吸附，以及难溶性物质在膜孔中的析出。机械堵塞是固体颗粒把膜孔完全堵住；吸附是颗粒吸附在孔壁上而使孔径变小；架桥截留不完全堵塞孔道，形成滤饼过滤。大多数情况下，过滤初期主要是机械堵塞，后期主要是滤饼过滤。介质中固体颗粒的浓度、形状、刚性及其粒径分布都会影响堵塞，膜孔结构也是影响堵塞的重要原因。

针对不同的分离体系，控制膜污染的方法主要有：料液预处理；膜表面改性；外加电场、离心场和超声波场；采用气体和液体两种介质进行高压反冲；强化传质，包括改变流道截面的形状，由圆形改为星形，组件插入不同的金属型芯，在进料液中加入气泡的方法等。

膜清洗方法通常分为物理方法和化学方法。物理方法是指采用高压水射流冲洗、海绵球机械清洗等去除污染物。化学方法是采用对膜材料本身没有破坏性、对污染物有溶解作用或置换作用的化学试剂对膜进行清洗。无机膜具有优异的化学稳定性和高的机械强度，可采用比有机膜更广泛的清洗方法进行清洗。目前无机膜化学清洗的一般规律为：无机强酸使污染物中一部分不溶性物质变为可溶性物质；有机酸主要清除无机盐的沉淀；螯合剂可与污染物中的无机离子配位生成溶解度大的物质，减少膜表面和孔内沉积的盐和吸附的无机污染物；表面活性剂主要清除有机污染物；强氧化剂和强碱清除油脂和蛋白质、藻类等生物物质的污染；对于细胞碎片等污染物，采用酶清洗剂。对于污染非常严重的膜，通常采用强酸、强碱交替清洗，并加入次氯酸钠等氧化剂与表面活性剂。在这些清洗过程中，常采用高速低压操作，有时配以反冲，以发挥物理方法的作用。

9.2.1.6　微滤的应用

微滤在所有膜分离过程中应用最普遍。制药行业的过滤除菌是其最大的应用领域，电子工业用高纯水的制备次之。表 9-4 列出了微滤技术的主要应用，表 9-5 列出了不同孔径微孔滤膜的主要应用。

表 9-4 微滤技术的主要应用

应用领域	应用举例
化学工业	水、溶剂、酸、碱等化学品的过滤，乳化油水分离，乳剂过滤，高黏度聚合物纺丝溶液的过滤，涂料中杂质的过滤
石油、机械	各种油品如燃料油、润滑油、切削油的过滤澄清，油水分离
生物化工	发酵过程除杂菌，菌体浓缩分离，发酵产品和菌体的分离，类菌质体的去除
电子工业	超纯水的制造，半导体制造中各种药剂和气体的精制、过滤，洁净室用的空气净化，光盘制造用药剂的精制
医疗、医药	无热原纯净水的制造，输液、注射液、制剂的除菌，血液的过滤，血浆的分离，血清、组织培养等其他生物用剂的过滤除菌
食品工业	啤酒、碳酸饮料中酵母和霉菌的去除，糖液和果汁的澄清过滤
水处理	水中悬浮物、微小粒子和细菌的去除

表 9-5 不同孔径微孔滤膜的主要应用

孔径/μm	应用举例
3.0～8.0	溶剂、药剂、润滑油等的过滤，1.0μm 以下微滤的预处理，水淡化时除藻
0.8～1.0	酒、啤酒、糖液、碳酸饮料中酵母和霉菌的去除，一般的澄清过滤，空气净化
0.4～0.6	一般的澄清过滤，细菌（大肠杆菌、霍乱菌、破伤风菌等）的过滤，石棉纤维的捕集，微粒子的定量测定
0.2	细菌的完全捕集、过滤，血浆的分离
0.08～0.1	病毒的过滤，超纯水的最终过滤，人工肺、血浆的净化
0.03～0.05	病毒的过滤，高分子量蛋白质的过滤，无热原水的制造

以高纯水的制备为例具体说明微滤的应用。例如在集成电路半导体器件的切片、研磨、外延、扩散和蒸发等工艺过程中，要反复用高纯水进行清洗。由于集成电路在很小面积内有许多电路，因此清洗用水要求很严格。一般要求无离子、无可溶性有机物、无菌体和大于 0.5μm 的粒子。每个集成电路厂，都有一个制造高纯水的中心系统，然后通过分配系统输送到使用点。净化流程如下：自来水→预过滤→超滤或微滤→反渗透→阴、阳离子交换树脂混合床→超滤→分配系统微滤→使用点微滤→使用。可见微滤和超滤在高纯水制备过程中起了非常重要的作用，在反渗透和离子交换之前用它除去大量粒子，之后再用它除去树脂碎片等，并在分配系统的管路上多处安装小型无流动式微滤器以防管路污染，最后在使用点仍用微滤保证高纯水的质量。

微孔滤膜的另一个重要应用是去除细菌污染。一般药物灭菌均采用热压法，但细菌尸体仍留在药液中，而对于热敏性药物，如胰岛素、ATP、辅酶 A、细胞色素 c、人体转移因子、激素、血清蛋白、丙种球蛋白等血液制品及组织培养用的培养基等，均不能采用热压灭菌，而只能用过滤法除菌。采用微孔滤膜过滤的明显优点是不改变药物的原来性质，细菌的尸体可以截留在膜上，易于使药物生产线机械化和自动化。

9.2.2 超滤

超滤是介于微滤和纳滤之间的一种膜分离过程，膜孔径在 0.05μm（微滤）至 1nm（纳滤）之间。超滤膜的分离范围为相对分子质量约500～1000000的大分子、胶体和微粒。超滤膜的分离原理是筛分作用，其截留率取决于溶质的尺寸和形状。超滤膜的表层孔径在5～100nm之间，利用表面和微孔内的吸附、孔中堵塞、表面截留等作用，分离水溶液中的大分子、胶体、蛋白质等。超滤用于乳品、果汁、酒类的加工，超纯水的制造，酶、生物活性物质的浓缩，纺织、造纸、胶片、金属加工业的废水处理等。超滤过程中膜的污染是一个突出的问题，改变膜表面性质和操作条件可以缓解膜污染。

9.2.2.1 超滤膜的性能表征

表征超滤膜性能的参数主要有渗透速率和膜的截留性能。

渗透速率用来表征超滤膜过滤料液的速率，指每平方米每小时过滤料液的体积（L）。渗透速率分为纯水渗透速率和溶液渗透速率，纯水渗透速率可用于膜的性能指标的标定。一般来说，超滤膜的纯水渗透速率约为20～1000L/(m^2·h)，但实际上由于料液体系不同，膜的溶液渗透率约为1～100L/(m^2·h)。

膜的截留性能通常采用截留分子量（MWCO）和截留率表示。截留率指对一定分子量的物质来说，膜所能截留的程度。通过测定具有相似化学性质的不同分子量的一系列化合物的截留率所得的曲线称为截留分子量曲线，根据该曲线求得截留率大于90%的分子量即为截留分子量。显然，截留率越高、截留范围越窄的膜越好。截留范围不仅与膜的孔径有关，而且与膜材料和膜材料表面的物理化学性质有关。

测量截留分子量的标准物一般分为三类：球状蛋白质、带支链的多糖（如葡聚糖等）及线型分子（如聚乙二醇等）。由于超滤膜的孔径有一定分布，超滤膜的最大孔径要远大于膜的有效孔径或由截留分子量表征的孔径值。

影响截留分子量的因素有溶质的形状和大小、溶质与膜材料之间的相互作用、浓差极化现象、批间偏差、膜孔的结构和测试条件（如压力、错流速度、浓度、温度、膜的预处理）等。

超滤膜孔径测试方法主要有泡点法、气体吸附-脱附法、热测孔法、渗透测孔法、液体置换法、液体流速法、核磁共振法。

9.2.2.2 超滤膜的材料

超滤膜材料有高分子和无机材料两大类。超滤与微滤虽然分离机理相同，但膜孔不同，而制膜方法及材料决定了膜孔的大小，所以用于制备超滤膜的材料与微滤膜有所不同。表9-6对比了超滤、微滤和反渗透中所用的部分膜材料。

制备微滤膜常用的烧结法、核径迹刻蚀法和拉伸法所形成的最小孔径约为0.05～0.1μm，无法得到孔径为纳米级的超滤膜。绝大多数超滤膜都是用相转化法制备的。制备超滤膜的高分子材料主要有醋酸纤维素、聚砜、聚丙烯腈、聚酰胺、聚偏氟乙烯、再生纤维素。

醋酸纤维素膜的最大优点是亲水性好，有利于减少膜污染。此外还有以下特点：可制备从反渗透至微滤范围孔径的膜，并具备较高的通量，这是其他膜材料难以比拟的；制造工艺简单，成本低，无毒，便于工业化生产；操作温度范围窄，推荐最大操作温度为30℃；较窄的pH范围，一般推荐pH 3～6，以防止膜的水解。不过，醋酸纤维素超滤膜耐氯性较差，连续运行要求料液中的游离氯低于1mg/L；在运行中有压实现象发生，在高压下膜的通量逐步降低；易被生物降解，可保存性差。

聚砜类膜的特点有：优异的化学稳定性；使用pH范围宽（pH 1～13）；良好的耐热性能（可在0～100℃范围内使用）；耐酸碱；较高的抗氧化和抗氯性能。聚砜类高分子的分子

表 9-6 超滤、微滤和反渗透用部分膜材料的对比

膜材料	微滤	超滤	反渗透	膜材料	微滤	超滤	反渗透
铝	√			陶瓷复合膜	√	√	
碳-碳复合膜	√			聚丙烯腈(PAN)	√	√	
纤维素酯(混合)	√			聚醚砜(PES)	√	√	
硝基纤维素	√			聚砜(PSF)	√	√	
聚酰胺	√			聚乙烯醇(PVA)	√	√	√
聚碳酸酯(PC)	√			醋酸纤维素(CA)	√	√	√
聚酯(PET)	√			三醋酸纤维素(CTA)	√	√	√
聚乙烯(PE)	√			芳香聚酰胺(PA)	√	√	√
聚丙烯(PP)	√			聚酰亚胺(PI)		√	√
聚四氟乙烯(PTFE)	√			CA-CTA 共混材料			√
烧结不锈钢	√			复合膜		√	√
聚氯乙烯(PVC)	√			动力形成膜			√
聚偏氟乙烯(PVDF)	√	√		聚苯醚唑(PBI)			√
再生纤维素	√	√		聚乙烯胺(PEI)			√

注:"√"表示可用。

量高,适合制作超滤膜、微孔滤膜和复合膜的多孔支撑膜。

聚丙烯腈常用来制备超滤膜。虽然氰基是强极性基团,但聚丙烯腈并不十分亲水。通常引入另一种共聚单体(如醋酸乙烯酯或甲基丙烯酸甲酯)以增强链的柔韧性和亲水性。

聚酰胺类膜包括聚砜酰胺膜和芳香聚酰胺膜两类。聚砜酰胺膜具有耐高温(约 125℃)、耐酸碱(pH 2~10)、耐有机溶剂(除耐乙醇、丙酮、醋酸乙酯、醋酸丁酯外,还耐苯、醚及烷烃等多种溶剂)等特性,可以用于水和非水溶剂体系。芳香聚酰胺膜的性能与聚砜膜相似,具有高吸水性(吸水率约 12%~15%),具有高的水通量和低的截留分子量。芳香聚酰胺膜具有良好的机械强度和热稳定性,它的缺点是对氯离子的抵抗能力差(低于 5~10mg/L)。这种膜在 pH 大于 12 时也水解,特别是在高温下。聚酰胺膜对蛋白质类溶质有强烈的吸附作用,膜易被污染。

聚偏氟乙烯膜可以高压消毒,耐一般的溶剂,耐游离氯强于聚砜膜,广泛用于超滤和微滤过程。但该膜是疏水性的,经膜表面改性后可改善其亲水性。

再生纤维素膜的亲水性较强,对蛋白质的吸附较弱,耐溶剂性好,并且使用温度可达到 75℃。

复合超滤膜一般是由致密层和多孔支撑层构成的。用单一材料制成的膜,致密层和多孔支撑层的形成都受到一定的限制。而复合膜则分别用不同材料制成致密层和多孔支撑层,使两者都达到优化。制备复合超滤膜的目的是为了截留分子量小的溶质,或改善膜表面的亲水性,以增加水通量和提高膜的耐污性。

9.2.2.3 超滤膜的污染

超滤过程中,膜通量逐渐减少,甚至仅为纯水通量的 5%。造成这种现象的主要原因是膜污染和浓差极化。膜污染是指处理物料中的微粒、胶体或大分子因与膜存在物理化学相互作用或机械作用而引起的在膜表面或膜孔内吸附和沉积造成膜孔径变小或孔堵塞,使膜通量及膜的分离特性产生不可逆变化的现象。超滤时,由于筛分作用,料液中的部分大分子溶质

会被膜截留，溶剂及小分子溶质则能自由地透过膜，从而表现出超滤膜的选择性。被截留的溶质在膜表面积聚，浓度逐渐升高，在浓度梯度的作用下，接近膜面的溶质又以反方向向料液主体扩散，平衡状态下膜表面形成一个溶质浓度分布边界层，对溶剂等小分子物质的运动起阻碍作用，这种现象称为浓差极化。膜的亲水性或疏水性、带电性、膜表面特性及膜孔径和结构会影响膜与溶质间相互作用的大小及膜污染程度。超滤膜的截留分子量、天然有机物的分子量分布以及两者之间的相对关系对于膜污染以及过滤阻力的组成有很大的影响。

9.2.2.4 超滤的应用

超滤多采用错流操作。它已广泛用于食品、医药、工业废水处理、超纯水制备及生物工程。其中食品工业和乳清处理是其最大应用领域。表9-7列出了超滤的一些主要应用领域。

表9-7 超滤的主要应用领域

应用领域	应用实例
食品发酵工业	乳品工业中乳清蛋白的回收、脱脂牛奶的浓缩；酒的澄清、除菌，催熟酱油、醋的除菌、澄清、脱色；发酵液的提纯精制；果汁的澄清；明胶的浓缩；糖汁和糖液的回收
医药工业	抗生素、干扰素的提纯精制；针剂、针剂用水除热原；血浆、生物高分子处理；腹水浓缩；蛋白质、酶的分离、浓缩和纯化；中草药的精制和提纯
金属加工工业	延长电浸渍涂漆溶液的停留时间；油/水乳浊液的分离；脱脂溶液的处理
汽车工业	电泳漆回收
水处理	医药工业用无菌、无热原水的生产；饮料及化妆品用无菌水的生产；电子工业用纯水、高纯水及反渗透组件进水的预处理；中水回用、饮用水的生产
废水处理与回用	与生物反应器结合处理各种废水；淀粉废水的处理与回用；含糖废水的处理与回用；电镀废水处理；含原油污水的处理；乳化油废水处理与回用；含油、脱脂废水的处理与回用；纺织工业、染料及染色废水处理与回用；照相工业废水处理；印钞擦版液废液的处理与回用；电泳漆废水的处理与回用；造纸废水的处理；放射性废水的处理

下面以乳品工业中乳清处理和工业废水中电泳涂漆为例具体说明超滤的应用。

乳品工业奶酪生产过程中将产生大量的乳清，据统计，仅美国每年就有2500万立方米乳清产生，因而该领域成为超滤应用的最大领域。通过超滤可得到含蛋白质10%的浓缩液；若将其通过喷雾干燥，可得到含蛋白质65%的乳清粉，在面包食品中可代替脱脂奶粉；若将其进一步脱盐，则可得到蛋白质含量高于80%的产品，可用于婴儿食品；而含乳糖的渗透液经浓缩干燥后可用作动物饲料。

在金属电泳涂漆过程中，带电荷的金属物件浸入一个装有带相反电荷的涂料池内。由于异电相吸，涂料在金属表面形成一层均匀的涂层，金属物件从池中捞出并水洗除去附带出来的涂料。为环保与节能起见，可采用超滤将聚合物树脂及颜料颗粒截留下来，而允许无机盐、水及溶剂穿过超滤膜出去。截留下来的组分再回至电泳漆储罐中去。滤液用于淋洗刚从电泳漆中取出的新上漆的制件，以回收制件夹带的多余的漆。早在1968年美国PPG公司的专利就提出用超滤和反渗透的组合技术处理电泳漆废水。目前，该项技术已广泛用于自动化流水线上，已有几百个膜面积大于$100m^2$的膜组件投入运行，其中主要为管式。由于池内溶液带电荷，现已开发出表面带相同电荷的膜，因同性相斥而使该膜不易污染。

9.2.3 纳滤[8]

纳滤是20世纪70年代末问世的一种新型膜分离技术，是在反渗透基础上发展起来的以压力为驱动力的膜分离过程。纳滤膜大多是复合膜，即膜表面分离层和支撑层的化学组成不同，分离层有孔径约1nm的微孔结构，故称之为“纳滤”。纳滤与反渗透相比，操作压力低，一般低于1MPa，设备投资费用低。

纳滤膜截留分子量介于超滤膜与反渗透膜之间。一些纳滤膜带有静电官能团，基于静电相互作用对离子有一定截留率。因此，纳滤对低分子量有机物和盐的分离效果很好，而且不影响分离物质的生物活性、节能、无公害，在食品、制药、水处理等工业领域得到了广泛应用。不过，纳滤也有缺陷，如膜易污染，食品与医药行业对卫生要求极为严格，膜需要经常进行杀菌、清洗等处理。

9.2.3.1 纳滤膜的分离机理与分离规律

纳滤膜的分离具有两个显著特点：一是物理截留或截留筛分；二是纳滤膜表面分离层由聚电解质构成对离子有静电相互作用。因此，纳滤膜对无机盐有一定截留率，其对无机盐的分离行为不仅由化学势梯度控制，同时也受电势梯度的影响，即纳滤膜的分离行为与其带电性能、溶质带电状态和相互作用都有关系。同时膜的分离性能与料液的pH之间存在较强的依赖关系。

纳滤膜的分离规律是：对于阴离子，截留率按NO_3^-、Cl^-、OH^-、SO_4^{2-}、CO_3^{2-}顺序递增；对于阳离子，截留率按H^+、Na^+、K^+、Ca^{2+}、Mg^{2+}、Cu^{2+}顺序递增；一价离子截留率较低（50%～70%），二价及多价离子的截留率较高；截留分子量介于反渗透膜与超滤膜之间，为200～2000Da（$1Da=1.67\times10^{-24}g$）。

9.2.3.2 纳滤膜

纳滤膜在膜材料和制备工艺上基本与反渗透膜相似。但纳滤膜的表层较反渗透膜表层疏松得多，较超滤膜表层致密得多。因此其制膜关键是合理调节表层的疏松程度，以形成大量纳米级的表层孔。目前，纳滤膜主要有以下四种制备方法。

(1) 转化法 转化法又分为超滤膜转化法和反渗透膜转化法。超滤膜转化法是调节制膜工艺条件先制得较小孔径的超滤膜，然后对该膜进行热处理、荷电化等后处理使膜表层致密化，从而得到具有纳米级表层孔的纳滤膜。反渗透膜转化法是在充分研究反渗透膜制膜工艺条件的基础上，调整合适的铸膜液添加剂、各成分比例及浓度等工艺条件，以利于膜表面疏松化而制得纳滤膜。

(2) 共混法 共混法是将两种或两种以上的高聚物进行液相共混，在相转化成膜时，由于它们之间以及它们在铸膜液中溶剂与添加剂的相容性差异，影响膜表层网络孔、胶束聚集体孔及相分离孔的孔径大小及分布，通过合理调节铸膜液中各组分的相容性差异及研究工艺条件对相容性的影响，制出具有纳米级表层孔径的合金纳滤膜。例如，将醋酸纤维素和三醋酸纤维素共混可制得性能优良的醋酸-三醋酸纤维素纳滤膜。醋酸纤维素来源广、价格低、成膜性能好，但化学稳定性和热稳定性差、易降解、压密性较差；而三醋酸纤维素在乙酰化程度以及分子链排列的规整性方面与醋酸纤维素有一定差异，但具有较好的机械强度，同时具有优异的生物降解性和热稳定性。

(3) 复合法 复合法是目前用得最多，也是很有效的制备纳滤膜的方法。该方法是在微孔基膜上复合上一层具有纳米级孔径的超薄表层。微孔基膜的制备主要有两种方法。一种是烧结法，可由陶土或金属氧化物高温烧结而成，也可由高聚物粉末热熔而成；另一种是L-S相转化法，可由单一高聚物形成均相膜，也可由两种或两种以上高聚物经液相共混形成合金基膜。超薄表层的制备及复合有涂敷法、界面聚合法、化学蒸气沉积法、动力形成法、水力铸膜法、等离子体法、旋转法等，目前大多数复合纳滤膜是用界面聚合法制备的。界面聚合法是利用界面聚合原理，使反应物在互不相溶的两相界面发生聚合成膜。一般方法就是用微孔基膜吸收溶有单体或预聚物的水溶液，沥干多余铸膜液后再与溶有另一单体或预聚物的油相（如环已烷）接触一定时间，反应物就在两相界面处反应成膜。为了得到更好的膜性能，这样得到的膜还要经水解荷电化或离子辐射或热处理等后处理。涂敷法是将铸膜液直接刮到基膜上，这时可借外力将铸膜液轻轻压入基膜的大孔中，再利用相转化池成膜。化学蒸气沉淀法是先将一化合物（如硅烷）在高温下变成能与基膜反应的化学蒸气，再与基膜反应使孔径缩小成纳米级而形成纳滤膜。动力形成法利用溶胶-凝胶相转化原理，首先将一定浓度的无机或有机聚电解质在加压循环流动系统中，使其吸附在多孔支撑体上，由此构成单层动态膜，通常为超滤膜，然后在单层动态膜的基础上再次在加压闭合循环流动体系中将一定浓度的无机或有机聚电解质吸附和凝聚在单层动态膜上，从而构成具有双层结构的动态纳滤膜。

(4) 荷电化法　荷电化法是制备纳滤膜的重要方法。膜通过荷电化不仅可提高膜的耐压密性、耐酸碱性及抗污染性，而且可以调节膜表层的疏松程度，同时利用唐南效应分离不同价态的离子，大大提高膜材料的亲水性，制得高水通量的纳滤膜。荷电膜分为表层荷电膜和整体荷电膜两类。荷电化的方法很多，为了制得高性能的纳滤膜，往往和其他方法（如共混法、复合法）结合。荷电化主要有以下几种方法：

① 表层化学处理法。先用带有反应基团的聚合物制成超滤膜，再用荷电性试剂处理表层以缩小孔径；也可用具有强反应基的荷电试剂（如发烟硫酸）直接处理膜表层而荷电化。该法主要用来制备表层荷电膜。

② 直接成膜。荷电材料可以通过 L-S 相转化法直接成膜。

③ 含浸法。将基膜浸入含有荷电材料的溶液中，再借热、光、辐射、加入离子等方法使之交联成膜。

目前工业化的纳滤膜大都是荷电膜。这种膜的制膜关键是根据被分离对象的性质来决定带负电还是带正电，并且控制好离子交换容量及膜电位等。20 世纪 80 年代以来，国际上相继开发了多种商品纳滤膜，其中绝大部分为复合膜，且其表面大多带负电。复合纳滤膜的超薄表层的组成主要有芳香聚酰胺类、聚哌嗪酰胺类、磺化聚（醚）砜类以及由两种聚合物组成的混合表层。

9.2.3.3　纳滤的应用

纳滤由于操作压力低，与反渗透相比，在相同应用场合下可节能约 15%。它对二价或多价离子及相对分子质量大于 200 的有机物有较高的脱除率。纳滤膜主要应用于以下三种场合：对单价盐并不要求有很高的截留率；不同价态离子的分离；高分子量与低分子量有机物的分离。目前，纳滤技术主要应用于水处理、食品加工、医药及石油工业等领域。表 9-8 列出了纳滤的主要应用领域。

(1) 饮用水的制备　由于纳滤膜对低分子量有机物及二价离子（如 Mg^{2+}、Ca^{2+}）有很好的截留能力，将纳滤技术用于饮用水的制备是该技术的一个重要应用领域，目前已达到工业规模的应用。

(2) 低聚糖的分离和精制　低聚糖是 2 个以上单糖组成的碳水化合物，分子量数百至几千，主要用作食品添加剂，可改善人体内的微生态环境，提高人体免疫功能。天然低聚糖通常从菊芋或大豆中提取。从大豆废水及大豆乳清废水中提取低聚糖时，用超滤去除大分子蛋白质，反渗透除盐，纳滤精制分离低聚糖。合成低聚糖通过蔗糖的酶化反应制取，为得到高纯度低聚糖，需除去原料蔗糖和另一产物葡萄糖。但低聚糖与蔗糖的分子量相差很小，分离困难，采用通常的液相色谱法分离不仅处理量小、耗资大，而且需要大量水稀释，浓缩需要

表 9-8 纳滤的主要应用领域

应用领域	应用实例
水处理	饮用水的软化和有机物的脱除
食品加工	乳品加工(乳清脱盐、乳清蛋白浓缩、牛奶除盐和浓缩);果汁浓缩;酵母生产(废水处理,发酵液中有机酸回收);低聚糖分离和精制;环糊精生产中浓缩环糊精;种子残渣加工
医药	抗生素浓缩和纯化;维生素 B_{12} 回收;多肽浓缩与分离
废水处理	造纸废水处理(去除电负性有色有机物);纺织工业废水处理(回收棉纺纤维洗涤废水中的 NaOH);电镀废水处理;金属加工和合金生产中废水处理;制糖工业废水处理;化学工业废水处理;生活污水处理
石油工业	汽油和煤油分离;近海石油开采中废水处理;催化剂回收

的能耗很高。采用纳滤技术可以达到与液相色谱法同样的分离效果，但成本大大降低。

(3) 果汁的浓缩 果汁浓缩可以减少体积，便于储存和运输，可提高储存稳定性。传统方法采用蒸馏或冷冻，消耗大量能源，还会导致果汁风味和芳香成分的缺失。用反渗透膜与纳滤膜串联进行果汁浓缩，可以获得更高浓度的浓缩果汁，能耗为常规蒸馏法的 1/8、冷冻法的 1/5。

(4) 肽和氨基酸的分离 氨基酸和多肽带有羧基或氨基，等电点时为电中性。纳滤膜对于处于等电点的氨基酸和多肽的截留率几乎为零，因为此时溶质为电中性，并且大小比所用的膜孔径小。氨基酸和多肽在高于或低于其等电点时带负电荷或正电荷，由于与纳滤膜的静电作用，截留率较高。

(5) 抗生素的浓缩与纯化 抗生素的浓缩与纯化的传统方法为结晶和真空浓缩，结晶法回收率低，真空浓缩法破坏抗菌活性。纳滤法不破坏样品且损失少。纳滤技术可从两方面改进抗生素的浓缩和纯化工艺：一是用纳滤膜浓缩未经萃取的抗生素发酵滤液，除去可自由透过的水和无机盐，然后再用萃取剂萃取，可大幅度提高设备生产能力，大大减少萃取剂用量；二是用溶剂萃取抗生素后，用耐溶剂的纳滤膜浓缩萃取液，透过的萃取剂可循环使用，因此可节省蒸发溶剂的设备投资及所需能耗，也可改善操作环境。采用超滤-纳滤联合工艺对土霉素发酵液进行纯化处理，既能去除大分子杂质，又能去除小分子杂质，联合工艺的纯化效果比原树脂脱色效果好。纳滤浓缩 2.5 倍进行结晶，产品纯度比原工艺产品提高近 2.6%；提取过程及结晶过程总收率提高了约 4.6%；经纳滤浓缩后，高浓度有机废水的处理量也减少了。

9.3 反渗透

9.3.1 反渗透原理与特点

反渗透是 20 世纪 60 年代发展起来的一项膜分离技术，主要用于从海水制取淡水、纯水和超纯水制造、电镀等工业废水处理、乳品加工、抗生素浓缩等。

1953 年，为从海水和苦咸水中获得廉价淡水，美国 Reid 教授提出反渗透法方案，将市售醋酸纤维素膜用于海水淡化，但透水率太低。1960 年，美国加利福尼亚大学的 Loeb 和 Sourirajan 用高氯酸镁水溶液作为添加剂，研制出具有工业应用价值的醋酸纤维素反渗透膜。在保持高脱盐率的同时，透水率比 Reid 所用的膜提高一个数量级，膜厚度为 Reid 所用膜的 15 倍。1964 年，Riley 用电子显微镜发现 Loeb 和 Sourirajan 研制的膜结构上具有非对称性，该膜由小于 1μm 厚的致密皮层和约 100μm 厚的疏松支撑层组成，膜的透水率与致密皮层的厚度呈反比关系。从此，反渗透作为一种经济的海水淡化技术进入了实用研究阶段，非对称膜的成膜工艺推动了整个膜分离技术的迅速发展。

渗透是指在相同外加电压下，当溶液与纯溶剂被半透膜（只允许溶剂分子通过，不允许溶质分子通过的膜）隔开时，纯溶剂会通过半透膜使溶液浓度降低的现象。当半透膜隔开溶液与纯溶剂时，加在原溶液上使其恰好能阻止纯溶剂进入溶液的额外压力为渗透压。溶液越浓，溶液的渗透压越大。当加在溶液上的压力超过了渗透压，溶液中的溶剂会向纯溶剂方向流动，这个过程叫反渗透。反渗透膜分离技术就是利用反渗透原理进行分离的方法。该技术的主要特点是：在常温不发生相变化的条件下，可对溶质和水进行分离，适用于对热敏感物质的分离浓缩，与有相变化的分离方法相比能耗低；杂质去除范围广，不仅可以去除溶解的无机盐类，还可以去除各类有机杂质；除盐率和水的回用率均较高，可截留粒径为几个纳米以上的溶质；仅仅利用压力作为膜分离的推动力，分离装置简单，易于操作；反渗透装置要求进水要达到一定指标才能运转，因此源水在进反渗透装置之前要采用一定的预处理措施。

9.3.2 反渗透膜

反渗透膜由活性层（或脱盐层）和多孔支撑层组成。表面活性层是很薄的致密层，孔径为 0.1～1.0μm，活性层基本决定了膜的分离性能；下部多孔支撑层厚度为 100～200μm，支撑层只是作为活性层的载体，不影响膜的分离能力。

衡量反渗透膜的参数主要有透水率、透盐率、通量衰退系数（也称压密系数）。透水率是指单位时间内通过单位膜面积的水体积流量，用 F_w 表示。透盐率是指溶液中的盐透过膜的速率，用 F_s 表示。实际应用时，反渗透膜的分离性能一般不用 F_s 表示，而用脱盐率作为分离性能优劣的指标。脱盐率（也称脱除率、截留率等）的含义与透盐率相反，它表示膜对水溶液中盐的脱除能力，一般用 R。表示。有机高分子膜在反渗透操作过程中长期处于高压状态，会被越压越密，从而造成其透水率不断下降。压密造成的膜透水率下降是不可逆的。膜的压密系数 m 由下式测定：

$$\lg\frac{F_{wt}}{F_{w1}}=-m\lg t$$

式中，F_{w1} 和 F_{wt} 分别为运行开始及运行一段时间 t 后膜的透水率，单位为 mL/(cm^2·s)。m 应越小越好，它表示膜的使用寿命，m 越小，意味着膜的使用时间越长。当 $m=0.1$ 时，一年后膜因压密而失去透水率达到 45%。对一般反渗透膜，m 值要求<0.03。

具有实际应用价值的反渗透膜应该具备的条件是：脱盐率高、透水率大；机械强度好，耐压密；化学稳定性好，耐酸碱和微生物侵蚀，抗污染性好；制膜容易，价格低廉，原料充沛；特殊场合下要求耐溶剂、耐高温、耐氯。以上条件是相对的，对膜性能的要求因使用目的不同而异。例如，对海水一级淡化，膜的脱盐率必须大于 99%；但对一般苦咸水而言，只需 90%～95%即可。

所有反渗透膜材料都是亲水性有机高分子，主要为醋酸纤维素和芳香聚酰胺类。醋酸纤维素膜具有价格便宜、透水量大、耐氯性能好的特点，目前应用较广。但醋酸纤维素膜也存在易被微生物水解、耐酸耐碱性差、不耐压、不耐高温等缺点。1970 年美国杜邦公司研制成功的 Permasep B-9 型中空纤维反渗透膜是用芳香聚酰胺-酰肼制成的非对称膜。之后，日本帝人公司也用 L-S 制膜工艺，以聚苯并咪唑酮为材料制出了非对称反渗透膜。在复合型反渗透膜中，性能优良的膜的表层都是芳香含氮高分子。

反渗透膜的分离性能与膜的形态结构密切相关，而膜的形态结构又取决于它的制造工艺。这里介绍两种最基本、最重要的反渗透膜制造工艺。

(1) 浸沉凝胶相转化制膜工艺（L-S 法） 该方法制备的膜具有非对称性，它是 Loeb 和 Sourirajan 在 1960 年研究醋酸纤维素反渗透膜时发明的，后人简称它为 L-S 法。L-S 法制膜工艺首先将膜材料与溶剂等配制成一个均匀的高分子浓溶液（称为铸膜液），然后将铸膜液倾浇在一玻璃平板上，用刮刀使它成一均匀薄层，随即将其连同玻璃板一起放入液体槽（凝胶槽）中，槽中液体（凝胶液）对铸膜液中的膜材料是不溶的，而与溶剂等是互溶的。在槽中，铸膜液中的溶剂不断向凝胶液扩散，同时凝胶液也不断扩散进入铸膜液中。当双向扩散进行到一定程度后，原来附在玻璃上的一薄层铸膜液通过凝胶过程变成一张高分子薄膜。

(2) 复合型反渗透膜的制备 目前商品反渗透复合膜的支撑膜都是聚砜多孔膜，它是用 L-S 法制备的。将另一种高分子复合到聚砜支撑膜表面的方法主要有高分子溶液涂敷、界面缩聚、原位聚合、等离子聚合和水面展开法等。其中以界面缩聚和原位聚合两种方法最为广泛。界面缩聚法是先在多孔支撑膜的一面涂上含有一种活性单体的水溶液薄层，随后将膜与含有另一活性单体的油相接触，从而在支撑膜表面进行反应形成高分子超薄致密皮层。

9.3.3 反渗透分离技术的应用

目前已有大型的反渗透水处理设备用于海水淡化及工业废水处理。利用反渗透脱盐与其他水处理工艺结合，可制备纯水或高纯水用于半导体和集成电路制造、发电厂锅炉、医药、化工、饮料、化妆品、印染、电镀等领域。另外，利用其脱水浓缩的特性，可用来浓缩果蔬汁、牛奶、中药等。反渗透装置已成功地应用于海水脱盐，并达到饮用级的质量。但海水脱盐成本较高，目前主要用于特别缺水的中东产油国。用反渗透进行海水淡化时，因其含盐量较高，除特殊高脱盐率膜以外，一般均需采用二级反渗透淡化。我国目前广泛采用反渗透进行饮用纯净水制造。表 9-9 列出了反渗透技术的主要应用。

表 9-9 反渗透技术的主要应用

应用领域	应用举例
制水	海水和咸碱水淡化，纯水制造，锅炉、饮料、医药用水制造
化学工业	石化废水处理，胶片废水中回收药剂，造纸废水中木质素和木糖的回收，尼龙生产中的浓缩与回收
医药	药液浓缩，热原去除，医药医疗用无菌水的制造
农畜水产	奶酪中蛋白质回收，鱼加工废水中蛋白质和氨基酸回收与浓缩，从鱼肉制氨基酸
食品加工	鱼油废水处理，豆汁废水闭路处理，果汁浓缩，葡萄酒制造中葡萄汁的浓缩，糖液浓缩，淀粉工业废水处理
纺染	废料废水中染料和助剂的去除和水回收利用，含纤维和油剂的废水处理
石油、机械	含油废水处理
表面处理	废水处理及有用金属回收
水处理	下水的脱氮、脱磷、脱盐，离子交换再生废水的处理，工厂废水再生利用

9.4 透析与正渗透

9.4.1 透析

透析现象在1854年就已发现，长期以来一直用于清除混入蛋白质溶液中的盐类等小分子杂质。近10年来，在医学领域用来消除病人体内过多的水分和代谢废物。

透析是一种扩散控制的，以浓度梯度为驱动力的膜分离方法。用一层半透膜将容器分成两部分，膜一侧放置溶液，另一侧放置纯水，或者在膜的两侧放置不同浓度的溶液。溶液中的大分子物质因不能通过半透膜而不能相互交换，溶液中的小分子物质可以穿过半透膜而相互渗透，水分自渗透压低侧向渗透压高侧移动，电解质及其他小分子物质从浓度高侧向浓度低侧方向移动，这就是透析（或渗析）现象。

透析与超滤的共同点是都可以从高分子溶液中去除小分子溶质。不同之处在于：透析的驱动力是膜两侧溶液的浓度差，超滤为膜两侧的压力差；透析过程透过膜的是小分子溶质本身的净流，超滤过程透过膜的是小分子溶质和溶剂结合的混合流。因为透析过程的推动力是浓度梯度，随着透析过程的进行，速度不断下降，因此必须提高被处理原液和透析液的循环量，并且透析速度慢于以压力为驱动力的反渗透、超滤和微滤等过程。

对生物医用透析膜材料的要求首先是医疗功能和安全性，要求高聚物的纯度高，不含任何对身体有害的物质；有优良的生物相容性；无毒性，不引起肿瘤或过敏反应，不破坏邻近组织；物理和化学性质稳定；有良好的力学性能；能经受消毒处理而不变性；加工成型方便。纤维素膜为最早用于血液透析的膜材料，由它制成的中空纤维膜的壁很薄（有5μm、8μm、11μm等几种规格），因此制成的血液透析器体积小。但其对血液中某些中等大小分子量有害物质的清除率较低。醋酸纤维素膜已成功应用于海水淡化。醋酸纤维素是纤维素酯中最稳定的物质之一，但在较高的温度和一定的pH下能发生水解。水解结果使乙酰基含量降低，剧烈水解还能降低分子量，并使膜的性能受到损害。聚丙烯腈及其共聚物膜具有很好的耐霉性、耐气候性和耐光性，较好的耐溶剂性和化学稳定性，适用范围较广；缺点是铸膜性能较差、膜的脆性较大，干态膜的透水性能明显下降，但可以通过改变铸膜液的热力学条件、制膜工艺和后处理条件得到明显改善；可以作为人工肾血液透析器，还可制成血液过滤器。聚砜类膜化学稳定性很好，可以在pH 1～13范围内使用，也可以在128℃下进行热灭菌处理，并可在90℃下长期使用；具有一定的抗水解性和抗氧化性；由于醚基和异次丙基的存在，使砜类聚合物具有柔韧性和足够的力学性能。由于聚砜类膜优良的性能，在血液透析器中有望逐渐取代纤维素膜。

目前透析的主要用途是作人工肾血液透析、血液净化，工业上的应用除了早期用于人造丝浸渍液中碱回收及电解铜冶炼中硫酸的回收外，近年在酒精饮料脱醇及食品、化妆品等行业也有应用。但由于超滤的出现和应用，透析的应用范围不断缩小，因为超滤的速度远快于透析。

从肾衰竭或尿毒症患者血液中脱除代谢产物，以缓解病情的透析装置称为人工肾，其功能是从病人血液中脱除尿素、尿酸、肌酐等蛋白质的代谢物及过剩的电解质和体液。对体内的酸、碱和电解质平衡起调节作用。

9.4.2 正渗透[9]

正渗透（forward osmosis，FO）与反渗透几乎是同时出现的分离技术。反渗透是在外力驱动下进行的，而正渗透过程的驱动力是膜两侧溶液的渗透压差，这与透析是一样的，单从这点考虑可以说透析也是一种正渗透过程。正渗透是指水从渗透压较低（即水化学势较高）一侧通过选择性透过膜流向渗透压较高（即水化学势较低）一侧的过程。在选择性透过膜两侧分别放置两种具有不同渗透压的溶液，一种为具有较低渗透压的料液（feed solution），另一种为具有较高渗透压的驱动液（draw solution），在膜两侧溶液的渗透压差驱动下，水自发地从料液一侧透过膜到达驱动液一侧。即使在渗透压高的驱动液侧施加一个小于渗透压差的外加压力时，水仍然会从料液侧流向驱动液侧，这一过程称作压力阻尼渗透（pressure-retarded osmosis，PRO）。压力阻尼渗透的驱动力仍然是渗透压差，因此它也是一种正渗透过程。

驱动液是正渗透过程的关键所在，用来配制驱动液的物质（驱动溶质）应该具有较小的分子量以便能产生高于料液的渗透压、在水中的溶解度应该较高、无毒性、不与正渗透膜发生化学反应或腐蚀膜材料、在饮用水制备过程中应能方便且经济地与渗透水进行分离。至今，用于驱动液的物质主要有 SO_2、乙醇、$Al_2(SO_4)_3$、葡萄糖、果糖、$MgCl_2$、KNO_3、NH_4HCO_3、NaCl 等。

正渗透膜必须具有只能让水透过，而不能让溶质透过的选择透过性。透析膜则既可让水透过，又可让电解质和小分子溶质透过，这就是正渗透与透析的根本差别。对正渗透膜的基本要求是：①具有致密的非多孔性的活性层，以便能高效截留溶质；②活性层具有较好的疏水性，以达到较高的水通量和水回收率，同时又能减轻膜污染；③膜支撑层尽量薄，并且孔隙率尽量低，以减小内部浓差极化，进而具有较高的水通量；④具有较高的机械强度，以便当膜用于压力阻尼渗透时也能够承受外部施加的较高压力；⑤具有一定的耐酸、碱和盐等腐蚀的能力，以便在较宽的 pH 范围以及各种不同组成的溶液条件下正常运行。目前使用比较多的商品化正渗透膜是三乙酸纤维膜（CTA）。其膜厚度不足 50μm，与标准的反渗透膜相比，它没有较厚的多孔支撑层结构，只是由一层很薄的具有选择透过性的活性膜层和具有高强度的嵌入式聚酯网状支撑层组成。正渗透膜多为非对称性膜，其活性层与支撑层摆放方向，即活性层朝向驱动液还是料液，对膜通量大小会产生影响，这是因为两种情况下的浓差极化不同所致。

浓差极化在正渗透和反渗透过程中都对膜通量的降低产生重要影响。外部浓差极化发生在膜表面的外部，而内部浓差极化是指发生在非对称性膜的多孔支撑层空隙内部的浓差极化现象。在正渗透膜分离过程中，当水从料液一侧透过膜流向驱动液一侧时，料液一侧的溶质由于不能透过膜，将在靠近料液一侧的膜表面位置不断积聚，并且浓度不断增大形成一层高浓度溶液层，这种现象叫做浓缩的外部浓差极化，它与反渗透过程中的浓差极化相似；与此同时，在驱动液一侧，从料液侧透过的水使得靠近驱动液一侧膜表面的溶质不断被稀释，并且将会形成一层稀释溶液层，这种现象叫做稀释的外部浓差极化，它是正渗透过程中所特有的现象。当正渗透膜的多孔支撑层朝向料液时，料液中的溶质与水一道进入膜的支撑层空隙中，并沿着膜内部多孔结构形成浓缩的极化层，这种现象属于浓缩的内部浓差极化；相反，当正渗透膜的多孔支撑层朝向驱动液时，料液中的水透过膜后，将会稀释支撑层多孔结构中的溶质，使得多孔支撑层中形成稀释的极化层，这种现象叫做稀释的内部浓差极化。外部浓差极化可以通过增加错流速度来降低其影响，而内部浓差极化发生在膜的内部，不能通过增加错流速度来消除，所以它是影响膜通量下降的关键因素。

尽管正渗透膜分离技术的应用范围不及反渗透广泛，但在食品加工、医药、生物工程及能源等领域已有应用。特别是在水处理领域，正渗透已经大量用于污水处理、水质净化、海水淡化和废水回用等方面。例如，在水纯化方面，已有商业化的正渗透滤水器，它能够应用于军事、远征探险、灾害救援以及娱乐等方面。正渗透滤水器的膜组件里面填装可食用的驱动液（如糖或饮料粉），当把滤水器浸没到任何水体（如湖水、河水、海水、污水、泥浆等）中时，由于这些水体中的渗透压低于驱动液中的渗透压，这些水体中的水将透过正渗透膜进入驱动液中，而水体中的污染物（如悬浮固体、有机物、病毒、细菌等）将被截留下来，水进入驱动液后，被稀释的驱动液即可饮用。而且驱动液中丰富的营养物质和矿物质，能提供人体所需的能量和元素。

9.5 膜蒸馏及相关分离技术

膜蒸馏（membrane distillation）是膜技术与蒸发过程相结合的分离方法，一般多以非挥发性物质的水溶液为蒸馏对象，具有相态变化，是利用疏水性微孔膜提供很大的传质表面来实现水溶液汽化和传质的分离过程。其传质推动力是膜热侧和冷侧水溶液间的温度差所引起的传质组分的气相分压差。当不同温度的水溶液被疏水微孔膜分隔开时，由于膜的疏水性，两侧的水溶液不能透过膜孔进入另一侧，但由于暖侧水溶液与膜界面的水蒸气压高于冷侧，水蒸气就会透过膜孔从暖侧进入冷侧而冷凝，这与常规蒸馏中的蒸发、传质、冷凝过程十分相似，所以称之为膜蒸馏。与膜蒸馏类似的其他膜过程虽然广义上都可归于膜蒸馏，但习惯上仍用其特有的名称，如渗透蒸馏、气态膜过程等。

9.5.1 膜蒸馏的特点

膜蒸馏过程主要具备以下特征：所用膜为微孔膜；膜不能被所处理的液体润湿；在膜孔内没有毛细管冷凝现象发生；只有蒸气能通过膜孔传质；所用膜不能改变所处理液体中全部组分的气液平衡；膜至少有一面与所处理的液体接触；对于任何组分该膜蒸馏过程的推动力是该组分在气相中的分压差。

与常规蒸馏相比，膜蒸馏的优点是：膜蒸馏的蒸发区和冷凝区十分靠近，彼此之间只隔一层膜，同时蒸馏液又不会被料液污染，因此，比常规蒸馏效率更高、蒸馏液更纯净；膜蒸馏过程中，液体直接与膜接触，最大限度地消除了不可冷凝气体的干扰，无需真空系统、耐压容器等复杂的蒸馏设备；蒸馏过程的效率与料液的蒸发面积直接相关，膜蒸馏很容易在有限的空间中增加膜面积，即增加蒸发面积，从而提高蒸馏效率；膜蒸馏无需将液体加热到沸点，只要膜两侧维持适当的温差，有可能利用太阳能、地热、温泉、工厂的余热和温热的工业废水等廉价能源。

膜蒸馏也存在一些缺点，主要有：膜蒸馏是一个有相变的膜过程，汽化潜热降低了热能的利用率，在组件的设计上要考虑到潜热的回收，以尽可能减少热能的损耗；膜蒸馏与制备纯水的其他膜过程相比通量较小，目前尚未在工业生产中应用；膜蒸馏采用疏水微孔膜，与亲水膜相比在膜材料和制备工艺的选择方面局限性较大。

9.5.2 膜蒸馏用膜

用于膜蒸馏过程的微孔膜的膜材料必须是疏水性的，以防止膜本身吸水和阻止溶液进入膜孔。凡微孔膜与水溶液接触角大于90°的均可用于膜蒸馏。另外，膜必须能够耐受一定温度，以保证在热水溶液中稳定运行，目前用于膜蒸馏的微孔膜有聚四氟乙烯膜、聚偏氟乙烯膜、聚丙烯膜等。当膜的疏水性足够好时，膜的孔径在0.2～0.4μm之间较为合适。

制备疏水微孔膜的方法主要有拉伸法、相转化法、表面改性法和复合膜法。对于聚四氟乙烯、聚丙烯等高分子材料，由于没有合适的溶剂，受加工工艺的限制，只能采用拉伸法制成微孔膜。聚偏氟乙烯是疏水性较强的高分子材料，并且可溶解在二甲基甲酰胺、二甲基乙酰胺、二甲基亚砜等极性有机溶剂中，可以方便地用相转化法制成不对称微孔膜。热致相转化法可将聚丙烯、聚乙烯等材料制成疏水微孔膜。采用表面接枝聚合、表面等离子体聚合、表面涂覆等方法可将亲水膜表面疏水化改性成疏水膜。采用亲水膜与疏水膜复合，或疏水膜被夹在两层亲水膜中间构成复合膜，可以有效地提高蒸馏通量。

9.5.3 膜蒸馏的应用

膜蒸馏主要用于制取纯水和浓缩溶液。虽然反渗透作为海水和苦咸水淡化的膜分离方法，在20世纪60年代就进入了实用阶段，但是反渗透需要较高的压力，要有较复杂的设备，并且难以处理盐分过高的水溶液。从1981年开始，膜蒸馏得到开发，并与反渗透技术形成竞争。在非挥发性溶质水溶液的膜蒸馏中，只有水蒸气能透过膜孔进入冷侧，因此得到的蒸馏液十分纯净，膜蒸馏有望成为制备电子工业和半导体工业用超纯水的有效手段。

由于膜蒸馏可以处理极高浓度的水溶液，故在水溶液浓缩方面具有很大潜力。此外，由于膜蒸馏可以在较低温度下进行，故可用于生物活性物质和温度敏感物质的浓缩和回收。如膜蒸馏方法处理人参露和洗参水，其中所含的微量元素、氨基酸和人参皂苷都得到了有效浓缩。膜蒸馏还用于处理血液，浓缩古龙酸水溶液、蝮蛇抗栓酶、牛血清蛋白和果汁等。

膜蒸馏-结晶现象的应用使膜蒸馏成为唯一可以从水溶液中直接分离晶体产物的膜分离过程，其优点是在生产纯水的同时得到有用的固体产品，对某些工业废水的处理具有实用意义。用膜蒸馏技术可以从苦咸水中分离氯化钠和芒硝；处理牛磺酸生产过程中的废水，得到纯水和结晶的牛磺酸产品；处理纺织印染废水，得到纯水并回收染料。

利用水和溶质挥发性的差别，经膜蒸馏方法处理后可以改变料液的组成。例如，若疏水微孔膜一侧为乙醇水溶液，另一侧用气流吹扫进入冷阱，得到较高浓度的乙醇溶液，当把这样的装置接于发酵池时，可以连续分离出乙醇，使发酵池中乙醇保持在较低的浓度，发酵细菌不会因为乙醇浓度过高而失活。

膜蒸馏的原理虽然与常规蒸馏十分相似，但由于膜蒸馏是在低于沸点的温度下进行的，蒸馏液的组成不遵循沸点下的气液平衡关系，对某些恒沸混合物的分离具有实用意义。例如，用膜蒸馏法处理甲酸-水和丙酸-水恒沸混合物，分离效果很好。

从20世纪80年代初至今，已有大量关于膜蒸馏的报道，但至今没有产业化，主要原因是与反渗透相互竞争的结果，因为两者应用目的相似，并且反渗透过程没有相变，是个节能过程。但是，在高浓度水溶液浓缩方面，膜蒸馏的优势非常明显，是反渗透无法比拟的。浓水溶液极高的渗透压使反渗透无法进行，而膜蒸馏可把水溶液浓缩至过饱和状态，特别是在浓缩果汁、果酱等对温度较敏感的物质方面具有优势。

9.5.4 渗透蒸馏

渗透蒸馏（osmotic distillation，OD）是近年发展起来的、用于溶液浓缩的新型膜分离过程，其传质机理与膜蒸馏相似，也是使用只有气体分子能够透过的疏水微孔膜。膜的一侧是待浓缩的物料水溶液，另一侧是高浓度的盐水溶液。由于料液相的渗透压比盐水相低，在膜两侧渗透压差的驱动下，料液相的水蒸气就会透过膜孔进入盐水侧，使料液得到浓缩。渗透蒸馏迁移机理如图 9-13 所示。与膜蒸馏不同的是，渗透蒸馏料液相无需加热，膜两侧的溶液都是常温常压状态。显然，渗透蒸馏过程比膜蒸馏更节能。渗透蒸馏过程甚至可以在低温条件下进行，因此特别适合生物制品、药物、饮料等温度敏感物料的浓缩。

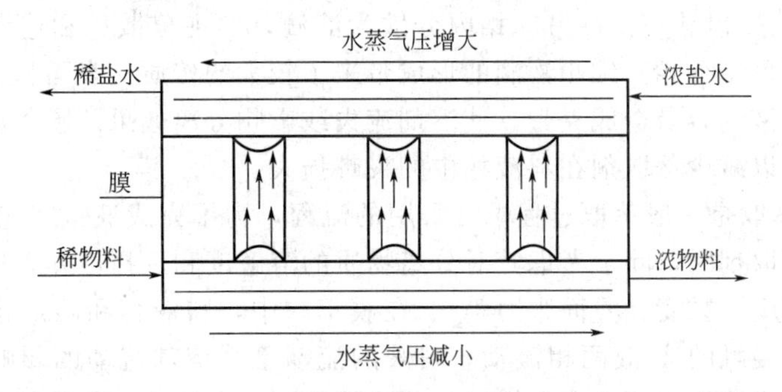

图 9-13　通过疏水微孔膜的渗透蒸馏迁移机理

如果将膜蒸馏和渗透蒸馏两种膜过程集成在一起，就可以形成所谓的“渗透膜蒸馏”方法，即在直接接触式膜蒸馏组件中，暖侧为待浓缩的溶液，冷侧为浓盐水溶液。这种渗透膜蒸馏过程的膜通量是两个膜过程通量的加和。

9.5.5 气态膜过程

气态膜过程（gas membrane）中，疏水微孔膜的一侧是含有挥发性组分的物料水溶液，膜的另一侧是能吸收这种挥发性组分的吸收剂水溶液，挥发性组分以对流或扩散方式从物料液经膜孔迁移到吸收液。挥发性组分在两相间的迁移驱动力就是挥发性组分在膜两侧液相中的蒸气压差。与膜蒸馏不同的是，驱动气态膜过程的蒸气压差不是通过加热料液相获得，而是来自迁移组分自身的挥发性。气态膜过程吸收剂用量少，对被净化的水溶液不会造成二次污染，可最大限度地回收挥发性物质，具有广阔的应用前景。气态膜过程可用于回收水溶液中的微量挥发性物质、含挥发性有害物质的工业废水处理。例如，以硫酸和氢氧化钠水溶液作吸收剂，分别处理含氨和碘的水溶液；还有从工业废水中除去 H_2S、NH_3、SO_2、HCN、CO_2、Cl_2 等。

与气态膜过程类似的还有水相脱气膜技术。在通常状态下，水中会不同程度地溶解有氧气、二氧化碳等气体，它们在输送和使用过程中会腐蚀管道和设备，因此脱除水中这些气体在很多工业领域都是必需的。例如，锅炉用水通常会采用化学试剂除氧，但同时又会带来水的二次污染。如果采用疏水微孔膜，待脱气的水位于膜的一侧，在膜的另一侧抽真空，只要合理控制膜孔，就可以只让溶解在水中的气体分子透过膜孔抽出，而水不会在真空下透过膜孔。该技术成本低、操作简便、脱气效率高，不仅用于工业用水脱气，也可用于其他领域用水脱气。例如在农业和农产品加工领域，因为脱气水有很强的渗透能力，用于育种可缩短发芽时间，用于豆制品加工可缩短浸泡时间，用于果汁、果酱等食品加工可减少氧化变质，保持食品的色、香、味。

9.6 膜萃取

膜萃取又称固定膜界面萃取，它是膜过程和液-液萃取相结合的新的分离技术。在膜萃取过程中，料液水相和萃取相分别处于微孔膜两侧，由于微孔膜的疏水性（或亲水性），膜一侧的萃取相（或料液相）浸满膜的微孔，在膜的另一侧表面两相接触实现传质。

膜萃取技术与通常的液-液萃取相比具有以下特点。

① 通常的萃取过程是一相在另一相内分散为液滴，实现分散相和连续相间的传质，之后分散相液滴重新聚结分相。细小液滴的形成带来了较大的传质比表面积，有利于传质的进行。但是，过细的液滴容易造成夹带，使溶剂流失或影响分离效果。膜萃取由于没有相的分散和聚结过程，可以减少萃取剂在料液相中的夹带损失。

② 连续逆流萃取是一般萃取过程中常采用的流程，为了完成液-液直接接触中的两相逆流流动，在选择萃取剂时，除了考虑其对分离物质的溶解度和选择性外，还必须注意它的其他物理性质（如密度、黏度、界面张力等）。在膜萃取中，料液相和溶剂相各自在膜两侧流动，并不形成直接接触的液-液两相流动，料液的流动不受溶剂流动的影响。因此，在选择萃取剂时可以对其物理性质要求大大放宽，可以使用一些高浓度的高效萃取剂。

③ 一般柱式萃取设备中，由于连续相与分散相液滴群的逆流流动，柱内轴向混合的影响十分严重。同时，萃取设备的生产能力也受到液泛总流速等条件的限制。在膜萃取过程中，两相分别在膜两侧做单向流动，使过程免受"返混"的影响和"液泛"条件的限制。

④ 膜萃取过程可以实现同级萃取和反萃取过程，可以采用流动载体促进迁移等措施，以提高过程的传质效率。

⑤ 料液相与溶剂相分别位于膜两侧，可以避免与其相似的支撑液膜操作中膜内溶剂的流失问题。

膜萃取过程包括被萃取组分由水相主体到膜面，再扩散通过膜孔到膜另一面有机相主体三步。与一般萃取相比，膜萃取中增加了一层膜阻力，使过程总阻力增大，总传质系数下降。这可通过适当方法弥补，例如，对于被萃取组分在有机相中溶解度较大的体系，以水相阻力为主，可采用疏水性膜以减少膜阻力影响；相反，对于被萃取组分在有机相中溶解度很小的体系，以有机相阻力为主，可采用亲水膜以减少膜阻力的影响。另外，应用中空纤维膜组件可使膜萃取具有很大的比表面积，以弥补膜阻力引起的总传质系数的降低，使膜萃取装置的总传质系数达到较高水平。

目前，利用中空纤维膜器实现同级萃取和反萃取的中空纤维封闭液膜技术，是膜萃取技术研究中的一个热点。中空纤维封闭液膜加工过程中，将两束中空纤维同时组装在一个膜器中，一束中空纤维作为料液相的通道，另一束中空纤维为反萃相通道，在膜器的壳层充入萃取剂。料液相和反萃取相分别通过各自的膜表面与萃取剂接触。溶质先从料液相被萃入萃取相，再经扩散作用到达反萃相纤维界面，并经反萃进入反萃相，从而使萃取相的溶质浓度一直保持在较低水平，增大了萃取过程的传质推动力。同时，反萃相中的溶质可以再进行其他形式的分离和提纯。这一技术的优点使同级萃取和反萃取过程在较高传质比表面积的条件下进行，又避免了支撑液膜的溶剂流失问题，具有广阔的应用前景。

膜萃取技术由于其特殊的优势，在基础研究的同时也有大量应用研究，主要集中在混合有机溶剂的分离、稀有金属和重金属的提取、有机物萃取、发酵-膜萃取偶合过程以及膜萃取生物降解反应器和酶膜反应器等方面。

9.7　液膜分离

1968 年，美籍华人黎念之首先提出液膜分离的概念。液膜分离综合了固膜分离和溶剂萃取的特点，通过两液相间形成的液相膜界面，将两种组成不同但又互相混溶的溶液隔开，经选择性渗透，使物质分离提纯。液膜分离过程与溶剂萃取过程具有较多相似之处，都由萃取与反萃取两个步骤组成。但是，溶剂萃取中的萃取与反萃取是分步进行的，它们之间的偶合是通过外部设备（泵与管线等）实现的；而液膜分离过程的萃取与反萃取分别发生在膜的两侧界面，溶质从料液相萃入膜相，并扩散到膜相另一侧，再被反萃入接收相，由此实现萃取与反萃取的“内偶合”。液膜传质的“内偶合”方式打破了溶剂萃取所固有的化学平衡，所以，液膜分离过程是一种非平衡传质过程。在分离富集含量比较低的物质时，液膜分离具有萃取分离所无法比拟的优越性。

9.7.1　液膜的形成

液膜主要是由膜溶剂、表面活性剂（乳化剂）、添加剂和流动载体组成的。膜溶剂是成膜的基体物质，一般为水或有机溶剂，选择的依据是液膜的稳定性和对溶质的溶解性。表面活性剂含有亲水基和疏水基，它可以定向排列固定油水分界面，明显降低液体的表面张力或两相的界面张力，对液膜的稳定性、渗透速度、分离效率和膜的重复使用有直接影响。有时根据液膜的特殊需要可在膜相中加一些特殊的添加剂。膜增强添加剂用于增加膜的稳定性，即要求液膜在分离操作时不会过早破裂，在破乳工序中又容易被破碎。流动载体的作用是选择性迁移指定的溶质或离子，常为某种萃取剂。失水山梨醇单油酸酯、聚胺类表面活性剂、丁二酰亚胺类表面活性剂是研究及应用较多的表面活性剂。

按照形态和操作方式的不同，液膜可分为乳状液膜（含载体的和不含载体的）和支撑液膜。图 9-14 为乳状液膜和支撑液膜的示意图。

乳状液膜是将含有表面活性剂和膜溶剂的油相和水相置于容器中，在高速搅拌下制成油包水型乳状液，再将此乳状液分散到另一种水溶液（第三相）中，这样就得到了水包油再油包水型（w/o/w）乳状液膜。当乳状液分散到第三相时，形成许多直径为 0.05～0.2cm 的乳珠。在乳珠与第三相间有巨大的接触面积，同时每个乳珠内部又包含无数个直径非常小的内水相微滴，分隔水相的有机液膜最薄可以达到 1～10μm。这样具有巨大接触面积和很薄的液膜，决定了分散体系有很快的传质速度，有高效快速的优点。

支撑液膜是将溶解了载体的膜相溶液附着于多孔支撑体的微孔中制成的，由于表面张力和毛细管力的综合作用，形成相对稳定的分离界面。在膜的两侧是与膜互不相溶的料液和反萃取相，待分离的溶质自液相经多孔支撑体中的膜相向反萃取相传递。这种操作方式比乳状液膜简单，其传质比表面积也可能由于采用中空纤维膜作支撑体而提高，工艺过程易于放大。但是，膜相溶液是依据表面张力和毛细管力吸附于支撑体微孔之中的，在使用过程中，液膜会发生流失而使支撑液膜的功能逐渐下降。因此，支撑体膜材料的选择往往对工艺过程影响较大，常用的多孔支撑体材料有聚砜、聚四氟乙烯、聚丙烯和醋酸纤维素等。

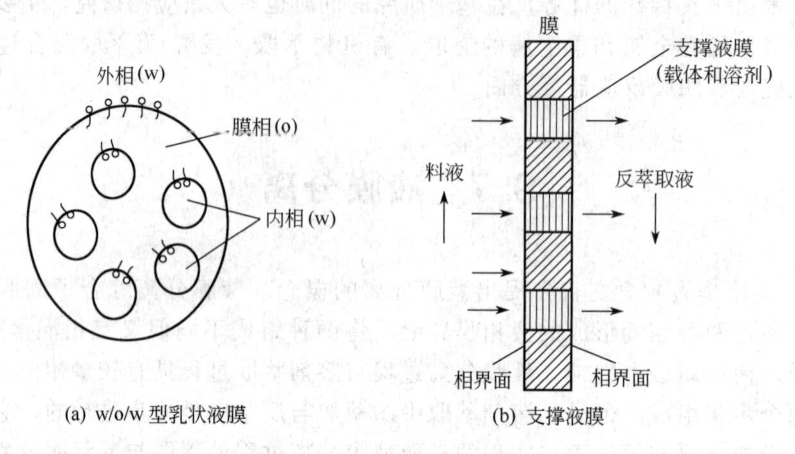

(a) w/o/w 型乳状液膜　　(b) 支撑液膜

图 9-14　乳状液膜和支撑液膜

9.7.2 液膜分离的机理

9.7.2.1 乳状液膜的分离机理

(1) 单纯迁移　如图 9-15 所示，膜中不含流动载体，内外相不含与待分离物质发生化学反应的试剂，依据待分离组分（A 和 B）在膜中溶解度和扩散系数不同，导致待分离组分在膜中渗透速度不同而实现分离。

(2) Ⅰ型促进迁移　如图 9-16 所示，在接受相内添加与溶质发生不可逆化学反应的试剂，使待迁移溶质与其生成不能逆扩散透过膜的产物，从而保持渗透物在膜相两侧的最大浓度差，以促进溶质迁移。

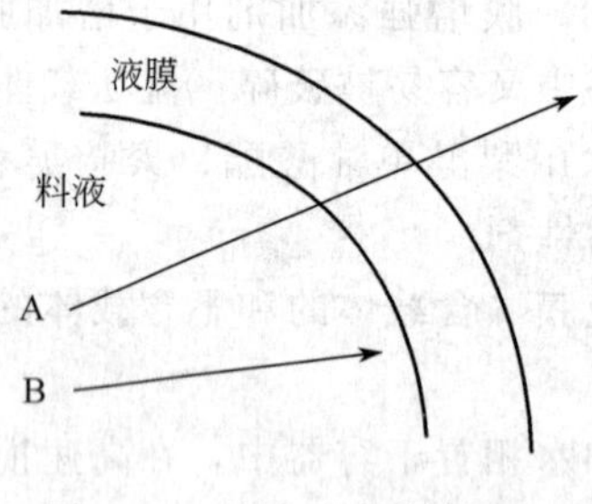

图 9-15　单纯迁移分离机理

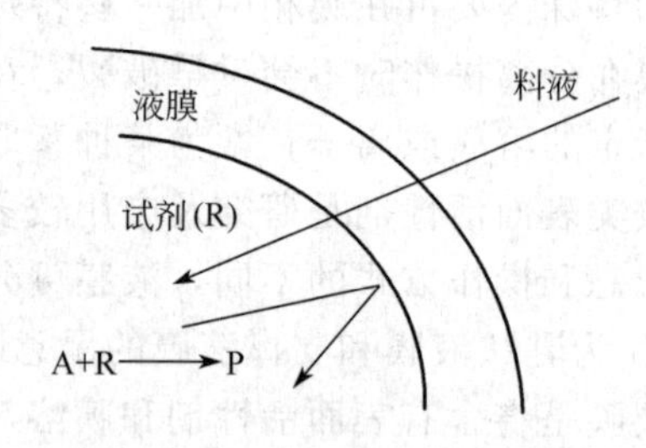

图 9-16　Ⅰ型促进迁移分离机理

(3) Ⅱ型促进迁移　如图 9-17 所示，在制乳时加入流动载体，这类载体可以是萃取剂、配位试剂、液体离子交换剂等。载体分子（R_1）先在外相选择性地与某种溶质（A）发生化学反应，生成中间产物（R_1A），然后这种中间产物扩散到膜的另一侧，与液膜内相中的试剂（R_2）作用，并把该溶质（A）释放到内相，而流动载体又扩散到外相侧，重复上述过程。整个过程中，流动载体没有被消耗，只起了搬移溶质的作用，被消耗的只是内相中的试剂。这种含流动载体的液膜在选择性、渗透性和定向性三方面更类似于生物细胞膜的功能，使分离和浓缩同时完成。流动载体除了能

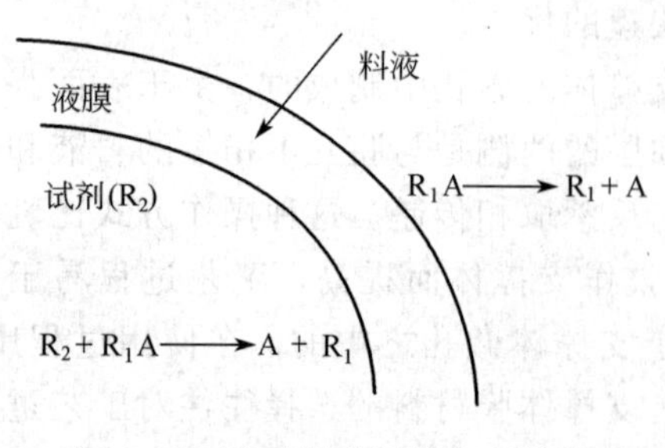

图 9-17　Ⅱ型促进迁移分离机理

提高选择性之外，还能增大溶质通量，它实质上是流动载体在膜内外两个界面之间来回穿梭地传递被迁移的物质。通过流动载体和被迁移物质之间的选择性可逆反应，极大地提高了渗透溶质在液膜中的有效溶解度，增大了膜内浓度梯度，提高了输送效果。

9.7.2.2　支撑液膜的分离机理

将支撑液膜（SLM）置于料液和反萃取液中，利用液膜内发生的促进传输作用，可将欲分离的物质从料液侧传输到反萃取液侧。这是一个反应-扩散过程。SLM 中通常含有载体，它可与欲分离的物质发生可逆反应，促进传递。根据载体是离子型和非离子型，可将 SLM 的渗透机理分为逆向迁移和同向迁移两种。

逆向迁移是溶液中含有离子型载体时溶质的迁移过程。以分离去除金属离子 M^+ 为例说明逆向迁移机理（如图 9-18 所示）。在料液与支撑液膜的界面上，其促进传递的可逆反应为

$$M^+ + HX\text{（载体）} \longrightarrow MX + H^+$$

载体首先在膜内一侧与欲分离的溶质离子配合，生成的配合物 MX 从膜的料液侧向反萃取相侧扩散，并与同性离子进行交换；当到达膜与反萃取相侧界面时，发生配位解离反应；配位解离反应后生成的 M^+ 进入反萃取相侧。而载体 HX 则反扩散到料液侧，继续与欲分离的金属离子配合。只要反萃取相侧有 H^+ 存在，这样的循环就一直进行下去。因此 M^+ 就不断地从低浓度向高浓度迁移，从而达到分离或浓缩的目的。

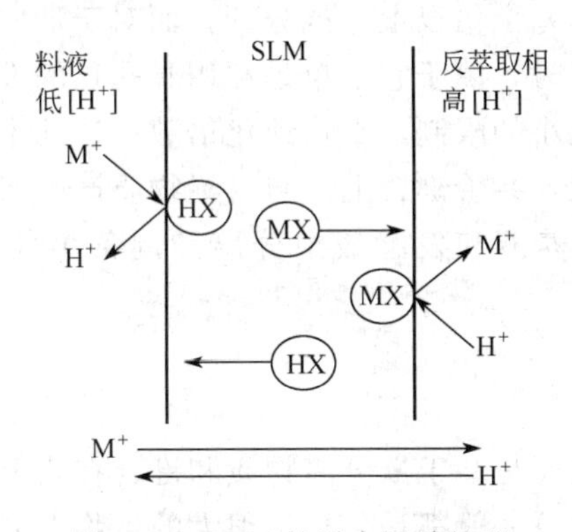

图 9-18　SLM 的逆向迁移机理

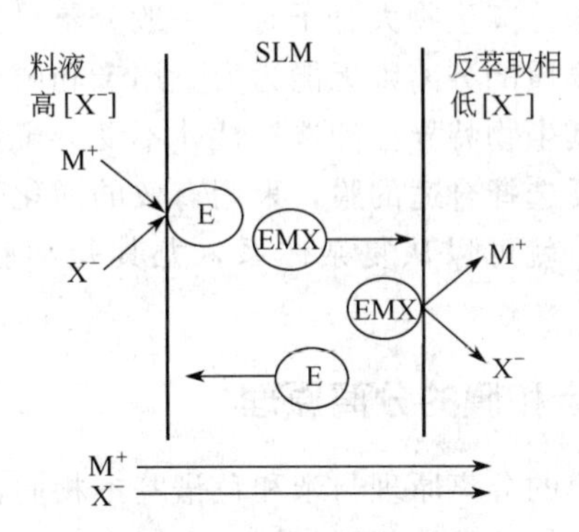

图 9-19　SLM 的同向迁移机理

同向迁移是支撑液膜中含有非离子型载体时溶质的迁移过程。仍以分离金属离子 M^+ 为例说明其迁移机理（如图 9-19 所示）。在料液与 SLM 的界面上，促进传递的可逆反应为

$$M^+ + X^- + E\text{（载体）} \longrightarrow EMX$$

非离子型载体（如冠醚）首先选择性地结合 M^+，同时 X^- 迅速与配离子缔合成离子对；然后离子对在膜内扩散，当扩散到膜相与反萃取相界面时，M^+ 和 X^- 被释放出来，解离后的 E 重新返向料液相侧，继续与 M^+ 和 X^- 配位、缔合。这样的过程不断重复进行，就可以达到从混合物溶液中分离某种物质的目的。

9.7.3　液膜分离的应用

液膜传质速率高与选择性好，是分离、纯化与浓缩溶质的有效手段。目前，液膜分离已应用于处理造纸黑液和各种污水（如含锌、酚、醋酸、苯胺等废水），用于从发酵液中提取先锋霉素、盘尼西林、青霉素、氨基酸等。其潜在的应用领域包括湿法冶金、废水处理、核化工、气体分离、有机物分离、生物制品分离与生物医学分离、化学传感器与离子选择性电极等。表 9-10 列出了液膜分离技术的部分应用。

表 9-10 液膜分离技术的部分应用

应用领域	应用举例
石油化学工业	用乳化技术分离烃类混合物，液膜法分离水相中的混合物
冶金工业	用溶剂和液膜提取相结合的方法提取金属
原子能工业	用偶合迁移膜回收铀
废水处理和综合回收	采用液膜技术从废水中分离苯酚及硫化胺
医学、生物学	血液供氧

9.8 亲和膜分离

亲和膜技术的研究始于20世纪中期。1991年有关亲和膜的专著出版，促进了人们对亲和膜技术的研究。国内从1995年开始出现有关亲和膜研究的报道，研究范围涉及基膜改性、亲和吸附、动力学研究和亲和膜应用。

亲和膜分离兼有膜分离和亲和色谱的优点，能够有效地进行生物产品的分离与纯化。采用超滤技术分离生物大分子时，一般分子量要相差十倍以上才能分开，而对于那些分子量仅差几倍的物质的分离则无能为力。用亲和膜分离时，由于它不单是利用膜孔径的大小，更主要是利用其生物特异性和选择性，不受分子量大小的限制，平均纯化倍数可达几十倍。原则上讲，只要选择合适的膜，采用有效的活化手段，共价键合上能与目标物质产生亲和相互作用的配基，就可以从复杂体系，尤其是细胞培养液和发酵液中分离和制备出任何一种目标物。

9.8.1 亲和膜的分离原理

亲和膜的分离原理与亲和色谱基本相同，主要是基于欲分离物质和键合在膜上的亲和配基之间的生物特异性相互作用。由于亲和分离对象一般都是分子量很大的生物大分子，因此为了克服分离物和亲和膜上配基之间的空间位阻效应，充分有效地利用所键合的配基，一般要在膜基质材料和配基之间共价键合上一定长度的间隔臂。图9-20表示了生物大分子在亲和膜上的分离过程。

先将膜1进行活化，使其能与间隔臂分子2产生化学结合，生成带间隔臂的膜3，再用适当的化学反应试剂使带间隔臂的膜与具有生物特异性的亲和配基4共价结合，生成带配基的亲和膜5。当一个含有多种组分的生物大分子混合物6通过亲和膜时，混合物中与亲和配基具有特异性相互作用的物质7会与膜上的配基产生相互作用，生成亲和配合物8，被吸附在膜上，其余没有特异性相互作用的物质9则通过膜流走。然后再选用一种也能与膜上亲和配基产生相互作用的顶替试剂10通过膜或调节体系的理化特性，使原来在膜上形成的配合物产生离解，并被洗脱下来，得到纯化好的产物11。膜上亲和配基则被顶替试剂所占有。再选用一种洗涤试剂，对被顶替试剂分子所占有的亲和膜进行清洗，使顶替试剂从膜上洗脱下来，从而使膜获得再生，以便重复使用。

9.8.2 亲和膜

要在膜上成功地进行亲和分离，亲和膜应具备以下特性：首先，膜材料的分子结构要有

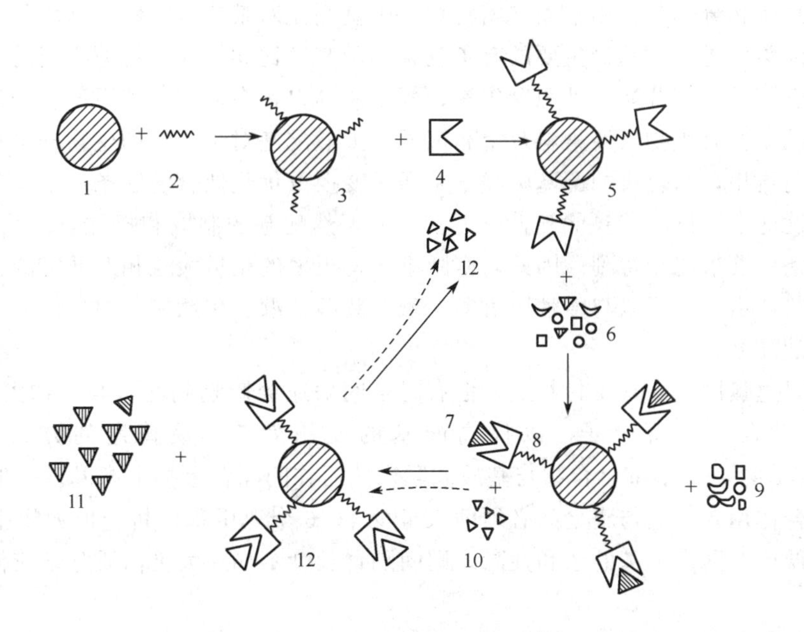

图 9-20　生物大分子在亲和膜上的分离过程

1—膜；2—间隔臂分子；3—带间隔臂的膜；4—具有生物特异性的亲和配基；5—带配基的亲和膜；6—含多种组分的生物大分子混合物；7—与亲和配基具有特异性相互作用的物质；8—目标分子亲和配合物；9—没有特异性相互作用的物质；10—顶替试剂；11—纯化后的产物；12—顶替试剂亲和配合物

能与间隔臂和配基进行化学反应的活性基团，如羟基、氨基、巯基、羧基等。如果原始膜上没有直接用于反应的基团，则要选用合适的活化试剂对膜进行化学改性，使膜上其他相应基团转化为上述可反应的活性基团。膜要有足够大的表面积，以便能获得足够数量可利用的化学反应基，键合上尽可能多的间隔臂和配基，从而能与尽可能多的欲分离产物产生亲和相互作用，产生较高的亲和容量。其次，膜的孔径要足够大，孔分布尽可能均匀，以便生物大分子自由出入，获得高的通量和分离效能。除此以外，膜要耐酸、耐碱、耐高浓度盐和各种有机溶剂；为了缩短分析时间，加速分离过程，在许多情况下要在压力驱动下进行操作，因此要求膜具有良好的机械强度，长期使用不变形、不损坏；由于样品通常非常复杂（如血液、尿液、细胞组织液等），因此要求膜能经受生物样品的作用，不腐烂、不变臭、不堵塞。

目前，对生物活性物质（如酶、蛋白质等）有效地进行固载化的亲和膜基质材料已有很多，如琼脂糖、葡聚糖、纤维素、聚丙烯酰胺、多孔玻璃、硅胶等，但由于制成的膜强度不够，或者孔径、表面积不合要求等，都不是制备亲和膜的理想材料。20 世纪 80 年代后，又发展了一些新的成膜材料，如乙酰化醋酸纤维、聚胺、聚乙烯醇、改性聚砜、聚碳酸酯和尼龙等。此外，聚羧甲基丙烯酸酯、聚丙烯酸环氧烷也可作为亲和膜基质。目前，在亲和膜中用得较好的是改性醋酸纤维膜，因为它表面有很多可利用的羟基，可采用多种途径进行活化，共价结合上多种亲和配位基。它本身固有的亲水性使它比较适合生物大分子的亲和分离。但由于不耐碱，制成的膜机械强度也比较差，因此受到很多限制。近几年聚乙烯醇-硅胶共混膜已在亲和膜中得到应用，或许能成为很好的亲和膜材料。

配位基也称配基，是指底物、产物、抑制剂、辅酶、变构效应物或其他任何能特异性地和可逆地与欲纯化的蛋白质或大分子物质发生相互作用的分子。配基按其来源可分为天然配基和人工合成配基。按其作用可分为特异性配基和基团特异性配基。特异性配基是指一种配基只能对一种生物分子有作用；而基团特异性配基则能对某些含有特定基团的生物大分子有亲和作用。天然特异性配基最主要的有免疫亲和配基，比如抗体与抗原之间的相互作用。天然基团特异性配基有核苷酸、外源凝集素、蛋白质A、蛋白质G、苯甲醚、肝素、硼等。人工合成的配基主要有生物活性染料及金属离子。天然配基对于一定的生物分子具有内在的生物特异性吸附作用，而合成的配基则经常是通过变换及优化偶合洗脱条件来实现其特异性作用。虽然从性能上天然配基要优于合成配基，但天然配基的制取和提纯较困难，价格昂贵，并且对使用条件要求比较苛刻。因此，实际中用得更多的是量大且相对便宜的合成配基，如生物活性染料，由于其可以与多种脱氢酶、碱性磷酸酯酶、羧肽酶、白蛋白等结合，成为目前应用最广的配基。

配基可以直接固定在基质材料上，但有时空间效应会影响到配基与生物大分子的作用，这时要考虑引入间隔臂分子，以提高配基的使用效率。最普遍的方式是将通式为$NH_2(CH_2)_{11}R$的ω-氨烷基化合物与基质偶联，然后在间隔臂上接上配基。一般认为，为了获得最佳偶合作用，配基与膜之间必须插入至少4～6个亚甲基的桥。但如果生物大分子的表观分子量低或与固定配基的亲和性高，则间隔臂长度不如在大蛋白质分子或低亲和系统中要求严格。

亲和膜按形状可分为板式、圆盘式、中空纤维式，其中前两种统称为平板亲和膜。平板亲和膜可将膜片一层层叠加起来，组成膜堆或膜柱，其优点是自上而下比较均一，结构简单，成本低；缺点是单位体积内所占的膜面积小，放大时操作压降较大。中空纤维亲和膜单位体积内的面积大，放大时可通过增加纤维数来实现，不会增加操作压降，因而便于实现连续、自动、规模化操作；其主要缺点是由于在膜管轴向与径向上存在流速分布，流速不同会导致亲和吸附的不均匀。

9.8.3 亲和膜分离方式

目前亲和膜分离过程主要有亲和膜超滤、亲和超滤和微孔亲和膜三种模式。

亲和膜超滤所用膜的孔径范围在30～100nm之间，间隔臂和配基主要键合在膜的表面及孔的表面，多数为平板膜，也有中空纤维膜。样品溶液顺着膜表面流过，能与膜表面配基产生亲和作用的分子被截留，滞留在膜上，样品中其他生物大分子顺着液流流到废液槽中，而部分溶剂则透过膜流到溶剂槽中。这种分离方式的优点是膜具有双重分离功能，不仅目标生物大分子可以和其他分子分离，而且同时可去除部分溶剂，达到浓缩的目的。

与亲和膜超滤不同，亲和超滤使用的是普通超滤膜和超滤器，膜上没有间隔臂和配基，而是把间隔臂和配基键合在具有一定大小的（一般100～500nm）另一种高分子聚合物上，使欲分离的混合物先与这种高聚物产生亲和相互作用，而样品溶液一部分透过膜，另一部分顺着超滤膜和这些已发生亲和作用的高聚物一起流过膜，将它们接收起来，再在适当条件下使欲分离物质从高分子聚合物上洗脱下来达到纯化。

微孔亲和膜的孔径一般在300nm以上，最好在300～3000nm。间隔臂和配基键合在膜和孔的表面，当有多种生物大分子的混合物通过微孔亲和膜时，能与配基产生亲和相互作用的样品分子被膜上的配基“抓住”，其余分子则透过膜流走。再选用合适的顶替解离试剂使被滞留在膜上的目标产物解离并洗脱下来，收集后采用透析、凝胶过滤等技术除掉洗脱液中的小分子，可获得高纯度的目标产物。这种方式目前使用最广，具有通透性好、样品容量大、便于连续操作等优点。

9.8.4 亲和膜的应用

虽然亲和膜出现时间不长，但在化工、医药、环境卫生、食品、临床医学等领域已有许多实际应用。例如，采用亲和膜分离技术从大肠杆菌细胞培养液中获取重组白细胞介素-2。以孔径 0.4μm 的中空纤维膜为原料，采用酰肼法进行活化，再固载化上相应的白细胞介素-2受体，制备亲和膜。利用该亲和膜在含有 25g 大肠杆菌的细胞培养液中回收到 273μg 白细胞介素-2，纯度为95%。又如，对孔径 0.2μm 的聚酰胺微孔膜进行化学改性，在膜上键合含氨基的活性染料配基，固载化上单克隆或多克隆兔抗鼠 IgG 免疫球蛋白。利用该亲和膜对血浆和体液中的抗体或抗原进行提取，所得产品不仅纯度高，活力回收也很高。再如，在微孔滤膜上键合上硼酸配基，可与尿液或去蛋白血清溶液中的核糖核酸产生亲和相互作用，将多达 14 种核糖核酸截取，用 pH＝3.5 的缓冲液可将亲和配合物解离下来，再进一步用高效液相色谱分离，可获得该 14 种核糖核酸的产品。

复习思考题

1. 一般而言，膜分离技术具有哪些优点和不足？

2. 微滤、超滤和纳滤有哪些共性？在分离原理、膜结构、膜材料、应用对象等方面各有什么特点？

3. 无机膜和有机膜各有什么优势和缺陷？

4. 调研一下国内纯净水生产的主要分离技术是什么，该技术除掉了原水中的哪些物质？

5. 反渗透分离法和离子交换分离法都是水处理的主要工业化技术，这两种技术各有什么优缺点？

6. 作为分离用的膜一般需进行哪些性能表征，各种性能表征的主要方法有哪些，这些方法各有什么优缺点？

7. 说明膜蒸馏技术的原理。查找一篇最新的膜蒸馏技术应用方面的论文，并对该论文作一个简要的评述。

8. 说明膜萃取技术的原理。

9. 液膜分离过程中的液膜是怎样形成的？其分离原理与溶剂萃取的表面相似性和本质差异是什么？

10. 如何制备亲和膜？亲和膜分离的主要应用领域是什么？举一例说明亲和膜超滤的特点。

11. 渗透蒸馏与膜蒸馏有何异同之处？

参考文献

[1] 郑领英. 高分子通报，1999，(3)：134～144.
[2] 高从，俞三传，张建飞等. 膜科学与技术，1999，19 (2)：1～5，16.
[3] 王薇，杜启云. 工业水处理，2004，24(3)：5～8.
[4] 王俊九，褚立强，范广宇等. 水处理技术，2001，27(4)：187～191.
[5] 吕宏凌，王保国. 化工进展，2004，23 (7)：696～700.

[6] 顾忠茂. 膜科学与技术，2003，23(4)：214～233.
[7] 柴红，钱骅，陈欢林. 膜科学与技术，2003，23(4)：93～96，109.
[8] 彭辉，李建明，陈志等. 过滤与分离，2005，15(1)：18～21.
[9] 佘乾洪，迟莉娜，周伟丽等. 环境科学与技术，2010，33 (3)：117～122.

参考书目

[1] 张玉忠，郑领英，高从堦编著. 液体分离膜技术及应用. 北京：化学工业出版社，2004.
[2] 任建新主编. 膜分离技术及其应用. 北京：化学工业出版社，2003.
[3] 许振良，马炳荣编著. 微滤技术与应用. 北京：化学工业出版社，2005.
[4] 曹同玉，冯连芳. 高分子膜材料. 北京：化学工业出版社，2005.

第10章　电化学分离法

根据原子或分子的电性质以及离子的带电性质和行为进行化学分离的方法称为电化学分离法。除电解分离法外，近年来又创立了一些新的电化学分离分析技术。电泳分离法、化学修饰电极分离富集法、介质交换伏安法就是近些年来发展起来的高选择性、高灵敏度的分离分析法。它们在富集分离痕量物质、消除性质相近物质的干扰方面，扮演着重要的角色。

与其他化学分离方法相比，电化学分离法的特点是：化学操作简单，往往可以同时进行多种试样的分离；除了需要消耗一定的电能外，化学试剂的消耗量小，放射性污物也比较少；除自发电沉积和电渗析外，其他电化学方法的分离速度都比较快。尤其是近年来高压电泳的发展，即使对于比较复杂的样品也能进行快速而有效的分离。

10.1　自发电沉积法

10.1.1　基本原理

一种元素的离子自发地沉积在另一种金属电极上的过程称为自发电沉积。这种过程有时也称为电化学置换。一种金属能否置换出溶液中另一种元素的离子，主要取决于它们各自的电极电势大小。如采用还原电极电势，那么电极电势小的金属能置换出电极电势大的另一种金属离子。金属电极（M）和与之平衡的溶液中该金属的离子（M^{n+}）之间的电极电势可用能斯特方程式表示：

$$E=E^{\ominus}+\frac{RT}{nF}\ln a_{M^{n+}} \tag{10-1}$$

式中，n 为金属离子的价数；$a_{M^{n+}}$ 为离子 M^{n+} 的活度；$E^{\ominus}$ 为该金属电对的标准电极电势；R 为摩尔气体常数；T 为热力学温度；F 为法拉第常数。

对于高度稀释的溶液，例如无载体的放射性核素溶液，能斯特方程式是否适用是个问题。通常，检验能斯特方程式适用性的方法是直接测量不同浓度的离子溶液中的电极电势。但当被沉积的元素量非常少时，由于离子的沉积还不足以在电极上形成单原子层，从而使得实际的电极电势与根据能斯特公式计算出来的理论电极电势常常发生偏离，并且显得缺乏规律性。曾有不少学者试图对能斯特公式进行各种校正和解释，但至今仍无很满意的结果。当然，也有个别元素，即使其离子浓度很低，能斯特公式仍是适用的。例如，浓度在 $1.44\times10^{-7}\sim5\times10^{-4}$ mol/L 之间的放射性元素 Po 在 Au 电极上的沉积。

为了方便起见，常用一个电化学序列表来判断自发电沉积的可能性，该序列表是仅按标准还原（或氧化）电极电势由小到大排列而成的。但是，这种判断是比较粗略的，有时还有可能判断错误。首要的原因是在实际分离体系中，尤其在分离低浓度的离子时，由于离子的活度远小于1，引起的电极电势变化是显著的。例如，对于一价金属离子，在相同温度下，活度改变10倍，电极电势的变化约0.06V。另一个原因是，若溶液中存在一些能使金属离子配位的配位试剂，则电极电势的变化有时可能很大。例如，在盐酸溶液中，由于Cl^-能与多种金属离子形成比较稳定的配合物，从而使电极电势明显降低。$PdCl_4^{2-}/Pd$电对的电极电势比Pd^{2+}/Pd电对降低了约0.2V，而$PtCl_4^{2-}/Pt$电对比Pt^{2+}/Pt电对降低得更多，约为0.5V。又如，一些天然放射性元素，按其标准电极电势由小到大的次序是：Ra、Th、U、Pb、Bi、Po。若在含有这些天然放射性元素的酸性溶液中加入银片，由于Ag^+/Ag的标准电极电势（+0.7996V）不仅比Ra、Th、U大，而且比Pb、Bi、Po也大，因此在银片上似乎不可能发生任何上述金属离子的电沉积。但是，实验证明，^{210}Po可以自发电沉积在银片上，而且产量很高。这是因为这些金属中只有Po的标准电极电势（$E^{\ominus}=+0.765V$）比较接近Ag。当自发电沉积开始时，溶液中几乎没有Ag^+存在，即Ag^+的浓度比Po的浓度要低得多，致使Ag的电极电势完全有可能比Po小。若溶液中本来已有1.0mol/L的Ag^+存在，则Po的沉积将大大减少，这也从反面证实了上述的解释。如果考虑到Ag^+与一些阴离子（如Cl^-）的配合作用，则它的电极电势会变得更小一些。影响自发电沉积的因素，除了电极电势和溶液的组成外，还有电极的表面状态和温度等。

自发电沉积分离的方法非常简单。作为沉积的电极可以是金属片或金属粉末。该法在分离几种元素时分离效率往往不高，而且只能沉积少数贵金属元素；但对个别不活泼放射性元素（如Po、Ru等）的分离和测定却很有效。

10.1.2 自发电沉积法的应用

钋（Po）是一种α放射性的极毒元素。分离Po的困难在于Po的化学行为相当复杂。它很容易形成胶体，并且非常容易吸附在器皿、尘埃或沉淀上，即使在弱酸性介质中也是如此。一般有关Po的化学研究都要求在酸度不低于2mol/L的溶液中进行。自发电沉积为Po的分离提供了一种简单而有效的方法，直到现在，该法仍广泛地用于Po的人工制备以及自然界中放射性元素Po的分离分析。自发电沉积法分离钋的回收率见表10-1。从实际样品中

表10-1 各种元素存在时^{210}Po自发电沉积的回收率

外加离子	加入量/g	化合物形式	回收率/%	外加离子	加入量/g	化合物形式	回收率/%
Ag^+	0.001①	$AgNO_3$	98	PO_4^{3-}	0.10	KH_2PO_4	98
Al^{3+}	0.10	$AlCl_3$	99	Ru^{3+}	0.02①	$RuCl_3$	100
Bi^{3+}	0.10	$Bi(OH)_3$	100	Sb^{3+}	0.10	$SbCl_3$	100
Ca^{2+}	0.10	$CaCl_2$	96	Se^{4+}	0.10①	SeO_2	98
Ce^{4+}	0.10	$Ce(SO_4)_2$	99	Sn^{2+}	0.005①	$SnCl_2$	98
Co^{2+}	0.10	$Co(NO_3)_2$	103	Te^{4+}	0.01	K_2TeO_3	100
Cr^{6+}	0.10②	Na_2CrO_4	101	Th^{4+}	0.10	$Th(NO_3)_4$	100
Cu^{2+}	0.10	$Cu(NO_3)_2$	99	U^{6+}	0.10	$UO_2(NO_3)_2$	98
Fe^{3+}	0.10②	$FeCl_3$	100	V^{5+}	0.10	Na_3VO_4	97
F^-	2.5①	HF	98	Zn^{2+}	0.10	$ZnCl_2$	100
Hg^{2+}	0.01①	$HgCl_2$	97	Zr^{4+}	0.10	$ZrOCl_2$	98
I^-	0.15	KI	100	$HClO_4$	8.0		
Mg^{2+}	0.10	$MgCl_2$	98	KNO_3	1.0		
Mn^{2+}	0.10	$MnCl_2$	102	KCl	1.0		
Ni^{2+}	0.10	$NiSO_4$	98	$(NH_4)_2SO_4$	1.0		
Pb^{2+}	0.10	$Pb(NO_3)_2$	98				

① 测定时允许的最大离子量。

② 另加$NH_2OH \cdot HCl$。

沉积 Po 时，一般希望在沉积前设法除去其中所含的氧化剂或有机物。同时，为了缩短电沉积时间，减少其他元素的干扰，也可预先用沉淀法进行预富集或加入铋作为反载体。当电沉积温度在 70℃以上时，沉积时间为数小时，对 Po 的沉积率可达到 80%以上。钋的自发电沉积法已用于生物样品、人尿和头发、矿石等试样中 Po 的分析。

10.2　电解分离法

10.2.1　基本原理

电解是一种借外电源的作用使化学反应向着非自发方向进行的过程。外加直流电压于电解池的两个电极上，改变电极电势，使电解质在电极上发生氧化还原反应，电解池中通过电流的过程称为电解。电解法应用广泛，如氯碱工业中电解食盐水制取烧碱、氯气和氢气；冶金工业中电解法制取纯金属铜、铅及铝等；在分析化学中，用电解法分离和沉淀各种物质等。

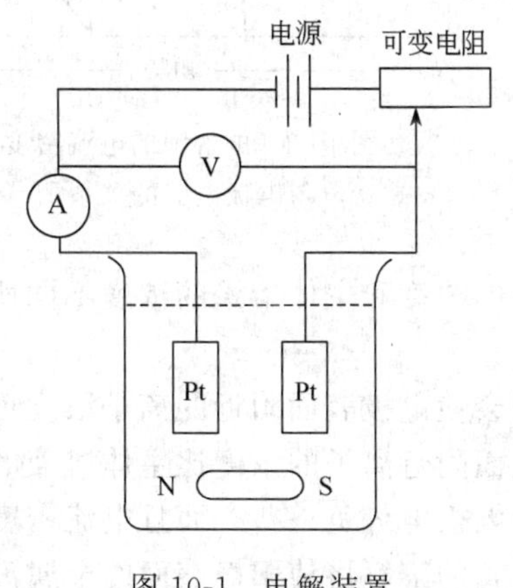

图 10-1　电解装置

电解时，外加直流电压使电极上发生氧化还原反应，而两个电极上的反应产物又组成一个原电池，因此电解过程（非自发的）是原电池过程（自发的）的逆过程。为了确定引起电解所需的外加电压，首先需要知道两电极所发生的反应，这样才能计算每一个电极的电极电势和原电池的电动势，从而得出电解时所需施加的电压。例如，用铂电极在 0.5mol/L 的 H_2SO_4 中电解 0.100mol/L 的 $CuSO_4$ 时，如图 10-1 所示，其阴极反应为

$$Cu^{2+}+2e^- \longrightarrow Cu$$

阳极反应为

$$H_2O \longrightarrow \frac{1}{2}O_2+2H^+ +2e^-$$

根据 25℃时的能斯特方程可以计算出阴极的电势为

$$E_{阴}=E^{\ominus}+\frac{0.0592}{n}\lg[Cu^{2+}]=0.337+0.0296\lg 0.100=0.307(V)$$

而对于放出氧的阳极，则有

$$E_{阳}=1.229+\frac{0.0592}{2}\lg\frac{[O_2]^{\frac{1}{2}}[H^+]^2}{[H_2O]}$$

已知 $[O_2]$ 与大气中氧气的分压相等，水的活度为 1，$[H^+]=1.0mol/L$，于是有

$$E_{阳}=1.229+0.0296\lg(p_{O_2}^{1/2}[H^+]^2)=1.229+0.0296\lg(0.21^{1/2}\times 1^2)=1.219(V)$$

在这些条件下，电解产物组成的原电池的自发反应是

$$Cu+\frac{1}{2}O_2+2H^+ = Cu^{2+}+H_2O$$

该原电池的电动势为

$$E_{电池}=1.219-0.307=0.912(V)$$

由于原电池内发生的反应与电解过程中发生的反应方向相反，所以称此电动势为反电动

势。当外加电压与反电动势大小相等时，每一个电极反应处于可逆状态，此时的电解电压称为可逆分解电压，也称为理论分解电压。

在实践中，外加电压一定要大于理论分解电压，电解才能进行。其原因一方面是电解池内的电解质溶液及导线的电阻所引起的电压降；另一方面是电极的极化作用。所谓极化，是电解进行过程中当有电流通过电极时，电极电势偏离可逆电极电势的现象。电极的极化常用某一电流密度时电极电势与可逆电极电势之差值，即超电势（或称过电势）来表示，它随电流密度的增大而增大，如图 10-2 所示。超电势用符号 η 来表示。只有在指出电流密度后，超电势的数值才能确定。超电势在理论研究和生产实际中都很重要。

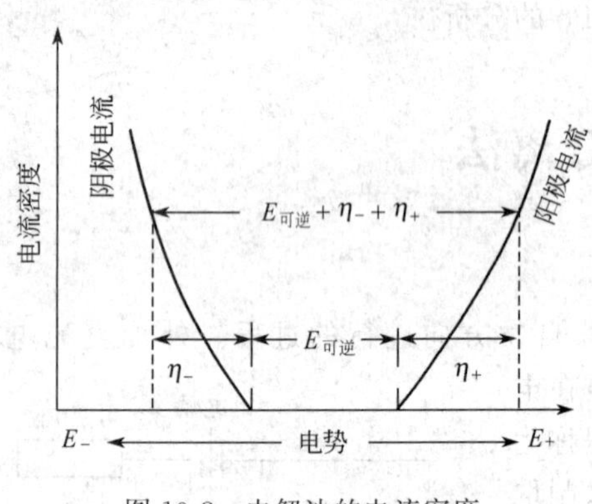

图 10-2 电解池的电流密度与电极电势的关系

根据极化产生的原因不同，可将极化分为浓差极化和电化学极化两类。

浓差极化是由于电解过程中电极表面附近溶液的浓度和主体溶液的浓度不同所引起的。电解时，若发生阴极反应：

$$M^{n+}+ne^- \rightleftharpoons M$$

则会使电极表面附近的离子浓度迅速降低，而且不能依靠扩散而获得瞬时补充，从而使阴极表面附近离子的浓度比主体溶液的浓度小，这种浓度的差异将使电解发生时的阴极电势比可逆电极电势负一些。而且电流密度愈大，电势负移就愈显著。同理，如发生阳极反应，由于金属的溶解将使阳极表面的金属离子浓度比主体溶液的浓度大，使阳极电势变得更正一些。由这种浓度差别所引起的极化，称为浓差极化，与之相应的超电势称为浓差超电势。其数值大小由浓差大小决定，而浓差大小又与搅拌情况、电流密度等因素有关。由于浓差极化的存在，使一些干扰离子也可能在电极上反应，导致电解分离不完全，影响电解分析的准确性。要减小浓差极化，可以采用增大电极面积、减小电流密度、提高溶液温度以及强化机械搅拌等方法。

电化学极化是由于电极反应迟缓所引起的。一般情况下，在电极上进行的反应是分步进行的，其中某一步反应速率比较缓慢，它对整个电极反应起决定性作用，这一步反应需要相当高的活化能才能进行。对于阴极反应，必须使阴极电势比可逆电极电势更负一些；对于阳极反应，必须使其电势比可逆电极电势更正一些，增加其活化能才能使电极反应进行。这种由于电极反应迟缓所引起的极化称为电化学极化，与之相应的超电势称为电化学超电势。

电解过程中，外加电压 V 与电极电势及电解池内阻之间的关系为

$$V=(E_+-E_-)+ir=[(E_+^\ominus+\eta_+)-(E_-^\ominus+\eta_-)]+ir$$

式中，i 为通过电解池的电流；r 为电解池的内阻；$E_+^\ominus$、$E_-^\ominus$ 分别为可逆阳极和可逆阴极的标准电极电势；η_+、η_- 分别为阳极及阴极的超电势。对于整个电解池来说，阳极超电势与阴极超电势的绝对值之和等于其超电压。

应当指出，在阴极上还原的不一定是阳离子，阴离子同样也可以在阴极上还原。反之，在阳极上氧化的也不一定是阴离子，阳离子同样可以在阳极上氧化。总之，在阴极上，析出电位越正者越易还原；在阳极上，析出电位越负者越容易氧化。

从混合溶液中电解分离某离子时，应当考虑当该离子完全析出时，电极电势不能负到使其余离子开始析出的数值，例如电解分离 1mol/L 的 $CuSO_4$ 和 0.01mol/L 的 Ag_2SO_4 混合

溶液中的金属离子，在阴极上首先析出的是银，因为此时银的析出电势为

$$E_{Ag}=E^{\ominus}(Ag^+/Ag)+0.0592\ lg[Ag^+]=0.799+0.0592\ lg(2\times10^{-2})=0.699\ (V)$$

假定 $[Ag^+]$ 降低到 10^{-7} mol/L 时，认为已经完全析出，此时阴极的电势为

$$E_{Ag}=0.799+0.0592\ lg10^{-7}=0.385\ (V)$$

溶液中铜开始析出的电势为

$$E_{Cu}=E^{\ominus}(Cu^{2+}/Cu)+\frac{0.0592}{2}lg[Cu^{2+}]=0.337+\frac{0.0592}{2}lg1=0.337\ (V)$$

因此控制阴极电势处于 0.337～0.385V 之间，可以使两种金属离子完全分离。如果从 1mol/L 的 $FeCl_2$ 和 1mol/L 的 $PbCl_2$ 的混合溶液中分离金属离子，首先在阴极上析出的是铅 $[E^{\ominus}(Pb^{2+}/Pb)=-0.320V,\ E^{\ominus}(Fe^{2+}/Fe)=-0.440V]$，等到铅从溶液中完全析出时，阴极电势已为

$$E_{Pb}=-0.320+\frac{0.0592}{2}lg10^{-7}=-0.572\ (V)$$

此电势比铁的析出电势还负，不能完全分离。如果溶液中加入适量 KCN，两种金属离子都生成配合物 $[Fe(CN)_6]^{4-}$ 和 $[Pb(CN)_4]^{2-}$，它们的稳定常数对数值分别为 35.4 和 10，前者比后者稳定得多，溶液中的 Fe^{2+} 浓度大大降低，铁开始析出的电势向负方向移动很多，这样可使这两种离子分离。

10.2.2 电解分离法的分类和应用

根据电解过程的不同，电解分离法可分为控制电势电解、控制电流电解、汞阴极电解及内电解。

(1) 控制电势电解 各种金属离子具有不同的析出电位，要达到精确的分离，就要调节外加电压，使工作电极的电势控制在某一范围内或某一电势值，使被测离子在工作电极上析出，而其他离子留在溶液中，达到分离的目的。图 10-3 为机械式自动控制阴极电势的电解装置。电势自动调节是依靠如下方式进行的：用一辅助电压控制阴极电势 E_- 在某一电势（如－0.35V）下进行电解，由于电解不断进行，电流逐渐减小，使 E_- 小于－0.35V，这时就有电流 i 流过电阻 R，产生电势降 iR，经放大器放大后，推动可逆电动机，移动活动键 B，调节自耦变压器的输出电压，以自动补偿 E_-，使它恢复为－0.35V。同样，若 E_- 较－0.35V 大时，R 上的电流改变方向，滑动键 B 则反向移动，也使 E_- 补偿到－0.35V，实现了工作电极电势的自动控制。

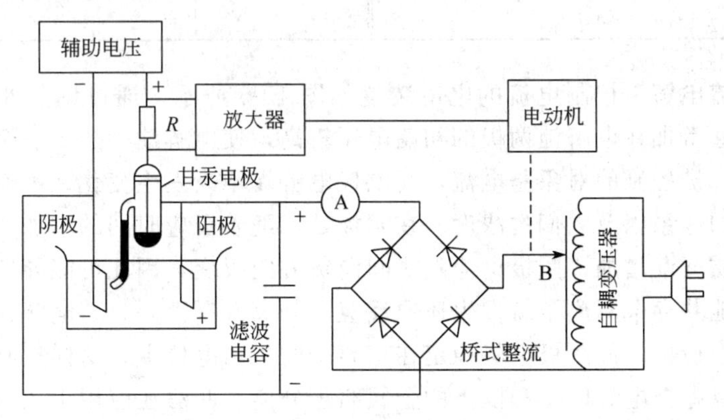

图 10-3 机械式自动控制阴极电势的电解装置

由于电解过程中存在不同程度的极化，而极化与实验条件密切相关，所以超电势的大小不能从理论上计算求得。在实际工作中，通过在相同实验条件下分别求出两种金属离子的电解电流与其电势的关系曲线，来确定电解分离这两种离子的控制电势。图 10-4 为欲分离 A 和 B 两种离子的电流与阴极电势曲线。显然，如果要使金属离子 A 还原而 B 不还原出来，则阴极电势必须控制在 $b<E_{-}<a$，以达到分离的目的。

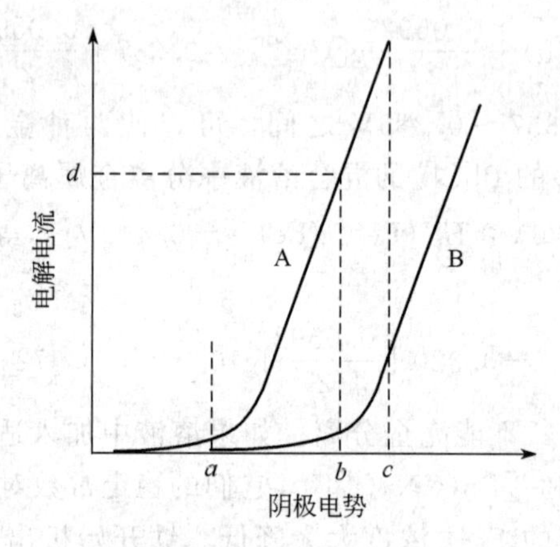

图 10-4　电解电流与阴极电势的关系曲线

在控制电势电解过程中，开始时被分离的物质浓度很高，所以电解电流很大，物质析出速度快。随着电解的进行，浓度愈来愈小，因此电解电流也愈来愈小，电极反应的速度也逐渐变慢。当电流趋近于零时，表示电解已完成。由于工作电极的电势被控制在一定范围或某一值上，所以被测物未完全析出前，共存离子不会析出，分离选择性很高。在冶金分离与测定中广泛应用。表 10-2 列出了控制阴极电势电解分离目标金属离子与共存金属离子的部分应用。

表 10-2　控制阴极电势电解分离与测定的应用

目标离子	共存离子	目标离子	共存离子
Ag	Cu 和碱金属	Pb	Cd、Sn、Ni、Zn、Mn、Al、Fe
Cu	Bi、Sb、Pb、Sn、Ni、Cd、Zn	Cd	Zn
Bi	Cu、Pb、Zn、Sb、Cd、Sn	Ni	Zn、Al、Fe
Sb	Pb、Sn	Rh	Ir
Sn	Cd、Zn、Mn、Fe		

（2）控制电流电解　控制电流的电解装置如图 10-5 所示。通过调节外加电压，使电解电流维持不变，通常加在电解池两极的初始电压较高，使电解池中产生一个较大的电流。在这种电解过程中，被控制的对象是电流，而电极电势在不断发生变化，工作电极的电势决定于在电极上反应的体系以及它们的浓度。在阴极处，随着反应时间的增加，氧化态物质逐渐减少，还原态物质逐渐增加，阴极电势随时间向负方向改变，因此可能导致在待测离子未电解完全之前，其他共存金属离子就发生还原反应，分离选择性差。若电解在酸性水溶液中进行，氢气在阴极上析出，使阴极电势稳定在氢离子的析出电位上，这样控制电流电解法可以把电极电势处于氢电极电势以上和以下的金属离子分离。此法还应用于从溶液中预先除去易还原离子，以利于其他物质的测定，如测定碱金属之前，预先用电解法除去重金属，便是一

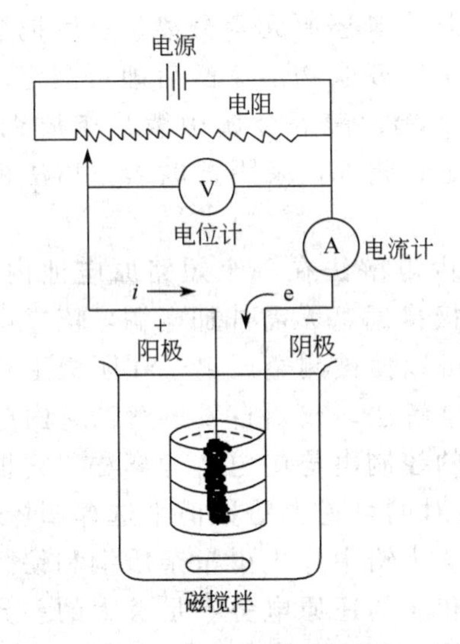

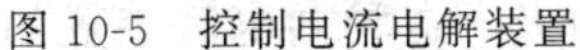
图 10-5　控制电流电解装置

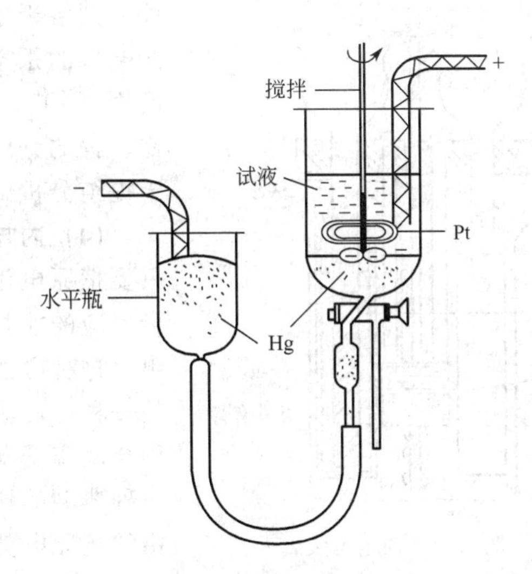

图 10-6　汞阴极电解装置

个很好的分离实例。再如，为了采用电感耦合等离子体发射光谱法测定砷铜合金中的微量磷，由于铜对磷的谱线干扰严重，可以采用恒电流电解法分离基体铜。

(3) 汞阴极电解　前面讨论的两种电解分离法，无论是阴极还是阳极都是以铂为电极。如果改用汞作为阴极，则这种分离方法称为汞阴极电解分离法。在分离方面，汞阴极与铂电极相比有如下特点。

① 氢在汞阴极上析出的超电势很大（大于 1V），有利于金属元素，特别是那些活泼顺序在氢以前的金属元素在电极上析出。

② 很多金属能与汞生成汞齐，降低了它们的析出电位，使那些不能在铂电极上析出的金属，也能在汞阴极上析出。同时由于析出物能溶于汞，降低了汞电极上金属的活度，可以防止或减少再被氧化和腐蚀。由于以上原因，即使在酸性溶液中也能使 20 余种金属元素，如铁、钴、镍、铜、银、金、铂、锌、镉、汞、镓、铟、铊、铅、锡、锑、铋、铬、钼等被电解析出，而使它们与留在溶液中的另外 20 余种金属元素，如铝、钛、锆、碱金属和碱土金属等相互分离。在碱性溶液中，甚至可使碱金属在汞阴极上析出，大大扩展了电解分离法的应用范围。

③ 以滴汞电极为工作阴极的极谱分析法的理论研究及经验积累为汞阴极电解提供了可靠依据和参考条件。

汞阴极电解常用的装置如图 10-6 所示。此装置的底部呈圆锥形，下接一个三通旋塞阀，旋塞阀的一臂同控制电解池内汞面位置的水平瓶连接，另一臂作排放电解液用。阳极是螺旋形铂丝，试液采用机械搅拌。所用电解液一般是 0.1～0.5mol/L 的硫酸或高氯酸溶液，避免使用硝酸和盐酸，因为硝酸根在电极上的还原降低了有关反应的电流效率，而氯离子的存在，可能会腐蚀阳极。电解时，电流密度一般为0.1～0.2A/cm^2，电流密度太大，会使溶液温度升高，对汞的操作不利。

汞阴极电解分离法在冶金分析中得到了广泛应用。当溶液中有大量易还原的金属元素，而要测定微量难还原元素时，汞阴极电解能很好地分离共存元素而消除干扰。如钢铁或铁矿中铝的测定、球墨铸铁中镁的测定，事先以汞阴极电解分离法除去样品溶液中大量铁及其他干扰元素后再进行测定，可得到十分准确的结果。有时，也用于沉积微量易还原元素，使这

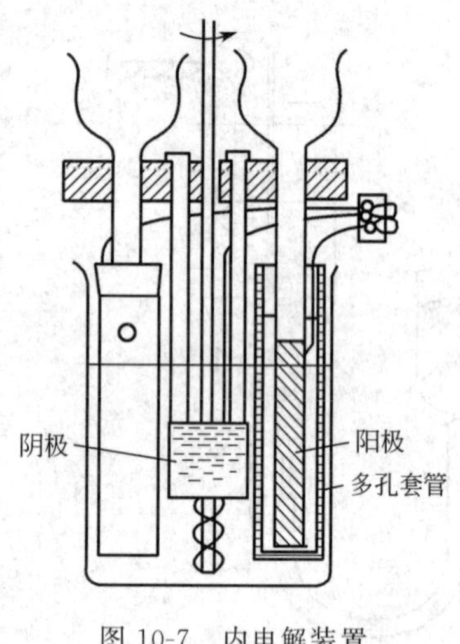

图 10-7 内电解装置

些元素溶于汞而与其余难还原元素分离，然后把溶有被测金属的汞蒸发除去，残余物溶于酸后即可测定。该法已用于铀、钡、铍、钨、镁等金属中微量杂质铜、镉、铁、锌的分离与测定。此外，汞阴极电解分离法也常用于提纯分析试剂。

(4) 内电解 内电解法在一个短路原电池内进行。只要把原电池的两极接通，无需外加电源，依靠电极自身反应的能量，就可以使被测金属离子在阴极上定量析出，这种方法叫内电解法，或叫自发电解法。内电解法是一种可侵蚀阳极的控制电势的电解分离法，它根据各种金属离子/金属电对的可逆电势数值来选择阳极材料。一种典型的用途是从生铅中除去少量杂质铜和铋。因为铅的还原电势与铜和铋的还原电势有足够大的差异，故可用螺旋形纯铅丝作阳极，这种内电解装置如图 10-7 所示。常采用双阳极，以取得较大的电极面积，它们插在多孔性膜（氧化铝套管）内以便同试样分开。网状铂阴极设在两支阳极之间。使阴极同阳极间短路，便开始电解，这里发生的阳极反应是铅的溶解：

$$Pb-2e \longrightarrow Pb^{2+}$$

阴极反应是铜的沉积：

$$Cu^{2+}+2e \longrightarrow Cu$$

因电解自发进行，故阴极为正极，电池表示为

$$(-)Pb|Pb^{2+}||Cu^{2+}|Cu(Pt)(+)$$

阳极并不是非用构成试样基体的材料不可。例如，为了选择性地还原锌中的几种组分，可以溶解四份试样，分别用于分离银、铜、铅和镉。在第一份试样中，用铜作阳极，就能完全除掉银，并控制阴极电势使其余三种金属组分不会析出；利用铅阳极能除去银和铜；用镉作阳极能除去银、铜和铅；用锌阳极能将这四种元素都沉积分离掉。

在内电解分离过程中，电解的动力是原电池的电动势，一般都很小（1V 左右），而能量消耗的唯一形式是电池的电阻，正是它限制了流过电解池的最大电流，因此金属沉积速度取决于电池的电阻。降低电阻的方法是尽可能增加电极的面积，增大电解质溶液的浓度，并且充分搅拌，使电解在较短的时间内完成。

内电解分离方法简单，又不要外电源。一般情况下，只要将电池装好，接上两极后就不用操作人员守候了。在工业生产中已用来提炼银、铜、铅、锌、铝等，在分析化学中也有广泛的应用。

10.3 电泳分离法

10.3.1 分离原理

电泳是在电场作用下，电解质溶液中的带电粒子向两极作定向移动的一种电迁移现象。电泳仪的基本构成就是电源（阴极和阳极）和电泳槽。电泳法分离的依据是带电粒子迁移率（单位电场强度下粒子的运动速度）的差别。与电迁移所不同的是，电泳通常需要一种多孔

材料作为电解质的支持体，以消除电解质的非定向运动所引起的电泳带的变宽，便于取样测定和获得分离后的组分。正是由于这种支持体的种类丰富多彩使得电泳分离技术有很多种类。

在电场强度为 E 的电场作用下带电荷 Q 的粒子的迁移率 μ 可写成

$$\mu=\frac{v}{E}=\frac{Q}{6\pi\eta r} \tag{10-2}$$

式中，v 为带电粒子的运动速度；η 为介质的黏度；r 为带电粒子的半径。因此在一定实验条件下，各种带电粒子的 μ 值是一个定值。

另外，根据离子迁移率的定义，也可写成

$$\mu=\frac{v}{E}=\frac{s/t}{V/L}=\frac{sL}{Vt} \tag{10-3}$$

式中，V 为外加电压；L 为两电极间的距离；t 为电泳的时间；s 为带电质点在此时间内迁移的距离。

设 A、B 两种带电粒子的迁移率分别为 μ_A 和 μ_B，在电场作用下，经过时间 t 后，它们的迁移距离为

$$s_A=\mu_A t\ \frac{V}{L}$$

$$s_B=\mu_B t\ \frac{V}{L}$$

两种粒子迁移的距离差为

$$\Delta s=s_A-s_B=(\mu_A-\mu_B)t\ \frac{V}{L}=\Delta\mu t\ \frac{V}{L} \tag{10-4}$$

可见，$\mu_A-\mu_B$、t、V/L 三者的值愈大，Δs 愈大，A、B 两个粒子之间分离愈完全。

根据上述几个公式可知，下列因素影响带电粒子的分离程度：

(1) 带电粒子的迁移率　很明显，带电粒子的迁移率正比于它所带的电荷。因此，阳离子与阴离子最容易分离，因为它们的迁移方向相反，当其他条件相同时，二价离子的迁移率为一价离子的二倍；迁移率与离子的半径成反比，溶液中共存的两种离子，其所带电荷及半径相差越大，越容易用电泳法分离。

(2) 电解质溶液的组成　因为电泳是在一定电解质溶液中进行的，其组成不同，则溶液黏度不同，从而导致离子迁移率不同。电解质组成不同，有时会改变测定物的电荷及半径，有可能将中性分子转变为离子，也可能改变离子的电荷符号。金属离子可以与像氯离子那样的阴离子配位形成配合物，特别是当氯离子浓度较高时，溶液中配阴离子占优势。溶液中的两种金属离子，由于加入配位试剂，可能形成带不同电荷的粒子而使其容易分离。某些性质非常相似的元素，如稀土元素，它们与一些氨基羧酸（如 EDTA）或羟基酸（如 α-羟基异丁酸）形成配合物的稳定常数有比较明显的差别，因此能用电泳法进行分离。此外，溶液 pH 不同，影响物质的电离度，并影响物质的存在形式及电荷，这在用电泳法分离有机酸和有机碱时尤为重要。

(3) 外加电压梯度　电压梯度是指每厘米的平均电压降，即 V/L。当 L 一定时，加在两电极间的电压越高，分离所需的时间越短，分离也越完全。对于分离性质极为相似的元素，多半使用高压电泳，其电压梯度达 100V/cm 以上。

(4) 电泳时间　电泳时间愈长，离子迁移距离愈大，通常情况下对分离是有利的。但是，随着离子迁移距离的增加，电泳带也会变宽，对分离却是不利的。因此，分离性质相似

的元素，单靠增加电泳时间收效不大。

10.3.2 电泳法分类

电泳法的种类很多，至今仍无统一的分类方法，通常按分离原理和有无载体分类。按分离原理可以分为等电聚焦电泳、双向电泳、蛋白质印迹电泳、毛细管电泳等。按有无固体支持体（载体）可以分为自由电泳和区带电泳。自由电泳是无固体支持体的溶液自由进行的电泳，等速电泳和等电聚焦电泳就属此类。区带电泳是以各种固体材料作支持体的电泳，它是将样品加在固体支持体上，在外加电场作用下不同组分以不同的迁移率或迁移方向迁移。同时，样品中各组分与载体之间的相互作用的差异也对分离起辅助作用。区带电泳按固体支持体的种类又可细分为多种，如以滤纸为支持体的纸电泳，以离子交换薄膜、醋酸纤维素薄膜等为支持体的薄膜电泳，以聚丙烯酰胺凝胶、交联淀粉凝胶等为支持体的凝胶电泳，以毛细管为分离通道的毛细管电泳等。区带电泳比自由电泳更有实用价值。按电泳装置形式可以分为平板电泳、垂直板电泳、垂直柱形电泳、连续液流电泳。

下面简要介绍几种常用的电泳技术。

10.3.3 等速电泳

等速电泳最早称为离子电泳，是完全基于离子电荷的差异实现分离的，而且仅仅适合带同种电荷的离子的分离。等速电泳是一种不连续介质的自由电泳，需要使用两种不同的电解质溶液，一种是具有一定 pH 缓冲能力的前导电解质溶液，它所含有的前导离子 L 的迁移率比样品中所有待分离离子都快；另一种是终末（末端）电解质溶液，它所含有的终末离子 T 的迁移率比样品中所有待分离离子都慢。以阳离子分离为例，如图 10-8 所示，当刚施加外电场时，分离按移动界面电泳进行，即前导离子 L^+ 首先越过初始区带界面，样品阳离子紧

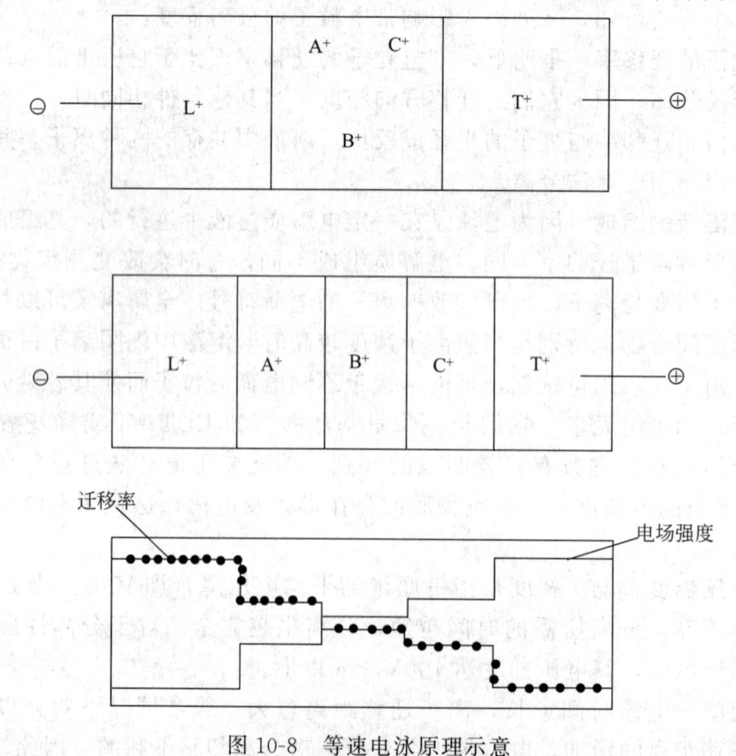

图 10-8 等速电泳原理示意

随其后，最后是终末离子 T^+。经过一定时间后，各种样品阳离子因迁移率不同，向负极泳动的速度也不同，逐渐分离成各个阳离子的区带。电泳池内的电解质溶液在电泳过程中形成从正极到负极逐渐增加的离子浓度梯度，因为电位梯度与电导率成反比，所以低离子浓度区电压梯度高，即从正极向负极电压梯度（电场强度）降低。由于高迁移率离子位于低电压梯度区域，而低迁移率离子位于高电压梯度区域，即达到一定的电压梯度时，高迁移离子区带会减速，低迁移率离子区带会加速，最终各离子区带会维持相同的迁移速度。这时，在每个离子的区带内电压梯度是常数，而在相邻离子区带的界面处电压梯度是逐级变化的。因此，可以根据任何一条区带中的电场强度来确定某种离子的存在，根据区带的宽度来确定某种离子的相对含量。所以，等速电泳既可用于离子性物质的制备，也可用于离子的定性和定量分析。

等速电泳不仅可以用于无机离子、小分子有机离子的分离，也可用于蛋白质、氨基酸、核酸和肽类等生物大分子的分离。因为等速电泳分离效率高、速度快、选择性好、易于自动化，一些复杂样品甚至可以不经前处理直接进行分离分析，因此在生物医学等领域有很好的应用前景。

等速电泳是利用离子淌度的差异，以及通过溶液 pH 改变离子有效淌度来实现离子分离的。电解质溶液的选择应使待分离的离子有效淌度差异尽可能大。电解质溶液中除了包括迁移率大的前导离子和迁移率低的终末离子外，根据样品的性质和基体状况，往往还要考虑前导电解质 pH 值、与目标离子带相反电荷的缓冲配对离子、溶剂、其他添加剂等。电解质溶液体系主要还是根据经验和实验来选择。等速电泳通常在内径为 0.5mm 左右、长度为 200～600mm 的细径玻璃管（其他不导电材质也可）内进行，其原理和装置与高效毛细管电泳中的毛细管等速电泳类似，只不过毛细管等速电泳中使用的毛细管内径通常小很多，如数十微米。

10.3.4 等电聚焦电泳

等电聚焦是一种利用电场和 pH 梯度共同作用来实现两性物质分离的电泳技术。该技术在蛋白质分离中特别有用。不同蛋白质具有不同的等电点（pI），当溶液 pH＝pI 时，蛋白质呈中性；当 pH＜pI 时，蛋白质带正电荷；当 pH＞pI 时，蛋白质带负电荷。如图 10-9

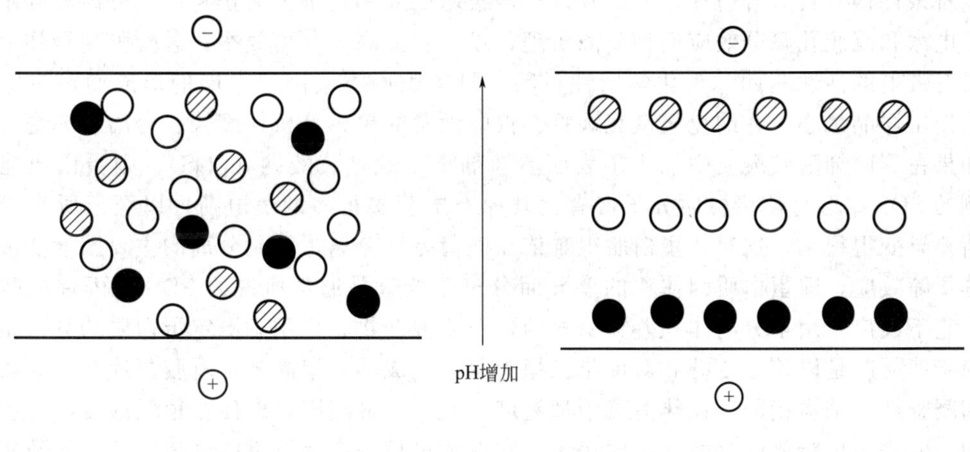

图 10-9 等电聚焦电泳原理示意

所示，如果将蛋白质混合样品置于一个连续跨接的外加 pH 梯度下，并施加外电场，如果从正极到负极 pH 值是增加的，在起始 pH 位置带负电的蛋白质就会向正极迁移，在其迁移方向上 pH 值逐渐降低，当到达与其 p*I* 相等的 pH 位置时，该蛋白质就会变成中性分子，它在电场中将不再迁移。类似地，其他蛋白质也将从起始 pH 位置迁移至与其 p*I* 相等的 pH 位置而停止。于是，蛋白质混合物将依 p*I* 值的顺序依次分开。

等电聚焦电泳技术的关键是在分离装置中建立一个 pH 梯度场，通常是选择一种等电点在所要求的 pH 范围内的合成两性高分子电解质混合物溶液，当施加电场后，各两性高分子电解质移动至各自的等电点上，形成一个稳定的 pH 梯度。体系中加入凝胶和一种缓冲液，就可以构建一个合适的电泳背景电解质溶液。等电聚焦的分辨率很高，可以将等电点相差仅 0.01pH 单位的蛋白质分开；等电聚焦可以抵消扩散作用使区带变得很窄，不管样品最初加在什么位置，最终都会聚焦到其等电点上。等电聚焦的缺陷是在电泳溶液或其等电点位置发生沉淀或变性。

10.3.5 凝胶电泳

凝胶电泳（gel electrophoresis）是以凝胶状高分子聚合物作为支持体的电泳方法，最常用的是聚丙烯酰胺凝胶电泳和琼脂糖凝胶电泳。凝胶不仅作为支持体，而且凝胶的网孔产生的分子筛效应对分离起重要作用，即物质的分离程度取决于各物质电荷和尺寸两方面性质差异的大小。

聚丙烯酰胺是以丙烯酰胺为单体，以 *N*,*N*-亚甲基双丙烯酰胺为交联剂或共聚单体交联聚合形成的具有三维网状结构的凝胶状高分子聚合物。其表面布满大小不一、形状各异的孔道。通过控制凝胶浓度等反应条件可以获得期望的凝胶孔径。当待分离物质的分子大小与聚丙烯酰胺凝胶的孔径比较接近时，孔道会对物质分子的迁移产生明显的阻滞作用（分子筛效应），不同体积的分子受到的阻滞作用大小不同。也就是说，以聚丙烯酰胺凝胶为支持体时，即使是净电荷非常相近的带电物质（分子或离子），只要它们的分子大小有差异，它们在电场作用下的迁移率也不同，相互之间也能完全分离。

聚丙烯酰胺凝胶电泳已广泛用于生物和医药学样品中蛋白质、多肽、核酸、病毒、胰岛素、植物药等的分离。该方法的主要优点有：①可以根据待分离物质的分子大小，通过控制凝胶制备条件得到具有合适孔径的凝胶，使该技术的应用范围大大拓宽；②分离过程中同时包含了电泳和凝胶孔筛分效应两种分离机理，进一步提高了分离效率；③凝胶高聚物分子结构中没有带电的活性基团，为化学惰性材料，材料表面不会因双电层的形成而产生电渗作用；④使用样品量小，在纳克至微克级；⑤仪器设备简单、分析速度快、分离效率高。

如果在聚丙烯酰胺凝胶中加入了表面活性剂十二烷基硫酸钠（SDS），则蛋白质能与一定比例的 SDS 结合，使蛋白质分子带有比其原有电荷多得多的负电荷，以至于所有蛋白质的电荷差异变得很小，这时，蛋白质很难依靠电荷差异分离，控制分离的主要因素变成了凝胶的分子筛效应，即蛋白质因体积的差异而分离。这就是通常所说的 SDS-聚丙烯酰胺凝胶电泳，它不仅广泛用于分离体积差异明显的蛋白质混合物，也用于测定蛋白质的分子量。

琼脂糖凝胶是以琼脂二糖和新琼脂二糖为单体形成的共聚高分子凝胶。琼脂糖凝胶与普通琼脂凝胶性质基本相同，在热溶液中都易熔，常温下又凝固，即使在很低浓度，凝胶也质地均匀。但普通琼脂凝胶含极性杂质较多，在电泳过程中产生严重的电渗现象，导致实际迁移率与理论计算值相差较大。琼脂糖凝胶的孔径大小可以通过琼脂糖的浓度来改变，浓度越高，孔径越小。不过通常使用的琼脂糖凝胶中琼脂糖的浓度都较低（如 2%），所以孔径比较大，物质在凝胶中的弥散作用会更明显，即分子筛效应会比较弱，其适合分离的物质的体积通常比聚丙烯酰胺凝胶大。因为凝胶中含水量非常高（如 98%），所以一些分子在其中的电泳非常接近自由电泳。琼脂糖凝胶电泳在蛋白质、DNA、肝素钠等生物医药大分子的分离中有广泛应用。

凝胶电泳按凝胶形状可分为平板电泳和圆盘电泳。平板电泳使用平板凝胶作支持体，可在相同条件下，一次同时分离包括标准品或对照品在内的多个（如 20～30 个）样品，便于直接比较，也方便进行后续光密度测定，因此以分析为目的的凝胶电泳通常采用平板电泳。平板电泳还可进一步分为垂直方式和水平方式。图 10-10 是垂直式平板电泳装置示意图。用专门的制胶模具制备的凝胶板夹在两块平板玻璃之间置于垂直电泳槽内。圆盘电泳的支持体为凝胶柱，其优点是样品容量大，易于分段切割，适合物质制备。根据凝胶或缓冲液组成是否均一又可分为连续凝胶电泳和不连续凝胶电泳。在连续凝胶电泳体系中，凝胶是均一的，样品、凝胶和电极各部分的缓冲液组成和 pH 值是恒定的。在不连续凝胶电泳体系中，凝胶不均一，样品、凝胶和电极各部分的缓冲液组成和 pH 值也可能不同。图 10-11 是不连续凝胶电泳的分离示意图。以圆盘电泳为例，在 10cm 玻璃管内制备 3 种不同浓度的凝胶，底层为 6～7cm 高的分离胶，在 pH＝8.9 的 Tris•HCl 缓冲液中聚合，这层凝胶浓度最高，是适合样品分离的较小孔径凝胶；中层是 1cm 左右高的浓缩胶，在 pH＝6.7 的 Tris•HCl 缓冲液中聚合，此层凝胶浓度较低，是适合样品富集的大孔径凝胶；上层是小于 1cm 高的样品胶，是将待分离样品与少量浓缩胶单体混合后聚合而成。上下电泳槽中都是 pH＝8.3 的 Tris-甘氨酸缓冲液。3 种胶层的缓冲离子都是氯离子，样品和浓缩胶的 pH 值均为 6.7，而分离胶的 pH 为 8.9。甘氨酸（pI＝5.97）在样品和浓缩胶层很少解离，迁移率很低，而此时氯离子迁移率很高，蛋白质则介于二者之间。当施加电压时，氯离子比甘氨酸阴离子向阳极泳动得快，在二者之间产生一条导电性较低的区带，在此区带形成较高的电位梯度，加速甘氨酸的泳动，于是就会形成一个甘氨酸和氯离子的电位梯度和迁移率的乘积相等的稳定状态，使二者以相同的速度泳动。在甘氨酸和氯离子之间具有明显的界面。当此界面通过样品胶层进入浓缩胶层时，在移动的界面前有一低电位梯度，后有一高电位梯度，由于蛋白质的泳动速度较氯离子低，氯离子迅速超越蛋白质样品带，界面后的蛋白质处于高电位梯度下，其泳动速度会快于甘氨酸。于是，移动的界面将蛋白质样品推移至一条狭窄的区带，甘氨酸

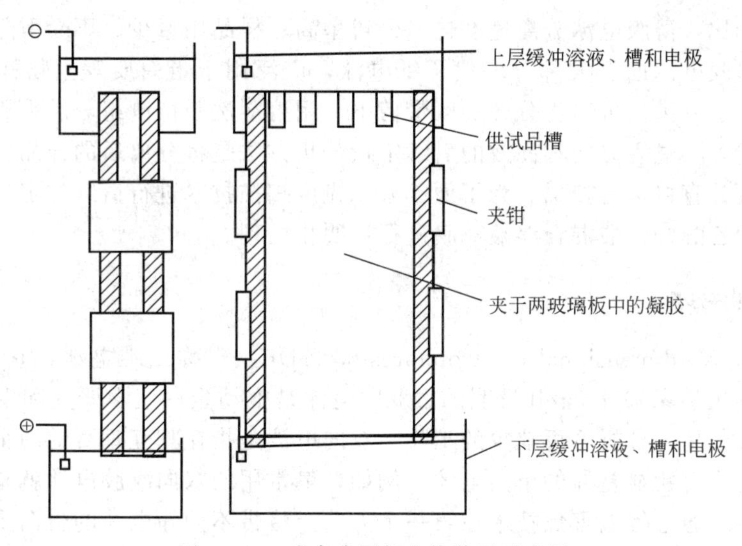

图 10-10　垂直式平板电泳装置示意图

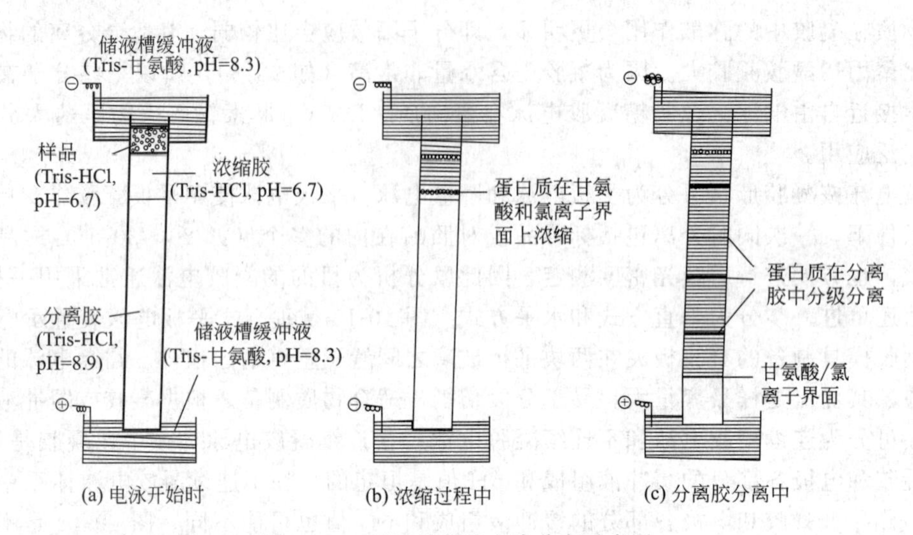

图 10-11 不连续凝胶电泳分离示意图

紧随其后。而且浓缩胶孔径大，蛋白质不会因筛分作用降低泳速和导致区带展宽。当到达分离胶界面时，由于缓冲液 pH 突然增加到 8.9，甘氨酸的解离大增，其泳动速度加快，超过蛋白质而紧随氯离子。因为分离胶孔径小，蛋白质会因筛分作用降低泳动速度，并且会因各种蛋白质所带电荷多少和体积大小的差异而实现相互分离。显然，这种不连续凝胶电泳非常适合大体积和稀溶液样品的分离。

10.3.6 薄膜电泳

薄膜电泳是以聚合物薄膜作为支持体的电泳技术。虽然离子交换薄膜也可以使用，但广泛使用的薄膜是醋酸纤维素薄膜。醋酸纤维素是将纤维素分子中葡萄糖单体上的两个羟基乙酰化成二醋酸纤维素，然后溶解在溶剂（如丙酮与水的混合物）中涂成均匀的薄膜，最后将溶剂挥发除去。膜的厚度通常为 0.1～0.2mm，具有均匀的泡沫状结构，可以驻留少量溶液；薄膜具有较强的渗透性，对样品溶质的迁移无阻碍；膜湿润后具有较好的柔韧性和较大的抗拉能力。

与纸电泳相比，薄膜电泳分离速度快、分辨率高、样品用量少、不会引起蛋白质等生物样品的变性。薄膜电泳已经大部分取代了纸电泳，广泛用于蛋白质等生物样品的分离和分析。样品在薄膜上分离后可以将分开的区带剪下，用溶剂洗脱待测组分后采用分光光度法进行后续定量分析，不过更方便和高效的后续定量分析方法是将分离后的样品区带进行染色处理，然后用光度计直接进行扫描。为了便于采用光度扫描技术进行后续的定量分析，薄膜制备工艺中还需用乙醇和醋酸混合溶液对膜进行透明化处理。

10.3.7 双向电泳

双向电泳（two-dimensional electrophoresis，2-DE）也称二维电泳，它最早是在 1975 年由意大利生物化学家 O'Farrell 发明的。双向电泳是推动蛋白组学研究和发展的核心技术之一，是蛋白质分离和分析不可缺少的工具。双向电泳是指在相互垂直的两个方向上依次进行两个分离机理具有明显差异的单向电泳。例如，最常用的双向凝胶电泳就是先依据蛋白质的等电点的差异，通过等电聚焦技术在第一个方向上将带不同净电荷的蛋白质分离，然后在与第一向垂直的方向上，依据蛋白质分子量的不同，采用 SDS-聚丙烯酰胺凝胶电泳，将第一向电泳操作后还处于同一区带的净电荷相同而体积不同的蛋白质进一步分离。双向电泳的分离原理类似于二维色谱技术。

10.3.8 毛细管电泳

毛细管电泳（CE）又称高效毛细管电泳（HPCE），是20世纪80年代初将细径毛细管用于电泳而产生的一种新型分离分析技术。CE是指离子或带电粒子以毛细管为分离室，以高压直流电场为驱动力，依据样品中各组分之间淌度和分配行为上的差异而实现分离的液相分离分析技术。毛细管通常为内径20～100μm、长约500～1000mm的弹性熔融石英管。为了增加分离的调控因素，管内壁可以修饰各种性质的功能涂层，也可在管内填充各种色谱固定相。由于毛细管内径小，表面积和体积的比值大，易于散热，因此毛细管电泳可以避免焦耳热的产生，这是CE和传统电泳技术的根本区别。CE按毛细管中填充物质的性状、毛细管壁的性质、谱图的特征分为毛细管等速电泳、毛细管区带电泳、毛细管凝胶电泳、毛细管等电聚焦电泳等。表10-3列出了HPCE各种方法的简要特征。图10-12是毛细管电泳装置示意图。在毛细管柱两端施加20～30kV的高电压；样品溶液通过加压、虹吸或电动进样技术导入；检测器以柱上紫外检测器居多。

表10-3 HPCE的各种方法

名称	缩写	管内填充物	说明
毛细管区带电泳	CZE	pH缓冲的自由电解质溶液，可含有一定功能的添加成分	属自由溶液电泳型，但可通过加添加剂引入色谱机理
电动空管色谱	EOTC	管内壁键合固定相，填充CZE载体	属CZE扩展的色谱型，管内径<10μm，最佳内径<2μm
毛细管电动色谱	CEKC	CZE载体＋带电荷的胶束（准固定相）	属CZE载体扩展的色谱型
毛细管离子交换电动色谱	CIEEKC	CZE载体＋带电高分子准固定相	略同于CEKC，但更有利于分析同分异构体
毛细管等电聚焦电泳	CIEF	pH梯度载体，常用溶液，也可用凝胶	按等电点分离，属电泳型，要求完全抑制电渗流动
毛细管等速电泳	CITP	前导电解质溶液	属不连续介质电泳，即需要前导和终末两种载体
毛细管凝胶电泳	CGE	各种电泳用凝胶，可有添加剂	属非自由溶液电泳，可含有“分子筛”效应
毛细管电色谱	CEC	CZE载体＋液相色谱固定相	属非自由溶液色谱型，CZE载体可用其他色谱淋洗液代替

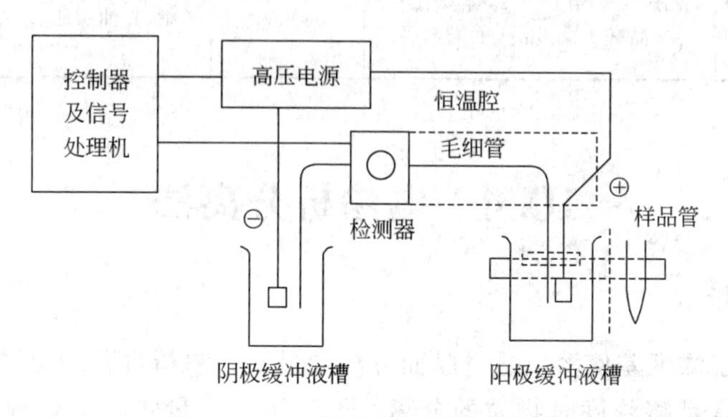

图10-12 毛细管电泳装置示意图

毛细管电泳通常都是在水溶液介质（电解质缓冲液）中进行的，不过近年来随着药物成分，特别是天然药物成分等疏水性有机物的分析需求，一种使用大比例溶剂甚至纯溶剂介质的毛细管电泳越来越受到人们的关注，这就是非水毛细管电泳（NACE）。在NACE中，有机溶剂的性质对电渗流有较大影响，通过溶剂的选择可以改变电渗流的大小和方向，从而改变目标混合物的迁移顺序和改善分离度。选择溶剂时主要考虑其黏度、挥发性、介电常数、质子给予或接受能力、偶极矩等性质。常用的溶剂有甲醇、乙腈、异丙醇、二甲亚砜、甲酰胺、*N*-甲基甲酰胺等。NACE适合所有疏水性有机物的分析，应用范围非常广泛。

毛细管电泳在电泳中应用最广，研究最活跃。它的应用包括从氨基酸、肽、蛋白质、核酸及其片段、糖，直到手性分子、有机小分子和无机离子等许多方面。表10-4列出毛细管电泳的一些应用实例。

表10-4　毛细管电泳的一些应用实例

支持体	支持电解质	所加电压	被分离的物质	参考文献
60mm×1mm的聚四氟乙烯管为预分离柱，100mm×0.5mm的氟化乙烯-丙烯管为主分离柱	5mmol/L HCl-3mmol/L 氨基丙酸-45%丙酮水溶液作前导电解质；5mmol/L柠檬酸作终端电解质	驱动电流（预 200μA，主 50μA）	Fe(Ⅲ)、Co(Ⅱ)、In(Ⅲ)、Bi(Ⅲ)、Al(Ⅲ)、Cr(Ⅲ)、Ga(Ⅲ)彼此分离	1
长60cm、内径75μm的石英毛细管	5mmol/L试钛灵+20mmol/L环糊精	25kV	Cl^-与I^-分离	2
长60cm、内径50μm的石英毛细管	pH 8铬酸钠溶液	20kV	尿样中Cl^-、Br^-、SO_4^{2-}、NO_3^-、NO_2^-、F^-彼此分离	3
长47cm、内径50μm的石英毛细管	0.075mol/L硼砂缓冲液	16.5kV	工业产品中乙二醇、山梨醇、甘露醇的分离	4
长45cm、内径50μm的石英毛细管	0.02mol/L KH_2PO_4-0.05mol/L $Na_2B_9O_7$-0.05mol/L十二烷基硫酸钠	12.4kV	水溶性维生素中维生素B_3、维生素B_6、维生素B_{12}、维生素B_2、维生素B_1、维生素C的分离	5
长45cm、内径75μm的未涂层熔融石英毛细管	5mmol/L NaOH-8mmol/L柠檬酸-10mmol/L β-CD(pH 4.5)	12.5kV	手性药物对映体——外消旋心得安的分离	6
长65cm、内径75μm的石英毛细管	4.5mmol/L Tris-4.5mmol/L硼酸-0.1mmol/L EDTA(pH 8.4)	24kV	大肠杆菌和金黄色葡萄球菌	7
毛细微片分离长度74mm，隧道宽50μm	15mmol/L硼酸缓冲溶液(pH 9.5,10%甲醇)	2kV	绿原酸、龙胆酸、阿魏酸和香草酸	8
长50cm、内径75μm的熔融硅毛细管	乙腈-2-丙醇(3∶2,体积比)+0.3%醋酸+60mmol/L醋酸铵	30kV	植物种子中的胆碱磷脂、胆胺磷脂、甘油磷脂、纤维醇磷脂、磷脂酸	9

10.4 电渗析分离法

10.4.1 基本原理

渗析过程是基于浓度差使溶质透过膜而分离的过程。渗析过程的速率低，适用于当引用外力有困难或自身有足够浓度时物质的分离，也适用于少量物料的处理，典型用途是血液透析。

电渗析是离子在电场作用下迁移和离子交换技术结合的一种分离方法。图 10-13 是电渗析分离装置示意图。它的主要部分是由三个相互连接的池组成，其中Ⅰ为阳极池，Ⅱ为料液池，Ⅲ为阴极池。在阳极池与料液池之间有一个常压下不透水的阴离子交换膜 A 将它们隔开，它阻挡阳离子，只允许阴离子通过；在料液池和阴极池之间，由阳离子交换膜 C 将它们隔开，它阻挡阴离子，只允许阳离子通过。当阴、阳电极上加上电压时，料液池中的阳离子通过阳离子交换膜迁移到阴极池中；阴离子通过阴离子交换膜迁移到阳极池中；如果料液中有沉淀颗粒或胶体，则不能通过阴、阳离子交换膜而留在料液中，这样阴离子、阳离子和沉淀颗粒得以分离。

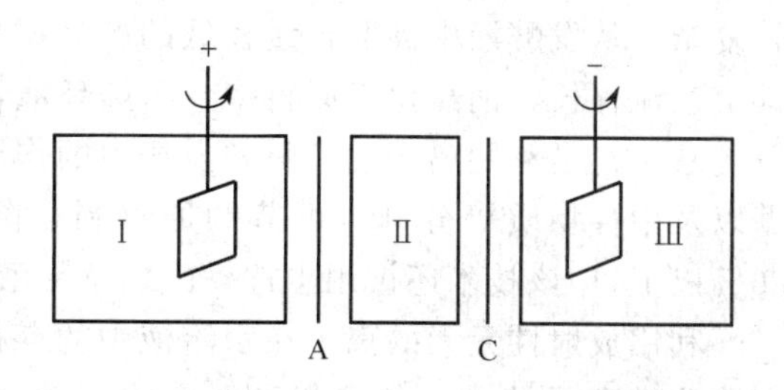

图 10-13 电渗析分离装置示意图

10.4.2 电渗析膜的制备

电渗析所用的离子交换膜是具有离子交换活性基团的功能高分子薄膜，如磺酸基团为阳离子交换膜的活性基团，季铵基团为阴离子交换膜的活性基团。制备离子交换膜的高分子材料常用的有聚乙烯、聚丙烯、聚氯乙烯、氟碳高聚物等的苯乙烯接枝高聚物。

异相膜一般通过以下方法制备：①将离子交换树脂和用作黏合剂的成膜聚合物（如聚乙烯、聚氯乙烯等）以及其他辅料一起通过压延或模压方法成膜；②将离子交换树脂均匀分散到成膜聚合物的溶液中浇铸成膜，然后蒸发除去溶剂；③将离子交换树脂分散到仅部分聚合的成膜聚合物中浇铸成膜，最后完成聚合过程。

均相膜的制备方法可归纳为三种类型：①多组分共聚或缩聚成膜，其中必有一组分带有或可带有活性基团；②先用赛璐玢、聚乙烯醇、聚乙烯、聚苯乙烯等制成底膜，然后再引入活性基团；③将聚砜之类的聚合物溶解，然后在其链节上引入活性基团，最后浇铸成膜，蒸发除去溶剂。

10.4.3 电渗析法的应用

电渗析是膜分离过程中较为成熟的一项技术，最初用于苦咸水脱盐，苦咸水脱盐至今仍是电渗析最主要的应用领域。而其他应用，如锅炉进水的制备、电镀工业废水的处理、乳清脱盐和果汁脱酸等也已具有工业规模。另外海水浓缩制食盐的应用，虽仅限于日本和科威特，但也是电渗析的一大应用领域。目前，电渗析以其能耗低、无污染等明显优势被越来越广泛地用于食品、医药、化工、工业废水处理等领域，虽然大多还处于实验室规模，但研究进展很快。

制药厂废水中含有大量的有机物及许多有价值的物质，氨基酸就是其中的一种。目前国内大部分都采用离子交换树脂来脱酸，这样树脂不可避免地要附上一部分氨基酸，树脂再生时这部分氨基酸就作为废液排放掉，造成资源的浪费。关于氨基酸的废水处理，日本曾采用活性污泥法，国内有用电渗析法处理氨基酸废水的。为了达到既净化废水，又回收氨基酸的目的，可以采用电渗析来处理制药厂的酸性氨基酸废水，结果表明：废水氨基酸和 COD 脱除率均可达 80%，低浓度浅色废水经一级处理即可达排放标准，浓缩水中氨基酸的浓度是淡水中的 20 倍，同时浓缩水中氨基酸的浓度可接近其饱和浓度。

乳酸是一种重要的有机酸，食用和医用乳酸一般都采用发酵法制备，由于发酵液组分比较复杂，从发酵液中提取含量较低的产品相当困难。目前，采用乳酸钙结晶-硫酸酸化工艺，其工艺流程长，消耗化工原料多，污染环境，产率低（一般40%左右）。而四室电渗析器提取乳酸工艺是利用离子交换膜和电场力的作用，将乳酸等电解质离子和发酵液中其他大分子糖以及中性物质等分开，可节约原材料，降低成本，改善劳动条件，提高产率（一般为80%以上）。该技术还被用于柠檬酸、苹果酸等其他有机酸的分离。

利用放射性元素的离子在水溶液中的存在状态不同或者通过加入配位试剂、调节 pH 等方法改变离子状态，就可以达到彼此分离的目的。例如向含有主要裂变产物 ^{95}Zr、^{99}Tc、^{144}Ce、^{91}Y、^{147}Pm、^{137}Cs、^{90}Sr 的试液中加入 NH_4F，改变其酸度，使 ^{95}Zr、^{99}Tc 与 F^- 形成配阴离子；^{137}Cs、^{90}Sr 不形成配合物而以阳离子形式存在；^{144}Ce、^{91}Y、^{147}Pm 与 F^- 形成难溶氟化物。在阳极与阴极间加上电压后，^{95}Zr、^{99}Tc 以配阴离子形式透过阴离子交换膜到达阳极池；^{137}Cs、^{90}Sr 以阳离子形式透过阳离子交换膜到达阴极池；^{144}Ce、^{91}Y、^{147}Pm 由于形成难溶化合物，既不能透过阴离子交换膜，也不能透过阳离子交换膜而留在料液池中，从而使这几组离子相互分离。

10.5　化学修饰电极分离富集法

10.5.1　分离原理

化学修饰电极（CME）自 1975 年问世以来发展很快，是电化学和电分析领域中公认的活跃研究方向。它是通过化学、物理化学的方法对电极表面进行修饰，在电极表面形成某种微结构，赋予电极某种特定性质，可以选择性地在电极上进行所期望的氧化还原反应。CME 表面微结构提供多种能利用的势场，使待测物进行有效的分离富集，借控制电极电势进一步提高选择性，并且将测定方法的灵敏度和化学反应的选择性相结合。可见，CME 是一种融分离、富集和测定三者为一体，有广阔应用前景的分离分析方法。

使用 CME 富集、分离时，在电极表面修饰上带特定功能基团的功能分子，这些功能基团能与被测物发生离子交换、配合、共价键合等反应，而使被测物富集或分离。功能分子修饰到电极表面的修饰方法很多，如共价键合法、吸附法（包括自组装法）、聚合物薄膜法、组合法（如碳糊电极）和其他特殊的方法等，应根据所用电极基体的性质与制备目的选择合适的修饰方法。CME 的分离机理有以下几种：

(1) 离子交换型　CME 通过表面的静电作用，吸引带相反电荷的离子富集。根据离子交换剂对各种离子的相对亲和性，修饰电极将优先同具有高电荷、小溶剂化体积及高极性的离子进行离子交换。常见的阴离子交换剂有聚 4-乙烯基吡啶等，它们在酸性溶液中质子化，吸引溶液中的阴离子而具有富集功能。阳离子交换剂中最常用的是美国杜邦公司生产的 Nafion以及美国 Eastman Kodak 公司生产的 Eastman-AQ，它们适合对较大憎水性阳离子进行富集分离，例如对 $Ru(NH_3)_6^{2+}$ 和 $Ru(bpy)_3^{2+}$ 的分离系数达 $10^6 \sim 10^7$。除了上述有机聚电解质已广泛应用于离子型被测物的静电键合与富集外，无机物质也具有这种重要的作用。近年来的工作表明，覆盖薄层蒙脱土、沸石、皂土、海泡石等无机物质的修饰电极表面对离子型被测物可进行选择性静电富集与分离，电极表面的黏土及其他无机涂层具有较高化学和机械稳定性、特殊结构等优点。

(2) 配位反应型　即待测离子与修饰电极表面的物质发生配位反应而被富集和分离。对于配位反应，大多数化学分析上应用的螯合剂可成功地用作电极表面修饰剂。可以通过调节测试溶液的组成，特别是从 pH 和掩蔽两方面来提高方法的选择性。由碳糊与修饰剂分子制得的混合碳糊修饰电极为富集/伏安分析所普遍采用。这是因为很多有机试剂可很快地掺入到碳糊中，不需要对每一种修饰剂设计出分别的附着方案。现有的工作证实了混合碳糊修饰电极的多用性、稳定性及易操作性等特点，可以通过改变加入碳糊混合物中修饰剂的质量，来改变有效的表面覆盖量；另外，表面可消除或更新，以便进行下一次测量，误差为 5%～10%，这样的重现性要求修饰剂具有均匀的表面覆盖量。通过手工混合或超声分散的方法可以使修饰剂与有机糊状物充分混合。采用这种修饰方法，要求所用溶剂中修饰剂的溶解度足够小，以保证修饰剂分子在碳糊基底中的稳定性。

(3) 共价键合型　被测物与修饰剂活性中心间发生共价键合而被富集、分离到电极表面。

(4) 疏水性富集　当基底电极表面修饰一层疏水性类脂物质时，该类脂层可以从接触的溶液中富集疏水性有机化合物，并阻碍亲水性分子的传输。

(5) 修饰膜　利用电极表面修饰膜的渗透性，有选择地使某种离子或分子透过膜孔，起到分子筛的作用，基于溶液中离子或分子的大小、电荷、空间结构的差异而在修饰膜上分离。对于共价聚合、电聚合及等离子体聚合的膜，离子的透过主要取决于其体积的大小；而离子交换型的聚合物膜，离子的透过主要取决于其所带的电性，即靠电荷排斥将干扰离子阻隔在膜外。

10.5.2　修饰电极的应用实例

用金相砂纸打磨光玻璃碳电极，然后用 Al_2O_3 悬浊液抛光成镜面，以水、稀 HNO_3、乙醇（或丙酮）在超声波中清洗，在红外灯下烤干，在电极表面滴加一定量 Nafion 乙醇溶液，再烤干，即可用。Nafion 是一种全氟磺酸高聚物，含有一个亲水畴和憎水畴，亲水部分是一个离子化的磺酸基，是阳离子交换位置，可以与金属离子尤其是大阳离子结合。在醋酸盐缓冲液中，Eu(Ⅲ) 与二甲酚橙（XO）形成大阳离子，与 Nafion 膜中的阳离子进行交换而被结合在膜中（选择性地富集在膜中）；阴离子 Cl^-、ClO_4^- 等无法与阳离子交换剂进行交换反应；La(Ⅲ)、Er(Ⅲ) 等轻重稀土对 Eu(Ⅲ) 的交换反应影响甚小，这样 Eu(Ⅲ) 就可与其他离子分离开。在 pH 2.9 的 0.1mol/L HAc-NaAc、1.0×10^{-4} mol/L XO 介质中，以这种修饰电极为工作电极，在 −0.2V 下富集 1min，然后以 200mV/s 速度进行阴极溶出，可测定低至 1.0×10^{-7} mol/L 的 Eu(Ⅲ)。

以 Nafion 修饰的玻璃碳电极为工作电极，在盐酸介质中，在 −0.6V 下电解富集 Bi，而且是边交换边还原，性质相近的 Sb 在测定 Bi 的条件下不产生信号，大量 Cu 的溶出信号与 Bi 相距很远，从而消除了 Sb、Cu 对测定 Bi 的干扰。

在哺乳动物大脑组织神经递质的测定中，抗坏血酸（AA）、多巴胺（DA）是常见的被测物质，但由于二者的氧化峰靠得太近不能分离，测定互相干扰。以聚苯胺（PA）修饰的铂电极对 AA 和 DA 有不同的催化性，使它们在 PA 膜电极上的氧化峰分开 140mV。用金相砂纸将铂电极表面磨光，用 Al_2O_3 抛光成镜面，用亚沸蒸馏水反复清洗电极表面，在 1.0mol/L 苯胺和 2.0mol/L HCl 介质中除 O_2 后，于静止条件下，以 $42\mu A/cm^2$ 电流密度氧化聚合，制得 PA 修饰电极。由于在酸性介质中，H^+ 对修饰膜 PA 掺杂，使基团—NH_2、═NH 和—N═分别变成—NH_3^+、═NH_2^+ 和—NH^+═，有利于与富电子的具有不饱和 π 键的 AA 相互作用，富集了 AA；而 DA 带正电，不利于与质子化的 PA 膜作用，富集效果差，这样 AA 与 DA 被分离开。

用直径为 0.9μm 的碳纤维 1000 支组成的圆盘电极，经抛光、清洗后，用微量进样器把离子交换剂 Eastman-AQ 的 1%乙醇溶液滴在电极表面上，在红外灯下烤干，这样制成的修饰电极选择性地浓缩 DA，因为带正电的 DA 与膜中的 Na^+ 进行交换进入膜中，而带负电的 AA 不与膜进行交换反应，不能进入膜中，使 AA 与 DA 分离。

聚丙烯酰胺肟电极可以与银发生配位反应而用于银的分离测定。先将光谱纯碳棒基底电极用 1%聚丙烯腈的二甲基甲酰胺溶液浸渍 10min，干燥后，在盐酸羟氨水溶液中反应，使之羟氨化，制得聚丙烯酰胺肟电极，再将该电极插入含银溶液中，搅拌条件下富集 40min；取出后，先将电极在 1mol/L KCl 溶液中还原，然后再进行循环电位扫描。该修饰电极对银离子具有很强的配位能力，在 $1\times10^{-5}\sim1\times10^{-8}$ mol/L 浓度范围内，测定结果的相对误差小于±5%，复杂样品中银的测定结果也与标准数据一致。

联合配位反应与离子交换的化学修饰电极能更有效地进行分离和富集。图 10-14 为 1.0mmol/L 邻位和对位硝基苯酚在 Nafion 涂层电极上的线性电位扫描伏安图。加入 α-环糊精（α-CD）后，对硝基苯酚的还原峰几乎消失［见图 10-14(b) 中的曲线 2］，而对邻硝基苯酚的影响较小［见图 10-14(b) 中的曲线 1］。不同电极表面和溶液条件下，邻硝基苯酚的还原电流与其对位异构体还原电流的比值也不同。电极未修饰 Nafion 时，加入 α-CD 对选择性比值的影响较小；而修饰 Nafion 后，加入 α-CD 则该比值大大提高，可用于对硝基苯酚存在情况下，进行邻硝基苯酚的选择性测定。

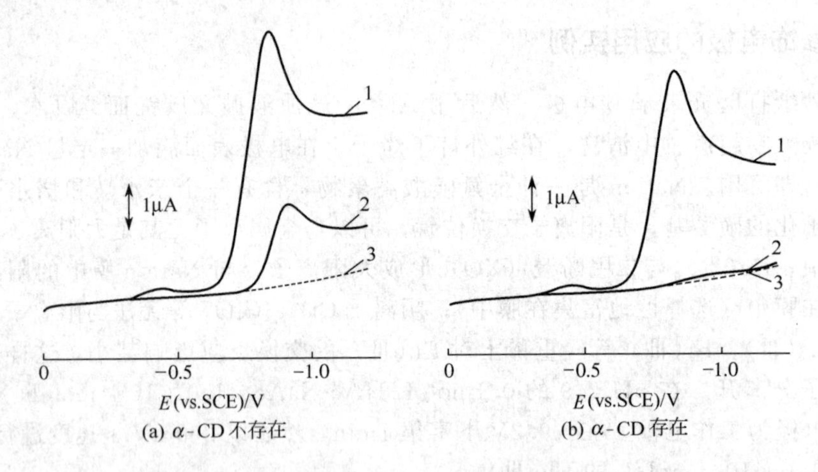

图 10-14 α-CD 不存在与存在的情况下，邻位和对位硝基苯酚在 Nafion 涂层电极上的线性电位扫描伏安图（20mmol/L α-CD，扫速 100mV/s）

1—1.0mmol/L 邻硝基苯酚；2—1.0mmol/L 对硝基苯酚；3—背景曲线

羰基化合物可以与固定在铂电极表面的伯氨基（$-NH_2$）发生缩合反应，从而对羰基化合物共价键合而进行分离测定。其反应可表示为

$$R_1NH_2 + R_2-CO-R_3 \longrightarrow R_2-C(=NR_1)-R_3 + H_2O$$

将裸露的铂电极浸入到 0.5%烯丙胺的除氧水溶液中 3min，然后用 3 次水及 95%乙醇彻底清洗，制得烯丙胺修饰电极。将被测的二茂铁甲醛溶于含 0.5% HCl 的 95%乙醇溶液中，加热至 75℃，将上述修饰电极浸入到该溶液中，在搅拌条件下反应 30min，然后用 95%乙醇-0.5% HCl 超声清洗。在含 0.1mol/L $LiClO_4$ 的乙腈中，于 0～1.0V 范围扫描，在约 0.32V 处峰电流最大，几次重复实验具有稳定、重现的峰电流。表面修饰物可通过维持电极的电势在+1.5V 一段时间而除去，该方法的检测限可达 10^{-7} mol/L，100 倍的二茂铁共

存时不产生干扰，表明此方法测定羰基化合物具有很高的选择性。

同样，烷基化试剂也可通过富集在聚维生素 B_{12} 修饰电极上而进行测定。修饰电极是通过将维生素 B_{12}、环氧类树脂及二甲基苯基胺的二氯甲烷混合溶液滴加在裂解石墨电极表面，待溶剂挥发后，于120℃下加热1h固化而制得的。将该修饰电极置于含0.2mol/L $LiClO_4$ 的乙腈溶液中，在－1.0V的电位下，电极表面的钴中心离子Co(Ⅱ)被还原为Co(Ⅰ)，对烷基化试剂呈现高的亲核反应活性，形成相对稳定的有机氨合钴，而使烷基化试剂得以富集在修饰电极表面。

10.6 溶出伏安法

10.6.1 基本原理

溶出伏安法包括两个过程：首先是电解过程，选择合适的电极电位，使待测物在电极表面上进行反应，把大体积测试液中的痕量物质浓缩在微小体积的工作电极上；然后是溶出过程，选用适当的方式，将沉积在电极表面上的目标物质溶解出来，重新进入溶液中。溶出伏安法具有很高的灵敏度和较好的选择性。

根据电解浓缩及溶出方式的不同，溶出伏安法分为阳极溶出伏安法、阴极溶出伏安法、电位溶出分析法。阳极溶出伏安法是将被测物在适当电位下进行恒电位电解，待测物还原富集在工作电极上，静止片刻后，使工作电极电位由负向正方向变化，已经还原在电极上的物质重新氧化溶解，称为“阳极溶出”，溶出产生的峰电流在一定条件下与被测物在溶液中的浓度成正比。阴极溶出伏安法与阳极溶出伏安法的两个电极过程刚好相反，在预电解阶段，选择合适的电极电位，使工作电极（如悬汞电极）发生氧化反应，生成的离子与溶液中的被测离子（如卤素离子、硫离子等）反应，形成难溶化合物，沉积在工作电极表面，使大体积试液中的痕量待测物得到选择性富集。静止片刻后，使电极电位向负方向变化，富集在电极上的难溶化合物被还原，待测离子重新进入溶液中，称为“阴极溶出”，溶出产生的峰电流在一定条件下与样品溶液中被测物的浓度成正比。电位溶出分析法是在恒电位下将被测物预先还原而富集在工作电极上，然后断开电解电路，此时溶液中的溶解氧或加入的氧化剂将电极上的电沉积物氧化，用 E-t 记录仪记录电位-时间关系曲线，在曲线上出现“平台”，称为“过渡时间” τ，τ 在一定条件下与被测物在溶液中的浓度成正比。

溶出伏安法中，在预电解和溶出两个阶段采用不同的介质时，即介质交换法，可以使不同物质原本重叠的溶出峰分开；另外，通过加入表面活性剂等，改变某些离子的电化学性质，也能使某些重叠峰分离；采用化学修饰电极、控制电极电位分步沉积、分步溶解的方法，也能排除某些干扰，提高测定的选择性。

10.6.2 溶出伏安法的应用

Pb(Ⅱ)和Tl(Ⅰ)在酸性介质中都能产生灵敏的溶出峰，但峰形重叠，互相干扰，采用流通池介质交换的方法可以解决这个问题。流通池是用有机玻璃制成的（见图10-15），其有效体积为100μL，工作电极与参比电极间的电阻为20～150Ω，流动体系以蠕动泵控制溶液流速，介质交换过程用多功能阀调控，用内径1mm的聚四氟乙烯管连接各部分。实验时，先用水流经所有导管，清洗干净，导管1和2分别用于通入样品溶液和溶出液。首先在－1.0V电位下预电解，将已经通入 N_2 除去了溶解 O_2 的含Pb(Ⅱ)和Tl(Ⅰ)的1.0mol/L

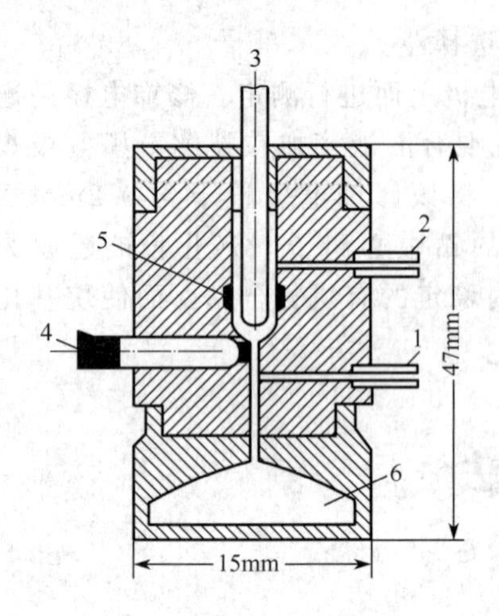

图 10-15 流通池截面图

1—入口；2—出口；3—工作电极；4—参比电极；5—辅助电极；6—废汞池

HCl 溶液以 1.8mL/min 的速度流经电解池，富集 1min，保持电位不变，改变阀向，使 0.5mol/L NaOH-0.05mol/L 乙二胺混合液流过电解池，直至把全部试液清洗出电解池，停止溶液流动，静止 20s，用微分脉冲阳极溶出伏安法测定，在溶出介质中，铅、铊的溶出峰彼此分离。

Sb(Ⅲ)、Bi(Ⅲ)、Cu(Ⅱ)由于化学性质相似，一般情况下溶出峰形重叠，给测定带来困难。为了同时测定这三种元素，在 0.3V 预电解电位下，将含有这三个离子的 1.0mol/L HCl 溶液以 1.5mL/min 的流速通过流通池 40s，电解预浓缩，保持电位不变，改变阀向使已除 O_2 的 0.25mol/L 丙二醇-1.0mol/L HCl 溶液通过流通池，把试样溶液全部清洗出去，停止溶液流动，静止 30s，记录脉冲阳极溶出伏安图，得出彼此分离的峰，相邻溶出峰电位之差 $\Delta E_p > 80$mV。

用阴离子交换剂 Amberlite LAZ 修饰的碳糊电极浸入 1.5mol/L HCl 介质中，Au 以四氟金酸盐形式吸附在碳糊电极上，搅拌吸附一定时间后，取出电极，浸入新的 0.1mol/L HCl 介质中，以＋0.6～－0.20V 进行阴极化扫描。这样用化学修饰电极法结合介质交换，使 Au 与 Ag 等其他金属离子分离开，选择性大为提高。

地下水中 Pb、Cd、Sn 用通常的伏安法进行测定时，会互相干扰。应用流动注射和介质交换技术进行电位溶出分析，即可克服这个困难。在 1.2mol/L HCl-50μg/mL $HgCl_2$ 介质中，在－1.4V 电压下电解 140s，水样中该三种离子以金属形式沉积在工作电极上。然后以 1.3mL/min 的速度将 0.1mol/L 酒石酸钠-0.1mol/L NaCl-50μg/mL $HgCl_2$ 混合介质放入测定池中，把预沉积的介质置换出来，新换入的混合介质中的 $HgCl_2$ 把沉积的金属氧化，记录电位-时间曲线，得到三个彼此分离的平台。

此外，溶出伏安法还有众多的应用，见表 10-5。

表 10-5 溶出伏安法的部分应用实例

工作电极	预沉积介质	溶出介质	溶出方式	被分离的物质	参考文献
悬汞电极	1mol/L HCl	0.05mol/L 乙二胺-0.15mol/L NaCl	脉冲阳极溶出	Cd(Ⅱ)与 In(Ⅲ)	10
悬汞电极	0.1mol/L HCl	0.1mol/L NH_4SCN-0.04mol/L HCl	脉冲阳极溶出	Cu(Ⅱ)与 Sb(Ⅲ)	11
玻碳汞膜电极	1.2mol/L HCl	pH 3.9 的柠檬酸钠-盐酸缓冲溶液	脉冲阳极溶出	Pb(Ⅱ)与 Sn(Ⅱ)	12
玻碳汞膜电极	0.1mol/L HCl	0.1mol/L HCl＋0.0075%十二烷基硫酸钠	脉冲阳极溶出	Pb(Ⅱ)与 Cd(Ⅱ)	13
悬汞电极	2.5×10^{-2} mol/L 醋酸-醋酸盐-1×10^{-6} mol/L 邻苯二酚紫	2.5×10^{-2} mol/L 醋酸-醋酸盐-1×10^{-6} mol/L 邻苯二酚紫-柠檬酸盐	阴极溶出	V(Ⅴ)与 Al(Ⅲ)	14
碳纤维修饰电极	乙醇溶液	2mol/L HCl	电位溶出	Zn(Ⅱ)与 Pb(Ⅱ)	15
玻碳汞膜电极	0.5mol/L $CaCl_2$	0.5mol/L $CaCl_2$＋适量 Ga(Ⅲ)	电位溶出	Mn(Ⅱ)与 Cu(Ⅱ)	16

10.7　控制电位库仑分离法

10.7.1　基本原理

在通常的待测样品中，经常同时存在两种以上的离子，若将工作电极的电位控制在特定的范围内，就可以防止在测定某种离子时其他共存离子的干扰反应，提高分析结果的准确性。

将控制电位库仑分析用于流动体系，产生一种新型的分离和测定金属离子的方法——电解色谱法。它的装置如图 10-16 所示。在一根流通管 AB 中装有导电的物质，在电极 C 与 D 间加上一直流电压，使 C 为正极，D 为负极，利用电压降，在管内从 C 到 D 形成均匀的电位梯度。如果含有电还原性物质的载液自 A 流向 B，则这些物质将按其电动势顺序定域沉积在电极上，易还原的靠近 C 端沉积，难还原的靠近 D 端沉积。当沉积完全后，在载流流动下，将所加电压降低，沉积的金属又将依次溶解，从 B 出口处得到各个分离的离子，然后用库仑法测定。

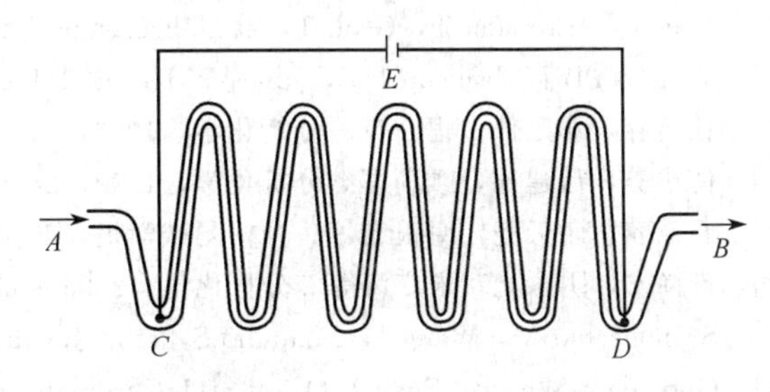

图 10-16　电解色谱法装置

10.7.2　控制电位库仑分离法的应用

一般情况下，在做铝铂铁催化剂中铂和铁的测定时，铂铁互相干扰，电还原峰重叠，但用铂电极为工作电极、饱和氯化银电极为参比电极，在 0.1mol/L 乙二胺-1mol/L HCl 介质中，控制工作电极的电位在 0.10V 下进行电解 10min，使 Fe(Ⅲ) 还原为 Fe(Ⅱ)，Pt(Ⅳ) 还原为 Pt(Ⅱ)，再在 0.5V 下电解 15min，Fe(Ⅱ) 完全氧化为 Fe(Ⅲ)，记下所消耗的电量，计算铁的含量。然后使工作电极电位为+0.8V，电解 Pt(Ⅱ) 完全氧化为 Pt(Ⅳ)，这一步所消耗的电量为电解 Pt(Ⅱ) 所用，这样本来互相干扰的两个元素变为互不干扰，可以分别测定。

在 0.5～1.0mol/L NaOH 介质中，插入铂网工作电极，并将电位控制在+0.39V 下进行极化，电解到残余电流为 20μA 后，加入含 Rh(Ⅲ)、Pd(Ⅱ)、Ir(Ⅳ)、Pt(Ⅳ) 的试液，在+0.39V 下电解至电流为 20μA，记录电流-时间曲线，利用作图法求电解所消耗的电量。因为在此介质和该电位下，Pd(Ⅱ)、Ir(Ⅳ)、Pt(Ⅳ) 均未被氧化，仅 Rh(Ⅲ) 被定量氧化为 Rh(Ⅳ)，因而使 Rh(Ⅲ) 与其他共存离子分离，并能准确测定。

复习思考题

1. 总结归纳控制电位电解分离法、控制电流电解分离法、汞阴极电解分离法及内电解分离法等四种电解分离操作技术的特点及适合的应用对象。

2. 为什么前流型电泳分离法不如区带型电泳分离法的实用价值大？

3. 试分析电渗析分离法与离子交换分离法和电泳分离法的区别与联系。

4. 为什么要进行电极修饰？修饰电极的主要类型有哪些？

5. 阳极溶出伏安法和阴极溶出伏安法分别适合哪类物质的分离？

6. 控制电位库仑分离法与溶出伏安法的根本区别在哪里？

7. 比较适合蛋白质分离的几种电泳技术各自的特点。

参考文献

[1] Nakabayashi Y，Nagaoka K，Masuda Y，et al. Analyst，1989，114（9）：1109～1112.

[2] Boden J，Ehmann T，Groh T，et al. Fresenius J. Anal. Chem.，1994，348（8/9）：572～575.

[3] Wildman B J，Jackson P E，Jones W R，et al. J. Chromatogr.，1991，546（1/2）：459～466.

[4] 任吉存，邓延倬，程介克．分析化学，1993，21（12）：1374～1377.

[5] 傅小芸，吕建德，颜利军．分析化学，1992，20（5）：524～526.

[6] 石欲容，谢天尧，谢玉璇等．分析测试学报，2004，23（6）：47～49.

[7] 肖尚友，阴永光，宋广涛等．分析化学，2005，33（7）：917～921.

[8] Scampicchio M，Wang J，Mannino S，et al. J. Chromatogr. A，2004，1049（1/2）：189～194.

[9] Guo B Y，Wen B，Shan X Q，et al. J. Chromatogr. A，2005，1074（1/2）：205～213.

[10] 王富权，李顺玉．分析化学，1992，20（2）：215～218.

[11] 佘益民，王富权．理化检验（化学分册），1992，28（5）：269～271.

[12] Desimoni E，Palmisano F，Sabbation L. Anal. Chem.，1980，52（12）：1889～1892.

[13] 邹毓良，孙芝莲．分析试验室，1988，7（2）：11～13.

[14] Vukomanovic D V，Vanloon G W. Talanta，1994，41（3）：387～394.

[15] Huiliang H，Jagner D，Renman L. Anal. Chim. Acta，1988，207（1）：17～26.

[16] Eskilsson H，Turner D R. Anal. Chim. Acta，1984，161（2）：293～302.

参考书目

[1] 周宛平主编．化学分离法．北京：北京大学出版社，2008.

[2] 严希康编著．生化分离工程．北京：化学工业出版社，2001.

[3]《化学分离富集方法及应用》编委会．化学分离富集方法及应用．长沙：中南工业大学出版社，1996.

第 11 章 其他分离技术

11.1 分子蒸馏

分子蒸馏是一种特殊的液-液分离技术，它产生于 20 世纪 20 年代，是伴随着人们对真空状态下气体运动理论的深入研究以及真空蒸馏技术的不断发展而逐渐兴起的一种新的分离技术。目前，分子蒸馏技术已成为分离技术中的一个重要分支，广泛用于天然产物、食品、石油化工、农药、塑料工业等领域的有机物的分离。

11.1.1 分子蒸馏技术原理

常规蒸馏是基于不同物质的沸点差异进行的分离，而分子蒸馏是基于不同物质分子运动的平均自由程的差异而实现分离。当两个分子距离较远时，它们之间表现为相互吸引，而当它们接近到一定程度时，它们之间的作用会变为相互排斥，随着距离的进一步接近，排斥力会迅速增加。即分子由接近至排斥而分离的过程就是分子的碰撞过程。两分子在碰撞过程中，它们的质心的最短距离就是分子的有效直径。一个分子在相邻两次分子碰撞之间所经历的路程称为分子运动自由程。任何一个分子在运动过程中，其自由程是在不断变化的，在一定的外界条件下，不同物质的分子自由程是不同的，在某时间间隔内，分子自由程的平均值称为该分子的平均自由程。温度、压力及分子的有效直径是影响分子运动平均自由程的主要因素。分子运动平均自由程 λ_m 与各主要因素的关系可以用下式表示：

$$\lambda_m=\frac{k}{\sqrt{2}\pi}\times\frac{T}{d^2p} \tag{11-1}$$

式中，k 为玻耳兹曼常数；T 为分子所处环境的温度；d 为分子有效直径；p 为分子所处空间的压力。

根据分子运动理论，液体混合物受热后分子运动会加剧，当接收到足够能量时，就会从液面逸出变成气态分子。随着液面上方气态分子的增加，有一部分气态分子又会返回液相，在外界条件一定时，气液两相最终会达到动态平衡。不同种类的分子，由于其有效直径不同，从统计学观点看，其平均自由程也不同，即不同种类物质分子逸出液面后不与其他分子碰撞的飞行距离不同。分子蒸馏正是依据不同种类物质分子逸出液面后在气相中的运动平均自由程不同来实现不同物质的相互分离的。

图 11-1 是分子蒸馏分离原理示意图。液体混合物沿加热板自上而下流动，受热后获得足够能量的分子逸出液面，因为轻分子的运动平均自由程大，重分子的运动平均自由程小，如果在离液面距离小于轻分子的运动平均自由程而大于重分子的运动平均自由程的地方设置

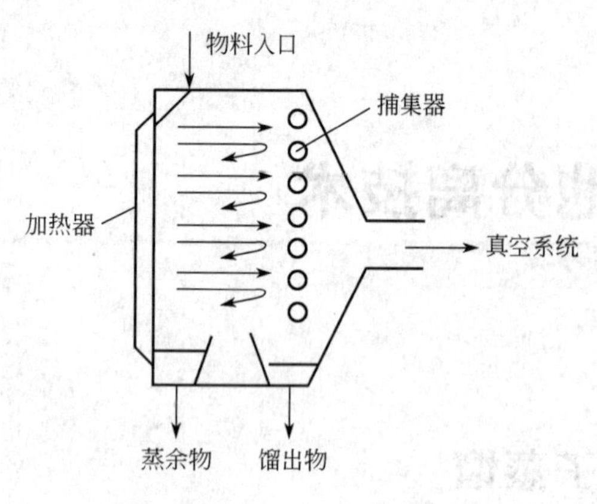

图 11-1 分子蒸馏分离原理示意

一冷凝板（捕集器），则气相中的轻分子可以到达冷凝板被冷凝，移出气液平衡体系，体系为了达到新的动态平衡，则不断有轻分子从混合物液面逸出；相反，气相中的重分子不能到达冷凝板，不会被冷凝而移出体系，所以，重分子很快达到气液平衡，表观上不会有重分子继续逸出液面。于是，不同质量的分子被分离开。显然，上述分离实现的两个基本条件是：第一，轻重分子的平均自由程必须有差异，差异越大则越容易分离；第二，蒸发面（液面）与冷凝板间的距离必须介于轻分子和重分子的平均自由程之间。

分子蒸馏是一种非平衡状态下的蒸馏，其原理与常规蒸馏完全不同，它具有许多常规蒸馏法所不具有的优点。

(1) 蒸馏压力低 为了获得足够大的分子运动平均自由程，必须降低蒸馏压力。同时，由于分子蒸馏装置独特的结构形式，其内部压降极小，可获得 0.1～100Pa 的高真空度。常规真空蒸馏虽然也可获得较高真空度，但由于其内部结构上的制约，其真空度只能达到 5kPa 左右。

(2) 物质受热时间短 分子蒸馏装置中加热面与冷凝面之间的间距很小（小于轻分子运动平均自由程），由液面逸出的轻分子几乎不发生碰撞即可到达冷凝面，所以受热时间很短。如果采用成膜式（如刮膜、离心成膜）分子蒸馏装置，使混合物溶液的液面形成薄膜状，这时，液面与加热面几乎相等，物料在设备中停留时间很短，蒸余物料的受热时间也很短。常规真空蒸馏受热时间为分钟级，而分子蒸馏受热时间为秒级。

(3) 操作温度低 因为物质分子只要离开液面，即可实现分离，不需将溶液加热至沸腾，所以分子蒸馏是在远低于物质沸点的温度下进行蒸馏操作的。

(4) 分离度高 分子蒸馏常常用来分离常规蒸馏难以分离的混合物。即使两种方法都能分离的混合物，分子蒸馏的分离度也要比常规蒸馏高，比较一下它们的挥发度即可看出。常规蒸馏的相对挥发度为 α：

$$\alpha=\frac{p_1}{p_2} \tag{11-2}$$

而分子蒸馏的挥发度 α_τ 为

$$\alpha_\tau=\frac{p_1}{p_2}\sqrt{\frac{M_2}{M_1}} \tag{11-3}$$

式中，M_1 和 M_2 分别为轻组分和重组分的分子质量；p_1 和 p_2 分别为轻组分和重组分物质的饱和蒸气压。因为式(11-3) 中 $M_2/M_1>1$，所以，$\alpha_\tau>\alpha$。从式(11-3) 中还可看出，轻重分子之间的质量差异越大，它们的分离度也越大。

11.1.2 分子蒸馏装置

分子蒸馏装置主要包括蒸发、物料输入输出、加热、真空和控制等几部分，其构造框图如图 11-2 所示。蒸发系统以蒸发器为核心，可以是单级蒸发器，也可以是多级。除蒸发器外，通常还带一级或多级冷阱。物料输入输出系统主要包括计量泵和物料输送泵，完成连续

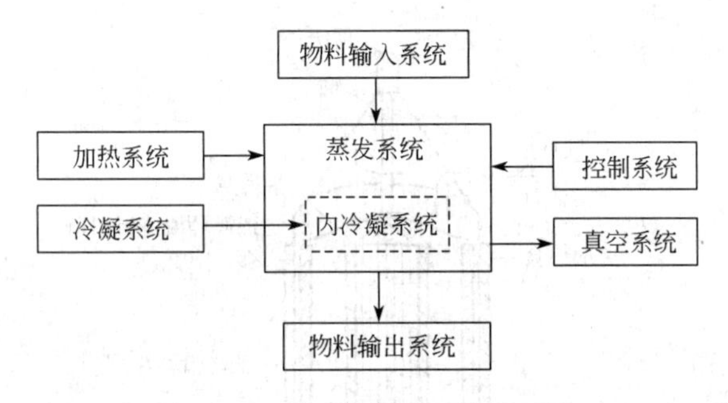

图 11-2　分子蒸馏装置构造框图

进料和排料。加热系统的加热方式常用的有电加热、导热油加热和微波加热。真空系统是保证足够真空度的关键部分。控制系统可以实现对整个装置的运行控制。实验室所用分子蒸馏装置多为玻璃装置，也有适合工业化放大实验的小型金属装置。

核心部件蒸发器从结构上可以分为降膜式、离心式和刮膜式三大类。

图 11-3 是一种内蒸发面自由降膜式分子蒸馏蒸发器的构造示意图。混合液由上部入口进料，经液体分布器使混合液均匀分布在蒸发面上，形成薄膜。液膜被加热后，由液相逸出的蒸气分子进入气相。轻分子抵达冷凝表面而被冷凝，沿冷凝面下流至蒸出物出口；重分子在到达冷凝面之前即返回液相或凝聚后流至蒸余物出口。该蒸发器的特点是结构简单、无转动密封件、易操作；不过，与刮膜式蒸发器相比，液膜仍较厚，蒸发速率不够高。

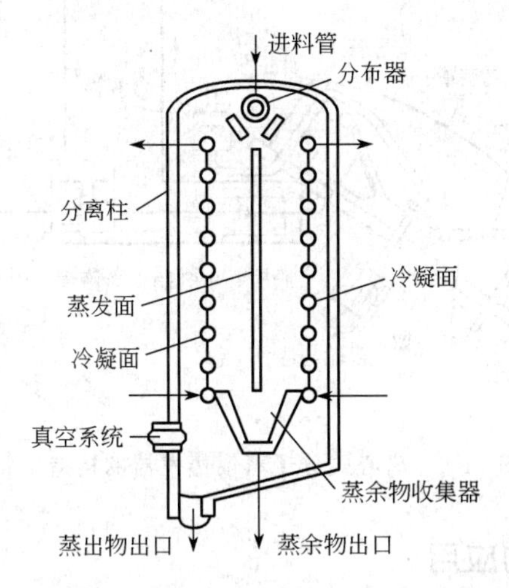

图 11-3　自由降膜式分子蒸馏蒸发器的构造示意

图 11-4 是一种旋转刮膜式分子蒸馏蒸发器的构造示意图。它是在自由降膜式的基础上增加了刮膜装置。混合液从上部进料口输入后，经导向盘将液体分布在塔壁上。由于设置了刮膜装置，因而在塔壁上形成了薄而均匀的液膜，使蒸发速率提高，分离效率也相应提高。不过，由于增加了刮膜装置，仪器结构变得复杂，特别是刮膜装置为旋转式，高真空下的动密封问题值得注意。

图 11-5 是一种离心式分子蒸馏蒸发器的构造示意图。真空室与水平面成 45°～60°倾斜放置。这种蒸发器的最大特点是蒸发面和冷凝面的间距可调，实际工作中可以根据被分离物质的分子运动平均自由程随意调节。离心式蒸发器的特点是液膜薄、蒸发效率高、生产能力大；但机械构造复杂，工业推广会受到一定限制。

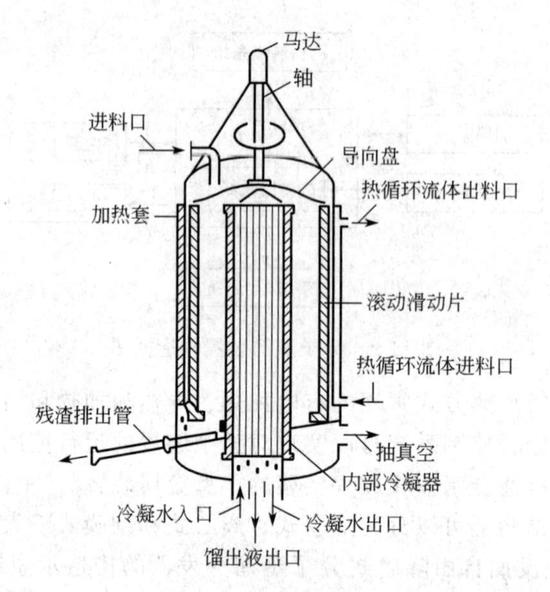

图 11-4 旋转刮膜式分子蒸馏蒸发器的构造示意

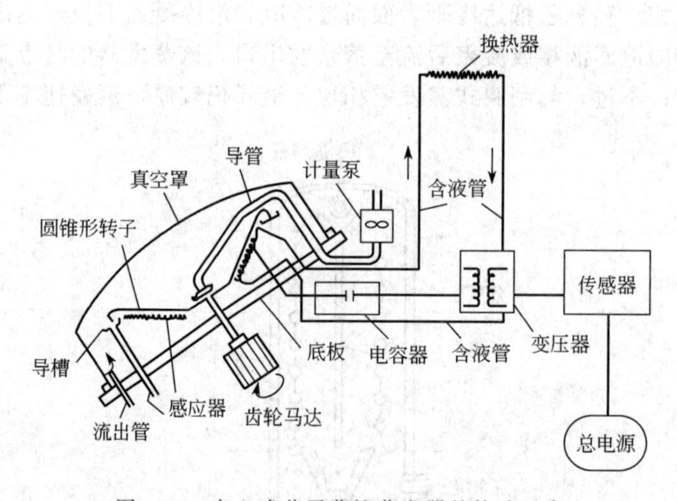

图 11-5 离心式分子蒸馏蒸发器的构造示意

11.1.3 分子蒸馏技术的应用

分子蒸馏技术的原理和特点决定了它所适用的分离对象。分子蒸馏适合分离分子量差别较大的液体混合物，如同系物。异构体不仅分子量相同，而且多数情况下物理和化学性质差异也不很大，所以，分子蒸馏技术不适合异构体分离。分子蒸馏适合分离高沸点、热敏性、易氧化（或易聚合）的物质，如中药有效成分、天然产物的分离等。对于分子量相同或相近的物质，如果它们的沸点等性质或分子结构差异较大，同样也可采用分子蒸馏。因为分子蒸馏设备比较昂贵、运行成本也比较高，所以只适合高附加值物质的分离。

一个分离问题往往能用多种分离技术解决，选择分离方法的基本原则是既经济又有效。分子蒸馏技术在工业上可用来解决很多分离问题，以下几种场合比较适合采用该技术。

（1）脱除热敏性物质中的轻分子组分 许多热敏性工业产品中存在分子量较小的气味不纯物、残留溶剂或小分子杂质。采用分子蒸馏技术即可解决这些轻分子的分离问题。例如，香精香料、大蒜油、姜油等的脱臭，溶剂萃取得到的天然产物产品的脱溶剂等。

(2) 产品脱色和除杂质　产品的色泽多为重分子所致，其他重分子杂质也经常共存。可采用分子蒸馏技术进行产品脱色和精制。

(3) 需要避免和减少热敏物质的损伤与破坏的分离问题　很多热敏性物质也可以采用传统的、投资小的高真空蒸馏，但它对热敏性物质的损伤要比分子蒸馏大得多。

(4) 需要避免环境污染的分离问题　如传统脱除甘油三酸酯中游离脂肪酸的方法是先用 NaOH 使游离脂肪酸皂化，然后水洗得到纯的甘油三酸酯。该方法不仅使甘油三酸酯也大量被皂化而降低产品收率，而且所使用的化学试剂污染产品、排放的废水污染环境。若采用分子蒸馏技术，在避免环境污染的前提下，既可得到高品质的甘油三酸酯，同时还可得到游离脂肪酸副产品。

(5) 产品与催化剂的分离　分离催化剂既是为了保证产品质量，也是为了催化剂的循环使用。传统分离方法可能会在分离过程中使催化剂破坏或失活。遇到这种情况，则可采用分子蒸馏技术。

分子蒸馏的主要应用领域见表 11-1。

表 11-1　分子蒸馏的主要应用领域

应用领域	分离对象物质举例
天然产物	β-胡萝卜素的提取；维生素 E、维生素 A 的提取以及浓缩分离；鱼油中提取二十碳五烯酸、二十二碳六烯酸；辣椒红色素的提取；亚麻酸的提取，螺旋藻成分的分离
中药	广藿香油的纯化；当归脂溶性成分的分离；独活成分的分离
医药工业	氨基酸、葡萄糖衍生物等的制备
食品	鱼油精制脱酸脱臭；混合油脂的分离；油脂脱臭；大豆油脱酸
香料香精	桂皮油、玫瑰油、桉叶油、香茅油等的精制
石油化工	制取高黏度润滑油
农药	氯菊酯、增效醚、氧化乐果等农药的纯化
塑料工业	磷酸酯类的提纯；酚醛树脂中单体酚的脱除；环氧树脂的分离提纯；塑料稳定剂脱臭

11.2 分子印迹分离[1~3]

11.2.1 分子印迹技术

分子印迹技术又称分子烙印技术（molecular imprinting technique，MIT)，是高分子化学、生物化学和材料科学相互渗透结合所形成的一门新型交叉学科。它是一种合成对某特定分子具有特异选择性结合的高分子聚合物的技术。

分子印迹技术的出现是受免疫学启示的结果。鲍林（Pauling)[4]提出的抗原抗体理论认为，当外来抗原进入生物体内时，体内蛋白质或多肽链会以抗原为模板，通过分子自组装和折叠形成抗体。这预示着生物体所释放的物质与外来抗原之间有相应的作用基团或结合位点，而且它们在空间位置上是相互匹配的，这就是分子印迹技术的理论基础。分子印迹技术的一些开创性研究是 20 世纪 70 年代初由武尔夫（Wulff)[5,6]所完成的。分子印迹技术的飞速发展是从 1993 年 Vlatakis[7]在《Nature》杂志上发表茶碱分子的印迹聚合物开始的。

分子印迹聚合物（MIP）的制备分三个基本步骤。第一步，使目标分子（称印迹分子或模板分子）和具有适当功能基团、可以形成聚合物的功能单体分子在适当的介质条件下形成单体-模板分子复合物。第二步，在单体-模板分子复合物体系中加入过量的交联剂，在致孔剂的存在下，使功能单体与交联剂发生聚合反应形成高分子聚合物。于是，功能单体上的功能基团就会在特定的空间取向上被固定下来。第三步，通过适当的物理或化学的方法将模板分子从上述高分子聚合物中提取出来，得到分子印迹聚合物。

在分子印迹聚合物骨架上有与模板分子大小相同、在空间结构上完全匹配的空穴，而且空穴内原功能单体的功能基团在空间的位置也被固定，正好与模板分子相应的作用位点匹配。上述制备 MIP 的过程称为分子印迹，这个操作就好像制作特定的模具一样，所以，那种被预先嵌入聚合物分子中，而后又被提取出来的目标分子常常被称作模板分子。这个三维的空间结构和功能单体的种类是由模板分子的性质和结构决定的。因为从不同的模板分子制备出来的分子印迹聚合物将具有不同的空穴大小、功能基团和基团的空间结构。所以，一种印迹聚合物通常只能与一种分子结合，即“一把钥匙只能开一把锁”。这种三维空穴对模板分子将会产生特异的选择性结合，或者说预先制备好的这种模板将会对该模板分子产生专一性的识别作用。

根据印迹分子与功能单体形成复合物时的相互作用力的不同，可以将分子印迹方法分为预组装法和自组装法。图 11-6 是分子印迹过程示意图。

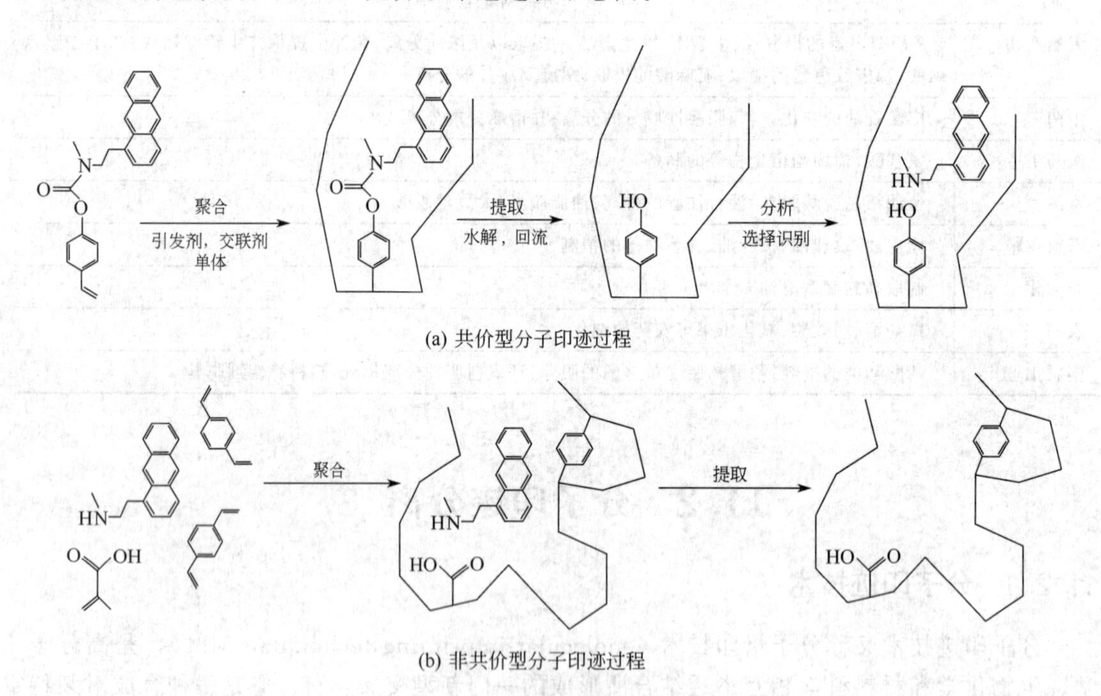

图 11-6　分子印迹过程示意图

预组装法也称共价型分子印迹法，印迹分子与功能单体以可逆的共价键结合，形成共价型的单体-印迹分子复合物。由于共价键比较牢固，需要采用一些化学的方法才能将模板分子去除。共价型复合物的优点是在聚合过程中，功能基团能获得比较精确的空间构型。由于单体和印迹分子间的强相互作用，在印迹分子自组装或分子识别过程中的反应（结合和解离）速度慢，难以达到热力学平衡，不利于快速识别反应，而且识别能力与生物识别相差较大。不过，在有的分子印迹体系中，即使自组装过程中印迹分子与单体之间是共价键结合，但在分子识别过程中，它们之间的相互作用也有可能是非共价键的分子间相互作用。预组装法分子印迹中常用的功能单体有含乙烯基的硼酸和二醇、含硼酸酯的硅烷混合物等。

自组装法也称非共价型分子印迹法。在自组装法中，印迹分子与功能单体之间靠弱的分子间相互作用力自组织排列，形成具有多重作用位点的单体-模板分子复合物，在交联聚合过程中，这种复合物的空间构型被固定下来。印迹分子与功能单体之间的分子间相互作用力主要是氢键、范德华力、静电相互作用、螯合作用、电荷转移相互作用等弱相互作用。由于印迹分子与功能基团的结合强度弱，所以，采用物理的萃取方法就可以将模板分子去除。如果在自组装和分子识别过程中只有氢键一种相互作用力，则这种分子印迹聚合物拆分外消旋体的效果较差；而如果在自组装和分子识别过程中除了氢键相互作用力外，还有其他弱相互作用力存在，则这种分子印迹聚合物拆分外消旋体的效果较好；如果在自组装和分子识别过程中只有静电相互作用力，则这种分子印迹聚合物的选择性较低。自组装法分子印迹中常用的功能单体是甲基丙烯酸，它既可与氨基发生离子相互作用，也可与酰氨基或羧基发生氢键相互作用。

11.2.2　分子印迹技术在分离中的应用

随着分子印迹聚合物合成技术以及分子印迹技术应用研究的快速发展，目前，这一技术已在分离、模拟酶、化学仿生传感器和临床医学等领域得到了成功的应用。下面简要介绍分子印迹聚合物在色谱分离、固相萃取分离和膜分离方面的应用。

11.2.2.1　色谱分离应用

分子印迹聚合物是制备色谱固定相，特别是制备手性固定相的良好功能分子，可以用来制备高效液相色谱（HPLC）、毛细管电色谱（CEC）和薄层色谱（TLC）的固定相，主要用来进行手性异构体的拆分。这种将分子印迹技术用于色谱分离的方法称作分子印迹色谱法（molecular imprinting chromatography，MIC），MIC 是分子印迹聚合物在分离科学领域最重要的应用。

制备分子印迹聚合物色谱固定相时，除了模板分子、功能单体和交联剂外，还需要引发剂和致孔剂。MIP 固定相的制备与通常色谱固定相的制备方法类似，这时，可以将 MIP 看成固定相功能分子。常用的聚合方法有以下几种：

(1) 本体聚合　先合成高交联度的分子印迹聚合物整体，再将聚合物研磨成微米级颗粒，然后采用适当的方法将模板分子抽提出来，即可用作色谱填料。这种色谱固定相主要用于 HPLC 和 TLC。本体聚合法简单，但研磨很难得到形状规则的固定相颗粒，所以固定相的分离效率会受到影响，作为固相萃取小柱的填料则更合适。

(2) 表面聚合　即将 MIP 分子连接到合适的载体颗粒表面，或者将 MIP 膜包接到载体（如大孔硅胶颗粒）上。这样制备的色谱固定相主要用作 HPLC。不过 MIP 膜会堵住载体颗粒表面的小孔，使固定相的有效相互作用表面降低。蛋白质等生物大分子一般难以利用固定相表面的小孔，而只能进入大孔，所以表面 MIP 膜包覆固定相比较适合印迹生物大分子。表面涂层是在硅胶载体表面涂上分子印迹聚合物，与表面聚合得到的固定相类似，只是 MIP 分子是靠分子间相互作用吸附在载体表面。

(3) 悬浮聚合　采用种子悬浮聚合技术可以合成粒径分布很窄的分子印迹的聚苯乙烯颗粒。由于在悬浮聚合过程中通常使用的水乳液干扰分子印迹，得到的固定相颗粒的选择性下降。

(4) 原位聚合　即通常所说的整体柱技术，是在色谱柱管内直接合成 MIP 固定相。原位聚合是一种新的色谱固定相技术，比较适合微柱和毛细管柱的制备。

MIP用作HPLC固定相已经用于氨基酸及其衍生物、糖类、肽类、甾醇类、药物、生物碱类、农药等的分离分析。异构体拆分是MIP色谱固定相的最典型的应用。早在1977年Wulff等[8]就报道了以α-D-甘露吡喃糖苷为模板分子制备HPLC的分子印迹聚合物固定相，用来拆分模板分子的外消旋体。手性药物的拆分是制药工业的一大难题，色谱技术的进步才使得这一难题的解决出现转机。在普通的HPLC和CEC方法中，通过制备手性固定相或使用含手性试剂的流动相，都可以实现手性异构体的拆分。通常的手性色谱固定相一般是在载体表面键合带手性基团的有机小分子或蛋白质等生物大分子，这种类型的手性固定相虽说能将一对异构体拆分开，但在很多情况下，与样品中共存的类似结构物质的分离度还不是很大，容易受到干扰，而且无法预测异构体的洗脱顺序。MIP固定相是以一对对映体中的一个对映体作模板分子制备的，就好比一个人用其左手在橡皮泥上按下了一个深深的手印，他的右手是无法放入这个印中的，所以，对映异构体分子印迹聚合物对该对映体的专一选择性使得它在固定相中的保留显著地大于其异构体，不仅使异构体的分离度增大，而且可以预知异构体的洗脱次序，甚至可以将两种对映异构体同时印迹制备可同时分离两种对映体异构体的MIP固定相。MIP固定相除了对模板分子的高选择性的保留外，对与模板分子具有类似空间结构的其他对映体也具有一定拆分作用。如果将对彼此都有一定拆分能力的不同对映体的分子印迹聚合物固定相以一定比例混合后填充色谱柱或将由它们分别填充的色谱柱串联在一起，就可以同时分离两对对映异构体。

与分子印迹HPLC相比，分子印迹CEC具有更高的分离效率，在手性异构体拆分方面更有潜力。在使用非MIP固定相时，若在流动相中添加MIP，也可以实现手性异构体的分离。

表11-2是分子印迹技术用于色谱分离的应用举例。

表11-2 分子印迹技术用于色谱分离的应用举例

固定相类型	印迹分子	被分离的物质	参考文献
超多孔MIP整体柱CEC	(*R*)-萘心安β-(受体阻滞药)	β-受体阻剂异构体	9
MIP整体柱CEC	L-苯丙氨酸酰替苯胺	氨基酸异构体	10
MIP涂层CEC	丹磺酰-L-苯丙氨酸	丹磺酰苯丙氨酸异构体	11
MIP整体柱CEC	4-氨基吡啶	4-氨基吡啶和2-氨基吡啶	12
单分散MIP填充柱HPLC	*N*-苯甲氧羰基-L-色氨酸	印迹分子对映异构体	13
MIP填充柱HPLC	(S)-萘普生	萘普生外消旋混合物	14
MIP整体毛细管微柱HPLC	咖啡因	咖啡因与结构类似物	15

11.2.2.2 固相萃取分离应用

固相萃取通常使用的萃取小柱是C_{18}、C_8、硅胶和离子交换树脂等填料，这些填料对很多性质类似的物质的分离选择性不高。尽管样品前处理对分离的选择性要求不是太高，但对于一些生物物质的分析，有时还是希望能选择性地从样品基体中将目标化合物分离或富集出来。MIP对模板分子的特异选择性可以实现复杂基体中目标物的分离，为保证后续分析的准确性起到了关键作用。MIP用于固相萃取分离的报道已经很多，如环境与农业样品中硝基酚、芳香硝基化合物、苯达松除草剂等的分离富集，生物样品如肠液中的胆固醇、体液中雌二醇和双酚A的分离，中药提取物中有效成分的分离等。

11.2.2.3 膜分离应用

膜分离具有处理样品量大、工业放大容易的特点。将膜分离的这些特点与MIP的高选择性结合起来，就决定了用 MIP 制备的分离膜将使分子印迹技术在分离领域的应用迅速扩展。因为 MIP 的分子识别性质受酸、碱、有机溶剂和加热等环境因素的影响很小，所以 MIP 膜与生物膜相比，除了机械强度更高外，还具有更高的稳定性。例如，以茶碱为模板分子的 MIP 膜对茶碱的吸附量远大于咖啡因，这说明该 MIP 膜对茶碱具有特殊的选择性吸附。

11.3　超分子分离体系

超分子（supermolecules）是两种以上化学物种通过分子间非共价键相互作用缔结而成的具有特定空间结构和功能的聚集体。1967 年，C. J. Pederson 发现冠醚具有与金属离子及烷基伯铵阳离子配位的特殊性质。D. J. Cram 将冠醚称为主体（host），将与之形成配合物的金属离子称为客体（guest）。超分子配合物就是主体分子与客体分子形成的配合物。

超分子化学（supermolecular chemistry）是近代化学、材料科学和生命科学相交叉的一门前沿学科。超分子化学的发展与大环化学（冠醚、环糊精、杯芳烃、C_{60} 等）、分子自组装（双分子膜、胶束、DNA 双螺旋等）、分子器件、新颖有机材料的研究密切相关。1987 年诺贝尔化学奖授予了 3 位超分子化学家（美国的 C. J. Pedersen 和 D. J. Cram，法国的 J. M. Lehn），这标志着超分子化学已经进入其发展的鼎盛时期。下面简要介绍在分离中比较有用的几类超分子分离体系。上节讲到的分子印迹也可归入超分子分离体系。

11.3.1　小分子聚集体超分子包接配合物

小分子聚集体是小分子之间通过分子间相互作用构建的具有一定空间构型的超分子体系。

尿素、硫脲和硒尿素聚集体是最早发现并被用于分离的一类主体分子。由于尿素、硫脲和硒尿素分子结构中带孤对电子的—NH_2 基和极化的双键相邻，共轭效应使分子的极化增强，使分子中形成明显的正电荷中心和负电荷中心，其极化过程如图 11-7 所示。当两个极化的分子相遇时，就会通过静电相互作用而形成环状二聚体，图 11-8 是硒尿素二聚体的结构图。不同分子形成的环状二聚体的六元环的大小不同。二聚体的环上仍然带有极性氨基、Se(O、S) 原子及双键。当这些环状二聚体分子相互叠加或由多个分子形成螺旋状结构时，就会构成笼状或筒状的空间网格结构，而且网格结构具有固定的空腔，如尿素聚集体空腔直

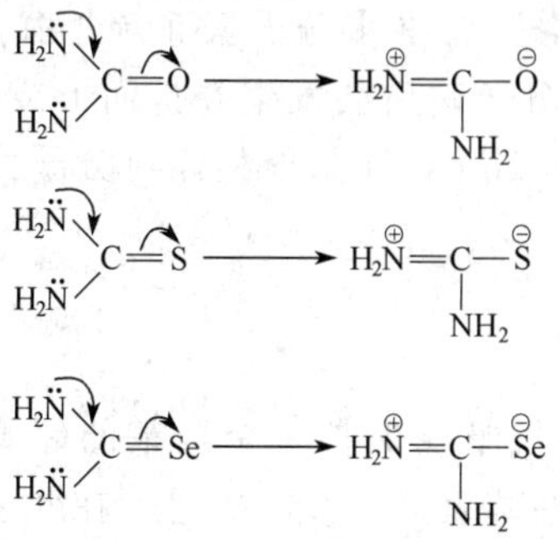

$$(H_2\ddot{N})_2C{=}O \longrightarrow H_2\overset{\oplus}{N}{=}C(NH_2){-}\overset{\ominus}{O}$$

$$(H_2\ddot{N})_2C{=}S \longrightarrow H_2\overset{\oplus}{N}{=}C(NH_2){-}\overset{\ominus}{S}$$

$$(H_2\ddot{N})_2C{=}Se \longrightarrow H_2\overset{\oplus}{N}{=}C(NH_2){-}\overset{\ominus}{Se}$$

图 11-7　尿素、硫脲和硒尿素分子的极化过程

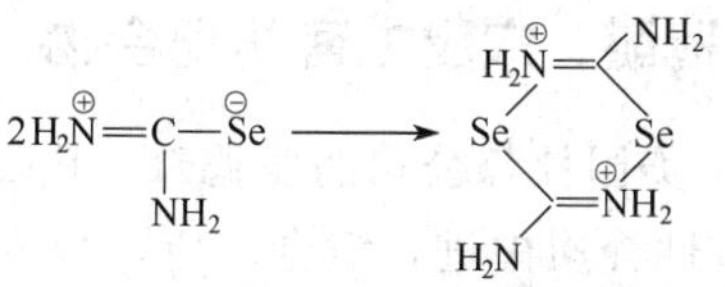

$$2H_2\overset{\oplus}{N}{=}C(NH_2){-}\overset{\ominus}{Se} \longrightarrow \text{环状二聚体}$$

图 11-8　硒尿素二聚体的结构图

径 0.525nm，硫脲聚集体空腔直径 0.61nm，硒尿素空腔则更大。图 11-9 是由硒尿素二聚体叠加形成的筒状小分子聚集体。

具有一定空腔大小的小分子聚集体，通过其空腔的空间尺寸作用，对特定大小的分子具有选择性的相互作用，即分子识别作用。例如，尿素、硫脲和硒尿素聚集体超分子因空腔大小不同而对不同大小的分子呈现不同的选择性。尿素聚集体对直链烷烃和烯烃作用较强，支链烷烃不能进入其空腔，如尿素聚集体与正庚烷、正辛烷、正癸烷和正十六烷形成的包接配合物的稳定常数分别为 1.75、3.57、111 和 476；硫脲聚集体对支链烷烃和环烷烃具有很好的选择性，如硫脲聚集体与 2,2-二甲基丁烷、环己烷、甲基环己烷和甲基环戊烷形成的包接配合物的稳定常数分别为 10、45.5、2.33 和 3.85；硒尿素聚集体对几何异构体具有超常的分离能力，如只与 1-*t*-丁基-4-新戊基环己烷的反式异构体形成包接物，而与其顺式异构体根本不反应。

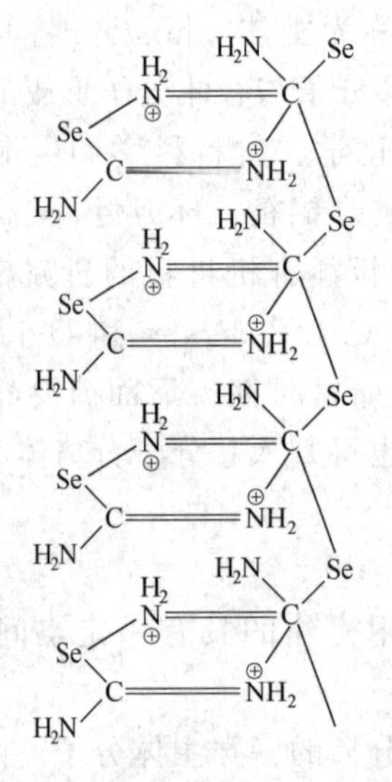

图 11-9 硒尿素二聚体叠加形成的筒状小分子聚集体

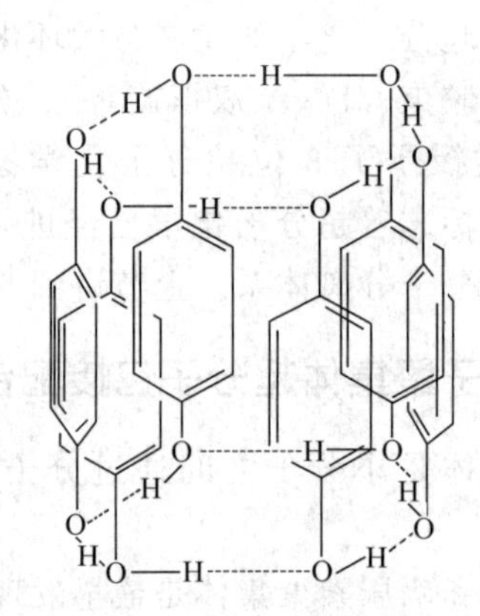

图 11-10 对苯二酚分子形成的筒状聚集体

由于尿素和硫脲均为强极性固体，而烷烃为非极性液体，通常需在分离体系中加入极性溶剂，其作用包括两方面：一方面改善体系的动力学性质，即增加主体分子（尿素和硫脲）的溶解速度；另一方面改善体系的热力学性质，即增加包接配合物的稳定性和选择性。常用的极性溶剂有甲醇、二氯甲烷、乙二醇单甲醚等。

苯酚分子间、对苯二酚分子间的两个羟基可相互作用形成多分子氢键缔合物。例如，当对苯二酚通过分子间氢键缔合达到一定长度（如 6 个分子）后会发生卷折而形成如图 11-10 所示的筒状缔合分子，筒状物的空腔直径为 0.42～0.52nm，筒状聚集体对分子大小和形状与之匹配的客体有很好的选择性。

11.3.2 冠醚、穴醚主客体配合物

1967 年美国杜邦公司的佩德森（Pederson）用四氢吡喃保护一个羟基的邻苯二酚与二氯乙醚在碱性介质中进行缩合反应，合成(双[2-邻羟基苯氧基]乙基)醚时，在此主产物之外还意外地得到了极少量的大环多醚化合物二苯并-18-冠-6。此后佩德森又合成了几十种大环多醚化合物。这类大环多醚化合物被称为冠醚，冠醚环上含有 9～60 个原子，其中包括 4～

20 个 O 原子。环上的 O 原子部分或全部被 NH 或 NR 基取代的化合物称为氮杂冠醚或氮冠。环上的 O 原子被 S 原子取代的化合物称为硫杂冠醚或硫冠。图 11-11 是几个常见冠醚的结构。1969 年莱恩（Lehn）发现一类以氮原子为桥头的多环配位体，并根据其分子结构图形命名为“穴醚”。

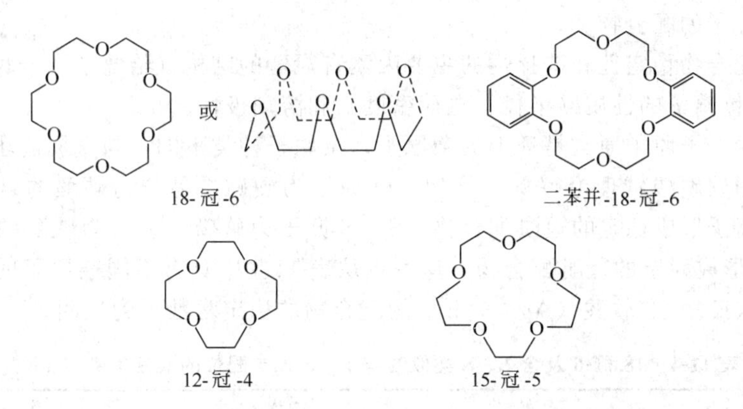

图 11-11 几个常见冠醚的结构

冠醚作为主体分子的作用特点主要体现在对碱金属、碱土金属、NH_4^+、RNH_3^+、Ag^+、Au^+、Cd^{2+}、Hg^+、Hg^{2+}、Tl^+、Pb^{2+}、La^{3+}、Ce^{3+} 等客体分子（离子）具有选择性配位能力。冠醚与金属离子的配合物的结构特点是：疏水的碳氢链构成一个平面，而醚氧原子凸出于这个平面之上，其形状与古代的王冠相似，因而得名“冠醚”。图 11-12 是 18-冠-6 与 K^+ 配合物的立体结构。

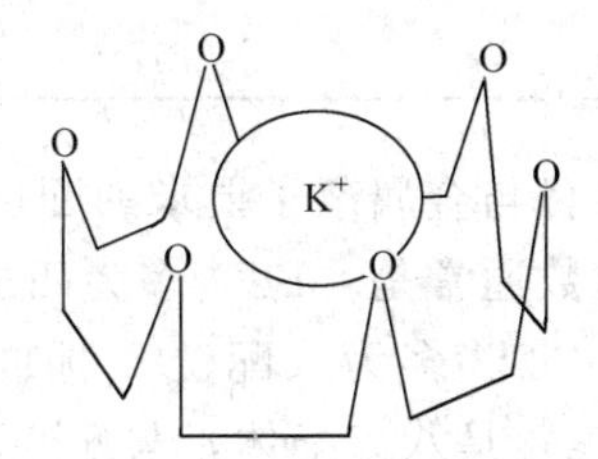

图 11-12 18-冠-6 与 K^+ 配合物的立体结构

因为冠醚（穴醚）环上的杂原子除 O、N 外，还可以是 S、P 或 As，环上的 C 原子与杂原子的数目以及孔穴尺寸可以改变，环上还可引入其他芳香环或杂环取代基，所以冠醚（穴醚）化合物的种类丰富多彩。迄今已经研究过的冠醚（穴醚）有数千种。1978 年日本学者小田良平根据环的数目，将冠醚分为单环冠醚和多环冠醚，再根据给电子原子的类型分为单一给电子原子冠醚和多给电子原子冠醚。如果根据 IUPAC 原则对冠醚（穴醚）进行命名，则非常复杂，通常多用俗称或符号表示。表 11-3 是几个冠醚（穴醚）的命名对照。

表 11-3 几个冠醚（穴醚）的命名对照

缩写名称	符号	IUPAC 命名
18-冠-6	18-C-6	1,4,7,10,13,16-六氧杂-环十八烷
二苯并-18-冠-6	DB-18-C-6	2,5,8,15,18,21-六氧杂-三环[20,4,0,09,14]二十六-1(22),3,11,13,23,24-六-烯
二环己基-18-冠-6	DCH-18-C-6	2,5,8,15,18,21-六氧杂-三环[20,4,0,09,14]二十六烷
穴[2,2,2]		4,7,13,16,21,24-六氧杂-1,10-二氮杂双环-[8,8,8]二十六烷

不同孔穴的冠醚能选择性地与尺寸相匹配的离子或中性分子形成配合物。配位作用方式主要有两种：一种是冠醚与客体分子（或离子）间通过偶极-离子、偶极-偶极相互作用，形成具有一定稳定性的主客体配合物，如冠醚与金属阳离子之间的配合物；另一种是冠醚与客体分子间通过氢键或电荷转移相互作用形成主客体配合物，如冠醚与铵离子、有机胺、阴离子及中性有机分子的配合物。

影响冠醚配合物稳定性和选择性的主要因素有冠醚的结构（给电子原子种类和数目、冠醚孔径等）、客体离子的性质（半径、电荷密度）和溶剂极性。

冠醚环中给电子原子通常是环上的杂原子，杂原子种类不同，与金属离子之间的作用力也不同，可以用软硬酸碱理论解释。例如，O 原子为硬碱，易与为硬酸的碱金属、碱土金属、镧系稀土离子形成稳定的冠醚配合物；S、N 原子为软碱，易与为软酸的 Cu^{2+}、Ag^{+}、Co^{2+}、Ni^{2+} 等形成稳定的冠醚配合物，这一点从表 11-4 中具有不同杂原子的结构类似的冠醚分别与硬酸（K^{+}）和软酸（Ag^{+}）形成的配合物的稳定常数得到证明。

表 11-4　18-冠-6 及含 N、S 类似物与 K^{+}、Ag^{+} 配位的稳定常数（lg$K$）

阳离子	配位体				
K^{+}（在甲醇中）	6.10	3.90	2.04	1.15	—
Ag^{+}（在水中）	1.60	3.30	7.80	4.34	3.0

如果冠醚分子中给电子原子数目与金属离子要求的配位数匹配，则形成的冠醚配合物稳定。阳离子与水配位时的最高配位数通常是：Be^{2+} 多为四配位；碱金属离子和 Mg^{2+} 多为六配位；Ca^{2+}、Sr^{2+}、Ba^{2+}、Ag^{+}、Tl^{+} 多为八配位。例如，图 11-13 所示的四种冠醚，冠醚（a）和（b）的孔穴相近，但（a）是八齿配体，与配位数是 8 的离子（如 Ba^{2+}）形成稳定配合物，（b）是六齿配体，与配位数是 6 的离子（如碱金属离子）形成稳定配合物。二氮杂冠醚(c)和(d) 的 R 基不同，(d)与 Ca^{2+}、Sr^{2+} 和 Ba^{2+} 的稳定常数分别比（c）大85、89 和 30 倍，说明(d)的 R 基上的羟基参与了配位，生成的是八配位配合物。

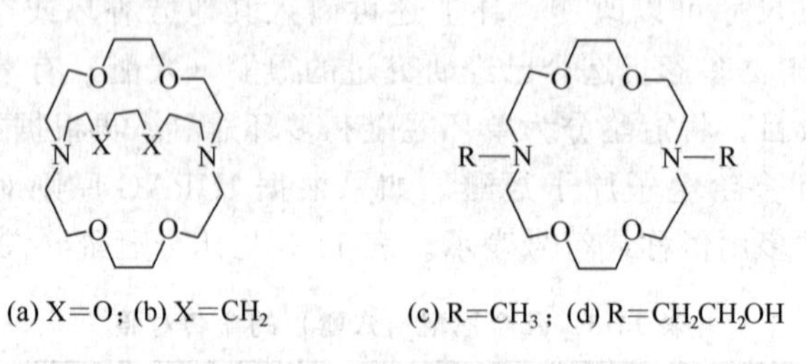

(a) X=O；(b) X=CH_2　　(c) R=CH_3；(d) R=CH_2CH_2OH

图 11-13　四种冠醚的结构

冠醚孔径的大小如果与离子体积大小匹配，则生成稳定的配合物。阳离子直径与冠醚孔径之比越接近于 1，生成的配合物越稳定。

冠醚在分离科学中的应用较多，与分离相关的冠醚化学领域有包接物化学、萃取化学、同位素分离化学、光学异构体拆分、分子识别、色谱、电泳等。

11.3.3　杯芳烃及其衍生物主客体配合物

11.3.3.1　杯芳烃及其结构特点

杯芳烃（calixarene）是由对位取代苯酚和甲醛在碱性条件下缩合而成的一类环状低聚物。杯芳烃易于一步合成，且原料价廉易得；上缘和下缘均易于选择性化学改性；可以制得一系列空腔大小不同的环状低聚体，满足不同体积和形状的客体分子；既能配合识别离子型客体，又能包合中性分子，而冠醚一般只与阳离子配位，环糊精一般只与中性分子配位；利用母体杯芳烃可制备大量具有独特性能的杯芳烃衍生物，如杯芳冠醚。此外，杯芳烃熔点高，热稳定性和化学稳定性好，难溶于绝大多数溶剂，毒性低，柔性好。正是上述特性使得杯芳烃不仅在分离科学中具有广泛应用，而且还可以用作相转移试剂、黏合剂、涂料、电子设备用离子消除剂、除臭剂、静电印刷着色剂、细胞融合试剂等。

杯芳烃通常命名为 R-杯-[*n*]-酚或杯[*n*]芳烃。图 11-14 是对叔丁基杯芳烃的结构，上部取代基为叔丁基，下部取代基为 H。该环状分子的形状呈现中心为一空腔的杯状结构，因与古希腊一种名为“calix”的宫廷奖杯相似而得名。18 世纪后期和 19 世纪中期就有人发现类似化合物，但真正研究并应用杯芳烃是在 20 世纪 70 年代 Gutsche 等合成杯芳烃以后。杯芳烃被认为是继冠醚和环糊精之后的第三大类充满魅力的新型主体化合物。

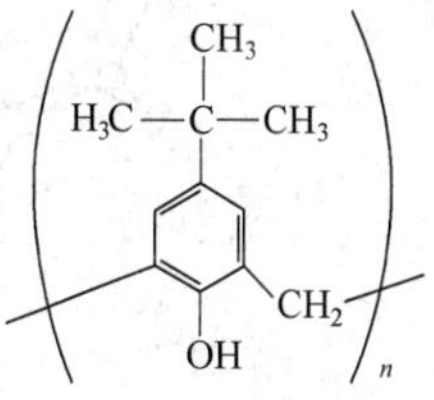
CH3
H3C—C—CH3
CH2
OH
n

图 11-14　对叔丁基杯芳烃的结构

杯芳烃的空间几何形状与取代基种类有关。如图 11-15 所示，*p-t*-丁基杯-[4]-酚的下部酚羟基分别为不同取代基时，空间几何形状会发生很大变化。四酚基杯酚 1 呈规则的圆锥形状；三甲基醚衍生物 2 呈偏圆锥形状；四乙酸酯基衍生物 3 也呈偏圆锥形状，但因空间位阻有一个苯酚单元倒置；四甲基醚衍生物 4 与 3 形状相似，但倒置的苯酚单元的转角略小。

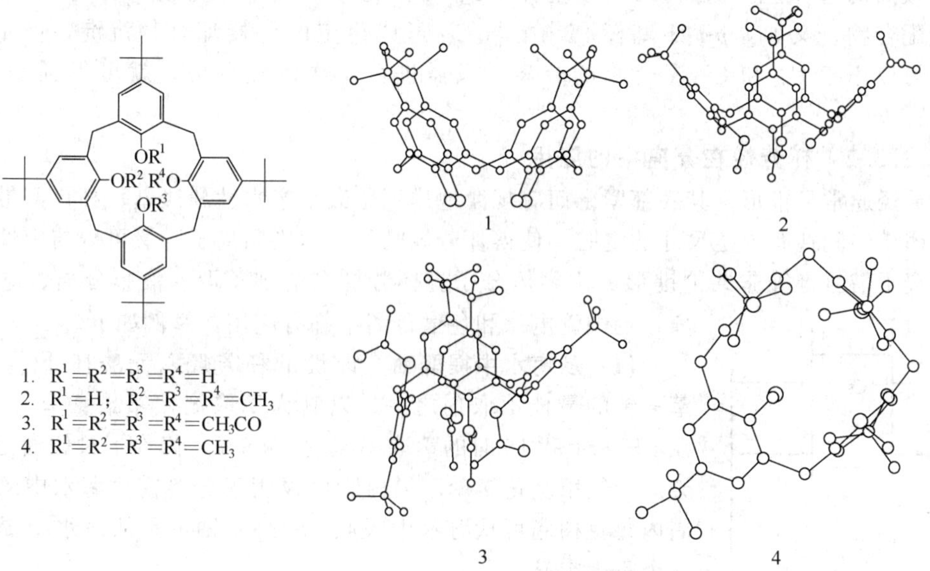
OR1
OR2 R4O
OR3
1. R1=R2=R3=R4=H
2. R1=H；R2=R3=R4=CH3
3. R1=R2=R3=R4=CH3CO
4. R1=R2=R3=R4=CH3
1
2
3
4

图 11-15　取代基对杯芳烃空间构型的影响

杯芳烃上部取代基对杯芳烃的性质也有明显影响。例如，假设固定 *p-t*-丁基杯-[4]-酚下部的取代基为 H，当上部取代基为 H 时，根本不与客体分子形成配合物。如果是 *p-t*-丁基杯-[4]-酚和 p-t-辛基杯-[4]-酚，因为它们的上部取代基不同，尽管它们与芳香化合物客体分子都可形成配合物，但配合物的晶型不同。另外，t-辛基链太长，其端部弯曲后进入分子的杯穴中，部分占据杯穴，使客体分子不能进入杯穴之中，因而对客体分子的选择性不高，难以用于分离。

杯芳烃与客体分子通常形成笼状包接物，如 p-t-丁基杯-[4]-酚与客体分子作用时，总是将客体分子包接在 1 个或 2 个杯芳烃主体分子的杯穴之中，形成如图 11-16 所示的包接配合物。

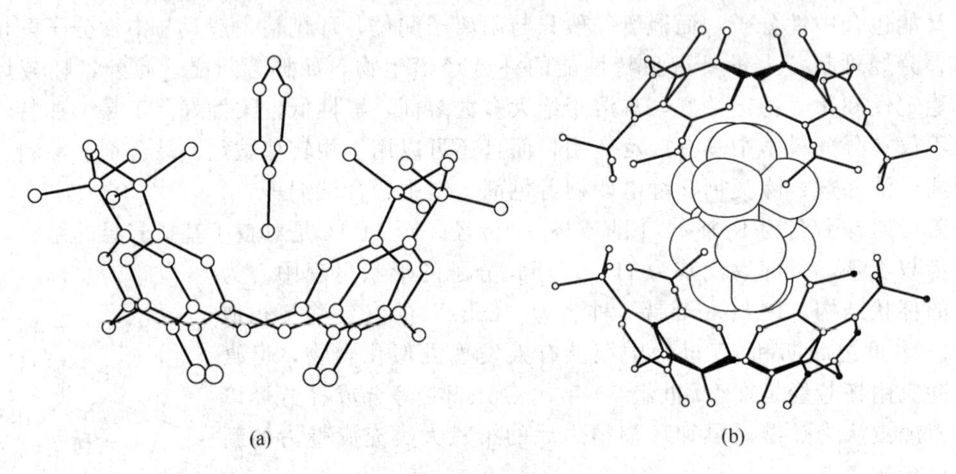

(a) (b)

图 11-16 杯芳烃与客体分子形成的笼状包接配合物

杯芳烃中成环苯酚单元个数 n 对杯芳烃性质的影响主要表现在杯腔大小上。例如，n＝4、5、6 的杯芳烃均呈圆锥体形状，但杯腔大小随 n 增大而变大，能分别与不同形状和大小的客体分子形成稳定的包接配合物。n＝8 的杯芳烃杯腔更大，有时为一个"褶皱"的"环圈"形状，其形状与孔隙是可变的。具有不同杯腔大小的同系物对客体分子的大小与形状具有很高的选择性。例如，p-t-丁基杯-[4]-酚只与三种二甲苯中的 p-二甲苯形成稳定的包接配合物。又如，p-t-丁基杯-[8]-酚与 C_{60} 形成稳定的包接配合物沉淀，而不与 C_{70} 反应，可以用于 C_{60} 和 C_{70} 混合物的分离，只需进行 1 次沉淀反应，就可得到 99.5％的 C_{60} 纯品。

11.3.3.2 杯芳烃在分离中的应用

杯芳烃通常呈锥形，其底部紧密而有规律地排列着数个亲水性酚羟基，杯口部带有疏水取代基团，中间拥有一定尺寸的空腔，使得杯芳烃既可以识别阳离子，又可以与中性有机分子、阴离子借氢键等非共价键形成主客体分子。杯芳烃在溶剂萃取、液膜分离、电化学分离、毛细管电泳和色谱分离中都有应用，举例如下。

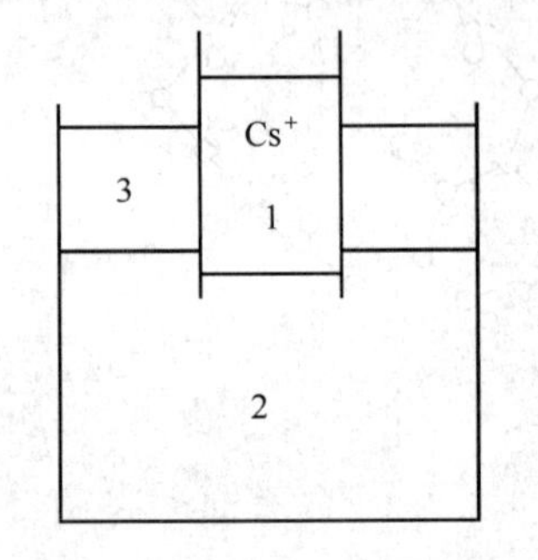

图 11-17 杯芳烃提取铯的过程示意图

(1) 从海水中提取铀 改性的杯芳烃六元酸杯［6］芳烃是萃取铀的最佳萃取剂之一。以其为萃取剂，邻二氯苯为接收相，在 pH 8.1 和 10 时的萃取率高达 99.8％。修饰了对位磺化杯［6］芳烃的氯甲基化聚苯乙烯树脂可以用于分离富集海水中的铀。一周内每克树脂可从海水中吸收 1.08mg 铀，是从海水中提取铀的一个重大突破。

(2) 从核废料中回收铯 如图 11-17 所示，设计一个三相萃取体系，第 1 相为含铯的铀分裂降解产物的强酸性水溶液（样品水相），第 2 相为溶于二氯甲烷-四氯化碳中的杯芳烃（有机萃取相），第 3 相为纯水（接收相）。第 1 相和第 2 相接触时，Cs^{+} 与杯芳烃形成中性配合物进入萃取相，该中性配合物与第 3 相接触发生离解，将 Cs^{+} 释放于纯水中。

（3）色谱分离　早在 1983 年，*p-t*-丁基杯[8]芳烃就被用来作为气固色谱固定相，成功地分离了醇类、氯代烃及芳烃化合物。利用杯芳烃键合修饰的液相色谱固定相，以甲醇-水为流动相，可分离碱金属离子、氨基酸、酯类，对于苯酰胺、二苯甲酮以及联苯可以达到基线分离。利用杯芳烃对毛细管柱的内壁进行改性后，可以提高其分离相近化合物的能力。杯芳烃与溶质的相互作用，改变了溶质的迁移速度，提高了难分离的电中性物质的分离效率，如成功地分离了氯酚、苯二酚和甲苯胺异构体。

11.3.3.3　杯芳冠醚及其结构特点

杯芳冠醚是一类在分离中有很大应用潜力的杯芳烃衍生物。杯芳冠醚分子同时含有杯芳烃单元和冠醚单元，二者之间以两个或多个原子相连。近年来，杯芳冠醚的合成与性质研究取得了令人瞩目的发展。从最初简单的下沿单桥联杯[4]冠醚发展到上下沿桥联的杯芳双冠醚、双杯双冠醚等，从最初的全氧杯芳冠醚发展为含 N、S 和 Se 等杂原子的杯芳杂冠醚及其他结构更复杂的杯芳穴醚。杯芳冠醚依据不同的标准可有不同的分类方法，依据杯芳冠醚中冠醚环所含配位原子的种类分为杯芳全氧冠醚，杯芳氮杂、硫杂及硒杂冠醚等。由于杯芳冠醚聚合物的特殊性，将其作为单独的一类，它是由多个杯芳冠醚单元聚合而成的。还有一类是比较少见的大环杯芳冠醚。

杯芳全氧冠醚根据其中杯芳烃单元和冠醚单元的个数又可以分为杯芳单冠醚（见图 11-18）、杯芳双冠醚和双杯芳冠醚（见图 11-19）、双杯芳双冠醚（见图 11-20）等。

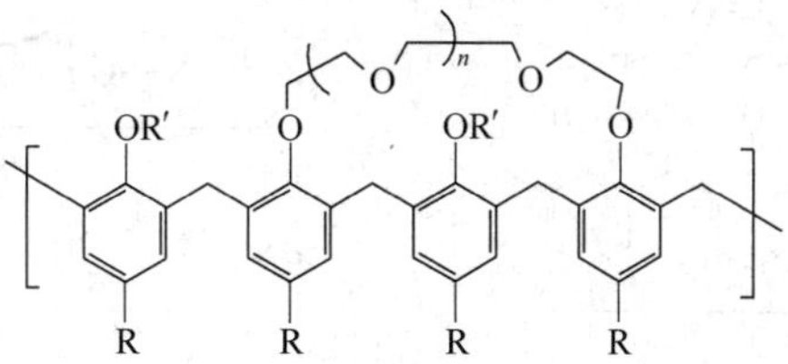

图 11-18　杯芳单冠醚

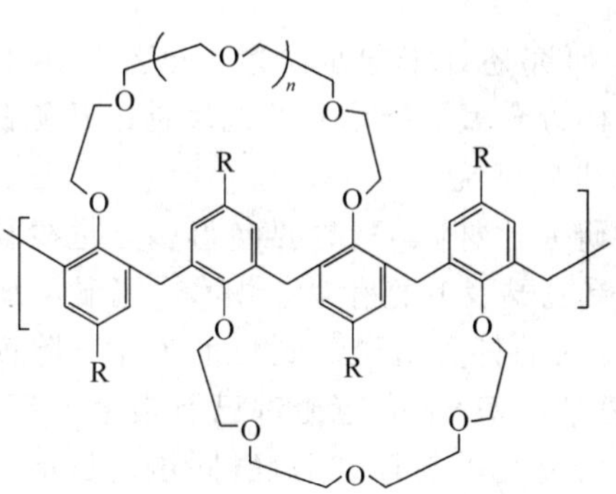

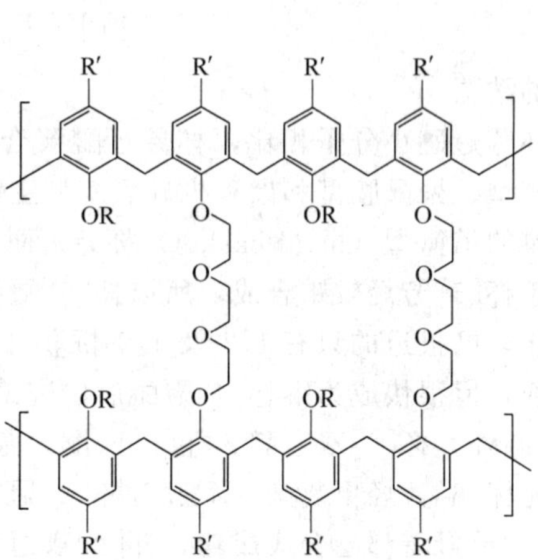

图 11-19　杯芳双冠醚（左）和双杯芳冠醚（右）

杯芳氮杂冠醚研究得相对多一点，现已报道的主要有酰胺型、席夫碱型和仲胺型等几类。尽管硫和硒与氧同属一族，但硫杂和硒杂杯芳冠醚报道还不多。图 11-21 是两个杯芳氮

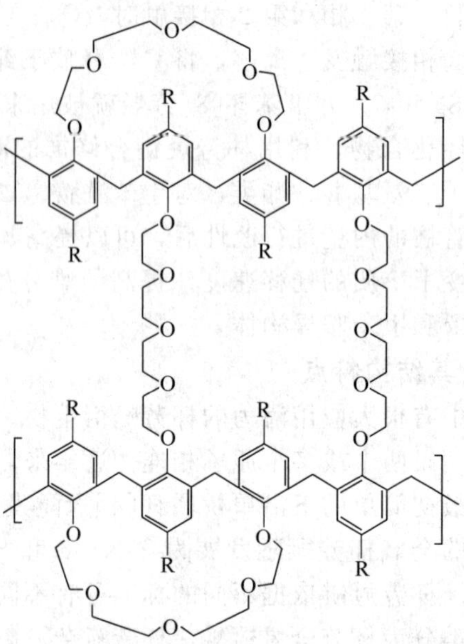

图 11-20 双杯芳双冠醚

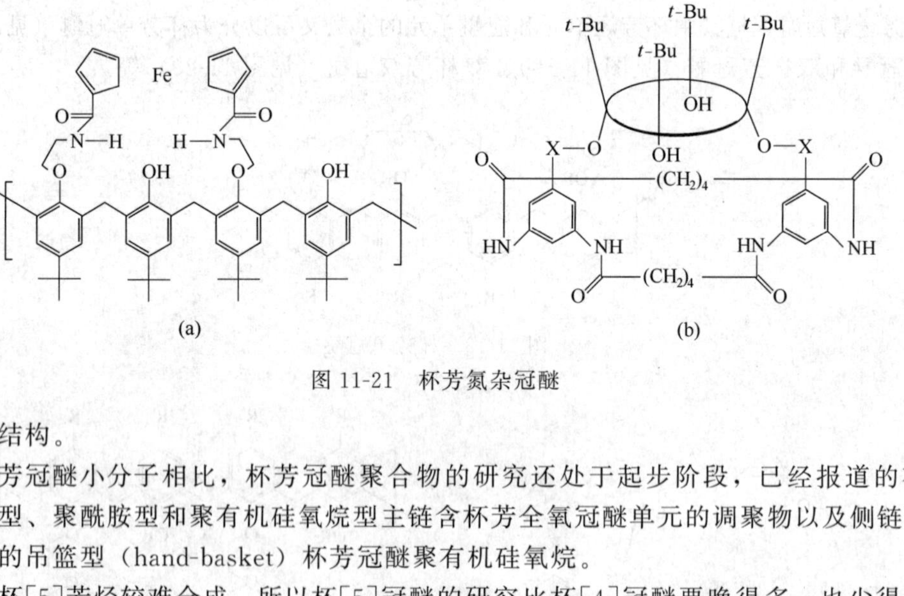

图 11-21 杯芳氮杂冠醚

杂冠醚的结构。

与杯芳冠醚小分子相比，杯芳冠醚聚合物的研究还处于起步阶段，已经报道的有聚酯型、聚醚型、聚酰胺型和聚有机硅氧烷型主链含杯芳全氧冠醚单元的调聚物以及侧链含杯芳全氧冠醚的吊篮型（hand-basket）杯芳冠醚聚有机硅氧烷。

由于杯[5]芳烃较难合成，所以杯[5]冠醚的研究比杯[4]冠醚要晚得多，也少得多。到目前为止，已报道的只有 1,2-及 1,3-桥联杯[5]单冠醚及其衍生物。杯[6]冠醚的研究虽然起步较晚，但很快成为继杯[4]冠醚后研究最为深入的杯芳冠醚。到目前为止，除简单的杯[6]单冠醚外，杯[6]双冠醚、杯[6]穴醚，甚至复杂的双杯[6]冠醚都已有报道。杯[8]芳烃的构象比杯[6]芳烃更复杂，不过对杯[8]冠醚的研究几乎与杯[6]冠醚同步。目前，各种类型的杯[8]单冠醚都已合成成功，杯[8]双冠醚也有一些报道。大部分的杯[8]双冠醚可以用 *p-t-*丁基杯[8]芳烃与相应的多甘醇双对甲苯磺酸酯一步合成。图 11-22 是一个杯[8]双冠醚的结构。

杯芳冠醚具有与相应杯芳烃母体和冠醚单元不同的性质，但由于杯芳冠醚中同时含有杯芳烃和冠醚两种主体分子的亚单元，它们之间的协同作用使得其结构不仅仅是这两个主体单元的简单加和，而往往表现出与单个杯芳烃或冠醚不同的性质和对于某些客体更加优越的配位与识别能力。因而从它诞生之日起就受到了人们的重视。

杯芳冠醚具有以下一些结构特点：

① 杯芳冠醚同杯芳烃一样存在构象异构体。但由于冠醚单元的存在，其构象异构体的数目不同程度地有所减少。例如，对于杯芳单冠醚（见图 11-18），只有在 1,3-位的两个酚羟基位于杯［4］芳烃骨架的同一侧时才能形成，因此该分子只可能存在杯式、部分杯式和 1,3-交替三种构象。而对于杯芳双冠醚（见图 11-19），只有在 1,3-位的两个酚羟基和 2,4-位的两个酚羟基分别位于同一侧时才能形成，所以该分子只可能存在杯式和 1,3-交替两种构象，因空间位阻等原因，该分子一般呈 1,3-交替构象。杯芳冠醚的构象也与反应条件有关。

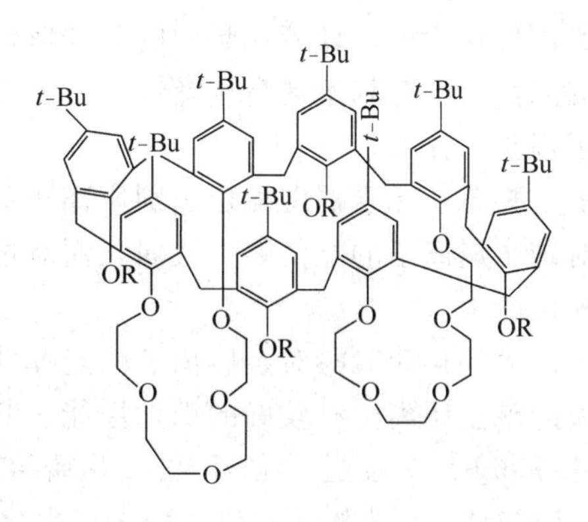

图 11-22 杯［8］-1,3-5,7-双冠醚

② 杯芳冠醚因冠醚单元的引入一般具有比较稳定的构象。不过，这种稳定性还受到其他取代基团的影响。例如，杯芳单冠醚（见图 11-18）（$R'=CH_3$）在一定条件（如加热、与碱金属离子配位）下可发生构象变化。但当 R′为大于甲基的其他取代基（如乙基）时，即使在 90℃加热 6h 也不会发生构象变化。

③ 杯芳冠醚的分子中常常会包络溶剂分子，甚至空气中的 CO_2、H_2O 等成分。有人测定了冠醚环中含两个酯基的杯[4]冠-6 的晶体结构，发现分子内和分子间均包合乙腈分子。

杯芳冠醚的优点主要表现在以下几方面：

① 合成较为简单，在杯芳烃基础上只需一两步反应，即可得到产物，产率较高；而且，由于桥联限制了杯芳烃苯酚单元的转动，可获得构象稳定的化合物。

② 分子中至少含有两个空腔，一个由苯环围成，具有亲脂性，可包合中性有机分子；另一个由冠醚链与杯芳烃共同围成，有可与金属离子配位的 O、N、S 等杂原子，能极大提高识别金属离子的能力。即它既能配合阴阳离子，又能包合中性分子。

③ 可在杯芳烃上缘及下缘剩余的酚羟基上进一步衍生化，扩大这类化合物的功能。而且，既可改变杯芳烃环大小，又可改变桥联单元的长短，从而可以设计出最适于识别特定客体化合物的主体分子。

11.3.3.4 杯芳冠醚在分离中的应用

杯芳冠醚在分离中的应用主要基于其配位和识别性能。

(1) 对阳离子的识别 与全氧冠醚类似，杯芳全氧冠醚一般能有效地配位和识别碱金属离子，人们对此进行了较为详细的研究，着重在于探寻其结构与性能，尤其是结构与高选择性之间的关系。多种因素影响杯芳全氧冠醚对碱金属离子的配位和识别能力。首先是冠醚单元链节的多少。随着冠醚单元链节的增加，杯[4]芳冠醚依次选择性地与具有较大离子半径的碱金属离子配位。其次是杯芳烃单元的构象，不同的构象异构体对不同的碱金属离子具有不同的配位和识别能力。

与冠醚和杯芳烃相比，杯芳冠醚对碱金属离子的选择性提高了很多。如冠醚对 Na^+/K^+ 的选择性目前只有约 10^2，而杯芳冠醚将此选择性值提高到 $10^{3.1}$，1,3-二乙氧基杯[4]冠-4 的 Na^+/K^+ 的选择性甚至高达 $10^{5.0}\sim10^{5.3}$。由此看来，杯芳冠醚中的两个组成部分之间可能存在某种协同效应。与冠醚相比，杯芳冠醚具有三维结构，除了冠醚环部分固有的配位作用外，杯芳冠醚中的其他取代基甚至芳环均可在一定程度上参与配位。杯芳烃单元的刚性骨架有利于提高选择性。与杯芳烃相比，冠醚部分不仅提供了结合部位，而且也有利于提高选择性。

杯芳杂元素冠醚配位识别阳离子的研究工作报道不多。Asfari 等[16,17]发现杯芳杂冠醚对碱金属离子的配位能力较弱，而对过渡金属离子、重金属离子和镧系金属离子等有较强的配位能力。

大环杯芳冠醚对金属离子的选择性识别作用很强。对叔丁基杯[5]-1,3-冠-5-三甲醚对较大的碱金属离子有较好的识别性能，其 Cs^+/Na^+ 选择性达 630。Parisi 等[18]合成了对叔丁基杯[5]-1,3-冠醚的衍生物，并研究了它们与一系列铵离子的配位行为。结果表明对 n-$BuNH_3^+$ 有选择性配位，而未衍生化的母体对铵离子虽也有配位作用，但没有明显的选择性。Parisi 认为这可能是取代基影响了杯[5]醚的 π-空腔的结果。

1995 年，Ungaro 等[19]首次报道了杯[6]冠醚的制备及分子识别性能。p-t-丁基杯[6]冠-5的四酰胺取代衍生物对四甲胺阳离子表现出较高的选择性识别能力，其配位常数高达 750。1999 年，Chen Y Y 等[20]合成的叔丁基杯[6]-1,3-冠-3 是杯芳烃中首例对二乙胺阳离子具有高选择性识别能力的离子载体。

1996 年，Neri 等[21]报道了杯[8]单冠醚，并考察了单桥联杯[8]冠醚的液-液萃取性能，发现尽管由于其构象比相应的杯[4]和杯[6]衍生物更加灵活而使其萃取能力低一些，但仍然有较强的配位能力，而且还表现出一定的选择性。Neri 等还合成了杯[8]-1,5-3,7-双冠醚，并推测其采取弯曲的双杯式构象。配位实验表明这一杯[8]双冠醚的 Cs^+/Na^+ 选择性高达 1410。但当酚羟基被全甲基化后选择性降为 67。他们认为，其配位选择性依赖于杯[8]双冠醚的孔穴大小与阳离子体积大小的匹配程度。

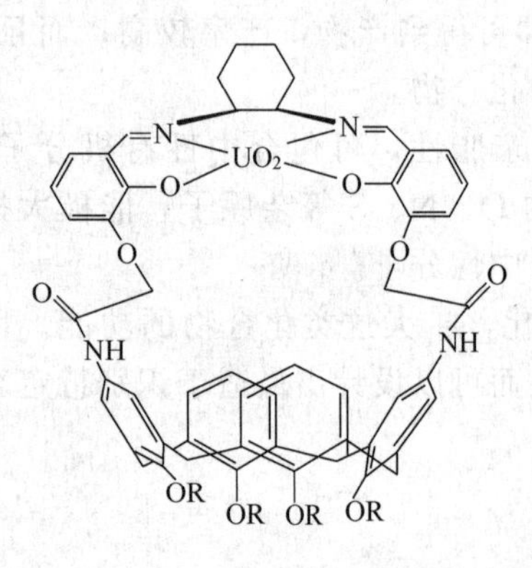

图 11-23 上缘既含酰胺键又含席夫碱基团的杯芳氮杂冠醚

(2) 对阴离子的识别 阴离子在化学、生物化学、环境化学和医药等领域起着广泛的作用，如何选择性地配位和识别阴离子是化学工作者面临的一项极富挑战性的工作。Beer 等[22]合成的酰胺型杯芳氮杂冠醚［见图 11-21(a)］能与 Cl^-、HSO_4^- 和 $H_2PO_4^-$ 等阴离子在溶液中形成 1∶1 的配合物。值得注意的是在电化学识别实验中，该分子即使在 HSO_4^- 和 Cl^- 过量 10 倍的情况下也能选择性地识别 $H_2PO_4^-$。1994 年，Reinhoudt 等[23]合成并研究了杯芳氮杂冠醚（见图 11-23，其中 $R=CH_2COOC_2H_5$）对离子的识别性能，发现其具有双重识别作用，即同时识别阳离子和阴离子。在此分子中，上缘的 Lewis 酸中心 UO_2 和酰胺基团 CONH 可作为阴离子识别部位，下缘的四个酯基可作为阳离子识别部位，能与 NaH_2PO_4 形成 1∶1 的复合物。此项工作有力地证明了杯芳烃作为“平台”构筑“预定结构”的主体分子的可行性和有效性。

(3) 对中性分子的配位和识别 合成对中性分子具有配位和识别作用的主体分子是超分子化学中的一大热点。Gutsche 等[24]研究了杯芳氮杂冠醚［见图 11-21(b)］识别中性分子的性质，结果显示其对所试验的酚、胺和羧酸三类物质有不同程度的识别作用。当该分子与胺配位时，其作为氢键供体；而当其与羧酸和酚类配位时，其作为氢键受体。但这种配合作用并非只与形成氢键的能力有关，分子形状的相容性似乎起着更大的作用。Pappalardo

等[25]用单取代的对叔丁基杯[5]芳烃与多甘醇双对甲基苯磺酸酯在 K_2CO_3-DMF 中反应得到具有内在手性的 1,3-桥联杯[5]冠醚衍生物，色谱实验表明它们可分离手性对映体。

除此之外，对于各种胺的识别，还有一种固定在金薄膜表面上的杯芳冠醚。Sheng Zhang 等[26]将对三杯芳[6]冠-4 衍生物固定在金薄膜表面（见图 11-24），杯芳冠醚以自聚的方式形成一个固定的空穴。研究发现其可识别苯胺类，从而可以与烷基胺区分开。如果对生物体中常见的氨基酸、缩氨酸等都可以识别的话，其应用前景相当广阔，而且这也可在生物体中起到胺类传感器的作用。

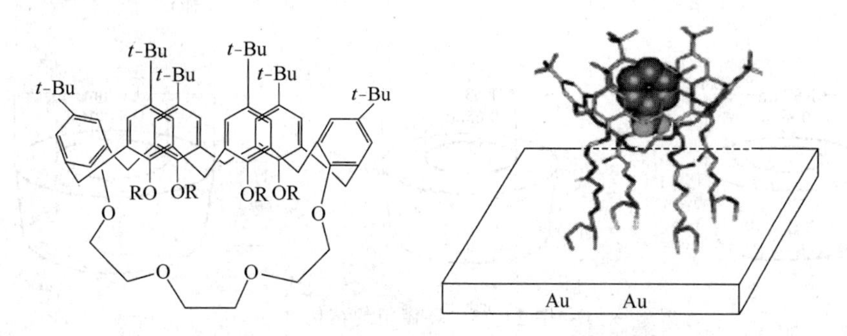

图 11-24　对三杯芳［6］冠-4 衍生物（左）及其在金薄膜表面的固载化模型（右）

(4) 色谱固定相　杯芳冠醚聚有机硅氧烷（见图 11-25）将杯芳冠醚的杯腔结构和聚有机硅氧烷的柔顺性和易成膜性结合在一起，较好地克服了杯芳冠醚化合物作为 GC 固定相使用时的熔点高、成膜性差等缺点，为杯芳冠醚在毛细管 GC 中的应用开辟了道路。实验结果表明这两种杯芳冠醚聚合物作固定相的毛细管 GC 柱具有较好的分离性能，如前者的柱效高达 4505 塔板数/m；后者的起漂温度高达 308℃，且在 330℃时的漂移量仅为 5×10^{-12}，热稳定性远远高于一般冠醚聚硅氧烷固定相。上述两种色谱柱对醇、卤代烃、芳烃、烷烃等极性或非极性物质以及多种多取代苯的位置异构体均具有良好的分离能力，且使用温度范围宽。

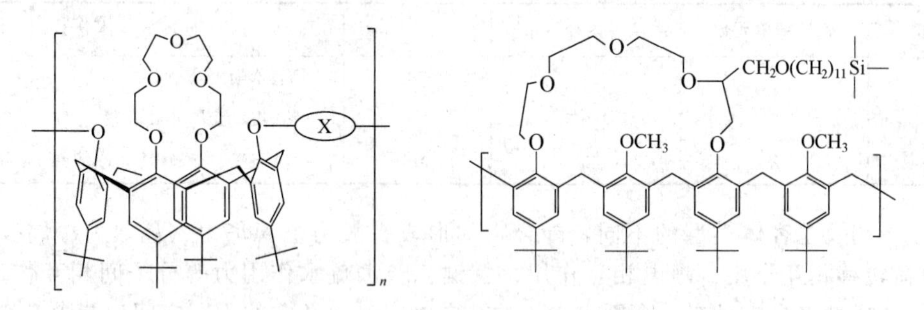

图 11-25　杯芳冠醚聚有机硅氧烷

11.3.4　环糊精主客体配合物

11.3.4.1　环糊精及其结构特点

1891 年，Villiers 从淀粉降解产物中分离得到了环糊精（cyclodextrin，CD）。环糊精是指由淀粉在淀粉酶作用下生成的环状低聚糖的总称。从结构上看，含有 6～12 个 D-(＋)-吡喃葡萄糖单元，每个糖单元呈椅式构象，通过 1,4-α-苷键首尾相连，形成大环分子，其结构如图 11-26 所示。通常用希腊字母表示构成环的吡喃糖的数目，如 6 糖环称 α-CD，7 糖环称

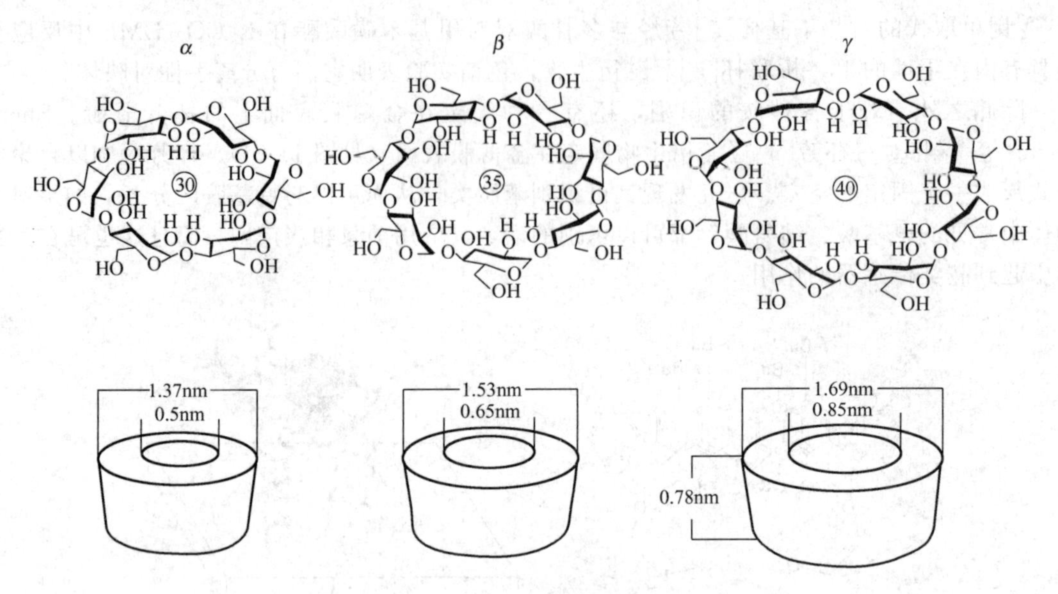

图 11-26　环糊精的结构

β-CD，8 糖环称 γ-CD，依此类推。

经 X 衍射或中子衍射法测定，环糊精呈中间带孔的圆形状。α-，β-和 γ-CD 的空间结构相同，但内孔和外径尺寸不同。每个单糖的 C6 上有一个一级羟基（$—CH_2—OH$），它位于环状圆台的开口较窄的一边，而 C2 和 C3 上的两个二级羟基则处于环状圆台开口较宽的一边的圆周上。二级羟基具有一定的刚性，处于洞穴口上，因此，大口侧具有较好的亲水性。空腔内部由两层 C—H 键中间夹一缩醛氧（醚氧）构成，相对而言，具有一定疏水性。

环糊精与客体分子形成包接配合物的关键是要求尺寸匹配，表 11-5 是几种环糊精的空腔大小及与之匹配的客体分子举例。

表 11-5　环糊精的空腔大小及与客体分子体积的关系

环糊精	葡萄糖单元数	空腔内径/nm	环大小/nm	匹配的客体分子
α-CD	6	0.5	30	苯、苯酚
β-CD	7	0.65	35	萘、1-苯氨基-8-磺酸萘
γ-CD	8	0.85	40	蒽、冠醚、1-苯氨基-8-磺酸萘

由于溶剂及主客体类型的不同，配合物的形成一般与范德华力（色散力、偶极相互作用）、电荷转移相互作用、静电相互作用、氢键、亲水疏水作用力等分子间相互作用有关。环糊精的选择性来自它具有一个固定大小的孔穴，同时，孔穴的不同空间位置含有给电子基团羟基或氧原子，可提供多个相互作用位点。在配合物形成过程中，如果客体分子进入主体分子孔穴内部，则称为包接配合物；如果客体分子只在主体分子孔穴入口处而未进入孔穴内部，则称为缔合配合物。

因为客体分子的大小和形状不同，环糊精分子在溶液中与客体分子可以形成如图 11-27 所示的各种不同结构的加合物。

11.3.4.2　环糊精在分离中的应用

环糊精因其特殊的结构、易溶于水和具有固定孔径等特点，成为超分子化学的一个重要研究内容。环糊精除了在分离领域有着广泛应用外，在酶模型、保护性包接与封闭、选择性

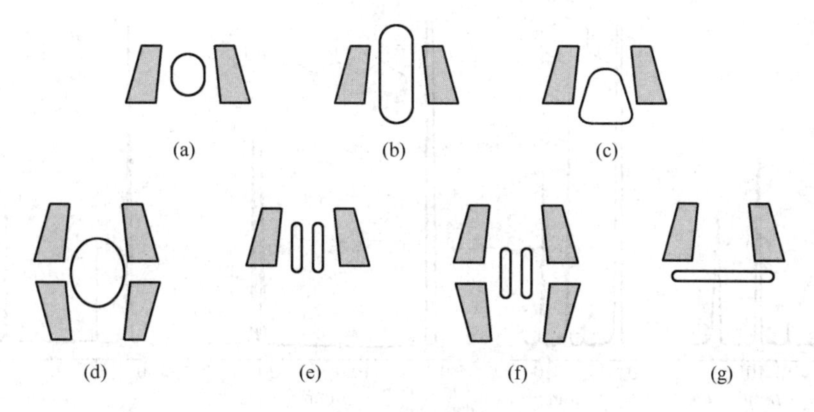

图 11-27　环糊精加合物的结构类型

有机合成等领域也有广泛应用。

环糊精和冠醚可以与客体分子形成混配配合物。如 γ-CD 可以包合 12-冠-4 形成包合物，同时，12-冠-4 又可与金属离子配位，形成如图 11-28 所示的“盆中盆”混配配合物。

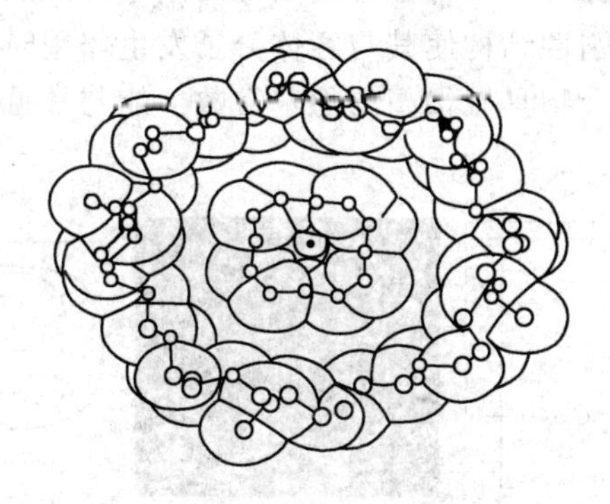

图 11-28　环糊精、冠醚与金属离子形成的混配配合物结构

环糊精常用于修饰色谱固定相，通常以硅胶为载体。环糊精修饰到载体上通常需要一个连接桥（间隔臂）分子，其一端可与环糊精分子反应并连接，另一端可与硅胶表面的活性硅羟基反应并连接。连接桥的长度要适当，太短则由于 CD 分子体积大、空间位阻大、反应不易进行，太长则硅胶表面不易覆盖。通常，间隔臂长度为 7～8 个碳原子比较合适。图 11-29 是环糊精修饰色谱固定相用于几种饱和烃及 2-苯基丁烷的手性分离的色谱图。

11.3.5　葫芦脲主客体配合物

葫芦脲（cucurbituril，CB）[27,28]是超分子化学中继冠醚、环糊精、杯芳烃之后备受瞩目的一类新型大环主体分子，被誉为“第四代超分子化合物”。葫芦脲是由 5～8 个甘脲单元构成的环状大分子，图 11-30 是 CB[7] 的分子结构和立体模型，因其外形似葫芦而得名。葫芦脲分子中间是 7 个甘脲单元围成的两端开口的空腔结构，两端口尺寸相同，空腔内部直径大于端口直径，其分子空间立体形状的具体参数是外径 $a=1.6\text{nm}$，空腔中部内径 $b=0.73\text{nm}$，腔口内径 $c=0.54\text{nm}$，高 $d=0.91\text{nm}$。CB[n] 随甘脲单元数 n 的增加，内外径 a、b 和 c 逐渐增大，但高度相同。CB[n] 的两端口各有 n 个氧原子，笼壁上有 $4n$ 个氮原子。因此，葫芦脲识别分子或离子不仅有赖其空腔与客体分子的大小形状的匹配，它还可与客体分子之间发生配位、离子-偶极、氢键等相互作用。例如，葫芦脲两个端口具有众多对

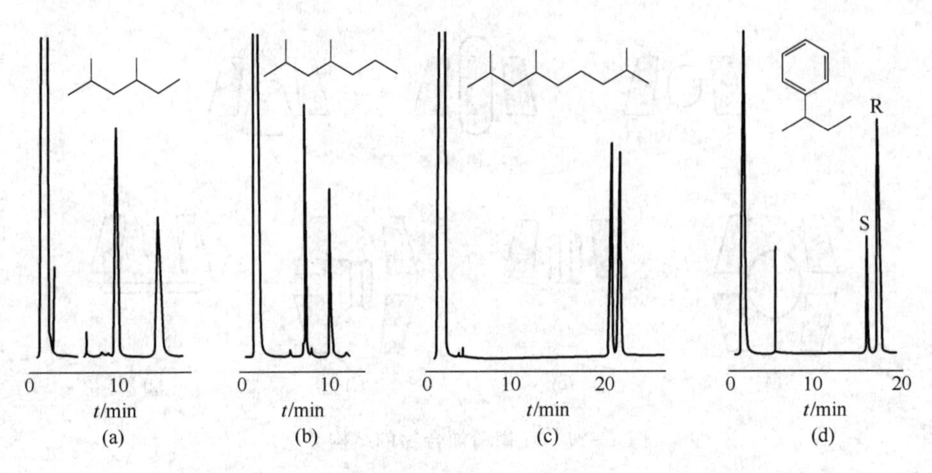

图 11-29 环糊精修饰色谱固定相用于几种饱和烃及 2-苯基丁烷的手性分离色谱图

称的极性羰基，能与金属离子配位，而且只有葫芦脲端口大小与金属离子半径相匹配时才能产生有效的配位作用。葫芦脲的另一特征是其结构的刚性，冠醚、杯芳烃、环糊精和葫芦脲的刚性依次增强。葫芦脲的刚性结构使其与客体分子发生作用时不易改变形状，因而具有良好的尺寸选择性，形成的配合物具有很高的稳定常数。能与常见葫芦脲形成包结配合物的客体分子举例如图 11-31。

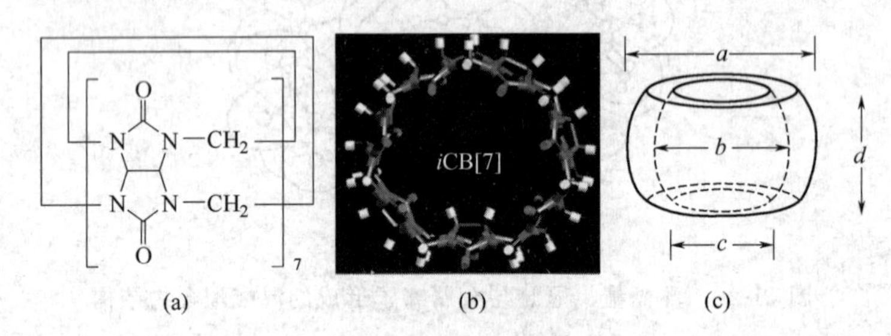

图 11-30 CB[7] 的分子式（a）、分子空间构型（b）和空间立体模型（c）

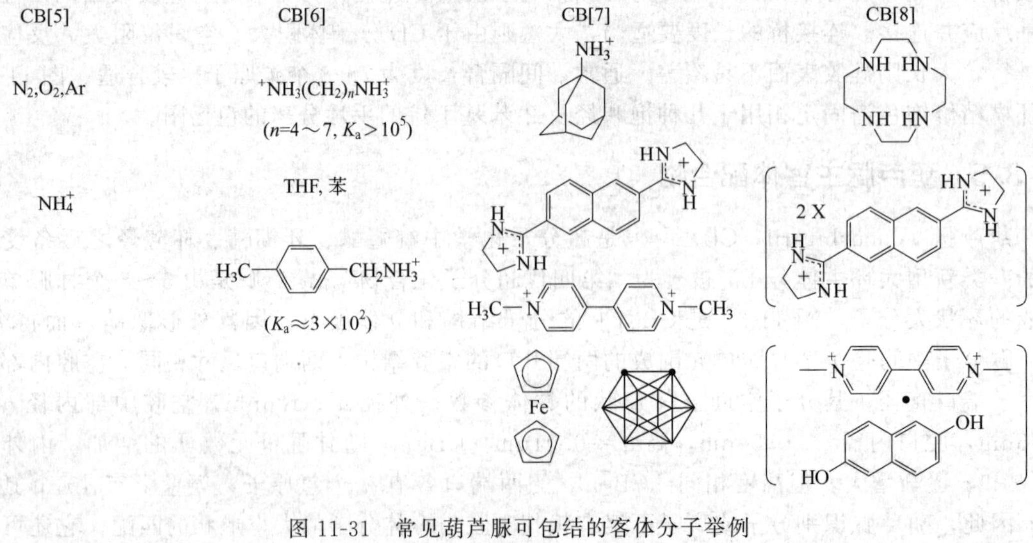

CB[5]

N_2,O_2,Ar

NH_4^+

CB[6]

$^+NH_3(CH_2)_nNH_3^+$

(n=4～7, K_a>10^5)

THF, 苯

H_3C—C$_6$H$_4$—$CH_2NH_3^+$

(K_a≈3×10^2)

CB[7]

NH_3^+

HN NH NH H$_3$C—N—N—CH$_3$

Fe

CB[8]

NH HN NH HN

2 X

OH

HO

图 11-31 常见葫芦脲可包结的客体分子举例

葫芦脲的应用非常广泛，在分子反应器（超分子催化剂）、载体（药物、基因、元素载体）、分子开关、超分子水凝胶、传感器、离子通道、囊泡、储氢材料、离子选择性电极等领域都有应用。葫芦脲在分离领域的主要应用如下：

(1) 水体净化试剂

因为葫芦脲可以与水中很多金属离子和有机物形成主客体包结配合物，对芳香化合物也有很好的识别和吸附作用，在环境污染治理中可以用于除去纺织印染污水中的有机染料、冶金工业废水中有害金属离子等的清除。例如，葫芦脲对纺织污水中的染料具有很好的吸附效果，每克葫芦脲可以吸附 300mg 染料。又如，CB[6] 对铬酸根有明显识别作用，可以除去水中有害重金属铬。

(2) 色谱固定相

因为葫芦脲独特的化学选择性和化学稳定性，特别是衍生化（如羟基化衍生）之后的葫芦脲系列衍生物各有特点，将它们修饰在硅胶或聚合物微球表面可以用作气相或液相色谱填料。例如，齐美玲等[29]发现用 CB[7] 和 CB[8] 修饰的毛细管气相色谱固定相具有选择性高、适应范围宽的特点。胡锴等[30]将 CB[6] 键合在硅胶微球表面制备了一种稳定、高键合量的液相色谱固定相，不仅具有传统反相 HPLC 填料的性能，还有一定的亲水性，可广泛用于难分离有机物的分离。

(3) 亲和分离介质

利用葫芦脲或葫芦脲包结配合物与生物大分子（核酸、蛋白质等）的相互作用，可以将生物大分子固定在玻璃载片、硅胶颗粒、聚合物薄膜或微球等载体表面，用作亲和分离介质。例如，在金纳米离子表面修饰甲基氨二茂铁-CB[7]，再利用葫芦脲与蛋白质分子间非共价相互作用将蛋白质固定在材料表面，利用其与特定生物大分子的亲和作用进行选择性吸附分离。

(4) 固相萃取吸附剂

将葫芦脲修饰在固体载体材料上，可以用柱固相萃取或分散固相萃取。将葫芦脲涂覆于毛细管等载体表面可以用作固相微萃取。例如，Kushwaha 等[31]用 CB[5] 与棕榈壳粉共价键合制备了离子印迹聚合物，对铀酰离子的分离效果很好。

11.4 泡沫吸附分离

11.4.1 泡沫吸附分离的概念与类型

泡沫吸附分离是以泡沫作分离介质，并利用各种类型对象物质（离子、分子、胶体颗粒、固体颗粒、悬浮颗粒等）与泡沫表面的吸附相互作用，实现表面活性物质或能与表面活性剂结合的物质从溶液主体（母液）中的分离。泡沫分离技术早在 20 世纪初就广泛用于矿物浮选分离。现在，这种技术还可用于许多可溶的和不可溶的物质的分离或富集。例如，溶液中的无机阴离子、金属阳离子、具有表面活性的有机物、染料、蛋白质等的分离富集。当溶液中待分离物质具有表面活性时，可用惰性气体从下向上鼓泡，表面活性溶质即可吸附到气泡上，将泡沫层收集起来，消泡后即可得到比原液中溶质浓度高的泡沫液。长期以来，泡沫吸附分离主要限于天然表面活性剂的分离，直到 20 世纪中后期才发现溶液中的金属离子和某些表面活性剂所形成的配合物也能吸附到泡沫上，这种场合的表面活性剂称作起泡剂。选择合适的起泡剂和操作条件，可以将溶液中 mg/L 级的贵金属分离和富集。

凡是利用“泡”（泡沫、气泡）作介质的分离都统称为泡沫吸附分离，它可分为非泡沫分离和泡沫分离。图 11-32 是泡沫吸附分离方法的分类。

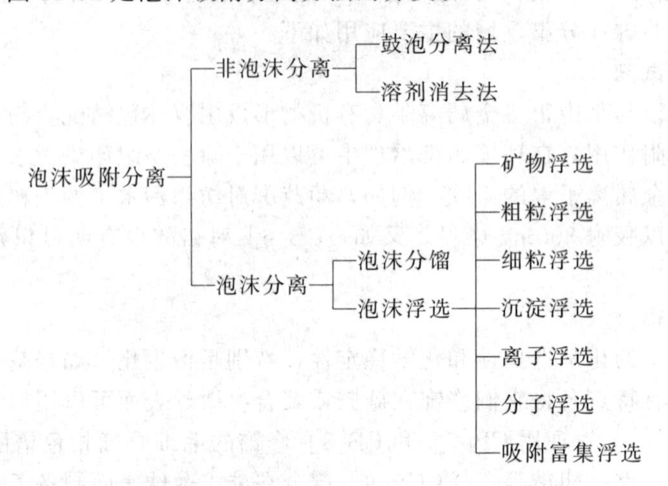

图 11-32 泡沫吸附分离方法的分类

非泡沫分离也要鼓泡，但不一定形成泡沫层。其中鼓泡分离法是从塔式设备的底部鼓入气体形成气泡，表面活性物质随气泡上升至塔顶部，从而与母液分离；溶剂消去法是将一层与溶液不相混溶的溶剂置于溶液顶部，通过鼓出的气泡将溶液中的表面活性物质带到顶部溶剂层，从而将溶液中的表面活性剂除去或从溶液中分离富集表面活性剂。

泡沫分离可进一步分为泡沫分馏和泡沫浮选。泡沫分馏（也称泡沫精馏）类似精馏过程，用于分离在溶液中可溶解的物质，如表面活性剂和能与表面活性剂结合的各种非表面活性物质。泡沫浮选则主要用于分离在溶液中不溶解的物质，根据颗粒大小还可将泡沫浮选细分为若干类。矿物浮选主要用于从矿石粒子中分离出矿物粒子。粗粒浮选和细粒浮选主要用于共生矿中的单质分离。粗粒浮选的对象物质粒径约在 1～10mm，疏水性粒子在泡沫层，亲水性粒子在鼓泡槽底部沉积；细粒浮选的对象物质粒径约在 1μm～1mm，包括胶体、高分子化合物等。沉淀浮选是通过调节溶液 pH 或向溶液中加入絮凝剂或捕集剂，使待分离离子形成沉淀或胶体，然后加入与沉淀或胶粒带相反电荷的表面活性剂，通气鼓泡后，沉淀黏附在气泡表面进入泡沫层，与母液分离。沉淀浮选比通常的沉淀分离简便快速，适合于从稀溶液中富集痕量金属元素。离子浮选是在待分离的金属离子溶液中，加入适当的配位试剂，使之与金属离子形成稳定的配离子，然后加入与配离子带相反电荷的表面活性剂，形成离子缔合物，通过浮选的方法使离子缔合物与母液分离。分子浮选主要用于分离非表面活性的分子。一般采用加入浮选捕集剂与待分离分子生成沉淀，然后以浮渣形式除去。吸附富集浮选也称吸附胶体浮选，是以胶体粒子为捕集剂，选择性地吸附溶液中的待分离物质，再用浮选的方法除去。

11.4.2 泡沫吸附分离机理

泡沫分离是以物质在溶液中表面活性的差异为基础的分离技术，有关表面活性剂的性质以及泡沫形成过程中的热力学问题可以参考其他相关文献和书籍。

泡沫是气体分散在液体介质中的多相非均匀体，但它又不同于一般的气体分散体。泡沫是由极薄的液膜所隔开的许多气泡所组成的。当气体通过纯水或搅动纯水时，就会产生气泡，但这种气泡很快就会破灭；当水溶液中含有表面活性剂时，产生的泡沫则能长时间维持不消失。在泡沫中，气泡之间的距离非常小。

制造泡沫的方法主要有两种：一种方法是使气体连续通过含表面活性物质的溶液并搅拌，或通过细孔鼓泡使气体分散在溶液中形成泡沫；另一种方法是将气体先以分子或离子的形式溶解于溶液中，然后设法使这些溶解气体从溶液中析出，从而形成泡沫。例如啤酒和碳酸饮料就是采用第二种方法形成的泡沫。

气泡在溶液中形成的初期，溶液中的表面活性剂分子在气泡表面排列，形成如图 11-33(a) 所示的极性头朝向水溶液、非极性头朝向气泡内部的单分子膜。当气泡凭借浮力上升时，如图 11-33(b) 所示，气泡将冲击溶液表面的表面活性剂单分子层，此时在气泡表面的液膜外层上，表面活性剂分子又会形成与原单分子层排列完全相反的另一层单分子膜，两者构成较为稳定的双分子层气泡体，最终形成如图 11-33(c) 所示的在气相空间接近球形的单个气泡。表面活性剂双分子层气泡膜的理论厚度应该是两个单分子层的厚度，大概只有几个纳米，而实际上在气泡的双分子层之间往往还会含有大量的溶液。例如肥皂泡的实际膜厚约为数百纳米，其双分子层间夹带了大量水溶液。双分子层中夹带的溶液会因重力向下流动，造成部分气泡膜变薄，直至气泡破灭。气泡之间的隔膜也会因彼此的压力不均而破裂。许多气泡聚集成大小不等的球状气泡集合体，更多的气泡集合体聚集在一起就形成了泡沫层。

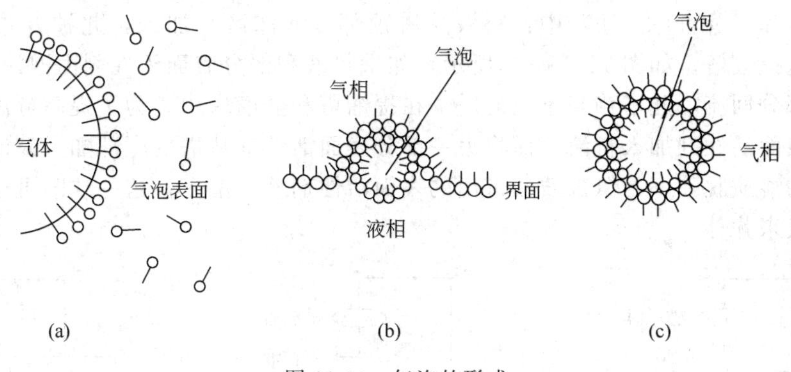

图 11-33 气泡的形成

○— 表面活性剂分子；○ 亲水基；— 亲油基

泡沫的稳定性主要受表面活性物质的种类与浓度、温度、气泡大小、溶液 pH 等的影响。如果表面活性剂的浓度远远低于其临界胶束浓度，则泡沫的稳定性较差；如果溶液温度升高，一方面气泡内压力会增加，另一方面形成气泡膜的液体的黏度会降低，这些因素都会导致气泡的稳定性降低。

11.4.3 泡沫吸附分离实验流程与应用

泡沫吸附分离法在选矿、贵重金属回收、环境污染治理和样品前处理等方面均有成功的应用。泡沫吸附分离主要包括分离对象物质的吸附分离和收集两个基本过程，与之相对应，实验设备主要包括泡沫塔和破沫器两个部分。泡沫分离的基本流程有间歇式和连续式两种。

图 11-34 是间歇式泡沫分离塔的示意图。样品溶液置于塔的底部，从塔底连续鼓进空气，在塔顶连续排出泡沫液。根据表面活性剂的消耗情况，间歇地从塔底补充表面活性剂。料液因形成泡沫而不断减少，待目标物质分离完成后，残液从塔底排出。间歇式泡沫分离可用于除去溶液中的某些杂质组分或用于回收溶液中的有用组分。

连续式泡沫分离装置与间歇式没有大的差异，只是含有表面活性剂的料液连续加入塔内，泡沫液和残液则被连续从塔中抽出。根据不同的目的和需要，可以选择从塔的不同位置

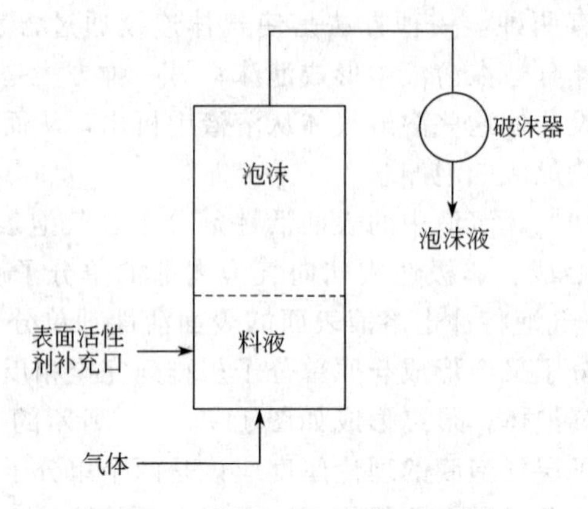

图 11-34　间歇式泡沫分离塔示意

加入原料溶液，得到的效果是不同的。图 11-35(a) 中，料液从塔的液体部分（鼓泡区）加入，料液中的表面活性剂经鼓泡，可以提高塔顶泡沫液的浓度，此塔相当于精馏塔。在塔的顶部设置一个回流装置，将部分泡沫液引回泡沫塔顶，也可提高塔顶泡沫液的浓度，但会影响残液的脱除率。图 11-35(b) 中，料液从塔顶部（泡沫区）加入，此种方式残液脱除率高，此塔类似提馏塔。如图 11-35(c) 所示，如果料液和部分表面活性剂由泡沫段中部加入，塔顶又采用部分回流，此塔相当于全馏塔。在提馏塔和全馏塔中，为了提高分离效果，可以只将一部分表面活性剂加入料液，而将另一部分表面活性剂从塔的底部加入鼓泡区，这样可以得到较高的溶质脱除率，但被残液带出的表面活性剂液会增多，这一缺陷可通过在塔底部设置环形隔板来弥补。

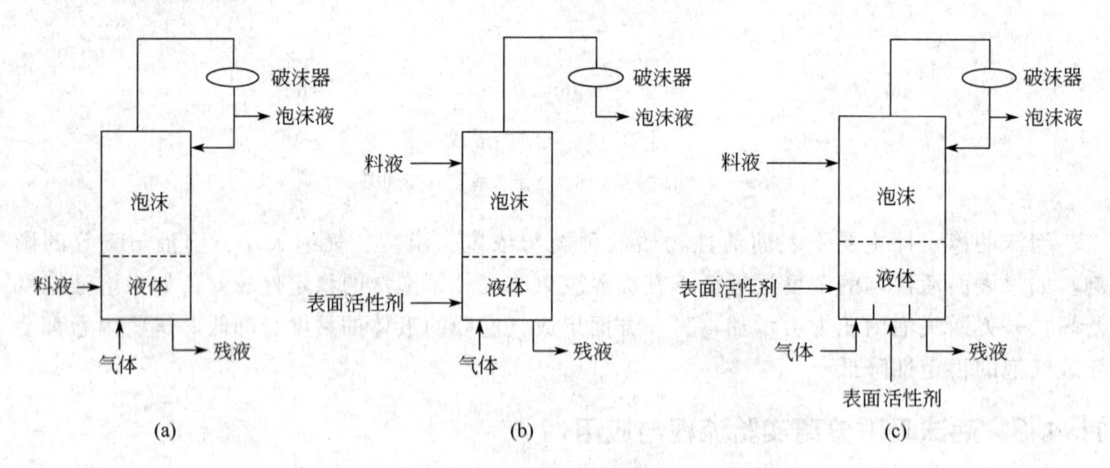

图 11-35　连续式泡沫分离塔示意

11.5　微流控芯片分离技术

微流控芯片（microfluidic chips）技术是指采用微细加工技术，在一块数平方厘米的玻璃、硅片、石英或有机聚合物基片上制作出微通道网络结构和其他功能单元，将生物或化学等学科领域涉及的样品制备、化学反应、分离和检测等基本操作单元集成在一个很小的操作平台上，用以完成各种生物或化学过程，并对其产物进行分析的技术。微流控芯片技术使样品和试剂的消耗量从常规的毫升级降低到纳升级；可以实现多样品同时操作，分析速度大大提高。根据用途的不同，微流控芯片有微分离芯片、微采样芯片、微检测芯片，样品前处理芯片、化学合成芯片、多功能集成芯片等。本节介绍几种在微流控芯片上进行的分离操作。

11.5.1　芯片毛细管电泳

芯片毛细管电泳（chip-based capillary electrophoresis，CBCE）是指在微流控芯片上制作出微通道或微色谱柱，代替毛细管进行电泳分离分析的技术。与芯片配套的其他电泳操作硬件单元（如进样单元）也发生了根本性改变。最早是在 1992 年 Manz 等在平板玻璃上刻蚀出微通道，成功地实现了氨基酸的分离[32]。随后的几年，CBCE 得到了迅速发展，为其他微流控芯片技术的发展奠定了基础。图 11-36 是最简单的 CBCE 分析系统示意图。进行电泳分析时，先在进样通道（从 1 至 2）施加电压，在电渗流作用下，样品溶液从 1 经十字交叉口流向 2；然后将电压切换到分离通道（从 3 至 4），储存在十字交叉口处的一小段样品溶液在电渗流的推动下进入分离通道开始分离，被分开的各组分依次到达检测窗口 D，记录下电泳谱图。

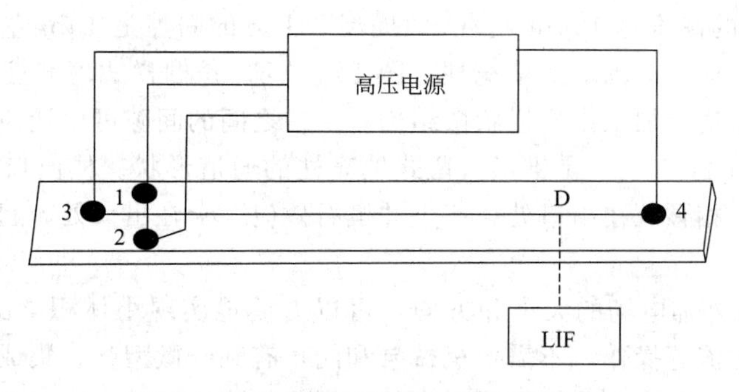

图 11-36　芯片毛细管电泳基本装置示意

作为 CBCE 分离的支持体，芯片上的微通道的制作主要采用工艺成熟的光刻或蚀刻技术，通道尺寸在微米级。像毛细管一样，用于分离的微通道可以是在通道壁表面修饰功能层的开口通道，也可以在微通道中填入颗粒状固定相，还可以在微通道中原位制备整体固定相。

在毛细管填充柱的制备中，柱两端用来固定填料床，防止填料颗粒流失的塞子的制备是非常关键的步骤。这种塞子既要有良好的通透性，让流动相和分析物顺利通过，又要能有效阻挡住固定相颗粒，不让其流失；塞子还要有足够的机械强度，以保证在柱填充过程中抵抗较高的压力。这种塞子不可避免地会影响柱效，在填充柱毛细管色谱（包括毛细管电泳、毛细管液相色谱和毛细管气相色谱）中称之为“塞子效应”。在芯片电泳填充柱的制备中，不用制备真正意义上的塞子，而是通过微加工技术在芯片通道中构造一些微结构来实现塞子的功能。这种微结构不存在塞子效应，是 CBCE 的优势之一。常用的塞子功能微结构有围堰、栅栏和锥形通道，图 11-37 是具有这三种微结构的芯片填充柱示意。

图 11-37(a) 是单围堰式填充柱通道的侧视图，加工时，在微通道的液流方向上的某个位置留下了一道一定高度的“堤坝”，形成了只有一道堤坝的单围堰。堤坝后填充一段固定相颗粒，高度不超过堤坝，堤坝上方尚有空隙可流过液体，试样溶液经过固定相后从“堤坝”上方溢出，完成分离，进入检测窗口。加工这种围堰式填充柱需要两张掩膜，第一张用于刻蚀堰的上部，刻蚀深度在 1μm 左右；第二张用于刻蚀通道，刻蚀深度在 10μm 左右。

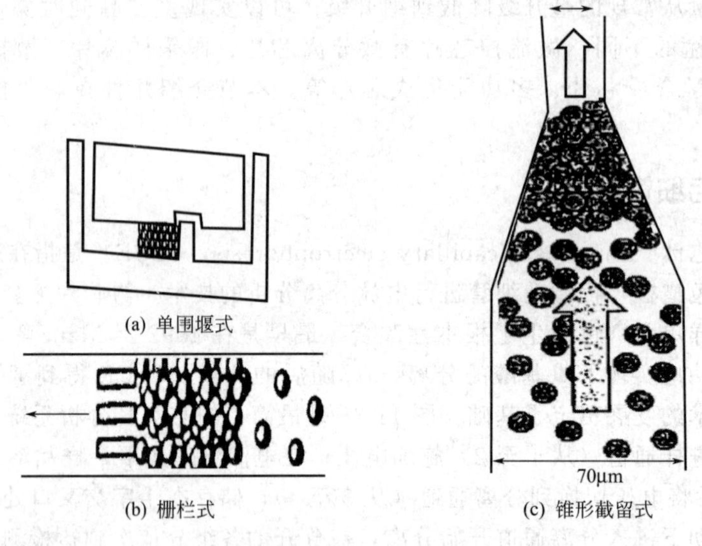

(a) 单围堰式

(b) 栅栏式

(c) 锥形截留式

图 11-37 芯片填充柱的塞子功能微结构示意

也就是说，“堤坝”的高度是 10μm 左右，“堤坝”上方的间隙是 1μm 左右。在填料床两头都加工围挡堤坝就构成了双围堰式填充柱。图 11-37(b) 是栅栏式填充柱通道的俯视图，在填充床末端位置的通道上加工出栅栏状微结构。栏柱之间的间隙可以让液体流过，而固定相颗粒则被截留住。图 11-37(c) 是锥形截留式填充柱的通道形状。柱出口端逐渐收窄至一定宽度，最前沿的固定相颗粒在出口处会产生“楔石效应”卡在出口处，起到阻挡其他固定相颗粒流失的目的。

CBCE 通过调节外加电场的大小和方向，可以方便地实现小体积（pL～nL）液体的进样、分离、分流和汇流等操作，不需要机械泵和阀，有利于微型化、集成化和自动化。由于芯片具有较好的散热性能，电泳操作时产生的焦耳热能快速散发，因此芯片电泳可以施加比常规毛细管电泳高得多的电压（如 2500V/cm），从而达到更高效和快速的分离。普通毛细管电泳中的等速电泳、等电聚焦、凝胶电泳、电色谱等各种分离模式都能在 CBCE 中实现。CBCE 还可与质谱、激光诱导荧光、电化学等多种检测技术联用。

CBCE 上的微通道往往不会是单独一条分离通道，而是设计成不同结构的通道网络。在这样复杂的微通道网络上实现对微液流的自动化操作，最方便的途径就是通过电渗流控制液流的流量和流向。常规毛细管电泳中采用的压力、虹吸和电动进样技术都需要复杂的机械操作，与 CBCE 的微型化和集成化不相容，因此进样技术成了 CBCE 的关键技术之一。常用的进样技术是十字通道进样法和基于十字通道的夹流进样法和门式进样法。图 11-38 是十字通道进样器的原理示意图。首先在试样池 1 和试样废液池 2 之间施加电压，在电渗流作用下，试样从 1 流向 2 并充满十字交叉口处的一小段通道体积，然后将电压切换到缓冲液池 3 和废液池 4 之间，这时缓冲液从 3 向 4 的方向流动，将储存在十字交叉口的一小段试样溶液推入分离通道。图 11-39 是门式进样器的原理示意图。在进样前，缓冲液池 1 的电压（如 1kV）高于试样池 3 的电压（如 0.7kV），试样废液池 2 和废液池 4 的电压均为零。此时缓冲液从 1 出发流向十字交叉口，同时试样溶液也从 3 出发流向十字交叉口，由于缓冲液池 1 的电压更高，缓冲液流量会比试样液流量大，在十字交叉口，由于电场的导向和两股液流的相互挤压作用，试样溶液将不会流入分离通道而全部流向试样废液池；缓冲液则一部分向下进入分离通道，另一部分向右进入试样废液池。进样时，只需将缓冲液池 1 和试样废液池 2

悬空（不加电压），在试样池 3 和废液池 4 之间的电场作用下，试样溶液就会从十字交叉口向下进入分离通道，待足够的试样进入分离通道后结束进样，即将缓冲液池 1 和试样废液池 2 的电压恢复到进样前的状态。

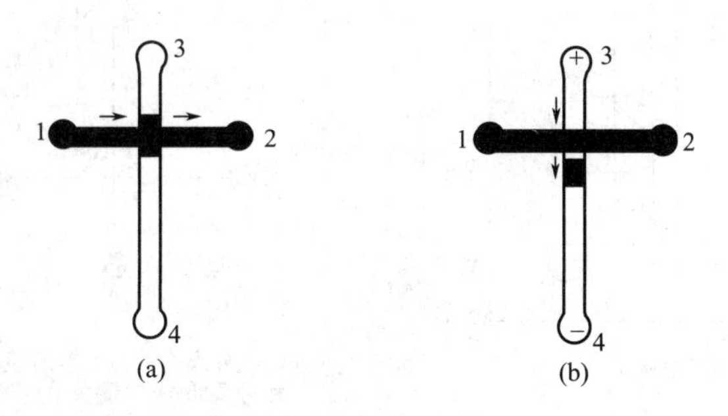

图 11-38　十字通道进样器的充样（a）和进样（b）原理示意图

1—试样池；2—试样废液池；3—缓冲液池；4—废液池

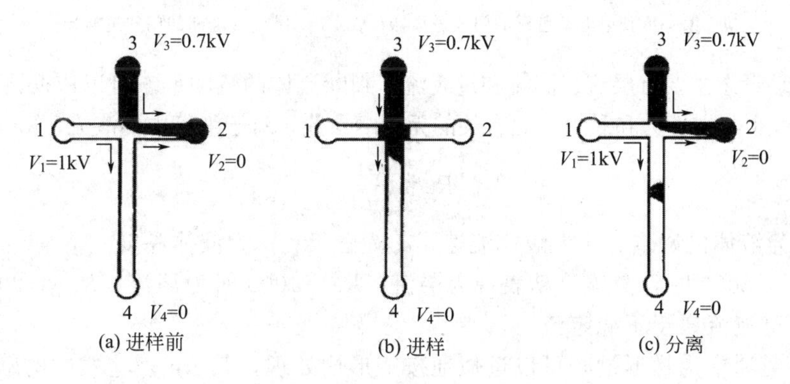

图 11-39　门式进样器原理示意图

1—缓冲液池；2—试样废液池；3—试样池；4—废液池

在芯片上实现二维电泳比普通毛细管电泳要方便得多。图 11-40 是胶束电动模式和区带电泳模式构成的二维芯片毛细管电泳体系的示意图。首先，选择胶束电动和区带电泳模式构成二维分离体系是因为这两种模式的分离机理几乎完全不同，只有这样，在第二维电泳中才有可能将第一维电泳中尚处于同一个区带中的多个组分进一步分离。其次，这两种分离模式都以开口通道为分离柱，而且通道表面都无需改性修饰，使芯片的制作变得更容易。还有，这两种模式使用的介质组成和 pH 值也比较相近，第一维分离后的流出液进入第二维分离体系后不会产生干扰。图 11-40(a) 是该二维芯片电泳的通道结构，左上方和右下方的十字交叉口分别是第一维和第二维电泳的门式进样器。图 11-40(b) 是两个十字交叉口处进样和分离时的液流方向示意图。每次分离开始时，一维进样器进样 2s 后即保持分离状态 500～600s；在此期间，二维进样器每隔 3～4s 进样 1 次，将一维电泳分离后的流出液导入二维电泳系统，每次进样时间 0.3s。也就是说，一维电泳分离后的流出液会有约 10％被导入二维电泳系统。

11.5.2　芯片多相层流无膜扩散

从溶液中分离不溶性微粒的传统方法主要是过滤和离心，而在集成的微系统中是不可能采用这样的分离技术的。Yager 等[33～36]从 1997 年开始提出并持续研究了一种在微流控芯片上进行颗粒分离的多相层流无膜扩散分离技术。

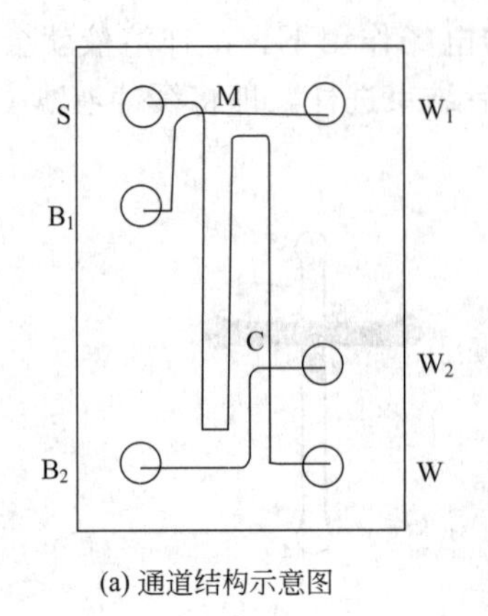

(a) 通道结构示意图

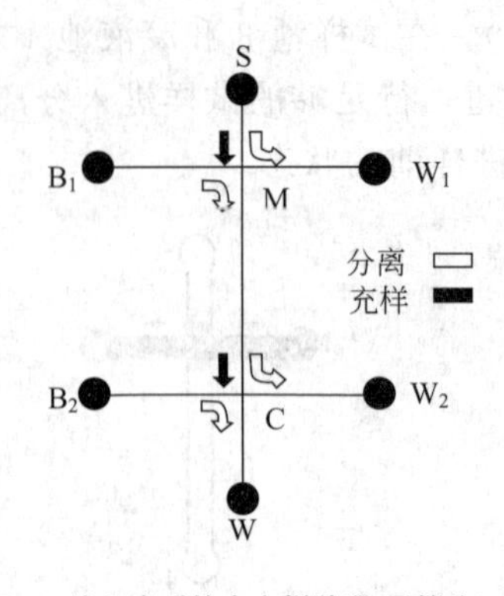

(b) 二维分离系统在充样阶段(黑箭头)和分离阶段(白箭头)的液流方向

图 11-40 二维芯片毛细管电泳体系示意图

S—试样池；B_1—缓冲液池 1；W_1—废液池 1；B_2—缓冲液池 2；W_2—废液池 2；W—废液池；M—第一维胶束电动色谱的门式进样器；C—第二维区带电泳的门式进样器

流体的流动形态主要有层流、湍流和过渡流。判断流体的流动形态可以依据雷诺数 Re 的大小，雷诺数是一个与惯性力和黏力之比有关的无量纲参数，对于细管中的液流，Re 的定义为

$$Re=\frac{\rho d v}{\mu} \tag{11-4}$$

式中，ρ 为液体的密度；v 为液体流速；d 为管径；μ 为液体黏度。

通常，$Re<2000$ 时，液体流动表现为层流；$Re>4000$ 时为湍流；Re 在 2000～4000 之间为过渡流，过渡流属于不稳定流。

芯片微通道通常为梯形槽，可以近似地按矩形槽处理，其 Re 表达式中的管径 d 换成矩形槽中流体动力半径 4（A/p），其中 A 为交界面面积，p 为湿润周边长。

微流控芯片通道深度一般在数十微米至数百微米，在这样的通道中，以 100μm/s 的流速流动的水流的 Re 值在 10^{-3} 数量级。因此，在微流控芯片通道中，稀溶液的 Re 值远小于 1，流体总是表现为稳定的层流状态。即使是可以互溶的两种液体，在微通道中也可以平行流动，而不会因对流而混合，构成具有明确相界面的两相。一相中的溶质或微粒可以通过扩散进入另一相，这样就可以实现两个平行层流之间的物质迁移。球形粒子（分子）扩散通过距离 L 所需要的时间 t 为

$$t=L^2/D \tag{11-5}$$

式中的扩散系数 D 与热力学温度 T、溶液黏度 η、粒子直径 d_p 等因素的关系如下：

$$D=\frac{RT}{3\pi N\eta d_p} \tag{11-6}$$

将式(11-6) 代入式(11-5) 中得

$$t=\frac{3\pi N\eta d_p L^2}{RT} \tag{11-7}$$

式中，R 为理想气体常数；N 为阿伏伽德罗常数。

由式(11-6) 可见，在一定温度下，当溶液黏度一定时，微粒越小，扩散系数越大、扩散速度越快。因此，小分子、离子与大分子及微粒会因体积大小而分离，而且它们的扩散速度的差异是很大的。例如，在稀溶液中，小分子扩散 10μm 距离只要不到 1s，而直径为 0.5μm 的微粒扩散相同距离却需要 200s。在微流控芯片中，扩散距离很短，可以实现大分

子和微粒的快速分离。例如，血红素分子的扩散系数为 $7\times10^{-7}cm^2/s$，在微通道中扩散 1cm 需要 10^6s，相当于约 10 天时间，而扩散 10μm 仅需 1s。

图 11-41 是在一个结构简单的 H 形微型通道芯片上进行多相层流扩散分离的示意图。在重力或微注射泵的推动下，试液（如染料）和接受液分别从左上通道和左下通道导入，在分离通道入口处汇合，并平行流过分离通道，由于小分子扩散快，大分子或微粒扩散慢，在一定时间内试样中只有小分子物质可以扩散进入接受液。最后，剩下大分子和微粒的试液从右上通道流出；接受了试样中小分子物质的接受液从右下通道流出，此流出液既可收集起来用于后续分析，也可直接导入后续联用分析仪器实现在线微流控芯片样品净化操作。

多相层流扩散分离可以像离心、过滤、渗析等分离技术一样，广泛用于样品净化，其分离速度比其他方法要快得多，例如可以在 1s 内实现蛋白质脱盐。利用多相层流扩散原理还可测定流体黏度、溶液扩散系数、化学反应平衡常数和反应速率常数。

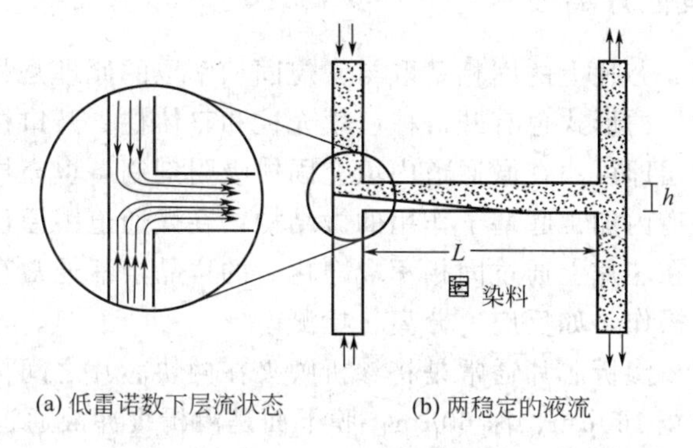

图 11-41　H 形微通道芯片上多相层流扩散分离示意图

11.5.3　芯片液-液萃取

常规液-液萃取是依据物质在水相和有机相中分配比的差异，疏水性物质进入有机相中，亲水性物质仍留在水相，从而实现亲水性和疏水性物质的分离。这种传统的液-液萃取无法满足微型化、集成化和自动化的发展趋势。Kitamori 等[37～40]利用多相层流扩散分离法的操作原理提出了微流控芯片液-液萃取分离系统。尽管两种分离体系都是通过层流条件下的分子扩散实现溶质在两相间迁移的，但二者的分离机理却不同。在微流控多相层流扩散体系中，通常是单纯水溶液的多相层流，物质是基于扩散速度的差异而分离，这种扩散速度的差异主要源于物质体积大小的差异，因此，体积具有显著差异的物质才能得以分离；而在微流控液-液萃取中，两个层流相的疏水性是不同的，通常仍以疏水溶剂为萃取相，和常规溶剂萃取体系一样，溶质仍然是基于在两相间的分配比的差异而达到分离。在微流控液-液萃取中，可以通过调节两相的流量来改变相比，例如，可以通过降低有机溶剂的流量，在微通道内形成超薄的有机膜萃取相。

在微流控液-液萃取体系中，尽管两相的密度有差异，但在微通道中，表面张力的作用远远大于密度差的作用，因此不会出现液层混合的情况。从热力学角度来看，溶质进入萃取溶剂相的驱动力是疏水相互作用力，但从动力学角度考虑，溶质的迁移速度仍然受制于扩散速度，即萃取时间由层流间溶质扩散速度决定。

微流控液-液萃取芯片微通道的设计与多相层流扩散基本相同，只是为了防止溶剂腐蚀，芯片材料通常为玻璃或石英，而不采用有机聚合物材料。

和常规液-液萃取类似，微流控液-液萃取既可以基于物质的疏水性从试样水溶液中直接萃取具有一定疏水性的有机物，也可以使无机离子形成螯合物、离子缔合物等各种形式的疏水化合物后萃取。例如，在含 Fe^{2+} 的水溶液中加入红菲啰啉二磺酸，使 Fe^{2+} 在试样相以配阴离子形式存在，以含三正辛基甲基氯化铵的氯仿溶液为萃取相。当两相在微通道中以层流平行流过时，在两相界面，Fe^{2+}-红菲啰啉二磺酸配阴离子与三正辛基甲基铵阳离子形成疏水性很强的离子缔合物后，进入有机萃取相，使 Fe^{2+} 与试样中共存的其他金属离子分离。

与传统溶剂萃取相比，微流控芯片液-液萃取具有如下优点：①萃取速度快，一次萃取操作仅需数秒至数十秒时间；②有机溶剂用量小，仅需纳升级溶剂，有利于环保和操作者健康；③试样用量少，适合微量样品的净化；④很容易在同一芯片上实现萃取和反萃取的偶联；⑤易于在线自动化操作，并与后续高灵敏检测技术（如质谱）直接偶联。

11.5.4 芯片上的其他分离技术

(1) 芯片固相萃取 芯片上的固相萃取与常规固相萃取的原理是相同的，只是操作方式和规模上的差异。萃取柱的形式也有开口柱、填充柱和整体柱。开口柱制备比较简单，在芯片通道内壁制备功能涂层即可；在微通道内填充固体吸附剂制备填充柱和芯片毛细管填充柱的制备类似，需要在通道内加工起塞子作用的微结构；在微通道中原位聚合制备整体柱通常采用光引发聚合反应。在芯片上通过固相萃取净化后的样品溶液通常直接导入同一芯片上的其他功能部分进行后续操作，如反应、分离、检测。

(2) 芯片渗析分离 渗析芯片通常是将渗析膜夹在两块芯片之间构成。膜上面为试样通道芯片，通道较小，如宽 160μm、深 60μm；膜下面是渗析缓冲液通道芯片，通道较大，如宽 300～500μm、深 150～300μm。在芯片四角用螺栓固定两块芯片。试液流过膜上通道的过程中，小分子、离子、溶剂可以透过渗析膜进入膜下通道的缓冲液中，与大分子、胶体、固体颗粒分离；缓冲液在膜下通道与试样溶液逆向流动，使透过膜进入其中的小分子物质扩散更快，提高分离效率。与常规渗析技术一样，微流控芯片渗析也可以用于生物大分子试样的浓缩、脱盐和纯化。不过，微流控芯片渗析的速度要快很多。

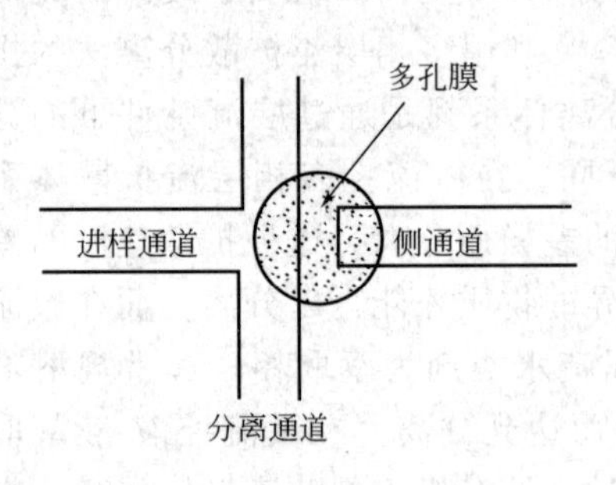

图 11-42 多孔膜夹层芯片结构示意图

(3) 芯片过滤 前面讲到的多相层流扩散技术可以起到过滤的作用，还有固定芯片填充柱床的围堰、栅栏和锥形通道等微结构也能用作过滤器。这里再介绍两种其他芯片过滤技术。一种是类似栅栏微结构的过滤器，即在试样池或缓冲液池底部加工立方微柱阵列，柱间形成相互交叉 1.5μm×10μm 的过滤通道网络，此通道与用于后续分离分析的主通道成 90°角，流体通过池子进入过滤床时，直径大于 1.5μm 的颗粒被拦截在微柱的上方，滤液通过多条柱间横向流出过滤床，进入芯片主通道。这种微过滤单元用于除掉微流控芯片操作试样中的颗粒物。另一种芯片微过滤单元主要用来浓缩生物大分子样品，被称作多孔膜夹层芯片，其结构如图 11-42 所示。在分离分析主通道和与之垂直的过滤器侧通道之间加装多孔层或多孔膜，进样通道与过滤通道相对，位于主通道的另一侧。当在试样池与过滤侧通道之间加一定电压，试样溶液经进样通道流向过滤侧通道，只有小分子、离子和溶剂可以透过多孔膜流出主通道，经过滤侧通道导出芯片；剩余的生物大分子浓缩于进样口（进样通道与主通道交汇处），从而提高生物大分子在主通道分离后的检测灵敏度。

复习思考题

1. 分子蒸馏和常规蒸馏在原理上有何不同？在应用上各有什么特点？

2. 什么叫分子印迹？叙述制备分子印迹聚合物的一般步骤和分子印迹聚合物在分离领域的应用。

3. 超分子体系用于物质分离最显著的特点是什么？从近两年的相关研究论文中查找一篇你觉得比较有价值的，并对其进行简要评述。

4. 杯芳冠醚与杯芳烃和冠醚相比，在分离上有何特点？

5. 简要综述环糊精色谱固定相的制备方法和主要应用对象。

6. 通过一个泡沫吸附分离技术的实例，说明该分离技术的分离原理和实验流程。

7. 以近 5 年的文献为依据，对微流控芯片毛细管电泳的最新进展做一综述。

参考文献

[1] 张巧珍等．材料导报，2003，17：194～196.

[2] 丁中涛，曹秋娥．云南化工，2002，29（2）：16～19.

[3] 怀其勇，杨俊佼，雷荣等．分析测试学报，2001，20（6）：84～89.

[4] Pauling L J. Am. Chem. Soc.，1940，62（3）：2643.

[5] Wulff G，Sarhan A. Angew. Chem. Int. Ed. Engl.，1972，(11)：341～344.

[6] Wulff G，et al. Tetrahed. Lett.，1973：4329.

[7] Vlatakis G，et al. Nature，1993，361：645～647.

[8] Wulff G，et al. Makromol. Chem.，1977，178（10）：2799.

[9] Schweitz L，et al. J. Chromatogr.，1997，792：401～409.

[10] Lin J M，et al. Chromatographia，1998，47：625～629.

[11] Tan Z J，et al. Electrophoresis，1998，19：2055～2060.

[12] 闫伟英等．高等学校化学学报，2003，24（6）：1026～1030.

[13] 郭天瑛等．高等学校化学学报，2004，25（4）：762～765.

[14] 雷建都等．现代化工，2001，21（8）：29～31.

[15] 颜流水等．分析化学，2004，32（2）：148～152.

[16] Asfari Z，Wenger S，Vicens J. Pure Appl. Chem.，1995，67：1037.

[17] Asfari Z，Arnaud F，Vicens J. J. Org. Chem.，1994，59：1741.

[18] Pappalardo S，Parisi M. J. Org. Chem.，1996，61：8724.

[19] Sansone F，Barboso S，Casnati A，Sciotto D，Ungaro R. Tetrahedron. Letters，1999，40（25）：4741～4744.

[20] Li J S，Chen Y Y，Lu X R. Tetrahedron.，1999，55（25）：10365.

[21] Geraci C，Neri P，Piattelli M. Tetrahedron Lett.，1996，26（37）：3899.

[22] Beer P D，Chen Zheng，Gouolden A J，et al. J. Chem. Soc.，Chem. Commun.，1993：1834.

[23] Rudkevich D M，Verboom W，Reinhoudt D N，J. Org. Chem.，1994，59：3683.

[24] Gutsche C D，See K A. J. Org. Chem.，1992，57：4527.

[25] Caccamese S，Notti A，Pappalardo S，et al. Tetrahedron.，1999，55：5505.

[26] Sheng Zhang，Luis Echegoyen. Org. Lett.，2004，6（5）：791～794.

[27] Ni X L，Xiao X，Cong H，et al. Chemical Society Reviews，2013，42（24）：9480.

[28] 张宁强，黄晓玲，班琳哲等，化学进展，2015，27（2/3）：192～211.

[29] Zhang P. , Qin S. , Qi M. , et al. J. Chromatogr. A, 2014, 1334: 139.
[30] 胡锴，龚海燕，罗晓等. CN201410175412, 2014.
[31] Kushwaha S. , Sudhakar P. P. , Analyst, 2012, 137 (14): 3242.
[32] Manz A, Harrison D J, Verpoorte E M J, et al. J. Chromatogr. , 1992, 593: 253～258.
[33] Brody J P, Yager P. Sens. Actuators A, 1997, 58: 13.
[34] Weigl B H, Yager P. Sens. Actuators B, 1997, 38～39: 452.
[35] Weigl B H, Yager P. Science, 1999, 283: 346.
[36] Kamholz A E, Weigl B H, Finlayson B A, et al. Anal. Chem. , 1999, 71: 5340.
[37] Tokeshi M, Minagawa T, Kitamori T. Anal. Chem. , 2000, 72: 1711.
[38] Tokeshi M, Minagawa T, Kitamori T. J. Chromatogr. A, 2000, 894: 19.
[39] Minagawa T, Tokeshi M, Kitamori T. Lab on a Chip, 2001, 1: 72.
[40] Hisamoto H, Horiuchi T, Uchiyama K, et al. Anal. Chem. , 2001, 73: 5551.

参考书目

[1] 杨村，于宏奇，冯武文编著. 分子蒸馏技术. 北京：化学工业出版社，2003.
[2] 姜忠义，吴洪编著. 分子印迹技术. 北京：化学工业出版社，2003.
[3] 陆九芳，李总成，包铁竹编著. 分离过程化学. 北京：清华大学出版社，1993.
[4] 《化学分离富集方法及应用》编委会编著. 化学分离富集方法及应用. 长沙：中南工业大学出版社，1997.
[5] 刘茉娥，陈欢林编著. 新型分离技术基础. 杭州：浙江大学出版社，1993.
[6] 方肇伦等. 微流控分析芯片. 北京：科学出版社，2003.